普通高等教育系列教材

AutoCAD 2024 中文版
电气设计基础与实例教程

解 璞 闫聪聪 编著

机 械 工 业 出 版 社

本书重点介绍了 AutoCAD 2024 中文版在电气设计中的应用方法与技巧。全书分为 12 章，分别介绍了电气工程制图规则，AutoCAD 2024 入门，二维绘图命令，二维编辑命令，文本、表格与尺寸标注，辅助绘图工具，电路图设计，通信电气工程图设计，控制电气设计，电力电气设计，机械电气设计，建筑电气设计等工程设计实例。

全书解说翔实、图文并茂、语言简洁、思路清晰，在介绍实例的过程中由浅入深，从易到难，各章节既相对独立又前后关联。此外，对于关键知识点和难点，都及时给出了总结和相关提示，帮助读者及时快速掌握所学知识。

随书配有多媒体学习电子资源，包含全书所有实例的源文件素材，并制作了实例动画的全程配音讲解 AVI 文件。

本书既可作为高等院校、各类职业院校相关专业的教材，也可作为初学 AutoCAD 的入门教材，还可以作为电气工程技术人员的参考用书。

图书在版编目（CIP）数据

AutoCAD 2024 中文版电气设计基础与实例教程 / 解璞，闫聪聪编著. -- 北京 ：机械工业出版社，2024. 11. --（普通高等教育系列教材）. -- ISBN 978-7-111-76365-9

Ⅰ. TM02-39

中国国家版本馆 CIP 数据核字第 2024TS3215 号

机械工业出版社（北京市百万庄大街 22 号　邮政编码 100037）

策划编辑：解　芳　　　　责任编辑：解　芳

责任校对：梁　园　梁　静　　责任印制：张　博

天津光之彩印刷有限公司印刷

2024 年 11 月第 1 版第 1 次印刷

184mm×260mm · 17. 5 印张 · 429 千字

标准书号：ISBN 978-7-111-76365-9

定价：69. 90 元

电话服务　　　　　　　　网络服务

客服电话：010-88361066　　机　工　官　网：www. cmpbook. com

010-88379833　　机　工　官　博：weibo. com/cmp1952

010-68326294　　金　　书　　网：www. golden-book. com

　机工教育服务网：www. cmpedu. com

前　言

电气工程图用来阐述电气工程的构成和功能，描述电气装置的工作原理，提供安装和维护使用的信息，辅助电气工程研究和指导电气工程实践施工等。电气工程的规模不同，其电气图的种类和数量也不同。电气工程图的种类与工程的规模有关，较大规模的电气工程通常要包含较多种类的电气工程图，从不同的侧面表达不同侧重点的工程含义。

AutoCAD 2024 软件运行速度快，安装要求比较低，而且具有众多制图、出图的优点。它提供的平面绘图功能可以胜任电气工程图中使用的各种电气系统图、框图、电路图、接线图、电气平面图等的绘制。

本书重点介绍了 AutoCAD 2024 中文版在电气设计中的应用方法与技巧。全书分为 12 章，分别介绍了电气工程制图规则，AutoCAD 2024 入门，二维绘图命令，二维编辑命令，文本、表格与尺寸标注，辅助绘图工具，电路图设计，通信电气工程图设计，控制电气设计，电力电气设计，机械电气设计，建筑电气设计等工程设计实例。

本书除利用传统的纸面讲解外，还随书配有多媒体电子资源，包含全书所有实例的源文件素材，并制作了实例动画的全程配音讲解 AVI 文件。通过多媒体电子资源，读者可以像看电影一样轻松愉悦地学习本书。

参与本书编写的作者不仅有多年的电气设计与 CAD 教学经验，同时也是 CAD 设计与开发的高手，本书正是基于这些经验的总结。本书所有实例都严格按照电气设计规范进行绘制，像图纸幅面设置、标题栏填写及尺寸标注均严格执行国家标准，电路图中的元器件符号若与国标有出入，请读者参阅相关国标。

本书主要由天津仁爱学院的解璞老师和石家庄三维书屋文化传播有限公司的高级工程师闫聪聪编著。其中解璞执笔编写了第 1~7 章，闫聪聪执笔编写了第 8~12 章。

因编者水平有限，疏漏之处在所难免，敬请各位读者登录网站 www. sjzswsw. com 或联系 QQ 群 696713911 批评指正。

编　者

目　录

第1章　电气工程制图规则

AutoCAD 电气设计是计算机辅助设计与电气设计的交叉学科。本书将对各种 AutoCAD 电气设计方法和技巧进行深入细致的讲解。

本章将介绍电气工程制图的基础知识，包括电气工程图的种类、特点以及电气工程 CAD 制图的相关规范，并对电气图形符号进行初步说明。

本章重点

- 电气理论
- 电气工程 CAD 制图基础知识

1.1　电气工程图的种类

电气工程图可以根据功能和使用场合不同而分为不同的类别，但各类别的电气工程图又有某些联系和共同点。不同类别的电气工程图适用于不同的场合，其表达工程含义的侧重点也不尽相同。但对于不同专业或在不同场合下，只要是按照同一种用途绘成的电气工程图，不仅在表达方式与方法上必须是统一的，而且在图的分类与属性上也应该是一致的。

电气工程图用来阐述电气工程的构成和功能，描述电气装置的工作原理，提供安装和使用维护的信息，辅助电气工程研究和指导电气工程施工等。电气工程的规模不同，其电气工程图的种类和数量也不同。电气工程图的种类跟工程的规模有关，较大规模的电气工程通常要包含较多种类的电气工程图，从不同的角度表达不同侧重点的工程含义。一般来讲，一项电气工程的电气图通常会装订成册，以下是工程图册各部分内容的介绍。

1.1.1　目录和前言

电气工程图的目录如同书的目录，用于资料系统化和检索图样，可方便查阅，由序号、图样名称、编号和页数等构成。

图册前言中一般包括设计说明、图例、设备材料明细表和工程经费概算等。设计说明的主要作用在于阐述电气工程设计的依据、基本指导思想与原则，阐述图样中未能清楚表明的工程特点、安装方法、工艺要求、特殊设备的安装使用说明，以及有关注意事项等的补充说明。图例即图形符号，一般在前言中只列出该图样涉及的一些特殊图例。通常图例都有约定俗成的图形格式，可以通过查询国家标准和电气工程手册获得。设备材料明细表列出了该电气工程所需的主要电气设备和材料的名称、型号、规格和数量，可供进行实验准备、经费预算和购置设备材料时参考。工程经费概算用于大致统计出该套电气工程所需的费用，可以作为工程经费预算和决算的重要依据。

1.1.2 电气系统图和框图

系统图是一种简图，由符号或带注释的框绘制而成，用来大体表示系统、分系统、成套装置或设备的基本组成、相互关系及其主要特征，为进一步编制详细的技术文件提供依据，供操作和维修时参考。系统图是绘制较低层次的各种电气图（主要是指电路图）的主要依据。

系统图对布图有很高的要求，它强调布局清晰，以利于识别过程和信息的流向。基本的流向应该是自左至右或者自上至下，如图 1-1 所示，只有在某些特殊情况下方可例外。例如，用于表达非电工程中的电气控制系统或者电气控制设备的系统图和框图，可以根据非电过程的流程图绘制，但是图中的控制信号应该与过程的流向相互垂直，以便于识别，如图 1-2 所示。

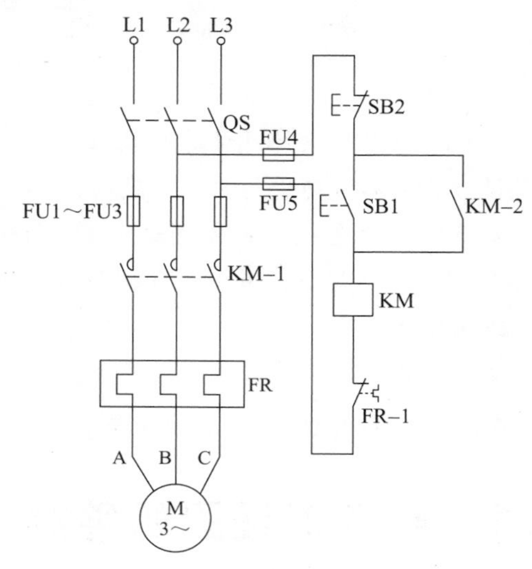

图 1-1　电动机控制系统图

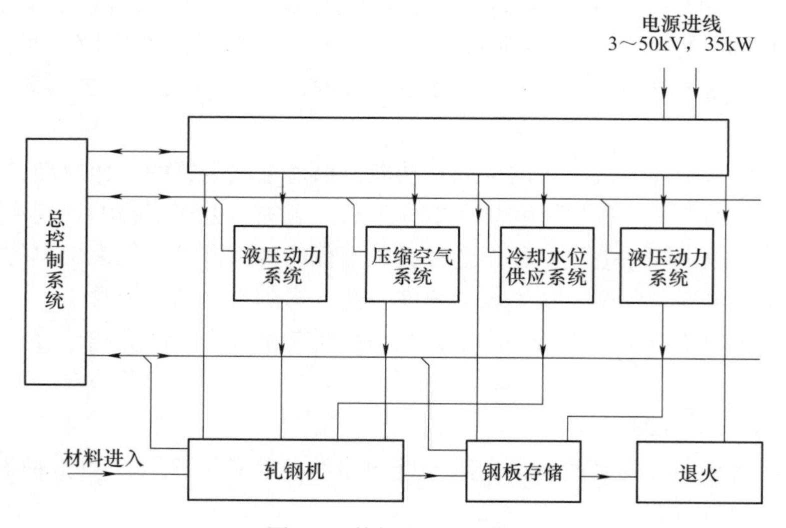

图 1-2　轧钢厂的系统图

1.1.3 电路图

电路图是用图形符号绘制，并按工作顺序排列，详细表示电路、设备或成套装置基本组成部分的连接关系，侧重表达电气工程的逻辑关系，而不考虑工程器件等的实际位置的一种简图。电路图的用途很广，可以用于详细介绍电路、设备或成套装置及其组成部分的作用原理，分析和计算电路特性，为测试和寻找故障提供信息，并可作为编制接线图的依据。简单的电路图还可以直接用于接线。

框图就是用符号或带注释的框，概略表示系统或分系统的基本组成、相互关系及主要特征的一种简图。系统图与框图有一定的共同点，都是用符号或带注释的框来表示。区别在于系统图通常用于表示系统或成套装置，而框图通常用于表示分系统或设备；系统图若标注项目代号，一般为高层代号，框图若标注项目代号，一般为种类代号。

电路图的布图应突出表示各功能的组合和性能。每个功能级都应以适当的方式加以区分，突出信息流及各级之间的功能关系，其中使用的图形符号必须具有完整的形式，元件画法应简单而且符合国家规范。电路图应根据使用对象的不同需要，相应地增加各种补充信息，特别是应该尽可能地给出维修所需的各种详细资料，如器件的型号与规格，还应标明测试点，并给出有关的测试数据（各种检测值）和资料（波形图）等。图 1-3 所示为 CA6140 车床电气设备电路图。

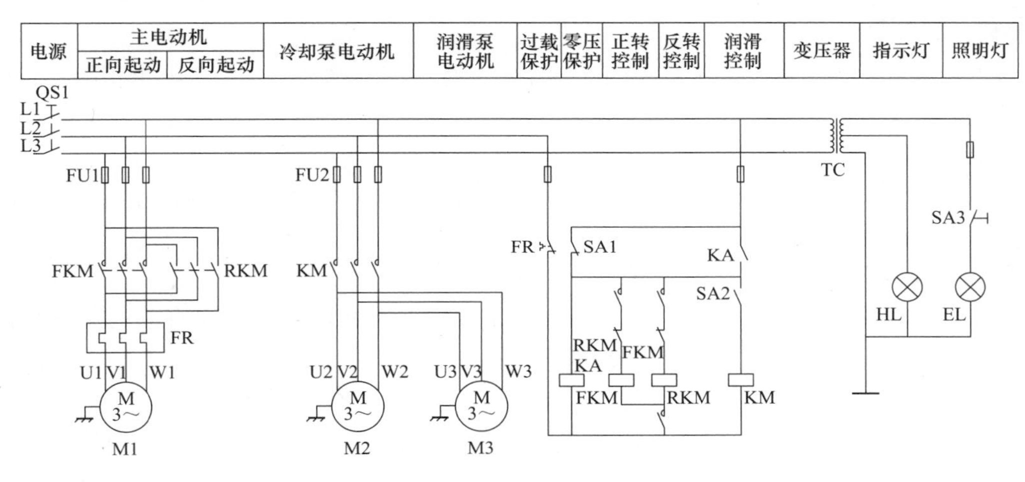

图 1-3　CA6140 车床电气设备电路图

1.1.4 电气接线图

接线图是用符号表示成套装置、设备的内外部各种连接关系的一种简图。通过接线图可以安装接线及维护线路。

接线图中的每个端子都必须标出元件的端子代号，连接导线的两个端子必须在工程中统一编号。布置接线图时，应大体按照各个项目的相对位置进行布置。连接线可以用连续线方式画，也可以用断线方式画。如图 1-4 所示，不在同一张图上的连接线可采用断线画法。

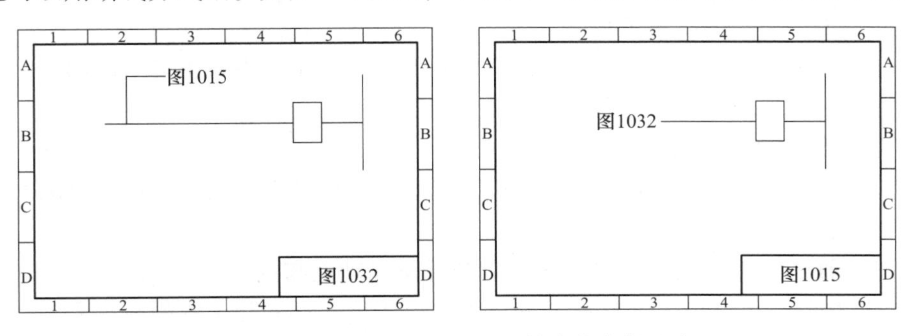

图 1-4　不在同一张图上的连接线的中断画法

1.1.5 电气平面图

电气平面图用于表示某一电气工程中电气设备、装置和线路的平面布置。它一般是在建筑平面的基础上绘制出来的。常见的电气平面图有线路平面图、变电所平面图、照明平面图、弱电系统平面图、防雷与接地平面图等。图 1-5 所示为某车间的电气平面图。

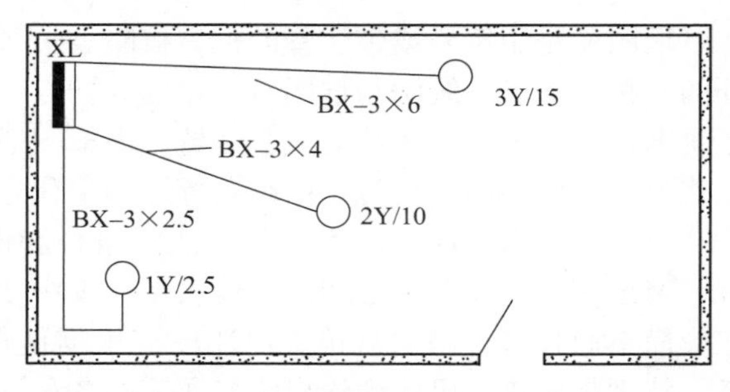

图 1-5　某车间的电气平面图

1.1.6 其他电气工程图

在常见电气工程图中，除了系统图、电路图、接线图和平面图 4 种主要工程图外，还有以下 4 种电气工程图。

1. 设备布置图

设备布置图主要表示各种电气设备的布置形式、安装方式及相互间的尺寸关系，通常由平面图、立体图、断面图和剖面图等组成。

2. 设备元件和材料表

设备元件和材料表是把某一电气工程所需主要设备、元件、材料和有关的数据列成表格，以表示其名称、符号、型号、规格和数量等。

3. 大样图

大样图主要表示电气工程某一部件、构件的结构，用于指导加工与安装，其中一部分大样图为国家标准。

4. 产品使用说明书用电气图

产品使用说明书用电气图用于表示电气工程中选用的设备和装置，其生产厂家往往随产品使用说明书附上电气图，这些也是电气工程图的组成部分。

1.2　电气工程图的一般特点

电气工程图属于专业工程用图，不同于机械工程图、建筑工程图，其主要特点归纳为以下 5 点。

1. 简图是电气工程图的主要形式

简图是采用图形符号和带注释的框或简化外形表示系统或设备中各组成部分之间相互关系的一种图，不同形式的简图从不同角度表达电气工程信息。

2. 元件和连接线是电气图描述的主要内容

电气装置主要由电气元件和连接线构成，因此无论何种电气工程图都是以电气元件和连接线为主要的描述内容。

3. 电气工程图绘制过程中主要采用位置布局法和功能布局法

位置布局法是指电气图中元件符号的布置对应于该元件实际位置的布局方法。例如，电气工程图中的接线图、平面图通常都采用这种方法。功能布局法是指电气图中元件符号的位置只考虑便于表述它们所表示的元件之间的功能关系，而不考虑其实际位置的一种布局方法。系统图和电路图采用的是这种方法。

4. 图形符号、文字符号和项目代号是构成电气图的基本要素

一个电气系统通常由许多部件、组件、功能单元等组成，即由很多项目组成。项目一般用简单的图形符号表示，为了便于区分，每个项目都必须加上识别编号。

5. 电气图具有多样性

由于对能量流、信息流、逻辑流和功能流的描述方法不同，使电气图具有多样性，不同的电气工程图采用不同的描述方法。

1.3 电气工程 CAD 制图规范

本节主要介绍国家标准 GB/T 18135—2008《电气工程 CAD 制图规则》中常用的有关规定，同时对其引用的有关标准中的规定加以解释。

1.3.1 图纸格式

1. 幅面

电气工程图纸采用的基本幅面有 5 种：A0、A1、A2、A3 和 A4，各图幅的相应尺寸见表 1-1。

表 1-1 图幅尺寸的规定 （单位：mm）

幅面代号	A0	A1	A2	A3	A4
长	1189	841	594	420	297
宽	841	594	420	297	210

2. 图框

（1） 图框尺寸

在电气图中，确定图框线的尺寸有两个依据：一是图纸是否需要装订；二是图纸幅面的大小。需要装订时，装订的一侧要留出装订边。图 1-6 和图 1-7 所示分别为不留装订边的图框、留装订边的图框。右下角矩形区域为标题栏位置。图纸图框尺寸见表 1-2。

表 1-2 图纸图框尺寸 （单位：mm）

<table>
<tr><th>幅面代号</th><th>A0</th><th>A1</th><th>A2</th><th>A3</th><th>A4</th></tr>
<tr><td>e</td><td colspan="2">20</td><td colspan="3">10</td></tr>
<tr><td>c</td><td colspan="3">10</td><td colspan="2">5</td></tr>
<tr><td>a</td><td colspan="5">25</td></tr>
</table>

（2） 图框线宽

根据不同幅面和不同输出设备，图框的内框线宜采用不同的线宽，见表 1-3。各种图幅的外框线均为 0. 25mm 的实线。

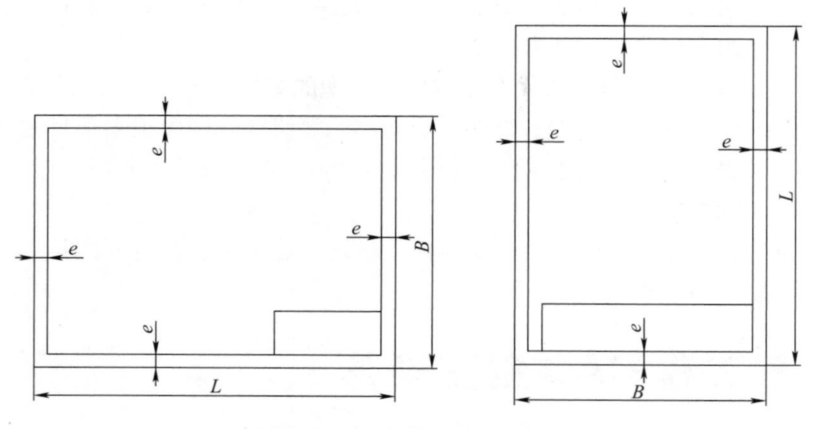

图 1-6　不留装订边的图框

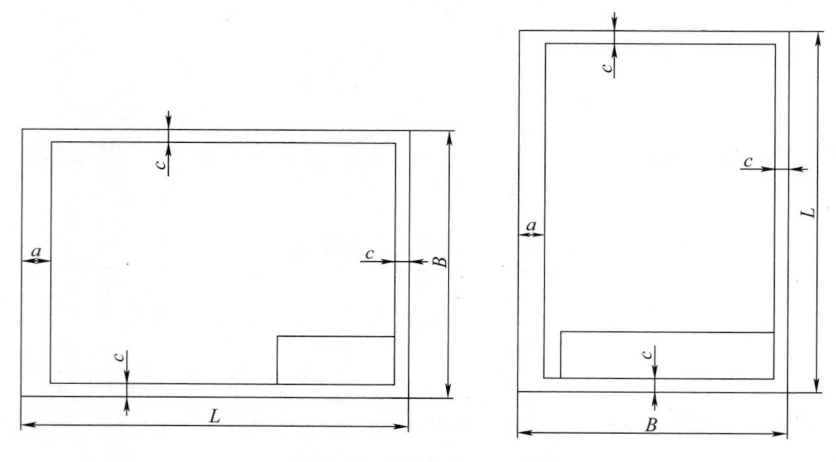

图 1-7　留装订边的图框

表 1-3　图幅内框线宽　　（单位：mm）

幅面代号	喷墨绘图机	笔式绘图机
A0、A1	1.0	0.7
A2、A3、A4	0.7	0.5

1.3.2　文字

1. 字体

电气工程图图样和简图中的汉字字体应为 Windows 系统所带的“仿宋_GB2312”。

2. 文本尺寸高度

1）常用的文本尺寸宜在下列尺寸中选择：1.5、3.5、5、7、10、14、20，单位为 mm。

2）字符的宽高比约为 0.7。

3）各行文字间的行距不应小于字高的1.5倍。

图样中采用的各种文本尺寸见表1-4。

表1-4　图样中各种文本尺寸　　（单位：mm）

文本类型	中文		字母及数字	
	字高	字宽	字高	字宽
标题栏图名	7~10	5~7	5~7	3.5~5
图形图名	7	5	5	3.5
说明抬头	7	5	5	3.5
说明条文	5	3.5	3.5	1.5
图形文字标注	5	3.5	3.5	1.5
图号和日期	5	3.5	3.5	1.5

3. 表格中的文字和数字

1）数字书写：带小数的数值，按小数点对齐；不带小数点的数值，按个位对齐。

2）文本书写：正文左对齐。

1.3.3 图线

1. 线宽

根据用途，图线宽度宜从下列线宽中选用：0.18、0.25、0.35、0.5、0.7、1.0、1.4，单位为mm。图形对象的线宽尽量不多于两种，每种线宽间的比值应不小于2。

2. 图线间距

平行线（包括画阴影线）之间的最小距离不小于粗线宽度的两倍，建议不小于0.7mm。

3. 图线型式

根据不同的结构含义，采用不同的线型，具体要见表1-5。

表1-5　图线型式

图线名称	图线型式	图线应用	图线名称	图线型式	图线应用
粗实线	————	电气线路、一次线路	点画线	—·—·—	控制线、信号线、围框图
细实线	————	二次线路、一般线路			
虚　线	-------	屏蔽线、机械连线	双点画线	-··-··-··-	辅助围框线、36V以下线路

4. 线型比例

线型比例 k 与印制比例宜保持适当关系，当印制比例为1∶n 时，在确定线宽库文件后，线型比例可取 $k\times n$。

1.3.4 比例

推荐采用的比例见表1-6。

表 1-6　比例

类别	推荐比例		
放大比例	50：1		
	5：1		
原尺寸	1：1		
缩小比例	1：2	1：5	1：10
	1：20	1：50	1：100
	1：200	1：500	1：1000
	1：2000	1：5000	1：10000

1.4　电气图形符号的构成和分类

按简图形式绘制的电气工程图中，元件、设备、线路及其安装方法等都是借用图形符号、文字符号和项目代号来表达的。分析电气工程图，首先要知道这些符号的形式、内容、含义以及它们之间的相互关系。

1.4.1　电气图形符号的构成

电气图形符号包括一般符号、符号要素、限定符号和方框符号。

1. 一般符号

一般符号是用来表示一类产品或此类产品特征的简单符号，如电阻、电容、电感等，如图 1-8 所示。

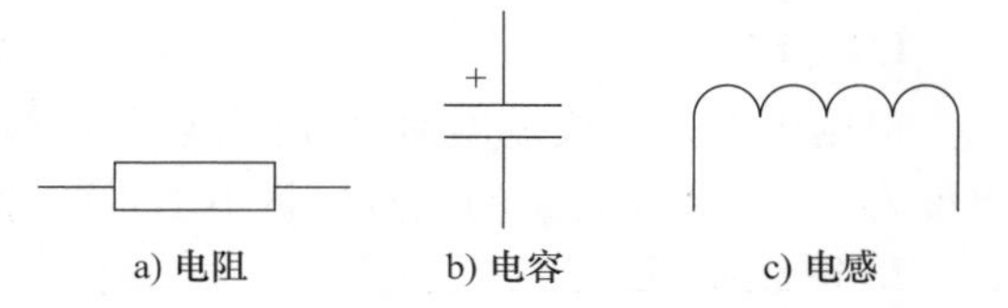

图 1-8　电阻、电容、电感符号

2. 符号要素

符号要素是一种具有确定意义的简单图形，是一种必须同其他图形组合构成一种设备或概念的完整符号。例如，真空二极管是由外壳、阴极、阳极和灯丝 4 个符号要素组成的。符号要素一般不能单独使用，只有按照一定方式组合起来才能构成完整的符号。符号要素的不同组合可以构成不同的符号。

3. 限定符号

一种用以提供附加信息的加在其他符号上的符号，称为限定符号。限定符号一般不代表独立的设备、器件和元件，仅用来说明某些特征、功能和作用等，限定符号一般不单独使用。一般符号加上不同的限定符号，可得到不同的专用符号。例如，在开关的一般符号上加不同的限定符号可分别得到隔离开关、断路器、接触器、按钮开关和转换开关。

4. 方框符号

用以表示元件、设备等的组合及其功能，是一种既不给出元件、设备的细节，也不考虑所有连接关系的简单图形符号。方框符号在系统图和框图中使用得最多。另外，电路图中的外购件、不可修理件也可用方框符号表示。

1.4.2　电气图形符号的分类

本书介绍的《电气简图用图形符号　第 1 部分：一般要求》的国家标准代号为

GB/T 4728.1—2018，它采用国际电工委员会（IEC）标准，在国际上具有通用性，有利于对外技术交流。GB/T 4728 电气图用图形符号共分 13 部分。

1. 总则

包括本标准内容提要、名词术语、符号的绘制、编号使用及其他规定。

2. 符号要素、限定符号和其他常用符号

内容包括轮廓和外壳、电流和电压的种类、可变性、力或运动的方向、流动方向、材料的类型、效应或相关性、辐射、信号波形、机械控制、操作件和操作方法、非电量控制、接地、接机壳和等电位、理想电路元件等。

3. 导体和连接件

内容包括电线、屏蔽或绞合导线、同轴电缆、端子与导线连接、插头和插座、电缆终端头等。

4. 基本无源元件

内容包括电阻器、电容器、铁氧体磁心、压电晶体、驻极体等。

5. 半导体管和电子管

如二极管、晶体管、晶闸管、电子管等。

6. 电能的发生与转换

内容包括绕组、发电机、变压器等。

7. 开关、控制和保护器件

内容包括触点、开关、开关装置、控制装置、启动器、继电器、接触器和保护器件等。

8. 测量仪表、灯和信号器件

内容包括指示仪表、记录仪表、热电偶、遥测装置、传感器、灯、电铃、蜂鸣器、扬声器等。

9. 电信：交换和外围设备

内容包括交换系统、选择器、电话机、电报和数据处理设备、传真机等。

10. 电信：传输

内容包括通信电路、天线、波导管器件、信号发生器、激光器、调制器、解调器、光纤传输线路等。

11. 建筑安装平面布置图

内容包括发电站、变电所、网络、音响和电视的分配系统、建筑用设备、露天设备。

12. 二进制逻辑元件

内容包括计算器、存储器等。

13. 模拟元件

内容包括放大器、函数器、电子开关等。

1.5 思考与练习

1. 电气工程图分为哪几类？
2. 电气工程图具有什么特点？
3. 在 CAD 制图中，电气工程图在图纸格式、文字、图线等方面有什么要求？

第 2 章　AutoCAD 2024 入门

本章开始循序渐进地学习 AutoCAD 2024 绘图的有关基本知识。了解如何配置绘图系统、使用绘图辅助工具，熟悉建立新的图形文件、打开已有文件的方法等。为后面进入系统学习准备必要的前提知识。

本章重点

- 操作环境设置
- 文件管理
- 基本输入操作
- 图层操作
- 绘图辅助工具

2.1　操作环境设置

AutoCAD 2024 为用户提供了交互性良好的 Windows 风格操作界面，也提供了方便的系统定制功能，用户可以根据需要和喜好灵活地设置绘图环境。

2.1.1　操作界面

AutoCAD 操作界面是 AutoCAD 显示和编辑图形的区域，经典的 AutoCAD 操作界面如图 2-1

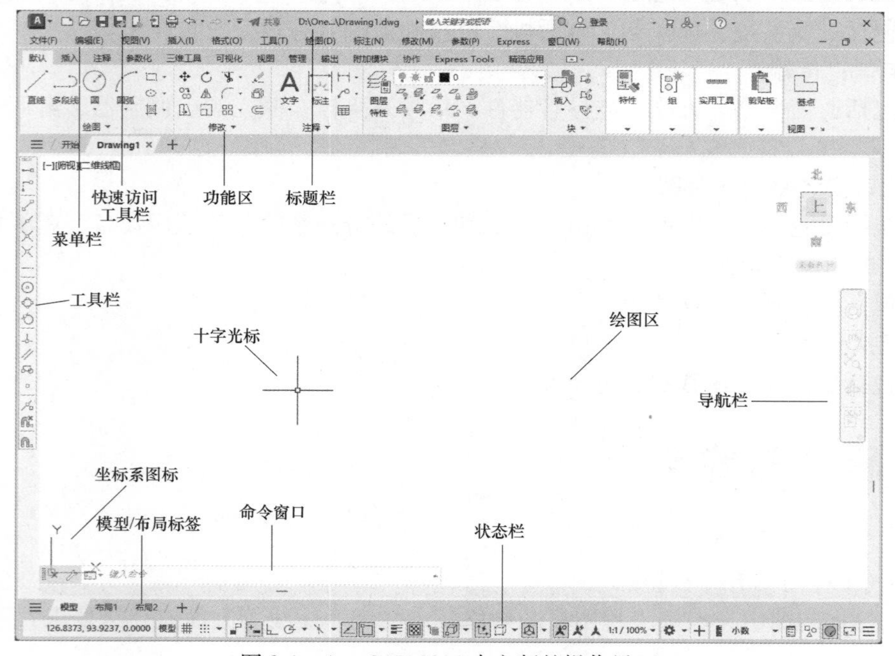

图 2-1　AutoCAD 2024 中文版的操作界面

所示，这是广大用户习惯的 AutoCAD 2009 以前所有版本的界面风格。

包括标题栏、菜单栏、工具栏、绘图区、十字光标、坐标系图标、命令窗口、导航栏、状态栏、模型/布局标签、滚动条、快速访问工具栏、功能区等。

2.1.2 配置绘图系统

由于每台计算机所使用的显示器、输入设备和输出设备的类型不同，用户喜好的风格及计算机的目录设置也不同，所以每台计算机都是独特的。一般来讲，使用 AutoCAD 2024 的默认配置就可以绘图，但为了使用用户的定点设备或打印机，以及为了提高绘图的效率，AutoCAD 推荐用户在开始作图前先进行必要的配置。

1. 执行方式

- 命令行：preferences。
- 菜单栏："工具"→"选项"（其中包括一些最常用的命令，如图 2-2 所示）。
- 右键菜单：选项（单击鼠标右键，系统弹出右键菜单，其中包括一些最常用的命令，如图 2-3 所示）。

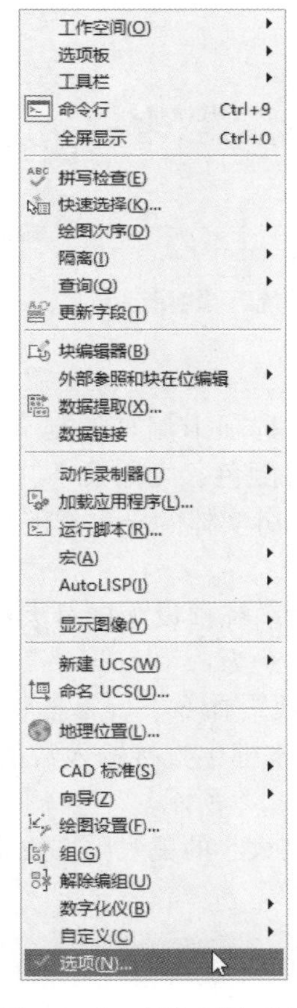

图 2-2 "工具"下拉菜单

图 2-3 "选项"右键菜单

2. 选项说明

执行上述命令后，系统自动打开"选项"对话框。用户可以在该对话框中选择有关选项，对系统进行设置。下面就其中主要的几个选项卡进行说明，其他配置选项，在后面用到时再作具体说明。

（1）系统配置

“选项”对话框中的第五个选项卡为“系统”，如图2-4所示。该选项卡用来设置AutoCAD系统的有关特性。其中“常规选项”选项组用来确定是否选择系统配置的有关基本选项。

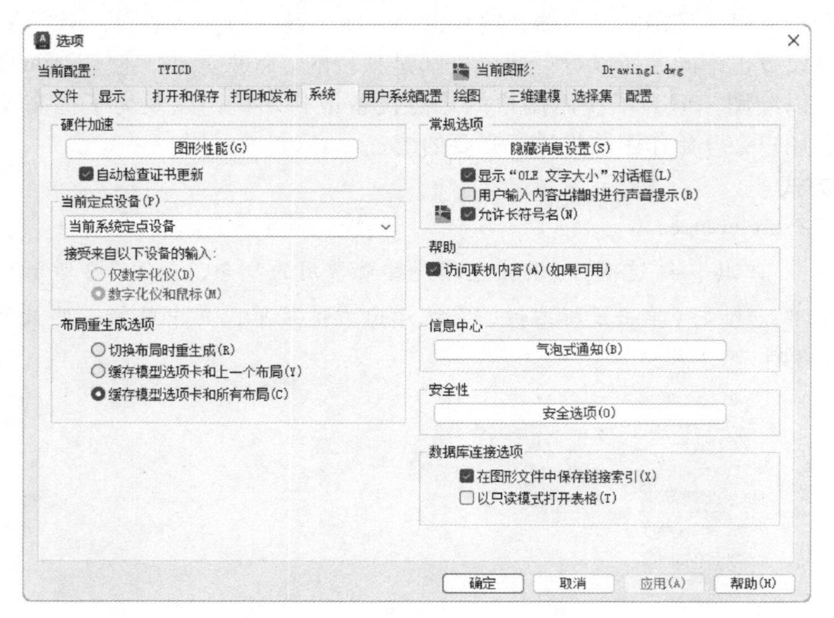

图 2-4 “选项”对话框中的“系统”选项卡

（2）显示配置

“选项”对话框中的第二个选项卡为“显示”，该选项卡用来控制AutoCAD窗口的外观。如图2-5所示。该选项卡可以设定屏幕菜单、屏幕颜色、光标大小、滚动条显示与否、固定命令窗口中文字行数、AutoCAD的版面布局设置、各实体的显示分辨率，以及AutoCAD运行时的其他各项性能参数等。其中部分设置如下。

1）修改绘图窗口中十字光标的大小。光标的长度系统预设为屏幕大小的5%，用户可以根据绘图的实际需要更改其大小。改变光标大小的方法为：

①在绘图窗口中选择“工具”下拉菜单中的“选项”命令。屏幕上将弹出“选项”对话框。打开“显示”选项卡，在“十字光标大小”文本框中直接输入数值，或者拖动编辑框后的滑块，即可以对十字光标的大小进行调整，如图2-5所示。

②通过设置系统变量CURSORSIZE的值，实现对其大小的更改。方法是在命令行输入：

```
命令:↙
输入 CURSORSIZE 的新值 <5>:
```

在提示下输入新值即可。默认值为5%。

2）修改绘图窗口的颜色。在默认情况下，AutoCAD的绘图窗口是黑色背景、白色线条，这不符合绝大多数用户的习惯，因此修改绘图窗口颜色是大多数用户都需要进行的操作。修改绘图窗口颜色的步骤为：

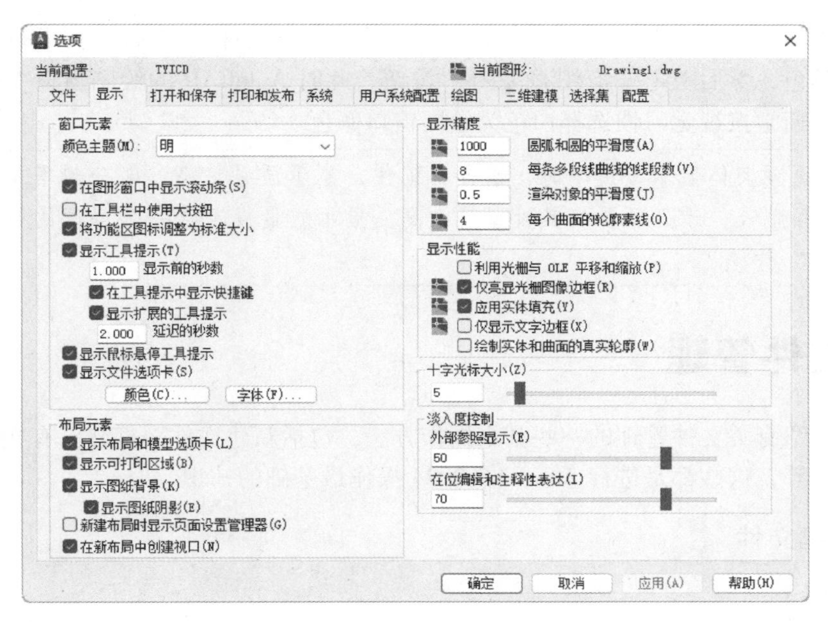

图 2-5 “选项”对话框中的“显示”选项卡

①选择“工具”下拉菜单中的“选项”命令打开“选项”对话框，打开如图 2-5 所示的“显示”选项卡，单击“窗口元素”选项组中的“颜色”按钮，打开如图 2-6 所示的“图形窗口颜色”对话框。

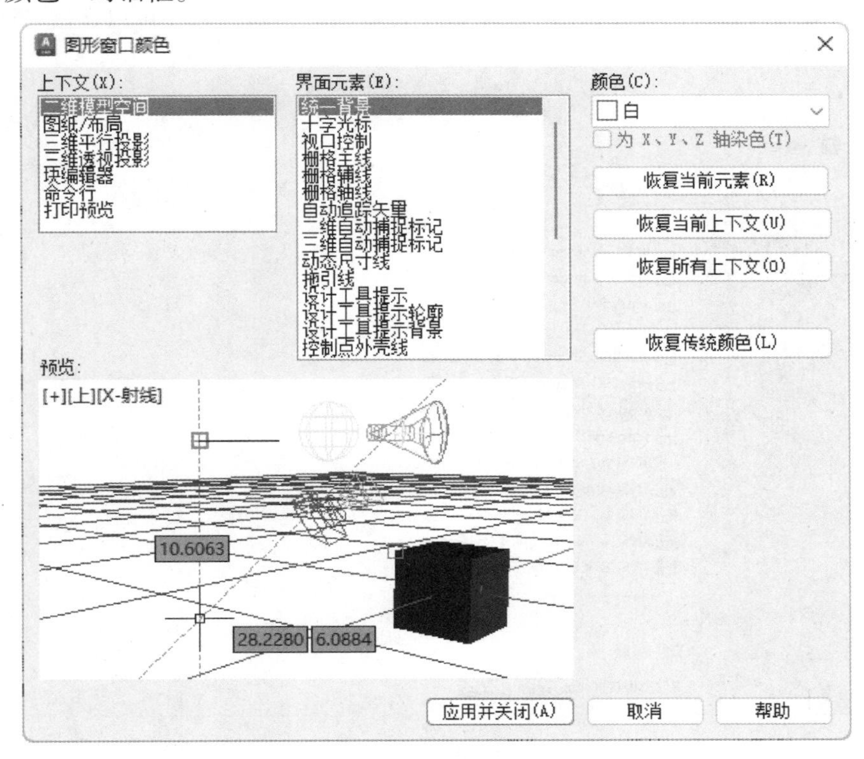

图 2-6 “图形窗口颜色”对话框

②单击“图形窗口颜色”对话框中的“颜色”下拉列表框，在打开的下拉列表中选择需要的窗口颜色，然后单击“应用并关闭”按钮，此时 AutoCAD 的绘图窗口变成了需要的窗口背景色。通常按视觉习惯选择白色为绘图窗口颜色。

注意：在设置实体显示分辨率时，请务必记住，显示质量越高，即分辨率越高，计算机计算的时间越长，千万不要将其设置得太高。显示质量设定在一个合理的程度上是很重要的。

2.2 文件管理

本节将介绍有关文件管理的一些基本操作方法，包括新建文件、打开已有文件、保存文件、删除文件等，这些都是进行 AutoCAD 2024 操作最基础的知识。

2.2.1 新建文件

1. 执行方式

- 命令行：NEW（或 QNEW）。
- 菜单栏：“文件”→“新建”。
- 工具栏：“标准”→“新建”。

2. 选项说明

执行上述命令后，系统打开如图 2-7 所示“选择样板”对话框。可以在该对话框中选择图形样板创建新图形。

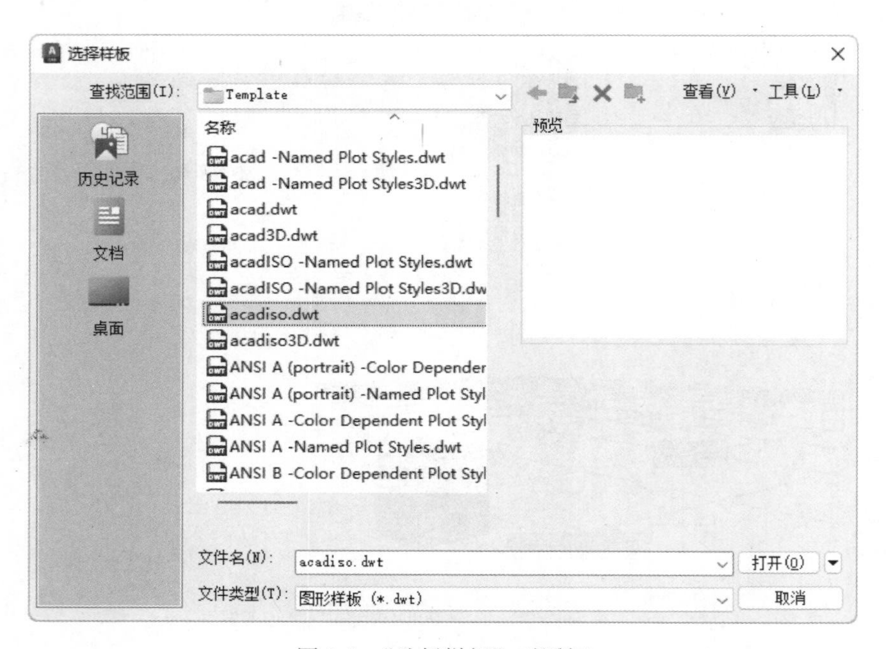

图 2-7 “选择样板”对话框

2.2.2 打开文件

执行方式

- 命令行：OPEN。
- 菜单栏："文件"→"打开"。
- 工具栏："标准"→"打开" 或快速访问→"打开"。

执行上述命令后，打开"选择文件"对话框，如图 2-8 所示。在"文件类型"下拉列表框中用户可选 . dwg 文件、. dwt 文件、. dxf 文件和 . dws 文件。. dws 文件是包含标准图层、标注样式、线型和文字样式的样板文件。. dxf 文件是用文本形式存储的图形文件，能够被其他程序读取，许多第三方应用软件都支持 . dxf 格式。

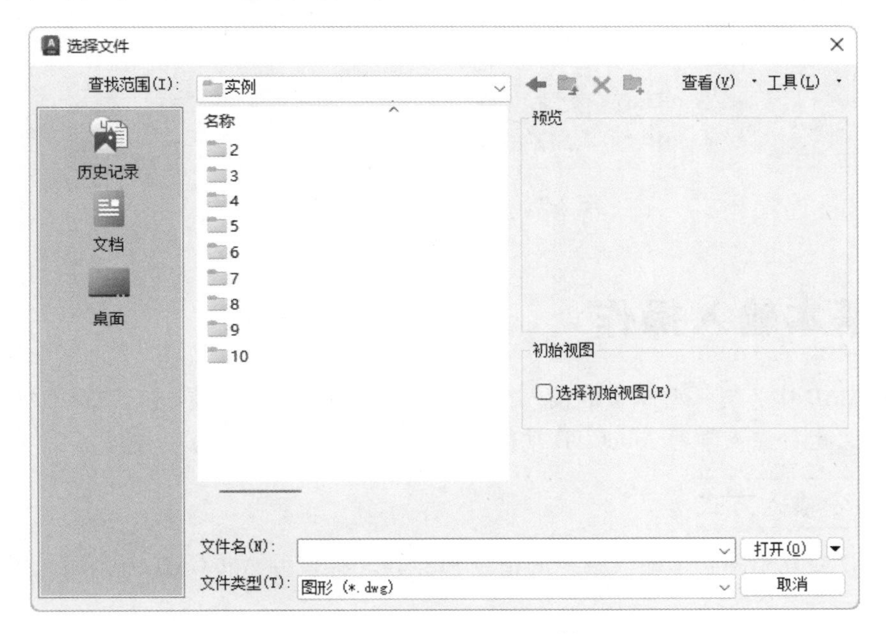

图 2-8 "选择文件"对话框

2.2.3 保存文件

执行方式

- 命令名：QSAVE（或 SAVE 或 SAVEAS）。
- 菜单栏："文件"→"保存"(或另存为)。
- 工具栏："标准"→"保存"。

执行上述命令后，若文件已命名，则 AutoCAD 自动保存；若文件未命名（即为默认名 drawing1. dwg)，则系统弹出"图形另存为"对话框（图 2-9)，用户可以命名并保存文件。在"保存于"下拉列表框中可以指定保存文件的路径；在"文件类型"下拉列表框中可以指定保存文件的类型。

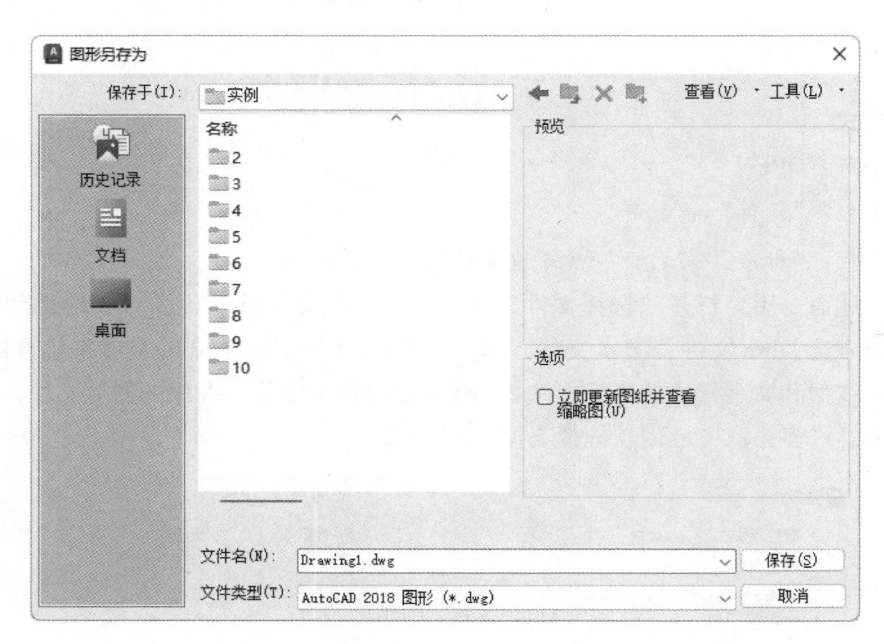

图 2-9 “图形另存为”对话框

2.3 基本输入操作

在 AutoCAD 中，有一些基本的输入操作方法，这些基本方法是进行 AutoCAD 绘图的必备知识基础，也是深入学习 AutoCAD 功能的前提。

2.3.1 命令输入方式

AutoCAD 交互绘图必须输入必要的指令和参数。有多种 AutoCAD 命令输入方式（以画直线为例）。

1. 在命令窗口输入命令名

命令字符可不区分大小写。例如：命令：LINE↙。执行命令时，在命令行提示中经常会出现命令选项。例如：输入绘制直线命令 LINE 后，命令行中的提示为：

```
命令:LINE↙
指定第一点:(在屏幕上指定一点或输入一个点的坐标)
指定下一点或[放弃(U)]:
```

选项中不带括号的提示为默认选项，因此可以直接输入直线段的起点坐标或在屏幕上指定一点，如果要选择其他选项，则应该首先输入该选项的标识字符，如“放弃”选项的标识字符 U，然后按系统提示输入数据即可。在命令选项的后面有时候还带有尖括号，尖括号内的数值为默认数值。

2. 在命令窗口输入命令缩写字

如 L(Line)、C(Circle)、A(Arc)、Z(Zoom)、R(Redraw)、M(More)、CO(Copy)、

PL(Pline)、E(Erase) 等。

3. 选取“绘图”菜单“直线”选项

选取该选项后，在状态栏中可以看到对应的命令说明及命令名。

4. 单击工具栏中的对应图标按钮

单击该图标按钮后在状态栏中就可以看到对应的命令说明及命令名。

5. 在命令行打开右键快捷菜单

如果在前面刚使用过要输入的命令，可以在命令行打开右键快捷菜单，在“最近的输入”子菜单中选择需要的命令，如图 2-10 所示。“最近的输入”子菜单中存储最近使用的几个命令，对于经常重复的命令，该方法比较快速简洁。

图 2-10　命令行右键快捷菜单

6. 在命令行直接按〈Enter〉键

如果用户要重复使用上次使用的命令，可以在命令行直接按〈Enter〉键，系统将立即重复执行上次使用的命令，这种方法适用于重复执行某个命令。

2.3.2 命令的重复、撤销、重做

1. 命令的重复

在命令窗口中按〈Enter〉键可重复调用上一个命令，不管上一个命令是完成了还是被取消了。

2. 命令的撤销

在命令执行的任何时刻都可以取消和终止命令的执行。

执行方式

- 命令行：UNDO。
- 菜单栏：“编辑”→“放弃”。
- 快捷键：〈Esc〉。

3. 命令的重做

已被撤销的命令还可以恢复重做。要恢复撤销的是最后的一个命令。

执行方式

- 命令行：REDO。
- 菜单栏：“编辑”→“重做”。
- 快捷键：〈Ctrl+Y〉。

AutoCAD 2024 可以一次执行多重放弃和重做操作。单击快速访问工具栏中的“放弃”按钮 或“重做”按钮 后面的小三角形，可以选择要放弃或重做的操作。

2.3.3 命令执行方式

有的命令有两种执行方式，通过对话框或通过命令行输入命令。如指定使用命令窗口方式，可以在命令名前加“-”来表示，如“-LAYER”表示用命令行方式执行“图层”命

令。而如果在命令行输入 LAYER，系统则会自动打开“图层”对话框。

另外，有些命令同时存在命令行、菜单和工具栏三种执行方式，这时如果选择菜单或工具栏方式，命令行会显示该命令，并在前面加一下画线。例如，通过菜单或工具栏方式执行“直线”命令时，命令行会显示“_line”，命令的执行过程与结果与命令行方式相同。

2.3.4 数据的输入方法

1. 数据输入方法

在 AutoCAD 2024 中，点的坐标可以用直角坐标、极坐标、球面坐标和柱面坐标表示，每一种坐标又分别具有两种坐标输入方式：绝对坐标和相对坐标。其中直角坐标和极坐标最为常用，下面主要介绍这两种方法。

（1）直角坐标法

用点的 *X*、*Y* 坐标值表示的坐标。例如：在命令行“输入点的坐标”提示下，输入“15，18”，则表示输入了一个 *X*、*Y* 的坐标值分别为 15、18 的点，此为绝对坐标输入方式，表示该点的坐标是相对于当前坐标原点的坐标值，如图 2-11a 所示。如果输入“@ 10，20”，则为相对坐标输入方式，表示该点的坐标是相对于前一点的坐标值，如图 2-11c 所示。

注意：分隔数值一定要是西文状态下的逗号，否则系统不会准确输入数据。

（2）极坐标法

用长度和角度表示的坐标，只能用来表示二维点的坐标。在绝对坐标输入方式下，表示为：“长度<角度”，如“25<50”，其中长度为该点到坐标原点的距离，角度为该点至原点的连线与 *X* 轴正向的夹角，如图 2-11b 所示。

在相对坐标输入方式下，表示为：“@ 长度<角度”，如“@ 25<45”，其中长度为该点到前一点的距离，角度为该点至前一点的连线与 *X* 轴正向的夹角，如图 2-11d 所示。

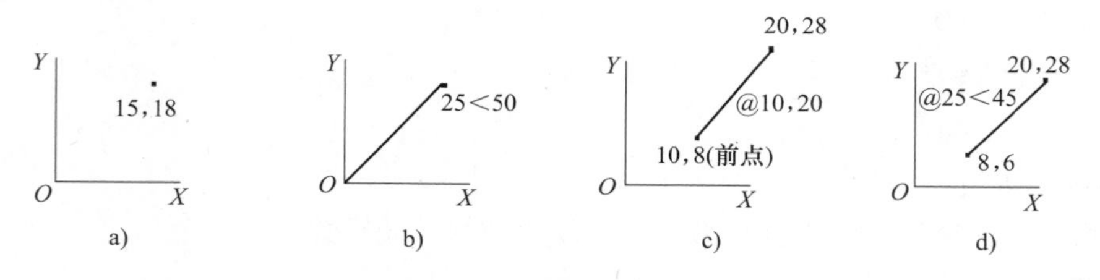

图 2-11　数据输入方法

2. 动态数据输入

按下状态栏上的按钮，系统打开动态输入功能，可以在屏幕上动态地输入某些参数数据。例如，绘制直线时，在光标附近会动态地显示“指定第一个点”，以及后面的坐标框，当前显示的是光标所在位置，可以输入数据，两个数据之间以逗号隔开，如图 2-12 所示。指定第一点后，系统动态显示直线的角度，同时要求输入线段长度值，如图 2-13 所示，其输入效果与“@ 长度<角度”方式相同。

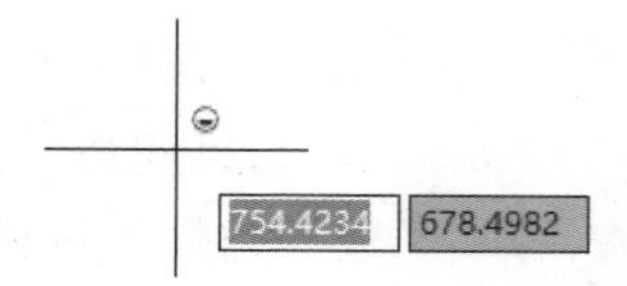

图 2-12　动态输入坐标值

下面分别讲述点与距离值的输入方法。

（1）点的输入

绘图过程中，常需要输入点的位置，AutoCAD 提供了如下几种输入点的方式。

1）用键盘直接在命令窗口中输入点的坐标。具体方法见前面介绍的直角坐标法和极坐标法。

2）用鼠标等定标设备移动鼠标指针，单击左键在屏幕上直接取点。

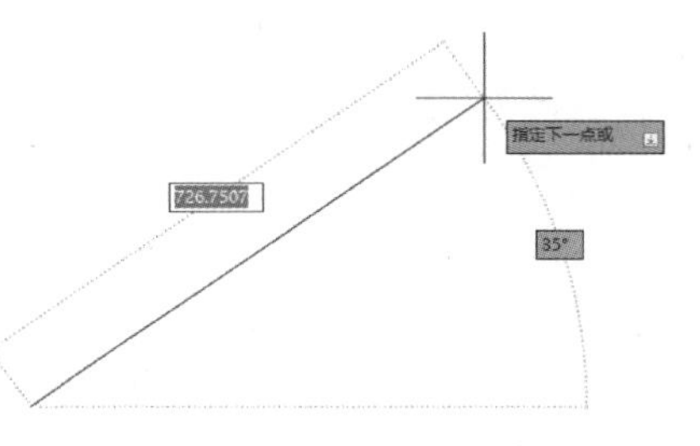

图 2-13　动态输入长度值

3）用目标捕捉方式捕捉屏幕上已有图形的特殊点（如端点、中点、中心点、插入点、交点、切点、垂足点等）。

4）直接距离输入。先用指针拖拉出橡皮筋线确定方向，然后用键盘输入距离。这样有利于准确控制对象的长度等参数。如要绘制一条 10mm 长的线段，方法如下。

```
命令:_line
指定第一个点:(在屏幕上指定一点)
指定下一点或[放弃(U)]:
```

这时在屏幕上移动鼠标指明线段的方向，但不要单击鼠标左键确认，如图 2-14 所示，然后在命令行输入“10”，这样就在指定方向上准确地绘制了长度为 10mm 的线段。

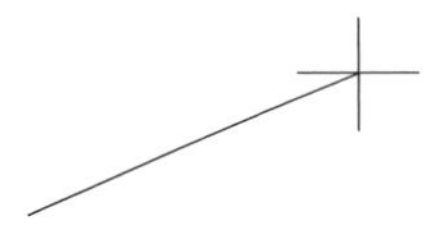

图 2-14　绘制线段

（2）距离值的输入

在 AutoCAD 命令中，有时需要提供高度、宽度、半径、长度等距离值。AutoCAD 提供了两种输入距离值的方式：一种是用键盘在命令窗口中直接输入数值；另一种是在屏幕上拾取两点，以两点的距离值定出所需数值。

2.4　图层操作

AutoCAD 中的图层就如同在手工绘图中使用的重叠透明图纸，如图 2-15 所示。可以使用图层来组织不同类型的信息。在 AutoCAD 中，图形的每个对象都位于一个图层上，所有图形对象都具有图层、颜色、线型和线宽 4 个基本属性。在绘制的时候，图形对象将创建在当前的图层上。每个 CAD 文档中图层的数量是不受限制的，每个图层都有自己的名称。

墙壁

电器

家具

全部图层

图 2-15　图层示意图

2.4.1　建立新图层

新建的 CAD 文档中会自动创建一个名为 0 的特殊图层。默认情况下，图层 0 将被指定使用 7 号颜色、CONTINUOUS 线型、“默认”线宽以及 NORMAL 打印样式。不能删除或重命名图层 0。通过创建新的图层，可以将类型相似的对象指定给同一个图层，使其相关联。例如，可以将构造线、文字、标注和标题栏置于不同的图层上，并为这些图层指定通用特性。通过将对象分类放到各自的图层中，可以快速有效地控制对象的显示以及对其进行更改。

执行方式

● 命令行：LAYER。

● 菜单栏："格式"→"图层"。

● 工具栏："图层"→"图层特性管理器"。

● 功能区："默认"→"图层"→"图层特性"，如图 2-16 所示。

执行上述命令后，系统弹出"图层特性管理器"对话框，如图 2-17 所示。

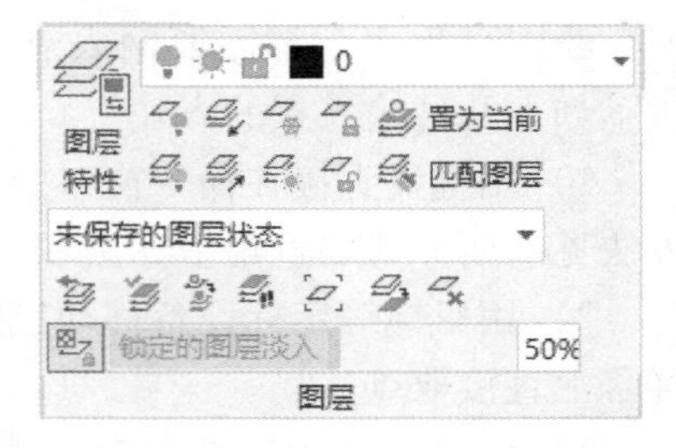

图 2-16 "图层"工具栏

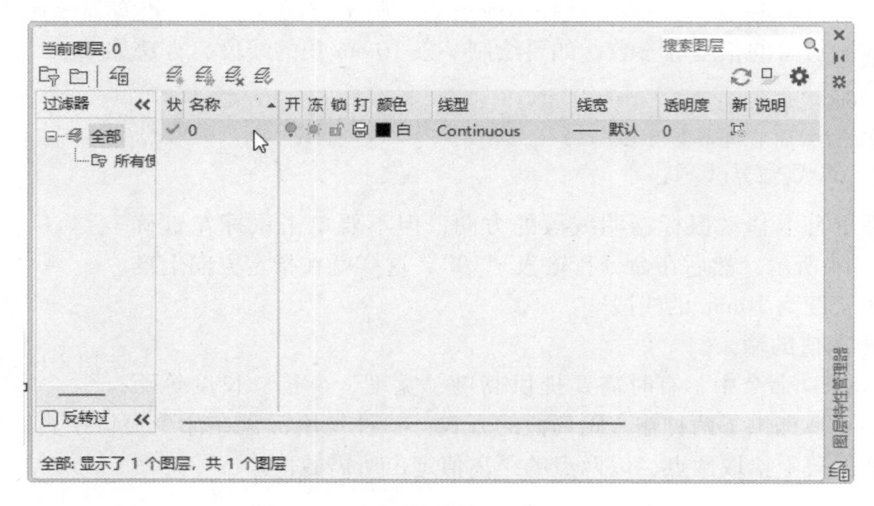

图 2-17 "图层特性管理器"对话框

单击"图层特性管理器"对话框中的"新建"按钮，可建立新图层。默认的图层名为"图层 1"。可以根据绘图需要，更改图层名，例如，改为实体层、中心线层或标准层等。

在一个图形中可以创建的图层数以及在每个图层中可以创建的对象数实际上是无限的。图层最长可使用 255 个字符命名。图层特性管理器按名称的字母顺序排列图层。

注意：如果要建立不止一个图层，无需重复单击"新建"按钮。更有效的方法是：在建立一个新的图层"图层 1"后，改变图层名，在其后输入一个逗号","，这样就会又自动建立一个新图层"图层 1"。改变图层名，再输入一个逗号，又有一个新的图层建立了，依次建立各个图层。也可以按两次〈Enter〉键，建立另一个新的图层。图层的名称也可以更改，直接双击图层名称，输入新的名称。

每个图层属性的设置，包括图层状态、图层名称、关闭/打开图层、冻结/解冻图层、锁定/解锁图层、图层线条颜色、图层线条线型、图层线条宽度、打印样式、打印、冻结新视口、透明度以及说明一共 13 个参数。后文将分别讲述如何设置这些图层参数。

2.4.2 设置图层

图层包括颜色、线宽、线型等参数，可以通过多种方法设置这些参数。

1. 在图层特性管理器中设置

按 2.4.1 节介绍打开图层特性管理器，如图 2-17 所示。可以在其中设置图层的颜色、线宽、线型等参数。

（1）设置图层线条颜色

在工程制图中，整个图形包含多种不同功能的图形对象，如实体、剖面线与尺寸标注等。为了便于直观地区分它们，有必要针对不同的图形对象使用不同的颜色。例如，实体层使用白色，剖面线层使用青色等。

要改变图层的颜色时，单击图层所对应的颜色图标，打开“选择颜色”对话框，如图 2-18 所示。它是一个标准的颜色设置对话框，可以使用“索引颜色”“真彩色”和“配色系统”三个选项卡来选择颜色。系统显示的 RGB 配比，即 Red（红）、Green（绿）和 Blue（蓝）三种颜色配比。

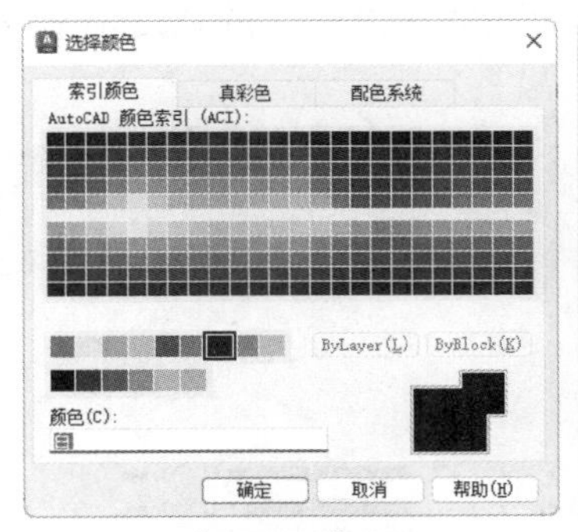

a)“索引颜色”选项卡

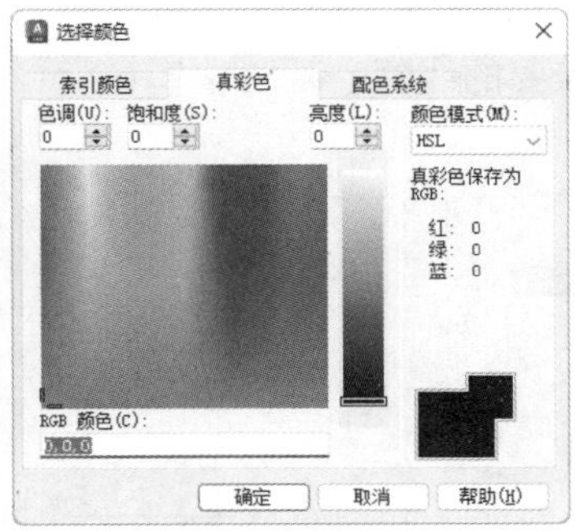

b)“真彩色”选项卡

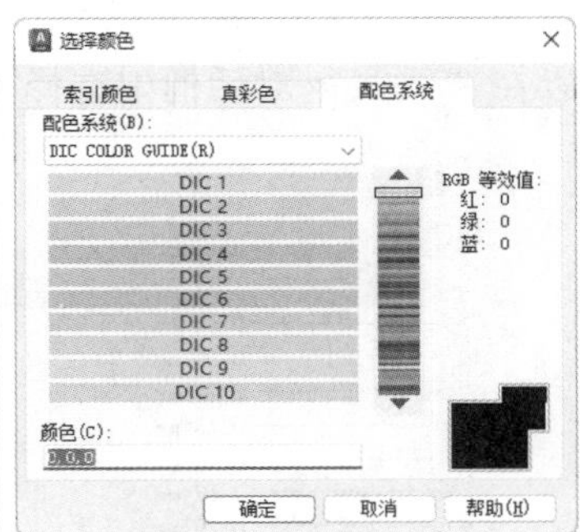

c)“配色系统”选项卡

图 2-18 “选择颜色”对话框

（2）设置图层线型

线型是指作为图形基本元素的线条的组成和显示方式，如实线、点画线等。在许多绘图工作中，常常以线型划分图层。为某一个图层设置适合的线型后，在绘图时，只需将该图层设为当前工作层，即可绘制出符合线型要求的图形对象，可极大地提高绘图的效率。

单击图层所对应的线型图标，打开“选择线型”对话框，如图 2-19 所示。默认情况下，在“已加载的线型”列表框中，系统中只添加了 Continuous 线型。单击“加载”按钮，打开“加载或重载线型”对话框，如图 2-20 所示，可以看到 AutoCAD 还提供了许多其他的线型。

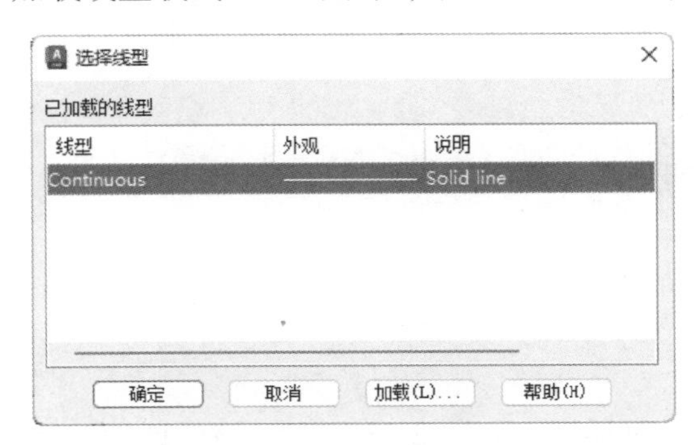

图 2-19 “选择线型”对话框

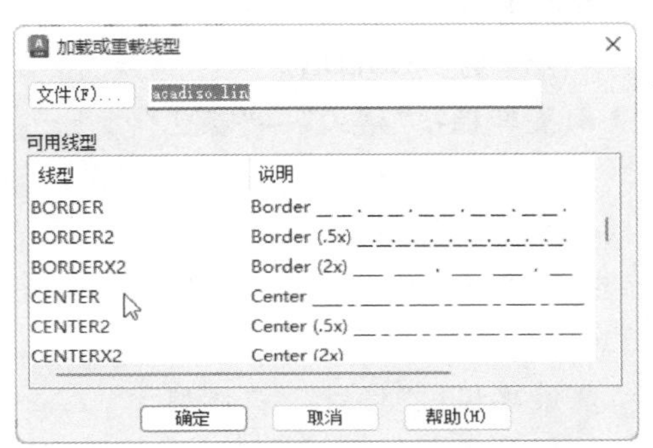

图 2-20 “加载或重载线型”对话框

用鼠标选择所需线型，单击“确定”按钮，即可把选择的线型加载到“已加载的线型”列表框中。也可以按住〈Ctrl〉键选择多种线型同时加载。

（3）设置图层线宽

线宽设置顾名思义就是改变线条的宽度。用不同宽度的线条表现图形对象的类型，可以提高图形的表达能力和可读性。例如，绘制外螺纹时大径使用粗实线，小径使用细实线。

单击图层所对应的线宽图标，打开“线宽”对话框，如图 2-21 所示。选择一个线宽，单击“确定”按钮完成对图层线宽的设置。

图层线宽的默认值为 0. 25mm。在状态栏为“模型”状态时，显示的线宽同计算机的像素有关。线宽为零时，显示为一个像素的线宽。单击状态栏中的“线宽”按钮，屏幕上显示图形线宽，显示的线宽与实际线宽成比例，如图 2-22 所示。但线宽不会随着图形的放大和缩小而变化。线宽功能关闭时，不显示图形的线宽，图形的线宽均以默认的宽度值显示。可以在“线宽”对话框中选择需要的线宽。

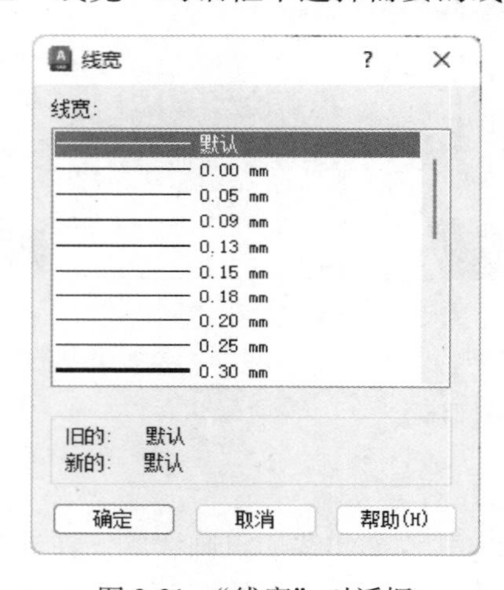

图 2-21 “线宽”对话框

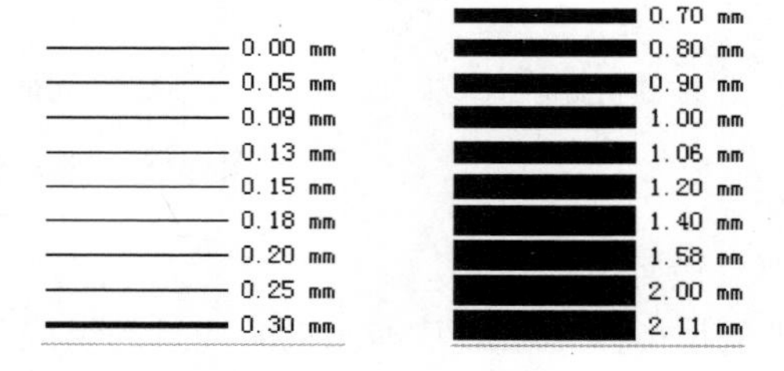

图 2-22 线宽显示效果图

2. 直接设置图层

可以直接通过命令行或菜单设置图层的颜色、线型、线宽。

（1）设置颜色

执行方式

● 命令行：COLOR。

● 菜单栏：“格式”→“颜色”。

执行上述命令后，系统弹出“选择颜色”对话框，如图 2-18 所示。

（2）设置线型

执行方式

● 命令行：LINETYPE。

● 菜单栏：“格式”→“线型”。

执行上述命令后，系统弹出“线型管理器”对话框，如图 2-23 所示。该对话框的使用方法与图 2-19 所示的“选择线型”对话框类似。

（3）设置线宽

执行方式

- 命令行：LINEWEIGHT 或 LWEIGHT。
- 菜单栏："格式"→"线宽"。

执行上述命令后，系统弹出"线宽设置"对话框，如图 2-24 所示。该对话框的使用方法与图 2-21 所示的"线宽"对话框类似。

图 2-23 "线型管理器"对话框

3. 利用"特性"面板设置图层

AutoCAD 提供了一个"特性"面板，如图 2-25 所示。用户能够使用"特性"面板快速地查看和改变所选对象的图层、颜色、线型和线宽等特性。通过对"特性"面板上的图层颜色、线型、线宽和打印样式的控制增强了查看和编辑对象属性的命令。在绘图区中选择的任何对象都将在面板上自动显示它所在的图层、颜色、线型等属性。

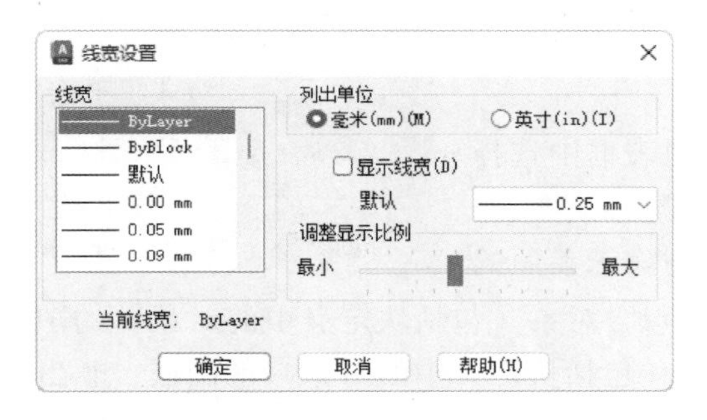

图 2-24 "线宽设置"对话框

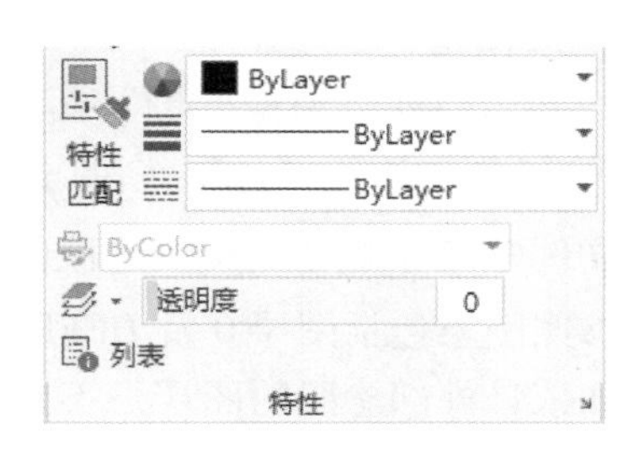

图 2-25 "特性"面板

也可以在"特性"面板上的"颜色""线型""线宽"和"打印样式"下拉列表中选择需要的参数值。如果在"颜色"下拉列表中选择"选择颜色"选项（图 2-26），系统会弹出"选择颜色"对话框，如图 2-18 所示。同样，如果在"线型"下拉列表中选择"其他"选项（图 2-27），系统会弹出"线型管理器"对话框，如图 2-23 所示。

图 2-26 "选择颜色"选项

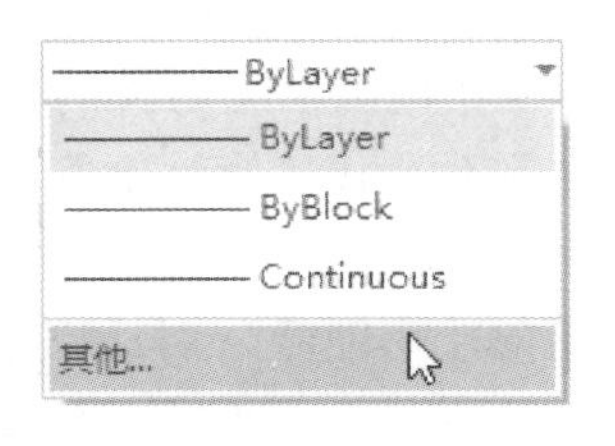

图 2-27 "其他"选项

4. 用“特性”对话框设置图层

执行方式

- 命令行：DDMODIFY 或 PROPERTIES。
- 菜单栏：“修改”→“特性”。
- 工具栏：“标准”→“特性”。

执行上述命令后，系统弹出“特性”对话框，如图 2-28 所示。在其中可以方便地设置或修改图层、颜色、线型、线宽等属性。

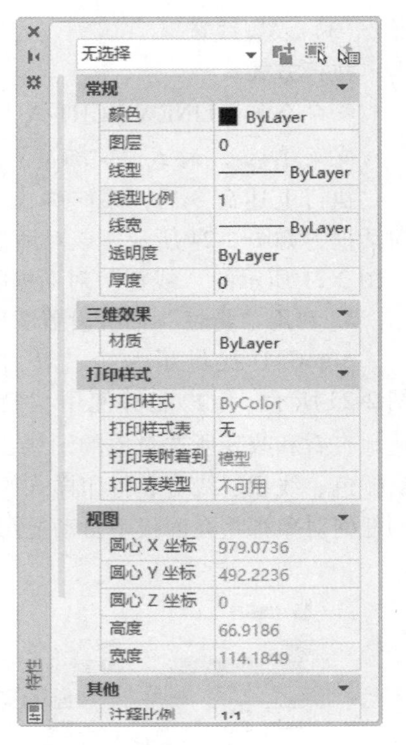

图 2-28 “特性”对话框

2.4.3 控制图层

1. 切换当前图层

不同的图形对象需要绘制在不同的图层中，在绘制前，需要将工作图层切换到所需的图层上来。打开“图层特性管理器”对话框，选择图层，单击“当前”按钮，完成设置。

2. 删除图层

在“图层特性管理器”对话框的图层列表框中选择要删除的图层，单击“删除”按钮即可删除该图层。从图形文件定义中删除选定的图层，只能删除未参照的图层。参照图层包括图层 0 及 DEFPOINTS、包含对象（包括块定义中的对象）的图层、当前图层和依赖外部参照的图层。不包含对象（包括块定义中的对象）的图层、非当前图层和不依赖外部参照的图层都可以删除。

3. 关闭/打开图层

在“图层特性管理器”对话框中，单击图标，可以控制图层的可见性。图层打开时，图标小灯泡呈鲜艳的颜色，该图层上的图形可以显示在屏幕上或绘制在绘图仪上。当单击该属性图标后，图标小灯泡呈灰暗色时，该图层上的图形不显示在屏幕上，而且不能被打印输出，但仍然作为图形的一部分保留在文件中。

4. 冻结/解冻图层

在“图层特性管理器”对话框中，单击图标，可以冻结图层或将图层解冻。图标呈雪花灰暗色时，该图层是冻结状态；图标呈太阳鲜艳色时，该图层是解冻状态。冻结图层上的对象不能显示，不能打印，也不能编辑修改该图层上图形对象。在冻结了图层后，该图层上的对象不影响其他图层上对象的显示和打印。例如，在使用 HIDE 命令消隐的时候，被冻结图层上的对象不隐藏其他对象。

5. 锁定/解锁图层

在“图层特性管理器”对话框中，单击图标，可以锁定图层或将图层解锁。锁定图层后，该图层上的图形依然显示在屏幕上并可打印输出，还可以在该图层上绘制新的图形对象，但不能对该图层上的图形进行编辑修改操作。可以对当前层进行锁定，也可对锁定图层上的图形进行查询和对象捕捉。锁定图层可以防止对图形的意外修改。

6. 打印样式

“打印样式”用来控制对象的打印特性，包括颜色、抖动、灰度、笔号、虚拟笔、淡显、线型、线宽、线条端点样式、线条连接样式和填充样式。使用打印样式给用户提供了很大的灵活性，用户可以通过设置打印样式来替代其他对象特性，根据需要也可以关闭这些替代设置。

7. 打印/不打印

在“图层特性管理器”对话框中，单击图标，可以设定打印时该图层是否打印，在保证图形显示可见、不变的条件下，控制图形的打印特征。打印功能只对可见的图层起作用，对于已经被冻结或被关闭的图层不起作用。

8. 冻结新视口

控制当前视口中图层的冻结和解冻。不解冻图形中设置为“关”或“冻结”的图层，对于模型空间视口不可用。

2.5 绘图辅助工具

要快速顺利地完成图形绘制工作，有时需要借助一些辅助工具，例如，调整图形显示范围与方式的显示工具和用于准确确定绘制位置的精确定位工具等。本节介绍这两种非常重要的辅助绘图工具。

2.5.1 显示控制工具

对于一个较为复杂的图形来说，在观察整幅图形时往往无法对其局部细节进行查看和操作，而当在屏幕上显示一个细部时又看不到其他部分。为解决这类问题，AutoCAD 提供了缩放、平移、视图、鸟瞰视图和命名视图等一系列图形显示控制命令，可以用来任意放大、缩小或移动屏幕上的图形显示，或者同时从不同的角度、不同的部位显示图形。AutoCAD 还提供了“重画”和“重新生成”命令来刷新屏幕、重新生成图形。

1. 图形缩放

图形缩放命令类似于照相机的镜头，可以放大或缩小屏幕所显示的范围，只改变视图的比例，而对象的实际尺寸并不会发生变化。当放大图形一部分的显示尺寸时，可以更清楚地查看这个区域的细节；相反，如果缩小图形的显示尺寸，则可以查看更大的区域，如整体浏览。

图形缩放功能在绘制大幅面机械图样，尤其是装配图时非常有用，是使用频率最高的命令之一。这个命令可以透明地使用，也就是说，该命令可以在执行其他命令时运行。用户完成涉及的透明命令后，AutoCAD 会自动返回到用户调用透明命令前正在运行的命令。

（1）执行方式

- 命令行：ZOOM。
- 菜单栏：“视图”→“缩放”。
- 工具栏：“标准”→“缩放”。
- 功能区：“视图”→“导航”→“范围”下拉列表，如图 2-29 所示。

（2）特殊选项说明

执行上述命令后，系统提示：

指定窗口的角点,输入比例因子（nX 或 nXP),或者
[全部(A)/中心(C)/动态(D)/范围(E)/上一个(P)/比例(S)/窗口(W)/对象(O)] <实时>:

1）实时：“缩放”命令的默认操作，即在输入 ZOOM 命令后，直接按〈Enter〉键，将自动调用实时缩放操作。实时缩放可以通过上下移动鼠标交替进行放大和缩小。在使用实时缩放功能时，系统会显示一个“+”号或“-”号。当缩放比例接近极限时，“+”号或“-”号将不再与光标一起显示。需要从实时缩放操作中退出时，可按〈Enter〉键、〈Esc〉键或从菜单中选择 Exit 退出。

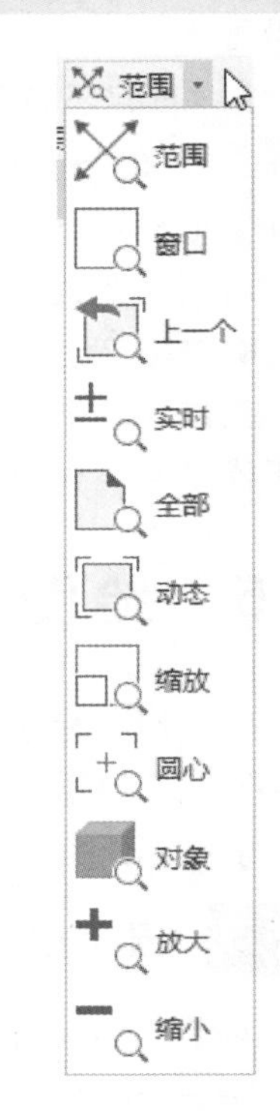

图 2-29 “范围”下拉列表

2）全部（A）：在提示文字后输入 A，即可执行“全部（A）”缩放操作。不论图形有多大，该操作都将显示图形的边界或范围，即使对象不包括在边界以内，它们也将被显示。因此，使用“全部（A）”缩放选项，可查看当前视口中的整个图形。

3）中心（C）：该选项通过确定一个中心点可以定义一个新的显示窗口。操作过程中需要指定中心点以及输入比例或高度。默认的中心点就是视图的中心点，默认的输入高度就是当前视图的高度，直接按〈Enter〉键后，图形不会被放大。输入比例的数值越大，图形放大倍数也将越大。可以在数值后面紧跟一个“X”，如 3X，表示在放大时不是按绝对值变化，而是按相对于当前视图的相对值缩放。

4）动态（D）：通过操作一个表示视口的视图框，可以确定所需要显示的区域。选择该选项，在绘图窗口中会出现一个小的视图框。按住鼠标左键左右移动可以改变该视图框的大小；定形后放开左键，再按下鼠标左键移动视图框，确定图形中的放大部位，系统将清除当前视口并显示一个特定的视图屏幕。这个特定屏幕，由当前有关视图及有效视图的信息所构成。

5）范围（E）：“范围（E）”选项可以使图形缩放至整个显示范围。图形的范围由图形所在的区域构成，剩余的空白区域将被忽略。应用该选项，图形中的所有对象都会尽可能地被放大。

6）上一个（P）：在绘制一幅复杂的图形时，有时需要放大图形的一部分以进行细节的编辑。当编辑完成后，希望回到前一个视图。这种操作可以使用“上一个（P）”选项来实现。当前视口由“缩放”命令的各种选项或“移动”视图、“视图恢复”“平行投影”或“透视”命令引起的任何变化，系统都将做保存。每一个视口最多可以保存 10 个视图。连续使用“上一个（P）”选项可以恢复前 10 个视图。

7）比例（S）：该选项提供了三种使用方法。在提示信息下，直接输入比例系数，AutoCAD 将按照此比例因子放大或缩小图形的尺寸。如果在比例系数后面加一“X”，则表示相对于当前视图计算的比例因子。使用比例因子的第三种方法是相对于图形空间。例如，可以在图纸空间阵列布排或打印出模型的不同视图。为了使每一张视图都与图纸空间单位成比

例，可以使用“比例（S）”选项，每一个视图可以有单独的比例。

8）窗口（W）：该选项是最常使用的选项。通过确定一个矩形窗口的两个对角来指定所需缩放的区域，对角点可以由鼠标指定，也可以输入坐标确定。指定窗口的中心点将成为新的显示屏幕的中心点，窗口中的区域将被放大或者缩小。输入 ZOOM 命令时，可以在没有选择任何选项的情况下，利用鼠标在绘图窗口中直接指定缩放窗口的两个对角点。

9）对象（O）：缩放以便尽可能大地显示一个或多个选定的对象并使其位于视图的中心。可以在启动 ZOOM 命令前后选择对象。

注意：这里所提到的诸如放大、缩小或移动的操作，仅仅是对图形在屏幕上的显示进行操作，图形本身并没有任何改变。

2. 图形平移

当图形幅面大于当前视口时，例如，使用图形缩放命令将图形放大，如果需要在当前视口之外观察或绘制一个特定区域，可以使用图形平移命令来实现。“平移”命令能将在当前视口以外的图形的一部分移动进来查看或编辑，但不会改变图形的缩放比例。

（1）执行方式

- 命令行：PAN。
- 菜单：“视图”→“平移”。
- 工具栏：“标准”→“实时平移”。
- 功能区：“视图”→“导航”→“平移”。
- 快捷菜单：绘图窗口中单击右键，选择“平移”选项。

（2）特殊选项说明

激活“平移”命令之后，鼠标指针将变成一只“小手”，可以在绘图窗口中任意移动，以示当前正处于平移模式。单击并按住鼠标左键将指针锁定在当前位置，即“小手”已经抓住图形，然后，拖动图形使其移动到所需位置上，松开鼠标左键将停止平移图形。可以反复按下鼠标左键，拖动，松开，将图形平移到任意位置上。

“平移”命令预先定义了一些不同的菜单选项与按钮，它们可用于在特定方向上平移图形。在激活“平移”命令后，这些选项可以从菜单“视图”→“平移”→“*”中调用。

1）实时：是“平移”命令中最常用的选项，也是默认选项，前面提到的平移操作都是指实时平移，可通过鼠标的拖动来实现任意方向上的平移。

2）点：该选项要求确定位移量，这就需要确定图形移动的方向和距离。可以通过输入点的坐标或用鼠标指定点的坐标来确定位移。

3）左：该选项移动图形后使屏幕左部的图形进入显示窗口。

4）右：该选项移动图形后使屏幕右部的图形进入显示窗口。

5）上：该选项向底部平移图形后使屏幕顶部的图形进入显示窗口。

6）下：该选项向顶部平移图形后使屏幕底部的图形进入显示窗口。

2.5.2 精确定位工具

在绘制图形时，可以使用直角坐标或极坐标精确定位点，但是有些点（如端点、中心点等）的坐标是不知道的，要想精确地指定这些点，可想而知是很难的，有时甚至是不可能的。AutoCAD 2024 提供了辅助定位工具，使用这类工具，可以很容易地在屏幕中捕捉到这些点，进行精确的绘图。

1. 正交绘图

（1）执行方式

- 命令行：ORTHO。
- 状态栏：正交（只限于打开与关闭）。
- 快捷键：〈F8〉（只限于打开与关闭）。

（2）特殊选项说明

正交绘图模式，即在命令的执行过程中，指针只能沿 *X* 轴或者 *Y* 轴移动。所有绘制的线段和构造线都将平行于 *X* 轴或 *Y* 轴，因此它们相互垂直成 90°相交，即正交。使用正交模式绘图，对于绘制水平和竖直线非常有用，特别是当绘制构造线时经常使用。而且当捕捉模式为等轴测模式时，它可迫使直线平行于三个轴测轴中的一个。

2. 栅格

AutoCAD 的栅格由有规则的点的矩阵组成，延伸到指定为图形界限的整个区域。使用栅格模式绘图与在坐标纸上绘图十分相似，可以对齐对象并直观显示对象之间的距离。如果放大或缩小图形，需要调整栅格间距，使其适合新的比例。虽然栅格在屏幕上是可见的，但它并不是图形对象，因此它不会被打印成图形的一部分，也不会影响在何处绘图。可以单击状态栏上的“栅格”按钮#或按〈F7〉键打开或关闭栅格。

执行方式

- 命令行：DSETTINGS（或者 DS、SE 和 DDRMODES）。
- 菜单栏：“工具”→“绘图设置”。
- 快捷菜单：“栅格”按钮#处右键单击→“设置”。

执行上述命令，系统弹出“草图设置”对话框，如图 2-30 所示。

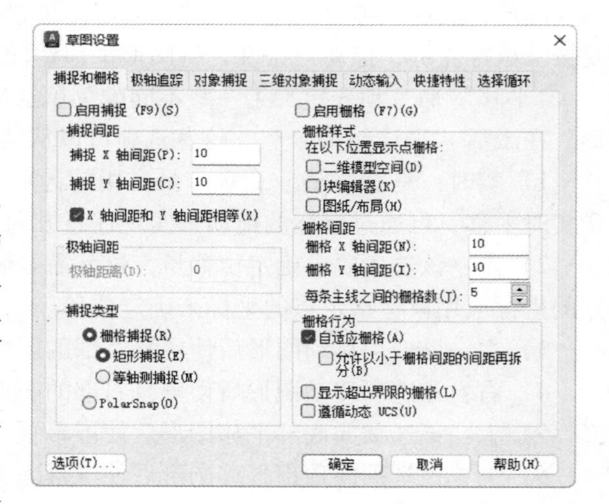

图 2-30 “草图设置”对话框

如果需要显示栅格，选择“启用栅格”复选框。在“栅格 X 轴间距”文本框中，输入栅格点之间的水平距离，单位为 mm。如果使用相同的间距设置竖直和水平分布的栅格点，则按〈Tab〉键。否则，在“栅格 Y 轴间距”文本框中输入栅格点之间的垂直距离。

用户可改变栅格与图形界限的相对位置。默认情况下，栅格以图形界限的左下角为起点，沿着与坐标轴平行的方向填充整个由图形界限所确定的区域。

另外，可以使用 GRID 命令通过命令行方式设置栅格，功能与“草图设置”对话框类似。

📖 注意：如果栅格的间距设置得太小，当进行打开栅格操作时，AutoCAD 将在文本窗口中显示"栅格太密，无法显示"的信息，而不在屏幕上显示栅格点。或者使用"缩放"命令时，将图形缩放很小，也会出现同样提示，不显示栅格。

3. 捕捉

用户可以通过捕捉模式直接使用鼠标快捷准确地定位目标点。捕捉模式有如下几种不同的形式：栅格捕捉、对象捕捉、极轴捕捉和自动捕捉。后文中将详细讲解。

执行方式

● 菜单："工具"→"绘图设置"。

● 状态栏：捕捉模式。

● 快捷键：〈F9〉。

按上述操作打开"草图设置"对话框中的"捕捉和栅格"选项卡，如图 2-30 所示。

捕捉是指 AutoCAD 可以生成一个隐含分布于屏幕上的栅格，这种栅格能够捕捉光标，使光标只能落到其中的一个栅格点上。捕捉可分为"矩形捕捉"和"等轴测捕捉"两种类型。默认设置为"矩形捕捉"，即捕捉点的阵列，类似于栅格，如图 2-31 所示。用户可以指定捕捉模式在 *X* 轴方向和 *Y* 轴方向上的间距，也可改变捕捉模式与图形界限的相对位置。与栅格的不同之处在于：捕捉间距的值必须为正实数；另外捕捉模式不受图形界限的约束。"等轴测捕捉"表示捕捉模式为等轴测模式，此模式是绘制正等轴测图时的工作环境，如图 2-32 所示。在"等轴测捕捉"模式下，栅格和光标十字线成绘制等轴测图时的特定角度。

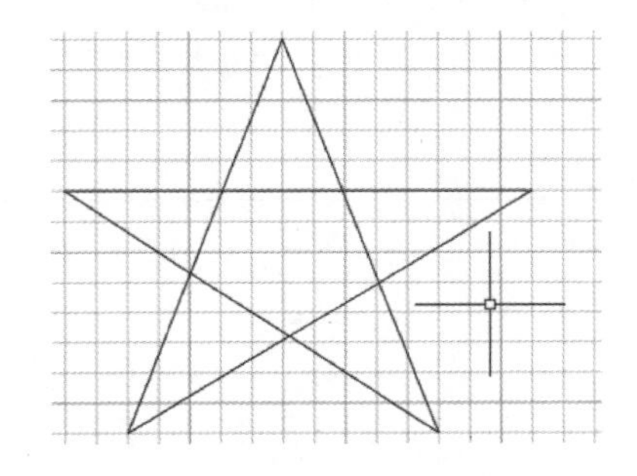

图 2-31　矩形捕捉实例

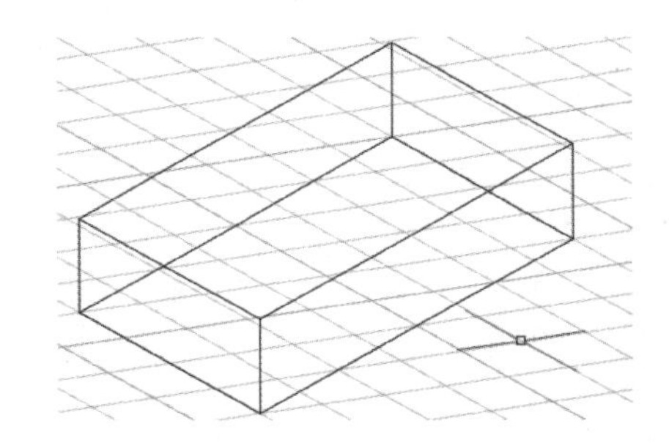

图 2-32　等轴测捕捉实例

在绘制如图 2-31 和图 2-32 所示的图形时，输入参数点，光标只能落在栅格点上。两种模式的切换方法是：打开"草图设置"对话框，进入"捕捉和栅格"选项卡，在"捕捉类型"选项组中，通过单选项可以切换"矩形捕捉"模式与"等轴测捕捉"模式。

4. 对象捕捉

AutoCAD 给所有的图形对象都定义了特征点。对象捕捉是指在绘图过程中，通过捕捉特征点，迅速准确地将新的图形对象定位在现有对象的确切位置上，如圆的圆心、线段的中点或两个对象的交点等。在 AutoCAD 2024 中，可以通过单击状态栏中"对象捕捉"按钮，或在"草图设置"对话框的"对象捕捉"选项卡中选中"启用对象捕捉"复选框，启用对象捕捉功能。在绘图过程中，对象捕捉功能的调用可以通过以下方式完成。

1）"对象捕捉"工具栏：在绘图过程中，当系统提示需要指定点位置时，可以单击

“对象捕捉”工具栏中相应的特征点按钮，再把指针移动到要捕捉的对象上的特征点附近，AutoCAD 会自动提示并捕捉到这些特征点。“对象捕捉”工具栏如图 2-33 所示。例如，如果

图 2-33 “对象捕捉”工具栏

需要用直线连接一系列圆的圆心，可以将圆心设置为捕捉对象。如果有两个可能的捕捉点落在选择区域，AutoCAD 将捕捉离指针中心最近的符合条件的点。在指定位置有多个对象符合捕捉条件时，指定点时需要检查哪一个对象捕捉有效，可以按〈Tab〉键遍历所有可能的点。

2）“对象捕捉”快捷菜单：在需要指定点位置时，可以按住〈Ctrl〉键或〈Shift〉键，单击鼠标右键，打开“对象捕捉”快捷菜单，如图 2-34 所示。从该菜单上同样可以选择某一种特征点执行对象捕捉，把指针移动到要捕捉的对象上的特征点附近，即可捕捉到这些特征点。

3）使用命令行：当需要指定点位置时，在命令行中输入相应特征点的关键字，把指针移动到要捕捉的对象上的特征点附近，即可捕捉到这些特征点。对象捕捉特征点的关键字见表 2-1。

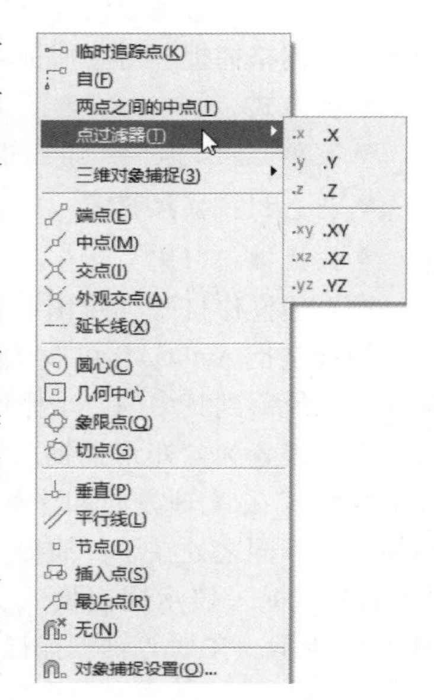

图 2-34 “对象捕捉”快捷菜单

表 2-1 对象捕捉特征点关键字

模式	关键字	模式	关键字	模式	关键字
临时追踪点	TT	捕捉自	FROM	端点	END
中点	MID	交点	INT	外观交点	APP
延长线	EXT	圆心	CEN	象限点	QUA
切点	TAN	垂足	PER	平行线	PAR
节点	NOD	最近点	NEA	无捕捉	NON
两点之间中点	M2P	点过滤器	X（Y、Z）	插入点	INS

注意：

1）对象捕捉不能单独使用，必须配合别的绘图命令一起使用；仅当 AutoCAD 提示输入点时，对象捕捉才生效。如果试图在命令提示下使用对象捕捉，AutoCAD 将显示错误信息。

2）对象捕捉只影响屏幕上可见的对象，包括锁定图层、布局视口边界和多段线上的对象；不能捕捉不可见的对象，如未显示的对象、关闭或冻结图层上的对象及虚线的空白部分。

5. 自动对象捕捉

在绘制图形的过程中，使用对象捕捉的频率非常高，如果每次在捕捉时都要先选择捕捉模式，将使工作效率大幅降低。出于此种考虑，AutoCAD 提供了自动对象捕捉模式。如果启用自动捕捉功能，当指针距指定的捕捉点较近时，系统会自动精确地捕捉这些特征点，并显示出相应的标记以及该捕捉的提示。打开“草图设置”对话框中的“对象捕捉”选项卡，选中“启用对象捕捉追踪”复选框，可以调用自动捕捉，如图 2-35 所示。

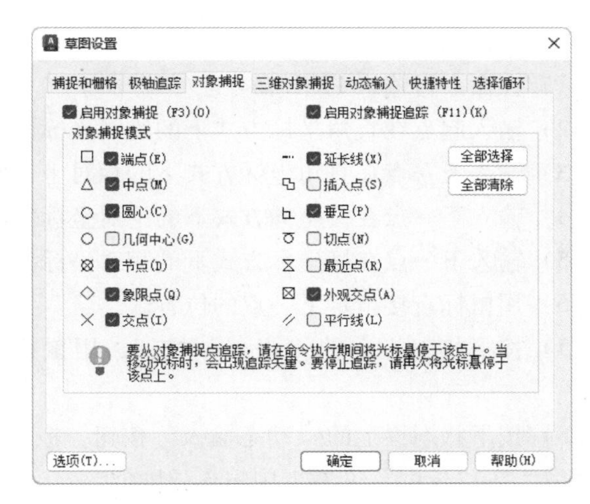

图 2-35 “对象捕捉”选项卡

注意：用户可以设置自己经常要用的捕捉模式。一旦设置了运行捕捉模式，在每次运行时，所设定的目标捕捉模式就会被激活，而不是仅对一次选择有效。当同时使用多种模式时，系统将捕捉距指针最近、同时又满足多种目标捕捉模式之一的点。当指针距要获取的点非常近时，按下〈Shift〉键可暂时不获取对象点。

2.6 上机实验

实验 1 熟悉操作界面

（1）目的要求

操作界面是用户绘制图形的平台，操作界面的各个部分都有其独特的功能，熟悉操作界面有助于读者方便快速地进行绘图。本实验要求了解操作界面各部分功能，掌握改变绘图窗口颜色和光标大小的方法，能够熟练地打开、移动、关闭工具栏。

（2）操作提示

1）启动 AutoCAD 2024，进入绘图界面。

2）调整操作界面大小。

3）设置绘图窗口颜色与光标大小。

4）打开、移动、关闭工具栏。

5）尝试同时利用命令行、下拉菜单和工具栏绘制一条线段。

实验 2 数据输入

（1）目的要求

AutoCAD 2024 人机交互的最基本内容就是数据输入。本实验要求读者灵活熟练地掌握各种数据输入方法。

（2）操作提示

1）在命令行输入 LINE 命令。

2）输入起点在直角坐标方式下的绝对坐标值。

3）输入下一点在直角坐标方式下的相对坐标值。

4）输入下一点在极坐标方式下的绝对坐标值。

5）输入下一点在极坐标方式下的相对坐标值。

6）用鼠标直接指定下一点的位置。

7）按下状态栏上的“正交”按钮，用鼠标拉出下一点的方向，在命令行输入一个数值。

8）按下状态栏上的“动态输入”按钮，拖动鼠标，系统会动态显示角度，拖动到选定角度后，在“长度”文本框中输入长度值。

9）按〈Enter〉键结束绘制线段的操作。

2.7 思考与练习

1. 请指出 AutoCAD 2024 工作界面中菜单栏、命令窗口、状态栏、工具栏的位置及作用。

2. 调用 AutoCAD 命令的方法有（　　）。

A. 在命令窗口输入命令名　　B. 在命令窗口输入命令缩写字

C. 选择下拉菜单中的菜单选项　　D. 单击工具栏中的对应图标按钮

3. 在设置电路图图层线宽时，可能是（　　）选项。

A. 0. 15　　B. 0. 01　　C. 0. 33　　D. 0. 09

4. 当捕捉设定的间距与栅格所设定的间距不同时，（　　）。

A. 捕捉仍然只按栅格进行　　B. 捕捉时按照捕捉间距进行

C. 捕捉既按栅格，又按捕捉间距进行　　D. 无法设置

5. 如果某图层的对象不能被编辑，但在屏幕上可见，且能捕捉该对象的特殊点和标注尺寸，该图层状态为（　　）。

A. 冻结　　B. 锁定　　C. 隐藏　　D. 块

6. 对某图层进行锁定后，则（　　）。

A. 图层中的对象不可编辑，但可添加对象

B. 图层中的对象不可编辑，也不可添加对象

C. 图层中的对象可编辑，也可添加对象

D. 图层中的对象可编辑，但不可添加对象

7. 不可以通过“图层过滤器特性”对话框过滤的特性是（　　）。

A. 图层名、颜色、线型、线宽和打印样式

B. 打开图层

C. 关闭图层

D. 图层是 Bylayer 还是 ByBlock

8. 默认状态下，若对象捕捉功能关闭，命令执行过程中，按住（　　）组合键，可以实现对象捕捉。

A. 〈Shift〉　　B. 〈Shift+A〉　　C. 〈Shift+S〉　　D. 〈Alt〉

9. 对极轴追踪进行设置，把增量角设为 30°，把附加角设为 10°，采用极轴追踪时，不会显示极轴对齐的是（　　）。

A. 10　　B. 30　　C. 40　　D. 60

第 3 章　二维绘图命令

二维图形是指在二维平面绘制的图形，主要由一些图形元素组成，如点、直线、圆弧、圆、椭圆、矩形、多边形、多段线、样条曲线、多线等几何元素。AutoCAD 提供了大量的绘图工具，可以帮助用户完成二维图形的绘制。本章主要内容包括：绘制直线、圆和圆弧、椭圆和椭圆弧、平面图形、点、多段线、样条曲线和多线等。

本章重点

- 直线命令
- 各类图形命令
- 多段线、样条曲线、多线命令
- 图案填充

3.1　直线命令

直线类命令包括直线、射线和构造线等命令。这几个命令是 AutoCAD 中最简单的绘图命令。

1. 执行方式

- 命令行：LINE。
- 菜单栏："绘图"→"直线"。
- 工具栏："绘图"→"直线"。
- 功能区："默认"→"绘图"→"直线"，"绘图" 面板如图 3-1 所示。

2. 操作示例

利用"直线" 命令绘制手动开关符号。绘制流程如图 3-2 所示。

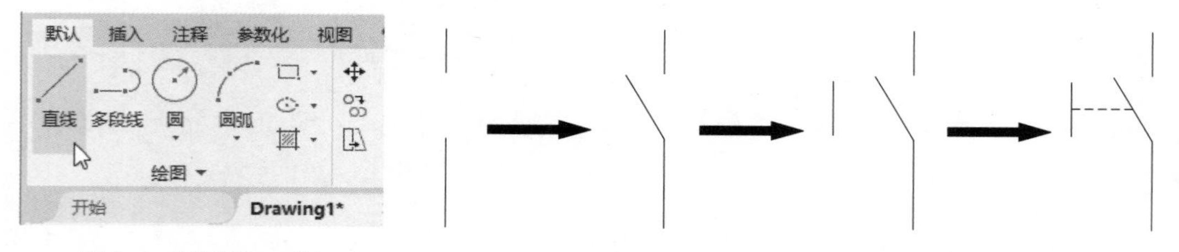

图 3-1 "绘图" 面板　　图 3-2　手动开关符号绘制流程

1）新建两个图层。

"实线" 层：颜色黑色、线型 Continuous、线宽为 0. 25mm，其他默认。

"虚线" 层：颜色红色、线型 ACAD_ISO02W100、线宽为 0. 25mm，其他默认。具体方法如下。

①单击"图层" 工具栏中的"图层特性" 按钮，打开"图层特性管理器" 对话框。

②单击“新建”按钮，创建一个新层，把该层的名字由默认的“图层1”改为“实线”，如图3-3所示。

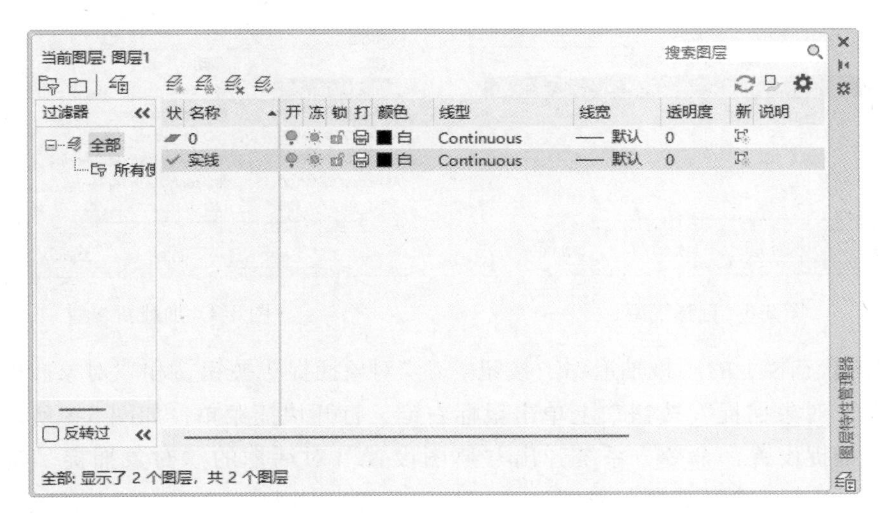

图3-3　更改图层名

③单击“实线”层对应的“线宽”项，打开“线宽”对话框，选择“0.25mm”线宽，如图3-4所示，确认后退出。

④再次单击“新建”按钮，创建一个新层，把该层的名字命名为“虚线”。

⑤单击“虚线”层对应的“颜色”项，打开“选择颜色”对话框，选择蓝色为该层颜色，如图3-5所示，确认后返回“图层特性管理器”对话框。

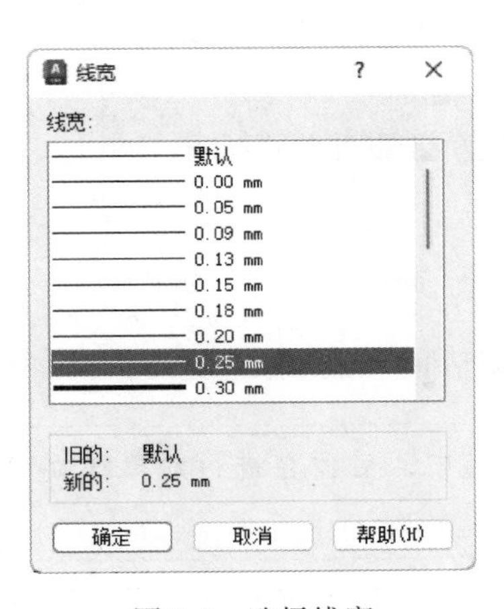

图3-4　选择线宽

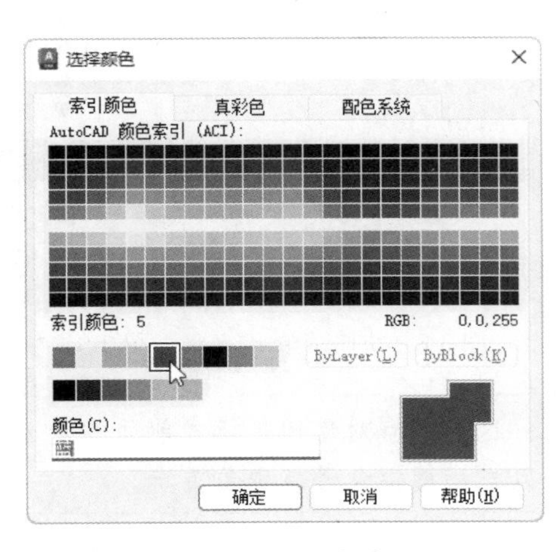

图3-5　选择颜色

⑥单击“虚线”层对应“线型”项，打开“选择线型”对话框，如图3-6所示。

⑦在“选择线型”对话框中，单击“加载”按钮，系统弹出“加载或重载线型”对话框，选择ACAD_ISO02W100线型，如图3-7所示。确认退出。

⑧同样方法将“虚线”层的线宽设置为0.25mm。

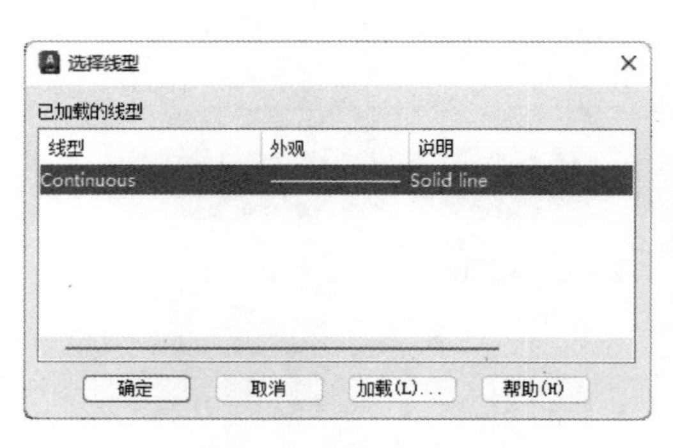

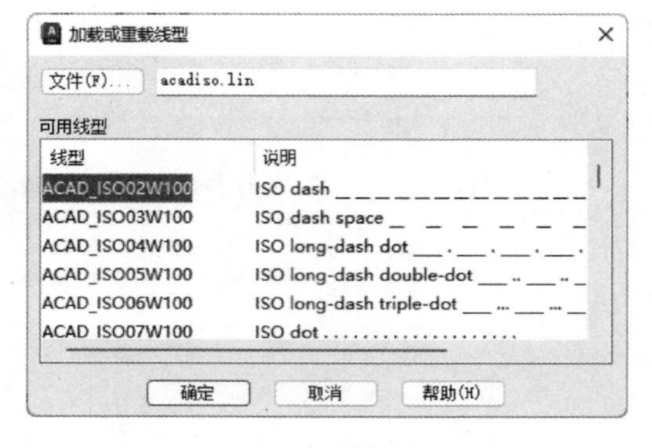

图 3-6　选择线型　　　　图 3-7　加载新线型

2）单击状态栏上的“极轴追踪”按钮、“对象捕捉”按钮和“对象捕捉追踪”按钮，并在“对象捕捉”按钮上单击鼠标右键，打开快捷菜单，如图 3-8 所示。选择其中的“对象捕捉设置”命令，系统弹出“草图设置”对话框的“对象捕捉”选项卡，如图 3-9 所示，单击“全部选择”按钮。

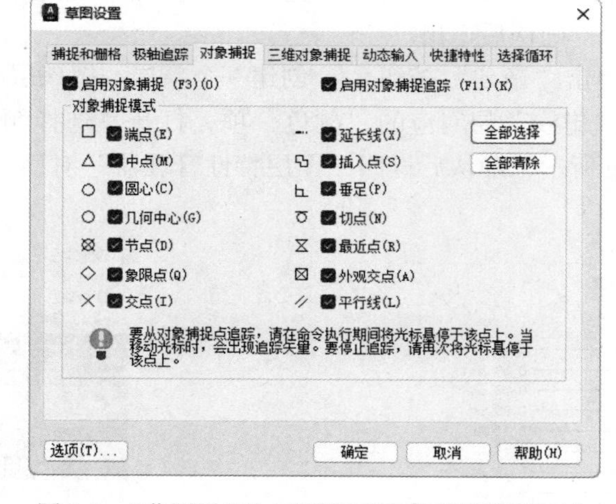

图 3-8　快捷菜单　　　　图 3-9　“草图设置”对话框“对象捕捉”选项卡

📖 说明：这样所有对象捕捉模式前面的复选框都会被选中，后面在进行对象捕捉时，系统就可以自动捕捉各种特殊位置点。

同样方法，在“极轴追踪”按钮上单击鼠标右键，打开快捷菜单，选择其中的“正在追踪设置”命令，系统弹出“草图设置”对话框的“极轴追踪”选项卡，如图 3-10 所示，在“增量角”下拉列表框中选择“30”。

📖 说明：这样在后面绘图时，每出现与上一个绘图对象成 30°角的倍数角度时，系统会显示一条追踪线，提示用户可以准确地绘制与上一个绘图对象成 30°角的倍数角度的对象。

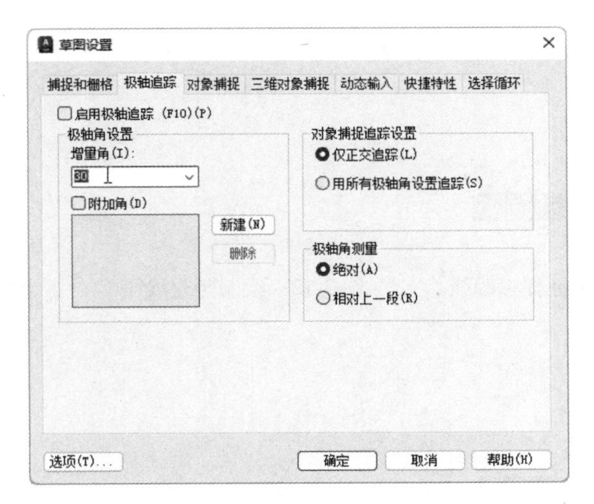

图 3-10 “草图设置”对话框“极轴追踪”选项卡

3）将“实线”层设为当前图层，单击“默认”选项卡“绘图”面板中的“直线”按钮 ，命令行提示与操作如下。

命令:_line

指定第一个点:1000,1000↙

指定下一点或[放弃(U)]:@0,-100↙

指定下一点或[放弃(U)]:↙

命令:↙(在执行完一个命令后直接按〈Enter〉键表示重复执行上一个命令)

指定第一个点:(将鼠标指向上一线段的下端点,系统显示对象捕捉追踪线,如图 3-11 所示,顺着追踪线,在下方大约 150 处指定一点)

指定下一点或[放弃(U)]:@0,-200↙

指定下一点或[放弃(U)]:↙ (结果如图 3-12 所示)

命令:↙

指定第一个点:(将鼠标指向上一线段的上端点,系统显示对象捕捉标记,如图 3-13 所示,选择该点)

指定下一点或[放弃(U)]:(将鼠标指向第一条线段的下端点,往左拖动鼠标一直到 30°追踪线与水平追踪点相交的位置,显示标记点,如图 3-14 所示,选择该点)

指定下一点或[放弃(U)]:↙ (结果如图 3-15 所示)

命令:↙

指定第一个点:(将鼠标指向上一线段的上端点,往左拖动鼠标到合适位置指定一点)

指定下一点或[放弃(U)]:(将鼠标指向斜线段的下端点,往左拖动鼠标一直到竖直追踪线与水平追踪点相交的位置,显示标记点,如图 3-16 所示,选择该点)

指定下一点或[放弃(U)]:↙ (结果如图 3-17 所示)

说明：输入坐标值时，用逗号对横坐标值和纵坐标值进行间隔，需要注意的是，逗号一定要在西文状态下输入，否则就会出错。

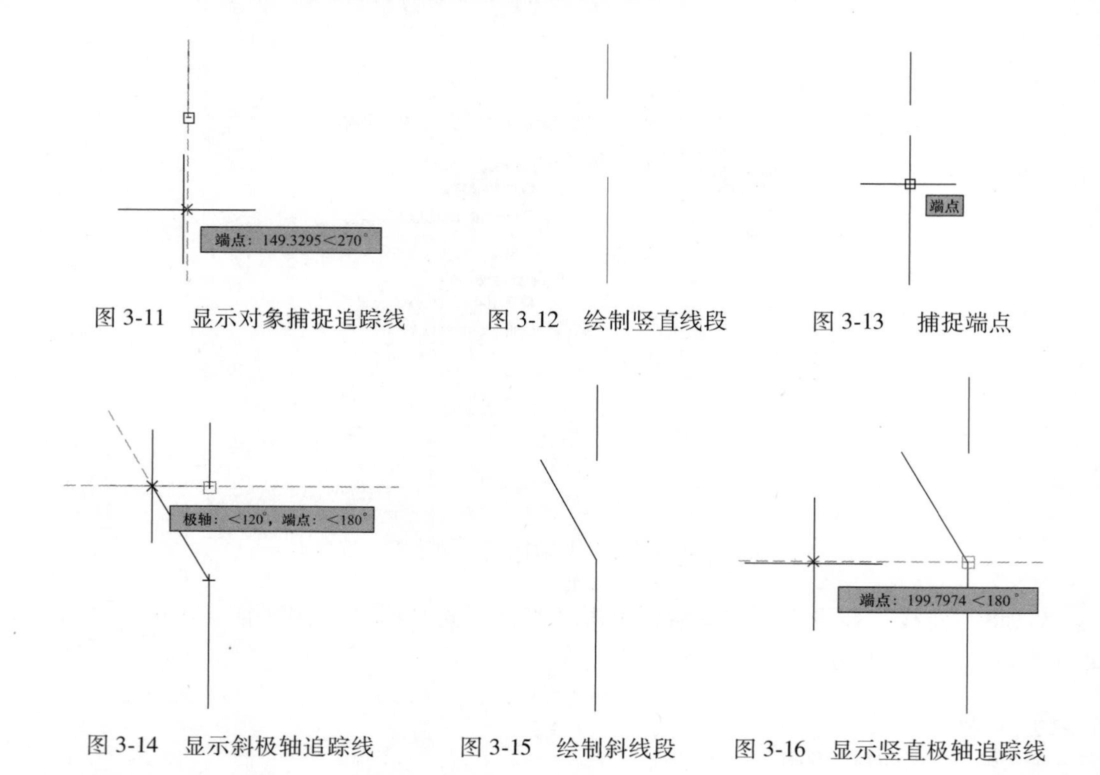

图 3-11　显示对象捕捉追踪线　　图 3-12　绘制竖直线段　　图 3-13　捕捉端点

图 3-14　显示斜极轴追踪线　　图 3-15　绘制斜线段　　图 3-16　显示竖直极轴追踪线

4）将“虚线”层设为当前图层，单击“默认”选项卡“绘图”面板中的“直线”按钮╱，命令行提示与操作如下。

```
命令:_line
指定第一个点:(捕捉最左边竖直线段中点,如图 3-18 所示)
指定下一点或[放弃(U)]:(捕捉斜线段中点)
指定下一点或[放弃(U)]:↙
```

最终结果如图 3-2 所示。

📖 说明：一般每个命令有四种执行方式，这里只给出了命令行执行方式，其他三种执行方式的操作方法与命令行执行方式相同。

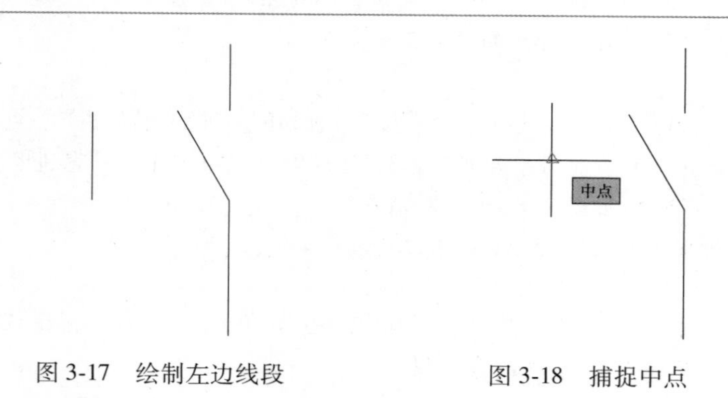

图 3-17　绘制左边线段　　图 3-18　捕捉中点

3. 特殊选项说明

1）若按〈Enter〉键响应“指定第一个点:”的提示，则系统会把上次绘制线（或弧）的终点作为本次操作的起始点。若上次操作为绘制圆弧，按〈Enter〉键响应后，会绘制出通过圆弧终点、与该圆弧相切的直线段，该线段的长度由鼠标在屏幕上指定的一点与切点之间线段的长度确定。

2）在“指定下一点:”的提示下，用户可以指定多个端点，从而绘制出多条直线段。但是，每一条直线段都是一个独立的对象，可以单独地进行编辑操作。

3）绘制两条以上的直线段后，若用选项“C”响应“指定下一点:”的提示，系统会自动连接起始点和最后一个端点，从而绘出封闭的图形。

4）若用选项“U”响应提示，则会擦除最近一次绘制的直线段。

5）若设置正交模式（单击状态栏上的“正交”按钮），则只能绘制水平直线段或垂直直线段。

6）若设置动态数据输入方式（单击状态栏上的 DYN 按钮），则可以动态输入坐标或长度值。动态数据输入方式与非动态数据输入方式类似。除了特别需要（以后不再强调），否则只按非动态数据输入方式输入相关数据。

3.2 圆类图形

圆类命令主要包括“圆”“圆弧”“椭圆”“椭圆弧”以及“圆环”等命令，这几个命令是 AutoCAD 中最简单的圆类命令。

3.2.1 绘制圆

1. 执行方式

- 命令行：CIRCLE。
- 菜单栏：“绘图”→“圆”。
- 工具栏：“绘图”→“圆”。
- 功能区：“默认”→“绘图”→“圆”。

2. 操作示例

绘制指示灯符号。绘制流程如图 3-19 所示。

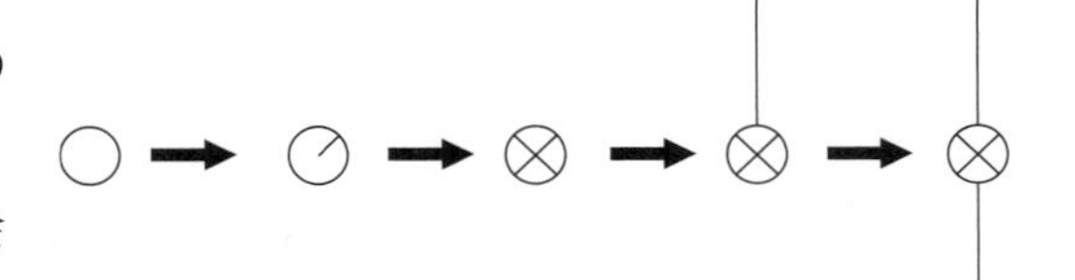

图 3-19　指示灯绘制流程

1）绘制圆。单击“默认”选项卡“绘图”面板中的“圆”按钮，在绘图区中适当位置绘制一个半径为 5 的圆，命令行中的提示与操作如下。

```
命令:_circle↙
指定圆的圆心或[三点(3P)/两点(2P)/切点、切点、半径(T)]:(适当位置指定一点)↙
指定圆的半径或[直径(D)]:5↙
```

结果如图 3-20 所示。

2）设置对象捕捉和对象追踪。将鼠标移动到状态栏“对象捕捉”按钮上，单击鼠标右键，打开快捷菜单，选择其中的“对象捕捉设置”命令，如图 3-21 所示。打开“草图设置”对话框的“对象捕捉”选项卡，如图 3-22 所示，选择“启用对象捕捉”复选框，单击“全部选择”按钮，这样所有的对象捕捉模式都被选上。单击“极轴追踪”选项卡，如图 3-23 所示，选择“启用极轴追踪”复选框，增量角保持默认的 45°，单击“确定”按钮关闭对话框。

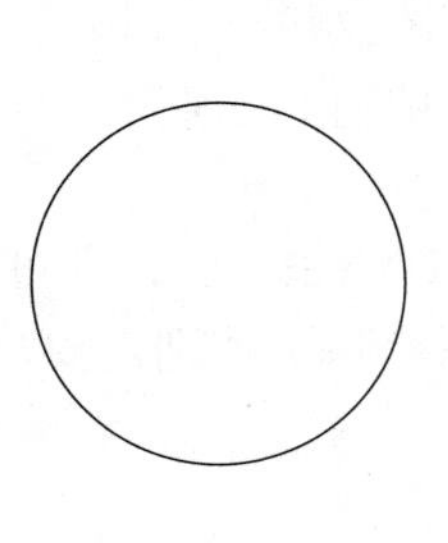

图 3-20　绘制圆

图 3-21　快捷菜单

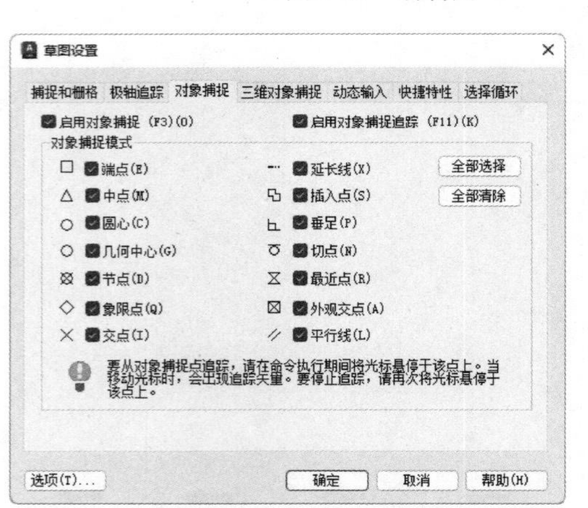

图 3-22　“草图设置”对话框“对象捕捉”选项卡

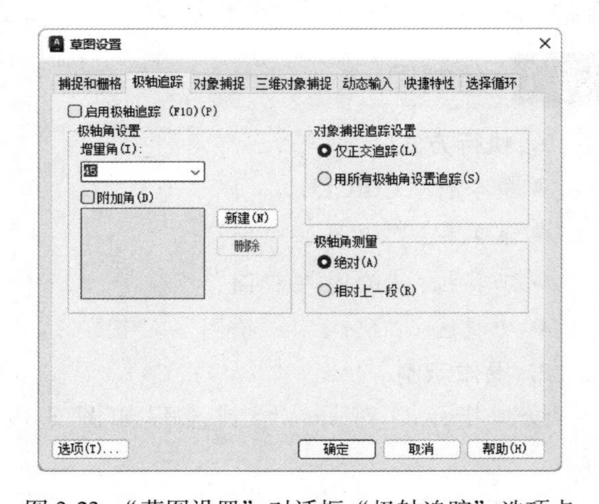

图 3-23　“草图设置”对话框“极轴追踪”选项卡

3）单击“默认”选项卡“绘图”面板中的“直线”按钮，命令行中的提示与操作如下。

命令：_line↙

指定第一个点：(把鼠标移到圆心附近的位置，系统自动捕捉到圆心作为直线起点，如图 3-24 所示)↙

指定下一点或[放弃(U)]：↙(向右上角移动鼠标，系统显示一条极轴追踪线，如图 3-25 所示，这时在命令行直接输入数值，表示在极轴追踪所指定的方向上绘制的线段的长度)

指定下一点或[放弃(U)]：↙(按〈Enter〉键，完成直线绘制)

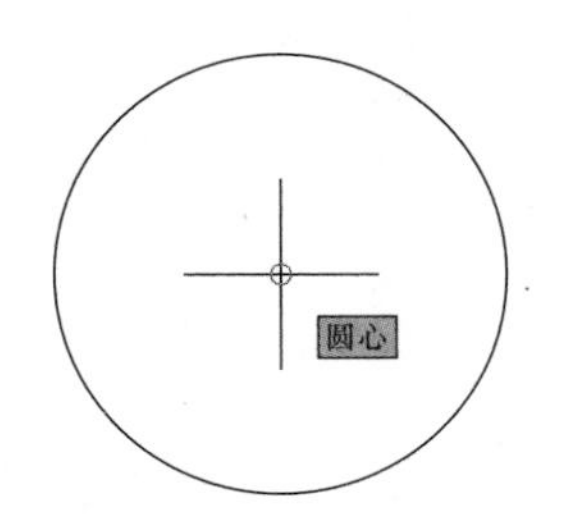

图 3-24　捕捉圆心

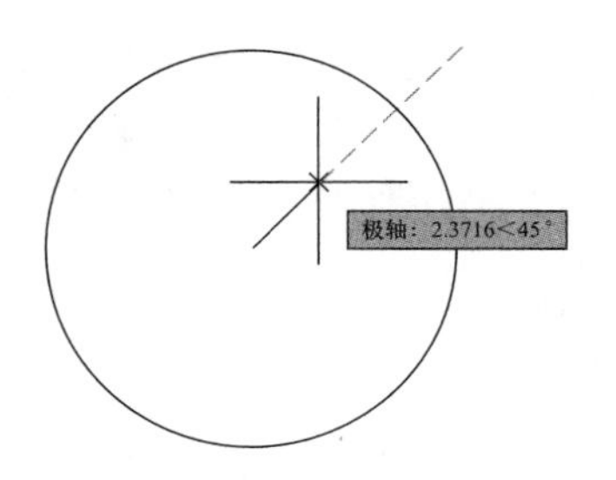

图 3-25　极轴追踪

结果如图 3-26 所示。用相同方法，绘制其他三条直线，结果如图 3-27 所示。

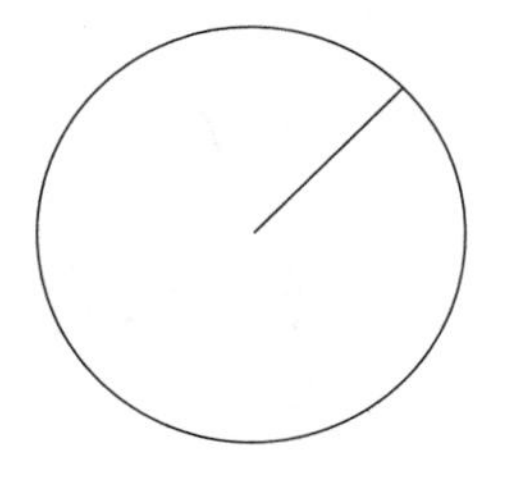

图 3-26　绘制 45°直线

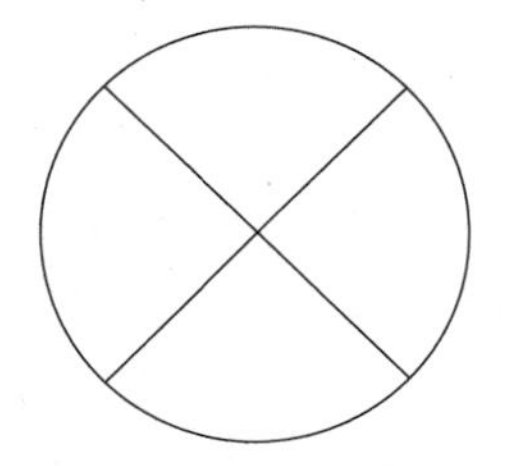

图 3-27　绘制其他直线

4）单击状态栏上的按钮，打开正交功能，单击“默认”选项卡“绘图”面板中的“直线”按钮，捕捉圆的象限点为直线起点，如图 3-28 所示，向上移动鼠标，绘制长度为 15 的线段。因为打开了正交功能，所以能保证线段竖直，如图 3-29 所示。

图 3-28　捕捉圆的象限点

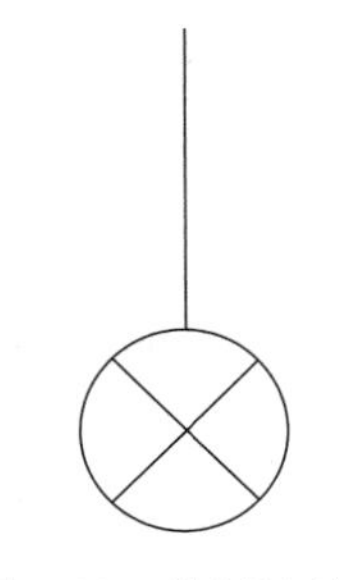

图 3-29　绘制连接线

用相同方法绘制另外一条连接线，最终结果如图 3-19 所示。

3. 特殊选项说明

（1）三点（3P）

用指定圆周上三点的方法画圆。

（2）两点（2P）

用指定直径的两端点的方法画圆。

（3）切点、切点、半径（T）

用先指定两个相切对象，后给出半径的方法画圆。

AutoCAD 2024 在“绘图”→“圆”菜单中多了一种“相切、相切、相切”的方法，当选择此方式时，命令行提示如下。

```
指定圆上的第一个点:_tan 到:(指定相切的第一个圆弧)
指定圆上的第二个点:_tan 到:(指定相切的第二个圆弧)
指定圆上的第三个点:_tan 到:(指定相切的第三个圆弧)
```

3.2.2 绘制圆弧

1. 执行方式

- 命令行：ARC（缩写名：A）。
- 菜单栏："绘图"→"圆弧"。
- 工具栏："绘图"→"圆弧"。
- 功能区："默认"→"绘图"→"圆弧"。

2. 操作示例

绘制壳体符号。绘制结果如图 3-30 所示。

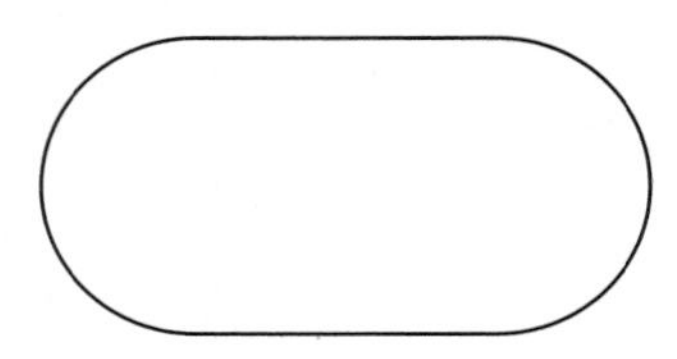

图 3-30 壳体符号

1）单击"默认"选项卡"绘图"面板中的"直线"按钮，绘制两条直线，端点坐标值为｛（100，130），（150，130）｝和｛（100，100），（150，100）｝。

2）单击"默认"选项卡"绘图"面板中的"圆弧"按钮，绘制圆头部分圆弧，命令行提示与操作如下。

```
命令:ARC↙
指定圆弧的起点或[圆心(C)]:100,130↙
指定圆弧的第二个点或[圆心(C)/端点(E)]:E↙
指定圆弧的端点:100,100↙
指定圆弧的中心点(按住〈Ctrl〉键以切换方向)或[角度(A)/方向(D)/半径(R)] R↙
指定圆弧起点的相切方向(按住〈Ctrl〉键以切换方向):15↙
```

3）单击"绘图"工具栏中的"圆弧"按钮，绘制另一段圆弧，命令行提示与操作如下。

```
命令:ARC↙
指定圆弧的起点或[圆心(C)]:150,130↙
指定圆弧的第二个点或[圆心(C)/端点(E)]:E↙
指定圆弧的端点:150,100↙
指定圆弧的中心点(按住〈Ctrl〉键以切换方向)或[角度(A)/方向(D)/半径(R)]:A↙
指定夹角(按住〈Ctrl〉键以切换方向):-180↙
```

最终结果如图 3-30 所示。

说明：绘制圆弧时，注意圆弧的曲率以逆时针方向为正向，在采用"指定圆弧两个端点和半径"方式画圆弧时，需要注意端点的指定顺序，否则有可能导致圆弧的凹凸形状与预期的相反。

3. 特殊选项说明

1）用命令行方式绘制圆弧时，可以根据系统提示选择不同的选项，具体功能和选择菜单栏中的“绘图”→“圆弧”中子菜单提供的 11 种方式相似。这 11 种方式绘制的圆弧分别如图 3-31a～k 所示。

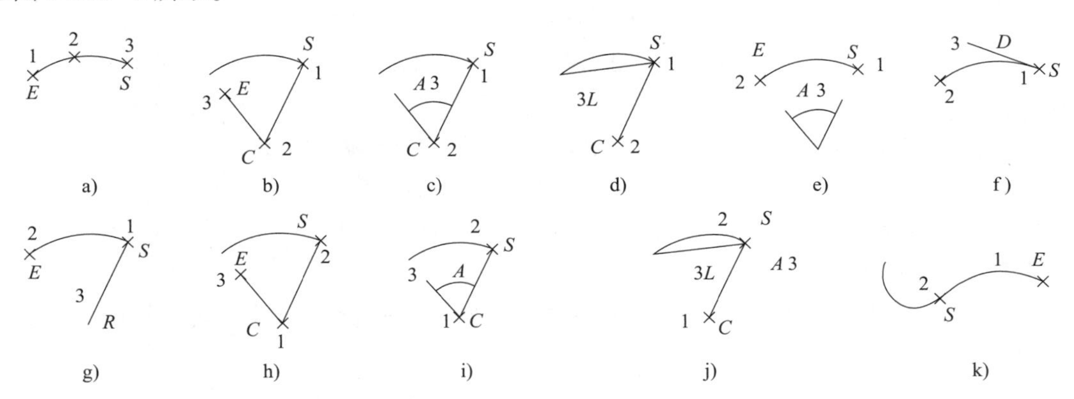

图 3-31　绘制圆弧的 11 种方法

2）需要强调的是“继续”方式，绘制的圆弧与上一线段或圆弧相切，继续画圆弧段，因此提供端点即可。

3.2.3 绘制圆环

1. 执行方式

- 命令行：DONUT。
- 菜单栏：“绘图”→“圆环”。
- 功能区：“默认”→“绘图”→“圆环”。

2. 特殊选项说明

1）若指定内径为零，则画出实心填充圆。

2）用命令 FILL 可以控制圆环是否填充。

```
命令:FILL↙
输入模式[开(ON)/关(OFF)] <开>:(选择 ON 表示填充,选择 OFF 表示不填充)
```

3.2.4 绘制椭圆与椭圆弧

1. 执行方式

- 命令行：ELLIPSE。
- 菜单栏：“绘图”→“椭圆”→“圆弧”。
- 工具栏：“绘图”→“椭圆”→“轴，端点”或“绘图”→“圆弧”。
- 功能区：“默认”→“绘图”→“轴，端点”。

2. 操作示例

绘制感应式仪表符号。绘制流程如图 3-32 所示。

1）单击“默认”选项卡“绘图”面板中的“轴，端点”按钮，绘制椭圆。命令行提示与操作如下。

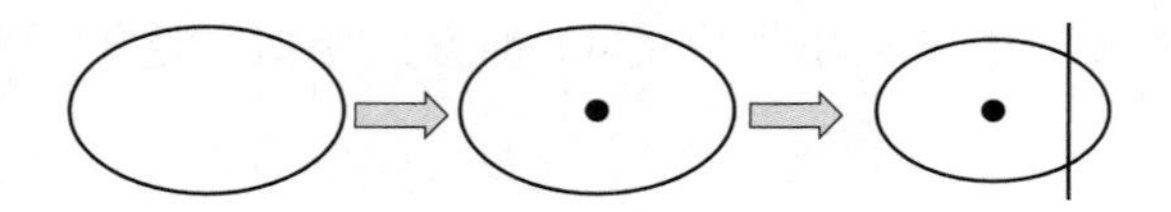

图 3-32　感应式仪表符号绘制流程

```
命令:_ellipse
指定椭圆的轴端点或[圆弧(A)/中心点(C)]:(适当指定一点为椭圆的轴端点)
指定轴的另一个端点:(在水平方向指定椭圆轴的另一个端点)
指定另一条半轴长度或[旋转(R)]:(适当指定一点,以确定椭圆另一条半轴的长度)
```

结果如图 3-33 所示。

2）单击“默认”选项卡“绘图”面板中的“圆环”按钮◎，绘制实心圆环，命令行提示与操作如下。

```
命令:_donut
指定圆环的内径 <0.5000>:0↙
指定圆环的外径 <1.0000>:150↙
指定圆环的中心点或 <退出>:(大约指定椭圆的中心点位置)
指定圆环的中心点或 <退出>:↙
```

结果如图 3-34 所示。

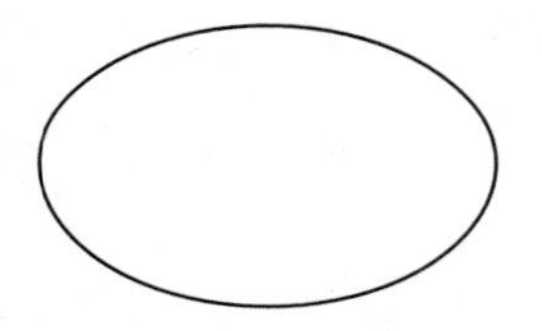

图 3-33　绘制椭圆

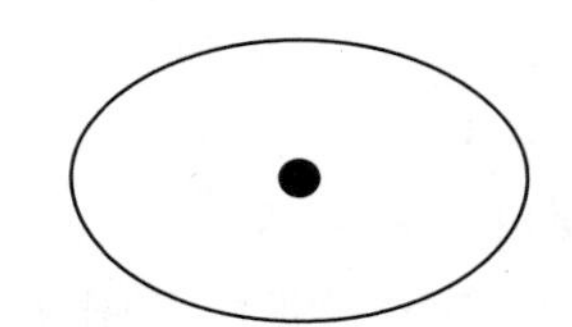

图 3-34　绘制圆环

3）单击“默认”选项卡“绘图”面板中的“直线”按钮⁄，在椭圆偏右位置绘制一条竖直直线，最终结果如图 3-32 所示。

注意：在绘制圆环时，仅绘制一次可能无法准确确定圆环外径大小来确定圆环与椭圆的相对大小，可以通过多次绘制的方法找到一个相对合适的外径值。

3. 特殊选项说明

（1）指定椭圆的轴端点

根据两个端点，定义椭圆的第一条轴。第一条轴的角度确定了整个椭圆的角度。第一条轴既可定义为椭圆的长轴也可定义为椭圆的短轴。

（2）旋转（R）

通过绕第一条轴旋转圆来创建椭圆，相当于将一个圆绕椭圆轴旋转一个角度后的投影视图。

（3）中心点（C）

通过指定的中心点创建椭圆。

（4）圆弧（A）

该选项用于创建一段椭圆弧，与工具栏单击“绘制”→“椭圆”按钮相同。选择该选项，命令行提示如下。

```
指定椭圆弧的轴端点或[中心点(C)]:↙(指定端点或输入C)
指定轴的另一个端点:↙(指定另一端点)
指定另一条半轴长度或[旋转(R)]:↙(指定另一条半轴长度或输入R)
指定起始角度或[参数(P)]:↙(指定起始角度或输入P)
指定终止角度或[参数(P)/夹角(I)]:↙
```

其中各选项含义如下。

1）角度：指定椭圆弧端点的两种方式之一，光标与椭圆中心点连线的夹角为椭圆弧端点位置的角度。

2）参数（P）：指定椭圆弧端点的另一种方式，该方式同样是指定椭圆弧端点的角度，通过以下矢量参数方程式创建椭圆弧。

$$p(u)=c+a\times\cos(u)+b\times\sin(u)$$

其中，c 是椭圆的中心点，a 和 b 分别是椭圆的长轴和短轴，u 为光标与椭圆中心点连线的夹角。

3）夹角（I）：定义从起始角度开始所包含的角度。

3.3 平面图形

平面图形命令包括“矩形”命令和“正多边形”命令。

3.3.1 绘制矩形

1. 执行方式

- 命令行：RECTANG（缩写名：REC）。
- 菜单栏：“绘图”→“矩形”。
- 工具栏：“绘图”→“矩形”□。

2. 操作示例

绘制非门符号。绘制流程如图3-35所示。

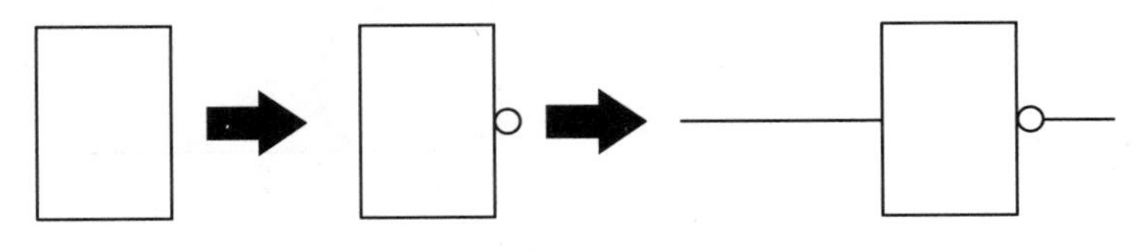

图3-35　非门符号绘制流程

1）单击“默认”选项卡“绘图”面板中的“矩形”按钮□，绘制外框，命令行中的提示与操作如下。

```
命令:RECTANG↙
指定第一个角点或[倒角(C)/标高(E)/圆角(F)/厚度(T)/宽度(W)]:100,100↙
指定另一个角点或[面积(A)/尺寸(D)/旋转(R)]:140,160↙
```

结果如图 3-36 所示。

2）单击“默认”选项卡“绘图”面板中的“圆”按钮，绘制圆，命令行中的提示与操作如下。

```
命令:_circle ↙
指定圆的圆心或[三点(3P)/两点(2P)/切点、切点、半径(T)]:2P↙
指定圆直径的第一个端点:140,130↙
指定圆直径的第二个端点:148,130↙
```

结果如图 3-37 所示。

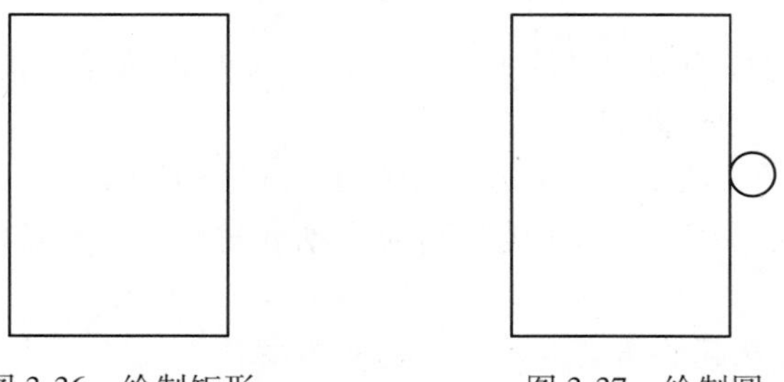

图 3-36 绘制矩形　　　　图 3-37 绘制圆

3）单击“默认”选项卡“绘图”面板中的“直线”按钮，绘制两条直线，端点坐标分别为{(100，130)，(40，130)}和{(148，130)，(168，130)}，结果如图 3-35 所示。

3. 特殊选项说明

（1）第一个角点

通过指定两个角点来确定矩形，如图 3-38a 所示。

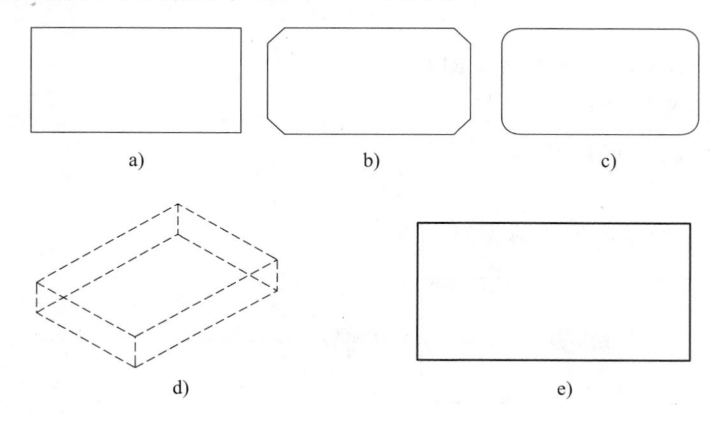

图 3-38 绘制矩形

（2）倒角（C）

指定倒角距离，绘制带倒角的矩形（图 3-38b），每一个角点的逆时针和顺时针方向的倒角可以相同，也可以不同。其中第一个倒角距离是指角点逆时针方向的倒角距离，第二个倒角距离是指角点顺时针方向的倒角距离。

（3）标高（E）

指定矩形标高（z 坐标），即把矩形画在标高为 z，且与 XOY 坐标面平行的平面上，并作为后续矩形的标高值。

（4） 圆角（F）

指定圆角半径，绘制带圆角的矩形，如图 3-38c 所示。

（5） 厚度（T）

指定矩形的厚度，如图 3-38d 所示。

（6） 宽度（W）

指定线宽，如图 3-38e 所示。

（7） 尺寸（D）

使用长度和宽度创建矩形。第二个指定点将矩形定位在与第一个角点相关的四个位置之一。

（8） 面积（A）

通过指定面积和长度或宽度来创建矩形。选择该项，命令行提示如下。

输入以当前单位计算的矩形面积 <20.0000>:↙(输入面积值)
计算矩形标注时依据[长度(L)/宽度(W)] <长度>:↙(按〈Enter〉键或输入 W)
输入矩形长度 <4.0000>:↙(指定长度或宽度)

指定长度或宽度后，系统会自动计算出另一个维度并绘制出矩形。如果矩形被倒角或圆角，则在长度或宽度计算中，会考虑此设置，如图 3-39 所示。

（9） 旋转（R）

该选项按指定的旋转角度创建矩形。选择该项，命令行提示如下。

指定旋转角度或[拾取点(P)] <135>:↙(指定角度)
指定另一个角点或[面积(A)/尺寸(D)/旋转(R)]:↙(指定另一个角点或选择其他选项)

指定旋转角度后，系统按指定旋转角度创建矩形，如图 3-40 所示。

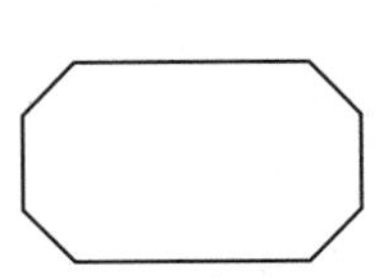

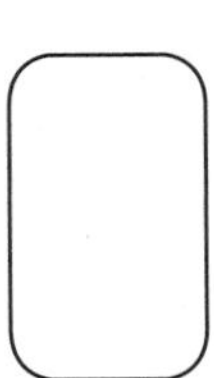

图 3-39　按面积绘制矩形

图 3-40　按指定旋转角度创建矩形

3.3.2 绘制多边形

1. 执行方式

- 命令行：POLYGON。
- 菜单栏：“绘图”→“多边形”。
- 工具栏：“绘图”→“多边形”。
- 功能区：“默认”→“绘图”→“多边形”。

2. 特殊选项说明

如果在命令行操作中选择“边”选项，则只要指定多边形的一条边，系统就会沿逆时针方向创建该多边形，如图 3-41c 所示。

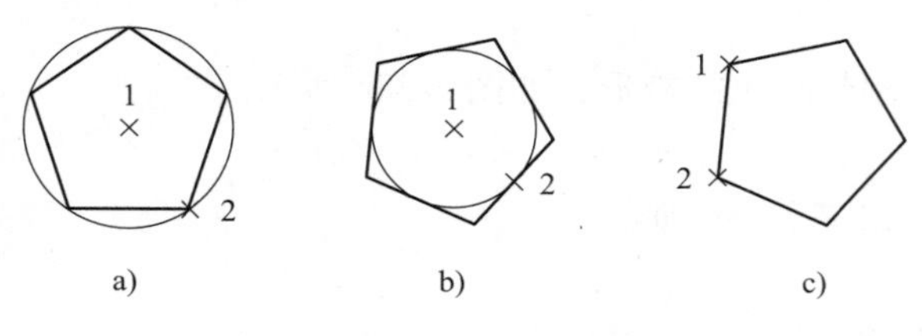

图 3-41　画多边形

3.4　点

点在 AutoCAD 中有多种不同的表示方式，用户可以根据需要进行设置，也可以设置等分点和测量点。

1. 执行方式

- 命令行：POINT（缩写名：PO）。
- 菜单栏："绘图"→"点"→"单点"或"多点"。
- 工具栏："绘图"→"点"。
- 功能区："默认"→"绘图"→"多点"。

2. 特殊选项说明

1）通过菜单栏方法操作时，"单点"选项表示只输入一个点，"多点"选项表示可输入多个点。

2）可以打开状态栏中的对象捕捉开关，设置点捕捉模式，帮助用户拾取点。

3）点在图形中的表示样式，共有 20 种。可通过命令 DDPTYPE 或选择菜单栏中"格式"→"点样式"选项，打开"点样式"对话框来设置，如图 3-42 所示。

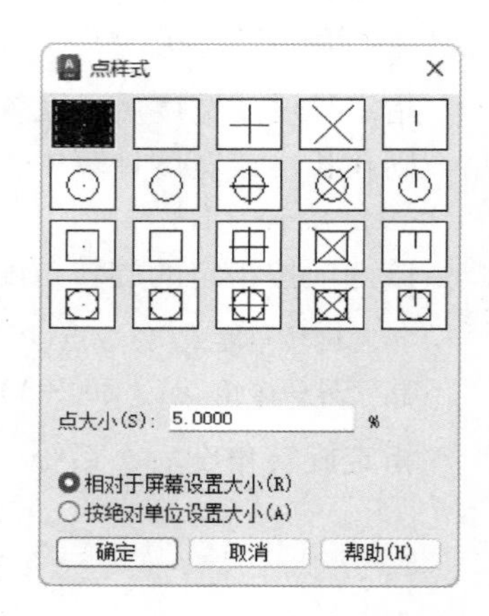

图 3-42　"点样式"对话框

3.5　多段线

多段线是一种由线段和圆弧组合而成的、不同线宽的多线，这种线由于其组合形式多样和线宽不同，弥补了直线或圆弧功能的不足，适合绘制各种复杂的图形轮廓，因而得到了广泛的应用。

3.5.1　绘制多段线

1. 执行方式

- 命令行：PLINE（缩写名：PL）。
- 菜单栏："绘图"→"多段线"。
- 工具栏："绘图"→"多段线"。
- 功能区："默认"→"绘图"→"多段线"。

2. 操作示例

晶体管符号的绘制流程如图 3-43 所示。

1）单击“默认”选项卡“绘图”面板中的“直线”按钮 ，绘制隔层、基极和集电极，位置参数如图 3-44 所示。通常采用两点确定一条直线的方式绘制直线，第一个端点可由鼠标指针拾取或者在命令行中输入绝对或相对坐标，第二个端点可按同样的方式输入。其命令行中的提示与操作如下。

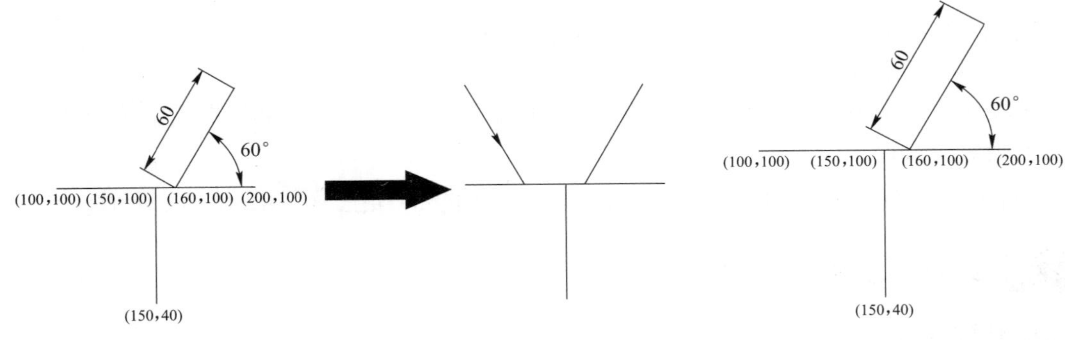

图 3-43　晶体管符号绘制流程　　图 3-44　晶体管符号的位置参数

```
命令:line↙
指定第一个点:100,100↙
指定下一点或[放弃(U)]:200,100↙
指定下一点或[放弃(U)]:↙
命令:line↙
指定第一个点:150,40↙
指定下一点或[放弃(U)]:150,100↙
指定下一点或[放弃(U)]:↙
命令:line↙
指定第一个点:160,100↙
指定下一点或[放弃(U)]:@ 60<60↙
指定下一点或[放弃(U)]:↙
```

2）单击“默认”选项卡“绘图”面板中的“多段线”按钮 ，可以连续绘制多段直线，并且可以修改线宽，其很重要的一个用途就是直接绘制箭头等符号。命令行中的提示与操作如下。

```
命令:_pline
指定起点:130,100↙(指定多段线的起点)
当前线宽为 0.0000↙(接受系统默认线宽)
指定下一个点或[圆弧(A)/半宽(H)/长度(L)/放弃(U)/宽度(W)]:@ 20<120↙(绘制发射极根部小段直线,长 20mm,与 X 轴正方向成 120°夹角)
指定下一点或[圆弧(A)/闭合(C)/半宽(H)/长度(L)/放弃(U)/宽度(W)]:w↙
指定起点宽度 <0.0000>:↙
指定端点宽度 <0.0000>:1.5↙(修改线宽,起始线宽为默认值,结束线宽为 1.5)
```

指定下一点或[圆弧(A)/闭合(C)/半宽(H)/长度(L)/放弃(U)/宽度(W)]:@ 10<120↙(绘制箭头,长 10mm,与 X 轴正方向成 120°夹角)

指定下一点或[圆弧(A)/闭合(C)/半宽(H)/长度(L)/放弃(U)/宽度(W)]:w↙

指定起点宽度 <1.5000>:0↙

指定端点宽度 <0.0000>:↙(把线宽改成默认值)

指定下一点或[圆弧(A)/闭合(C)/半宽(H)/长度(L)/放弃(U)/宽度(W)]:@ 30<120↙(绘制集电极头部小段直线)

绘制完成的 PNP 晶体管符号如图 3-43 所示。

3. 特殊选项说明

多段线主要由不同长度的、连续的线段或圆弧组成，如果在命令行提示中选择“圆弧”命令，则命令行提示如下。

[角度(A)/圆心(CE)/方向(D)/半宽(H)/直线(L)/半径(R)/第二个点(S)/放弃(U)/宽度(W)]:

3.5.2 编辑多段线

1. 执行方式

- 命令行：PEDIT（缩写名：PE）。
- 菜单栏：“修改”→“对象”→“多段线”。
- 工具栏：“修改 Ⅱ”→“编辑多段线”。
- 功能区：“默认”→“修改”→“编辑多段线”。
- 快捷菜单：选择要编辑的多段线，在绘图区右键单击鼠标，从打开的右键快捷菜单上选择“多段线编辑”。

2. 特殊选项说明

（1）闭合（C）

创建多段线的闭合线，将首尾连接。除非使用“闭合”选项闭合多段线，否则系统将会认为多段线是开放的。

（2）合并（J）

以选中的多段线为主体，合并其他直线段、圆弧或多段线，使其成为一条包含对象更多的多段线。能合并的条件是各段线的端点首尾相连，如图 3-45 所示。

（3）宽度（W）

修改整条多段线的线宽，使其具有同一线宽，如图 3-46 所示。

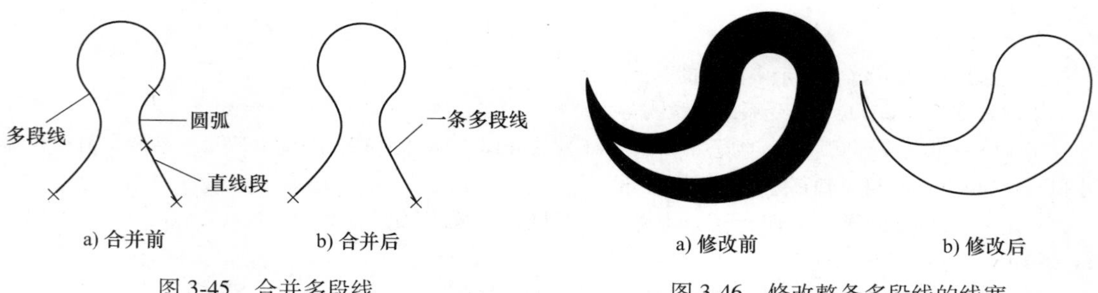

a) 合并前　b) 合并后

图 3-45　合并多段线

a) 修改前　b) 修改后

图 3-46　修改整条多段线的线宽

（4）编辑顶点（E）

选择该选项后，在多段线起点处会出现一个斜的十字叉“×”，即当前顶点的标记，并在命令行中出现进行后续操作的提示。

［下一个(N)/上一个(P)/打断(B)/插入(I)/移动(M)/重生成(R)/拉直(S)/切向(T)/宽度(W)/退出(X)］<N>：

这些选项允许用户进行移动、插入顶点和修改任意两点间线的线宽等操作。

（5）拟合（F）

该选项用于从指定的多段线中生成由光滑圆弧连接而成的圆弧拟合曲线，该曲线经过多段线的各个顶点，如图 3-47 所示。

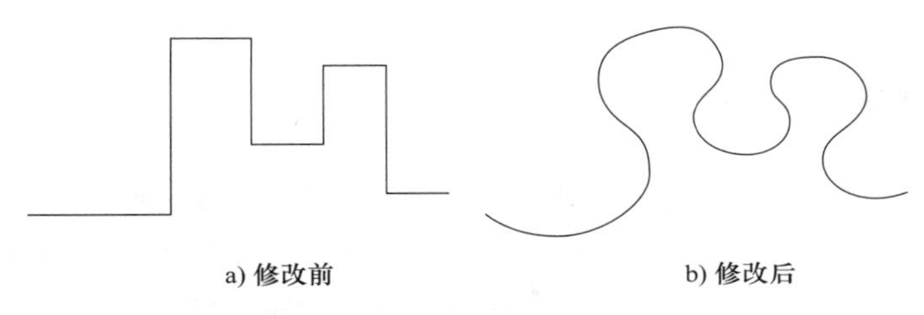

a) 修改前　　b) 修改后

图 3-47　生成圆弧拟合曲线

（6）样条曲线（S）

该选项用于以指定的多段线的各顶点作为控制点生成 B 样条曲线，如图 3-48 所示。

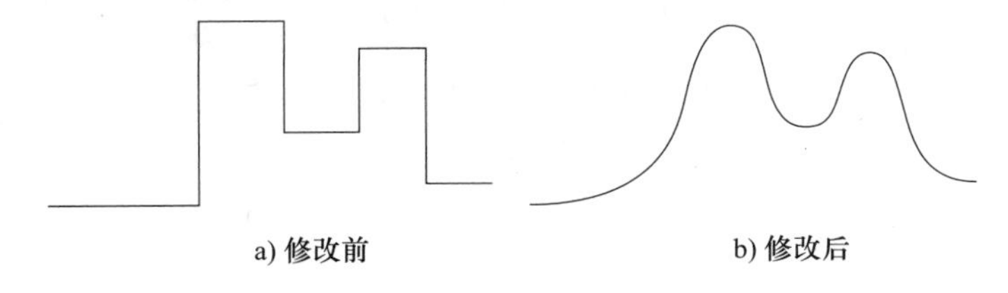

a) 修改前　　b) 修改后

图 3-48　生成 B 样条曲线

（7）非曲线化（D）

该选项用直线代替指定的多段线中的圆弧。对于选择“拟合（F）”选项或“样条曲线（S）”选项后生成的圆弧拟合曲线或样条曲线，删去其生成曲线时新插入的顶点，则恢复成由直线段组成的多段线。

（8）线型生成（L）

当多段线的线型为点画线时，控制多段线的线型生成方式开关。选择此选项命令行提示如下。

输入多段线线型生成选项［开(ON)/关(OFF)］<关>：

选择 ON 时，将在每个顶点处允许以短画线开始或结束生成线型；选择 OFF 时，将在每个顶点处允许以长画线开始或结束生成线型。“线型生成”选项不能用于包含带变宽的线段的多段线，如图 3-49 所示。

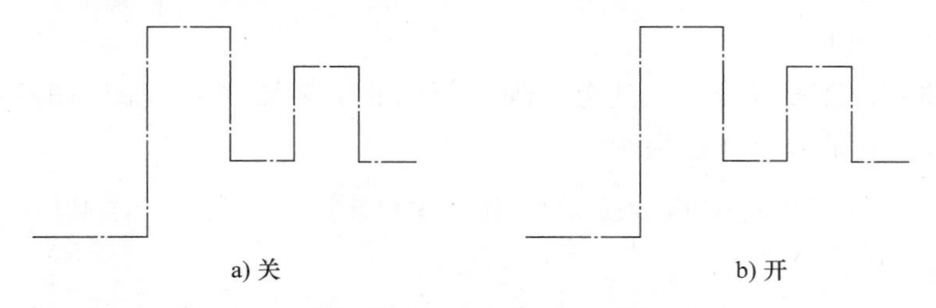

图 3-49　控制多段线的线型（线型为点画线时）

（9）反转（R）

该选项用于反转多段线顶点的顺序。通过此选项可反转使用包含文字线型的对象的方向。例如，根据多段线的创建方向，线型中的文字可能会倒置显示。

3.6　样条曲线

AutoCAD 提供一种称为非一致有理 B 样条（NURBS）曲线的特殊样条曲线。NURBS 曲线在控制点之间产生一条光滑的样条曲线，如图 3-50 所示。样条曲线可用于创建形状不规则的曲线，例如，为地理信息系统（GIS）或汽车设计绘制轮廓线。

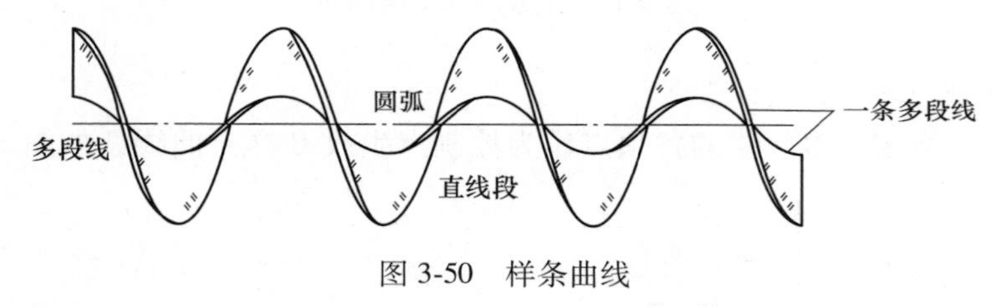

图 3-50　样条曲线

3.6.1　绘制样条曲线

1. 执行方式

- 命令行：SPLINE。
- 菜单栏："绘图"→"样条曲线"。
- 工具栏："绘图"→"样条曲线"。
- 功能区："默认"→"绘图"→"样条曲线拟合"按钮或"样条曲线控制点"按钮。

2. 操作示例

整流器框形符号的绘制流程如图 3-51 所示。

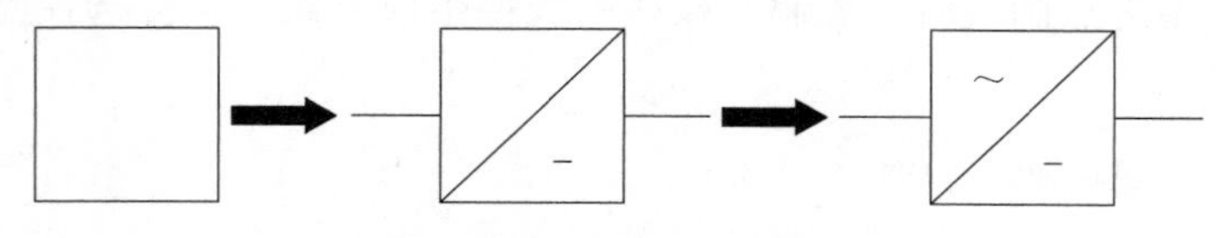

图 3-51　整流器框形符号绘制流程

1）单击"默认"选项卡"绘图"面板中的"多边形"按钮，绘制正方形，命令行中的提示与操作如下。

命令:_polygon↙
输入侧面数 <4>:↙
指定正多边形的中心点或[边(E)]:↙(在绘图区中适当指定一点)
输入选项[内接于圆(I)/外切于圆(C)] <I>:C↙
指定圆的半径:↙(适当指定一点作为外接圆半径,使正方形的边大约处于垂直正交位置,如图3-52所示)

2）单击“默认”选项卡“绘图”面板中的“直线”按钮，绘制四条直线，如图3-53所示。

图3-52　绘制正方形

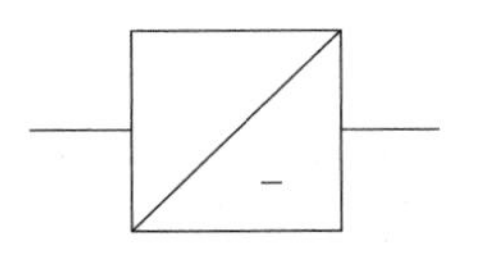

图3-53　绘制直线

3）单击“默认”选项卡“绘图”面板中的“样条曲线拟合”按钮，绘制所需曲线。命令行中的提示与操作如下。

命令:_spline↙
当前设置:方式=拟合　节点=弦
指定第一个点或[方式(M)/节点(K)/对象(O)]:↙(指定一点)
输入下一个点或[起点切向(T)/公差(L)]:↙(适当指定一点)
输入下一个点或[端点相切(T)/公差(L)/放弃(U)]:↙(适当指定一点)
输入下一个点或[端点相切(T)/公差(L)/放弃(U)/闭合(C)]:↙(适当指定一点)
输入下一个点或[端点相切(T)/公差(L)/放弃(U)/闭合(C)]:↙

最终结果如图3-51所示。

3. 特殊选项说明

（1）对象（O）

该选项用于将二维或三维的二次或三次样条曲线拟合的多段线转换为等价的样条曲线，然后（根据系统变量的设置）删除该拟合多段线。

（2）起点切向（T）

该选项用于定义样条曲线的第一点和最后一点的切向。

如果在样条曲线的两端都指定切向，可以通过输入一个点或者使用“切点”和“垂足”对象来捕捉模式，使样条曲线与已有的对象相切或垂直。如果按〈Enter〉键，AutoCAD将计算默认切向。

（3）公差（L）

该选项用于指定样条曲线可以偏离指定拟合点的距离。公差值为0（零）时要求生成的样条曲线直接通过拟合点。公差值适用于所有拟合点（拟合点的起点和终点除外），这些点始终具有为0（零）的公差。

（4）端点相切（T）

该选项用于指定样条曲线终点的相切条件。

（5）闭合（C）

该选项通过定义与第一个点重合的最后一个点，闭合样条曲线。默认情况下，闭合的样条曲线是周期性的，沿整个环保持曲率的连续性（C2）。

3.6.2 编辑样条曲线

1. 执行方式

- 命令行：SPLINEDIT。
- 菜单栏："修改"→"对象"→"样条曲线"。
- 工具栏："修改Ⅱ"→"编辑样条曲线"。
- 快捷菜单：选择要编辑的样条曲线，在绘图区单击鼠标右键，从打开的右键快捷菜单上选择"编辑样条曲线"。

2. 特殊选项说明

（1）拟合数据（F）

该选项用于编辑近似数据。选择该选项后，创建样条曲线时指定的各点将以小方格的形式显示出来。

（2）编辑顶点（E）

该选项用于编辑样条曲线上的当前点。

（3）转换为多段线（P）

该选项用于将样条曲线转换为多段线。

精度值决定了生成的多段线与样条曲线的接近程度。有效值为介于0~99的任意整数。

（4）反转（R）

该选项用于反转样条曲线的方向。该选项主要用于应用程序。

3.7 多线

多线是一种复合线，由连续的直线段复合组成。多线的一个突出优点是能够提高绘图效率，保证图线之间的统一性。

3.7.1 绘制多线

1. 执行方式

- 命令行：MLINE。
- 菜单栏："绘图"→"多线"。

2. 特殊选项说明

（1）对正（J）

该选项用于给定绘制多线的基准。共有三种对正类型："上""无"和"下"。其中，"上"表示以多线上侧的线为基准，以此类推。

（2）比例（S）

选择该选项，要求用户设置平行线的间距。输入值为零时，平行线重合；输入值为负数时，多线的排列次序倒置。

（3）样式（ST）

该选项用于设置当前使用的多线样式。

3.7.2 定义多线样式

执行方式

- 命令行：MLSTYLE。
- 菜单栏：“格式”→“多线样式”。

执行上述命令后，打开如图 3-54 所示的“多线样式”对话框。在该对话框中，用户可以对多线样式进行定义、保存和加载等操作。

图 3-54 “多线样式”对话框

3.7.3 编辑多线

1. 执行方式

- 命令行：MLEDIT。
- 菜单栏：“修改”→“对象”→“多线”。

执行上述命令后，打开“多线编辑工具”对话框。利用该对话框，可以创建或修改多线的样式。对话框中分四列显示了示例图形。其中，第一列管理十字交叉形式的多线，第二列管理 T 形多线，第三列管理拐角结合点和节点形式的多线，第四列管理多线被剪切或连接的形式。

单击选择某个示例图形，然后单击“关闭”按钮，就可以调用该项编辑功能。

2. 操作示例

墙体的绘制流程如图 3-55 所示。

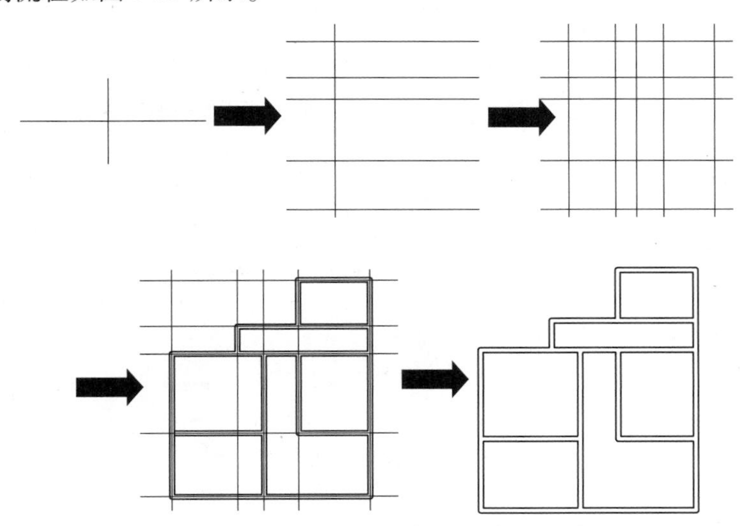

图 3-55 墙体绘制流程

1）单击“默认”选项卡“绘图”面板中的“构造线”按钮，绘制一条水平构造线和一条竖直构造线，组成十字形辅助线，如图 3-56 所示，命令行中的提示与操作如下。

```
命令:XLINE↙
指定点或[水平(H)/垂直(V)/角度(A)/二等分(B)/偏移(O)]:O↙
指定偏移距离或[通过(T)]:3120↙
选择直线对象:(选择水平构造线)↙
指定向哪侧偏移:(指定上边一点)↙
```

将绘制的水平构造线依次向上偏移 5100、1800 和 3000，偏移得到的水平构造线如图 3-57 所示。用同样方法将绘制的垂直构造线依次向右偏移 3900、1800、2100 和 4500，结果如图 3-58 所示。

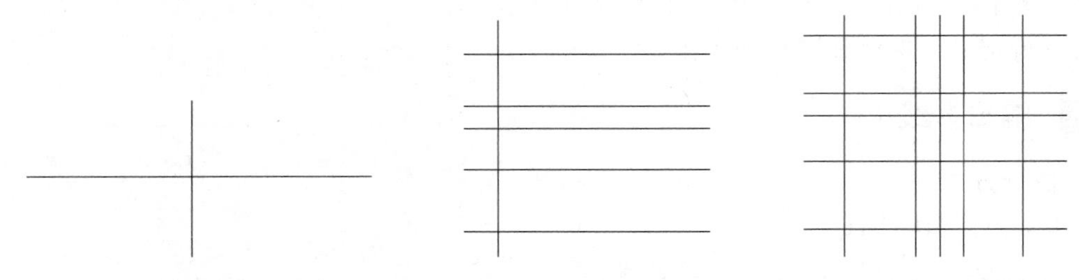

图 3-56　十字形辅助线　　图 3-57　偏移水平构造线　　图 3-58　偏移垂直构造线

2）定义多线样式。选择菜单栏中的“格式”→“多线样式”命令，系统弹出“多线样式”对话框。在该对话框中单击“新建”按钮，系统弹出“创建新的多线样式”对话框，在该对话框的“新样式名”文本框中输入“墙体线”，单击“继续”按钮。

3）系统弹出“新建多线样式”对话框，进行如图 3-59 所示的设置。

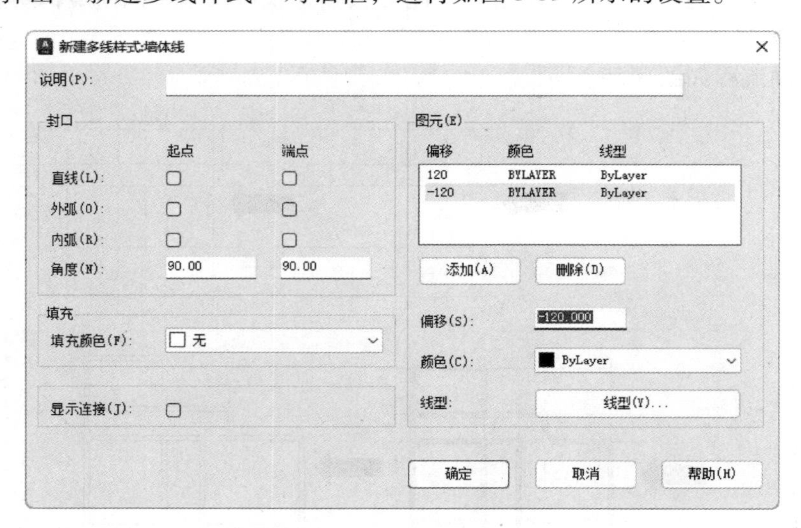

图 3-59　设置多线样式

4）绘制多线墙体，命令行中的提示与操作如下。

命令:MLINE↙
当前设置:对正 = 上,比例 = 20.00,样式 = 墙体线
指定起点或[对正(J)/比例(S)/样式(ST)]:s↙
输入多线比例 <20.00>:1↙
当前设置:对正 = 上,比例 = 1.00,样式 = 墙体线
指定起点或[对正(J)/比例(S)/样式(ST)]:j↙
输入对正类型[上(T)/无(Z)/下(B)] <上>:z↙
当前设置:对正 = 无,比例 = 1.00,样式 = 墙体线
指定起点或[对正(J)/比例(S)/样式(ST)]:(在绘制的辅助线交点上指定一点)↙
指定下一点:(在绘制的辅助线交点上指定下一点)↙
指定下一点或[放弃(U)]:(在绘制的辅助线交点上指定下一点)↙
指定下一点或[闭合(C)/放弃(U)]:(在绘制的辅助线交点上指定下一点)↙
指定下一点或[闭合(C)/放弃(U)]:c↙

根据辅助线网格，用相同方法绘制多线，绘制结果如图 3-60 所示。

5）编辑多线。选择菜单栏中的“修改”→“对象”→“多线”命令，系统弹出“多线编辑工具”对话框，如图 3-61 所示。单击其中的“T 形闭合”选项，单击“关闭”按钮后，命令行中的提示与操作如下。

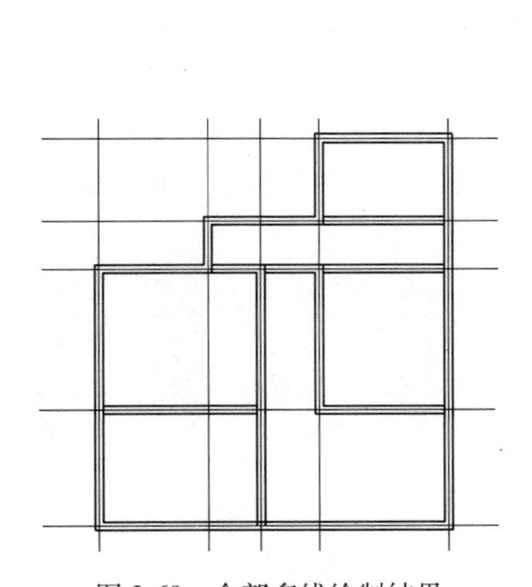

图 3-60　全部多线绘制结果

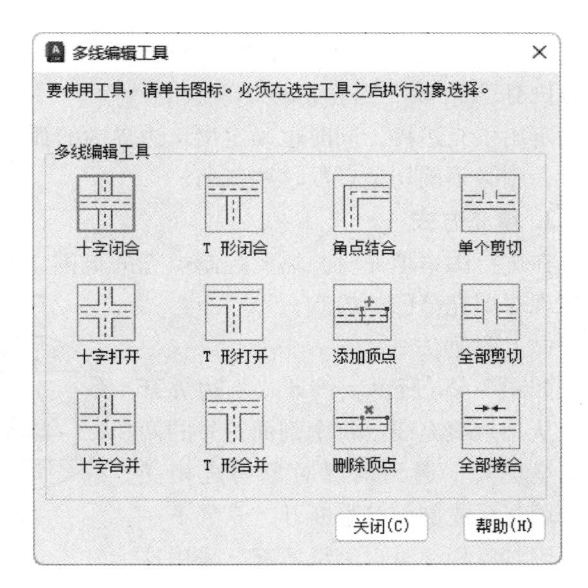

图 3-61　“多线编辑工具”对话框

命令:MLEDIT↙
选择第一条多线:↙(选择多线)
选择第二条多线:↙(选择多线)
选择第一条多线或[放弃(U)]:↙(选择多线)
选择第二条多线或[放弃(U)]:↙↙

继续用相同的方法进行多线编辑，编辑的最终结果如图 3-55 所示。

3.8 图案填充命令

当用户需要用一个重复的图案（pattern）填充某个区域时，可以使用 BHATCH（缩写名：H）命令建立一个相关联的填充阴影对象，即所谓的图案填充。

3.8.1 基本概念

1. 图案边界

当进行图案填充时，首先要确定图案填充的边界。定义边界的对象只能是直线、双向射线、单向射线、多段线、样条曲线、圆弧、圆、椭圆、椭圆弧、面域等，或用这些对象定义的块，而且作为边界的对象，在当前绘图区上必须全部可见。

2. 孤岛

在进行图案填充时，把位于总填充区域内的封闭区域称为孤岛，如图 3-62 所示。

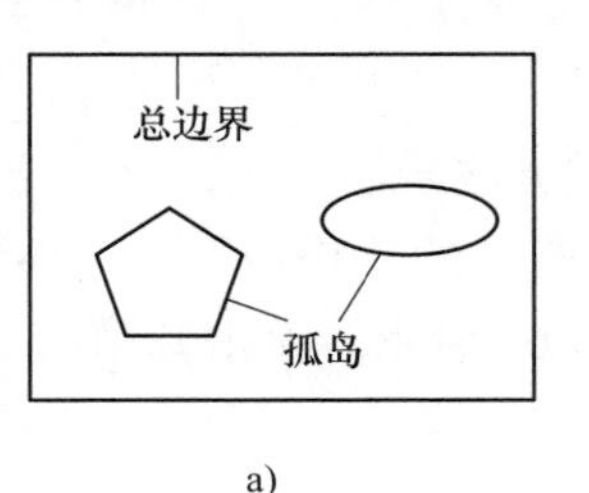

a)

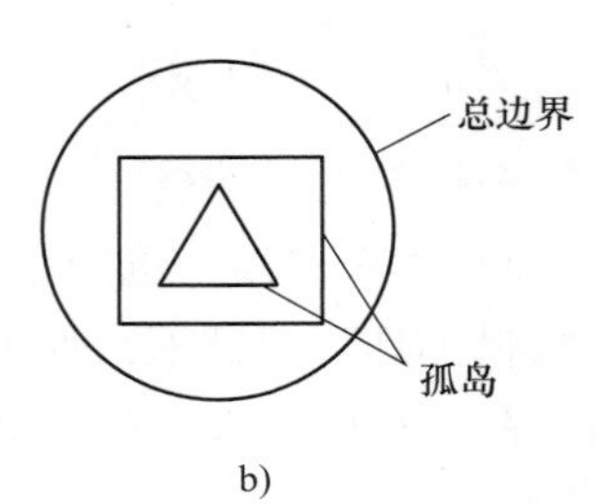

b)

图 3-62 孤岛

在使用 BHATCH 命令进行图案填充时，AutoCAD 允许用户以拾取点的方式确定填充边界，即在希望填充的区域内任意拾取一点，AutoCAD 会自动确定出填充边界，同时也确定出该边界内的孤岛。如果用户是以点取对象的方式确定填充边界，则必须确切地点取这些孤岛。

3. 填充方式

在进行图案填充时，需要控制填充的范围，AutoCAD 系统为用户提供了三种填充方式，以实现对填充范围的控制。

（1）普通方式

如图 3-63a 所示。该方式从边界开始，从每条填充线或每个剖面符号的两端向里填充，遇到内部对象与之相交时，填充线或剖面符号断开，直到下一次与该对象相交时再继续填充。采用这种方式时，要避免填充线或剖面符号与内部对象的相交次数为奇数。该方式为系统内部的默认方式。

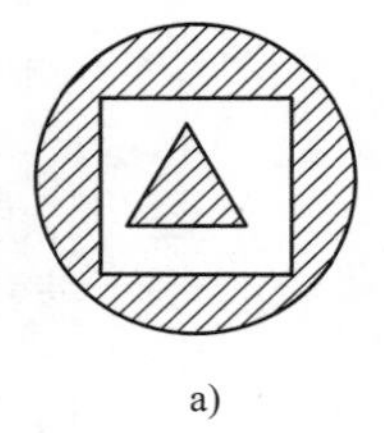
a)

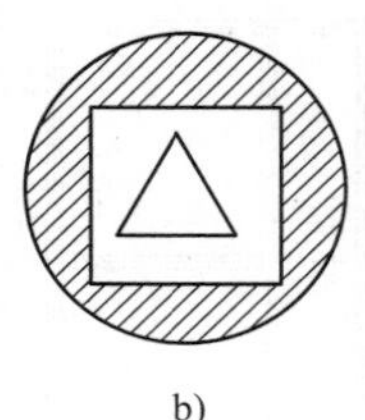
b)

c)

图 3-63 填充方式

（2）最外层方式

如图 3-63b 所示。该方式从边界开始，向里填充剖面符号，只要在边界内部与对象相交，则剖面符号由此断开而不再继续填充。

（3）忽略方式

如图 3-63c 所示，该方式忽略边界内部的对象，所有内部结构都被剖面符号覆盖。

3.8.2 图案填充的操作

1. 执行方式

- 命令行：BHATCH。
- 菜单栏：“绘图”→“图案填充”。
- 工具栏：“绘图”→“图案填充”或“绘图”→“渐变色”。
- 功能区：“默认”→“绘图”→“图案填充”。

2. 操作示例

本实例利用“矩形”和“直线”命令绘制图形，再利用“图案填充”命令将图形填充，绘制壁龛交接箱符号，绘制流程如图 3-64 所示。

1）单击“默认”选项卡“绘图”面板中的“矩形”按钮和“直线”按钮，绘制初步图形，如图 3-65 所示。

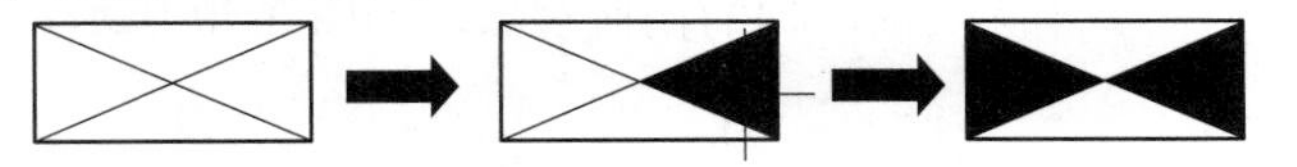

图 3-64　壁龛交接箱符号绘制流程

图 3-65　绘制外形

2）单击“默认”选项卡“绘图”面板中的“图案填充”按钮，系统弹出如图 3-66 所示的“图案填充创建”选项卡，选择名称为“SOLID”的填充图案，选择图 3-67 所示的填充区域，进行填充，结果如图 3-64 所示。

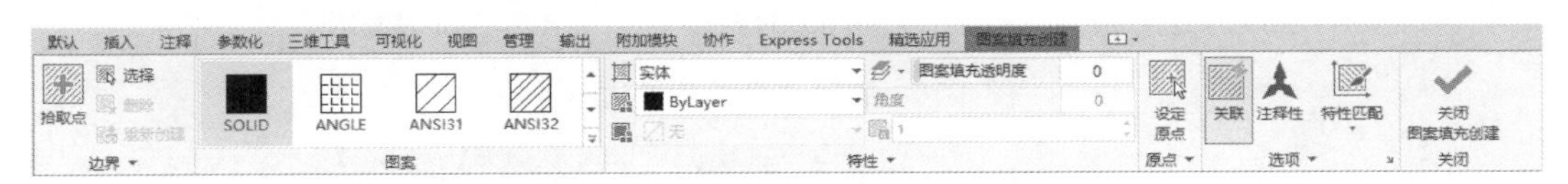

图 3-66　“图案填充创建”选项卡

3. 特殊选项说明

如图 3-66 所示“图案填充创建”选项卡中各选项组和按钮含义如下。

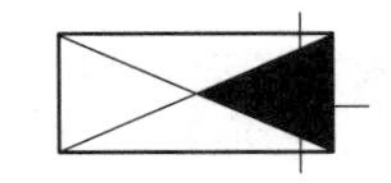

图 3-67　选取区域

（1）“边界”面板

1）拾取点：通过选择由一个或多个对象形成的封闭区域内的点，确定图案填充边界，如图 3-68 所示。指定内部点时，可以随时在绘图区域中单击鼠标右键以显示包含多个选项的快捷菜单。

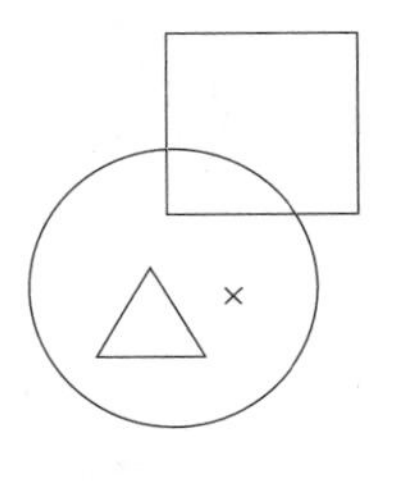

a) 选择一点

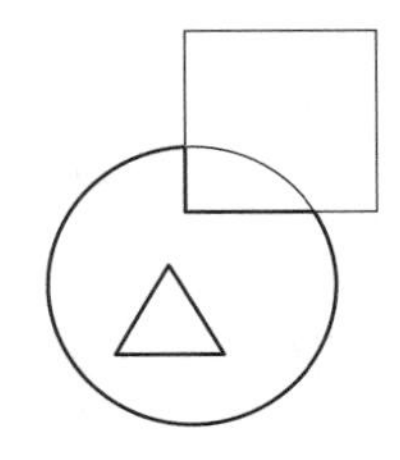

b) 填充区域

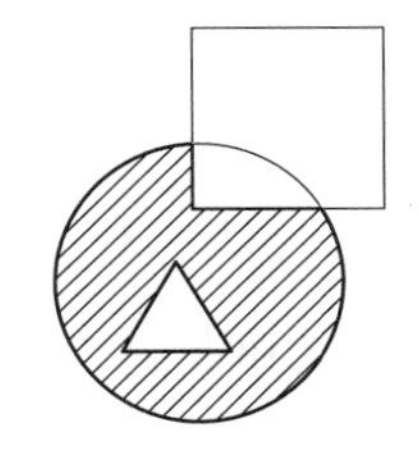

c) 填充结果

图 3-68　边界确定

2）选择边界对象：指定基于选定对象的图案填充边界。使用该选项时，不会自动检测内部对象，必须选择选定边界内的对象，以便按照当前孤岛检测样式填充这些对象，如图 3-69 所示。

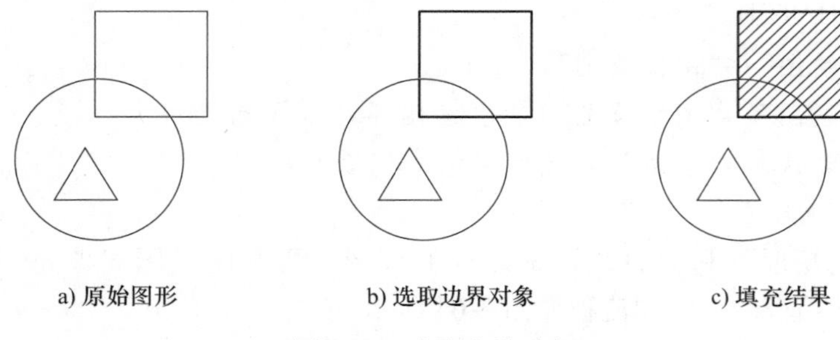

图 3-69　选取边界对象

3）删除边界对象：从边界定义中删除之前添加的任何对象，如图 3-70 所示。

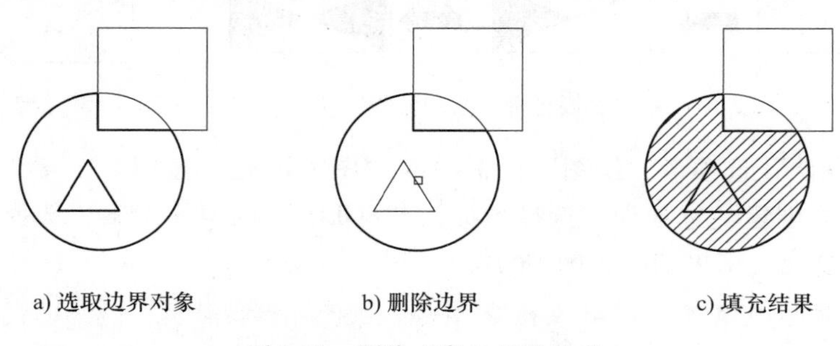

图 3-70　删除“岛”后的边界

4）重新创建边界：围绕选定的图案填充或填充对象创建多段线或面域，并使其与图案填充对象相关联（可选）。

5）显示边界对象：选择构成选定关联图案填充对象边界的对象，通过显示的夹点可修改图案填充边界。

6）保留边界对象：指定如何处理图案填充边界对象。选项包括如下。

7）不保留边界：（仅在图案填充创建期间可用）不创建独立的图案填充边界对象。

8）保留边界-多段线：（仅在图案填充创建期间可用）创建封闭图案填充对象的多段线。

9）保留边界-面域：（仅在图案填充创建期间可用）创建封闭图案填充对象的面域对象。

10）选择新边界集：指定对象的有限集（称为边界集），以便通过创建图案填充时的拾取点进行计算。

（2）“图案”面板

显示所有预定义和自定义图案的预览图像。

（3）“特性”面板

1）图案填充类型：指定是使用纯色、渐变色、图案还是用户定义的填充图案。

2）图案填充颜色：替代实体填充或填充图案的当前颜色。

3）背景色：指定填充图案背景的颜色。

4）图案填充透明度：设定新图案填充或填充的透明度，替代当前对象的透明度。

5）图案填充角度：指定图案填充或填充的角度。

6）填充图案比例：放大或缩小预定义或自定义填充图案。

7）相对图纸空间：（仅在布局中可用）相对于图纸空间单位缩放填充该图案。使用此选项，可很容易地做到以适合于布局的比例显示填充图案。

8）双向：（仅当图案填充类型设定为“用户定义”时可用）该选项将绘制第二组直线，与原始直线成90°角，从而构成交叉线。

9）ISO笔宽：（仅对于预定义的ISO图案可用）该选项基于选定的笔宽缩放ISO图案。

（4）“原点”面板

1）设定原点：直接指定新的图案填充原点。

2）左下：将图案填充原点设定在图案填充边界矩形范围的左下角。

3）右下：将图案填充原点设定在图案填充边界矩形范围的右下角。

4）左上：将图案填充原点设定在图案填充边界矩形范围的左上角。

5）右上：将图案填充原点设定在图案填充边界矩形范围的右上角。

6）中心：将图案填充原点设定在图案填充边界矩形范围的中心。

7）使用当前原点：将图案填充原点设定在HPORIGIN系统变量中存储的默认位置。

8）存储为默认原点：将新图案填充原点的值存储在HPORIGIN系统变量中。

（5）“选项”面板

1）关联：指定图案填充或填充为关联图案填充。关联的图案填充或填充在用户修改其边界对象时将会随之更新。

2）注释性：指定图案填充为注释性。此特性会自动完成缩放注释过程，从而使注释能够以正确的大小在图纸上打印或显示。

3）特性匹配，包括如下选项。

①使用当前原点：使用选定图案填充对象（除图案填充原点外）设定图案填充的特性。

②使用源图案填充的原点：使用选定图案填充对象（包括图案填充原点）设定图案填充的特性。

③允许的间隙：设定将对象用作图案填充边界时可以忽略的最大间隙。默认值为0，此值指定对象必须为封闭区域而没有间隙。

④创建独立的图案填充：控制当指定了多个单独的闭合边界时，是创建单个图案填充对象，还是创建多个图案填充对象。

4）孤岛检测。

①普通孤岛检测：从外部边界向内填充。如果遇到内部孤岛，填充将关闭，直到遇到孤岛中的另一个孤岛。

②外部孤岛检测：从外部边界向内填充。此选项仅填充指定的区域，不会影响内部孤岛。

③忽略孤岛检测：忽略所有内部的对象，填充图案时将通过这些对象。

④绘图次序：为图案填充或填充指定绘图次序。选项包括不更改、后置、前置、置于边界之后和置于边界之前。

（6）“关闭”面板

关闭“图案填充创建”：退出 HATCH 命令并关闭上下文选项卡，也可以按〈Enter〉键或〈Esc〉键退出 HATCH 命令。

3.8.3 编辑填充的图案

利用 HATCHEDIT 命令，编辑已经填充的图案。

执行方式

- 命令行：HATCHEDIT。
- 菜单栏：“修改”→“对象”→“图案填充”。
- 工具栏：“修改Ⅱ”→“编辑图案填充”。

执行上述命令后，AutoCAD 给出下列提示。

```
选择图案填充对象
```

选取关联填充对象后，系统弹出如图 3-71 所示的“图案填充编辑”对话框。

图 3-71 “图案填充编辑”对话框

3.9 上机实验

实验 1 绘制如图 3-72 所示的电抗器符号

（1）目的要求

本实验主要利用基本绘图工具，熟练掌握绘图技巧。

（2）操作提示

1）利用“直线”命令绘制两条垂直相交的直线。

2）利用“圆弧”命令绘制连接弧。

3）利用“直线”命令绘制竖直直线。

实验 2　绘制如图 3-73 所示的暗装开关符号

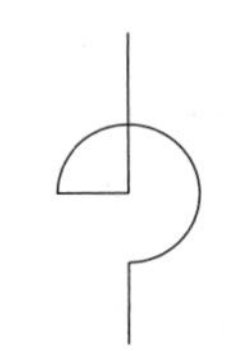

图 3-72　电抗器符号

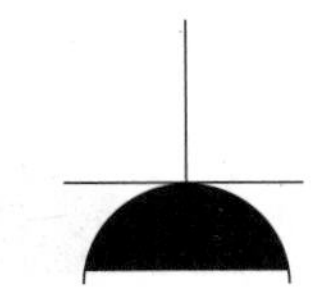

图 3-73　暗装开关符号

（1）目的要求

本实验练习的命令主要是“图案填充”命令，复习使用基本绘图工具，并学习使用填充命令。在绘制过程中，注意选择图案样例、填充边界。

（2）操作提示

1）利用“圆弧”命令绘制多半个圆弧。

2）利用“直线”命令绘制水平和竖直直线，其中一条水平直线的两个端点都在圆弧上。

3）利用“图案填充”命令填充圆弧与水平直线之间的区域。

实验 3　绘制如图 3-74 所示的水下线路符号

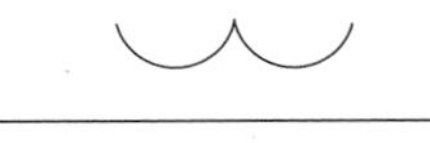

图 3-74　水下线路符号

（1）目的要求

本实验练习的命令主要是“多段线”命令，复习使用基本绘图工具，并学习使用“多段线”命令。

（2）操作提示

1）利用“直线”命令绘制水平导线。

2）利用“多段线”命令绘制水下示意符号。

3.10　思考与练习

1. 可以有宽度的线有（　　）。

A. 圆弧　　B. 多段线　　C. 直线　　D. 样条曲线

2. 使用 Arc 命令刚刚结束绘制一段圆弧，现在执行 Line 命令，提示“指定第一点:”时直接按〈Enter〉键，结果是（　　）。

A. 继续提示“指定第一点:”　　B. 提示“指定下一点或［放弃（U）］:”

C. Line 命令结束　　D. 以圆弧端点为起点绘制圆弧的切线

3. 重复使用刚执行过的命令，按（　　）键。

A. 〈Ctrl〉　　B. 〈Alt〉　　C. 〈Enter〉　　D. 〈Shift〉

4. 动手试操作一下。进行图案填充时，下面图案类型中不需要同时指定角度和比例的有（　　）。

A. 预定义　　B. 用户定义　　C. 自定义

5. 根据图案填充创建边界时，边界类型不可能是以下哪个选项（　　）。

A. 多段线　　B. 样条曲线　　C. 三维多段线　D. 螺旋线

6. 绘制如图 3-75 所示的多种电源配电箱符号。

7. 绘制如图 3-76 所示的蜂鸣器符号。

图 3-75　多种电源配电箱符号

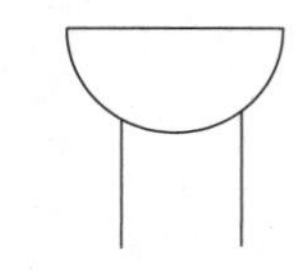

图 3-76　蜂鸣器符号

8. 请写出十种以上绘制圆弧的方法。

9. 可以用圆弧与直线取代多段线吗？

第 4 章　二维编辑命令

二维图形的编辑操作配合绘图命令的使用可以进一步完成复杂图形对象的绘制工作，并可使用户合理安排和组织图形，保证绘图准确，减少重复。因此，对编辑命令的熟练掌握和使用有助于提高设计和绘图的效率。本章主要内容包括：选择对象、删除及恢复类命令、对象编辑、复制类命令、改变位置类命令和改变几何特性类命令等。

本章重点

- 选择对象
- 删除及恢复类命令
- 对象编辑
- 复制类命令
- 改变位置类命令
- 改变几何特性类命令

4.1　选择对象

AutoCAD 2024 提供了两种编辑图形的途径：

1）先执行编辑命令，然后选择要编辑的对象。

2）先选择要编辑的对象，然后执行编辑命令。

这两种途径的执行效果是相同的。

AutoCAD 2024 提供了多种对象选择方法，如点取方法、用选择窗口选择对象、用选择线选择对象、用对话框选择对象等，AutoCAD 还可以把选择的多个对象组成整体，如选择集和对象组，进行整体编辑与修改。

4.1.1　构造选择集

选择集可以仅由一个图形对象构成，也可以是一个复杂的对象组，如位于某一特定层上的具有某种特定颜色的一组对象。选择集的构造可以在调用编辑命令之前或之后进行。

AutoCAD 2024 提供了以下几种方法来构造选择集。

1）先选择一个编辑命令，然后选择对象，按〈Enter〉键，结束操作。

2）使用 SELECT 命令。在命令行输入 SELECT，然后根据选择的选项，出现选择对象提示，按〈Enter〉键，结束操作。

3）用点取设备选择对象，然后调用编辑命令。

4）定义对象组。

无论使用哪种方法，AutoCAD 2024 都会提示用户选择对象，并且光标的形状由十字光标变为拾取框。

下面结合 SELECT 命令说明选择对象的方法。

SELECT 命令可以单独使用，也可以在执行其他编辑命令时被自动调用。此时命令行提示如下。

```
选择对象：
```

等待用户以某种方式选择对象作为回答。AutoCAD 2024 提供了多种选择方式，可以输入“?”查看这些选择方式。命令行提示如下。

```
需要点或窗口(W)/上一个(L)/窗交(C)/框(BOX)/全部(ALL)/栏选(F)/圈围(WP)/圈交(CP)/编组(G)/添加(A)/删除(R)/多个(M)/前一个(P)/放弃(U)/自动(AU)/单个(SI)/子对象(SU)/对象(O)
选择对象：
```

上面各选项的含义如下。

（1）点

该选项表示直接通过点取的方式选择对象。用鼠标或键盘移动拾取框，使其框住要选取的对象，然后单击鼠标左键，就会选中该对象并以高亮度显示。

（2）窗口（W）

用由两个对角顶点确定的矩形窗口选取位于其范围内部的所有图形，与边界相交的对象不会被选中。在指定对角顶点时应该按照从左向右的顺序，如图 4-1 所示。

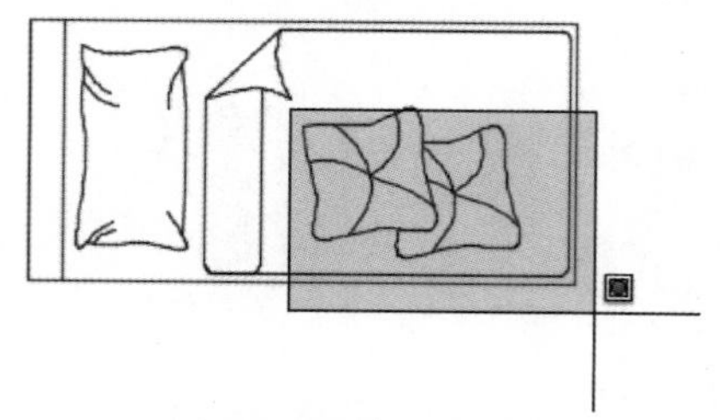

a) 图中深色覆盖部分为选择窗口

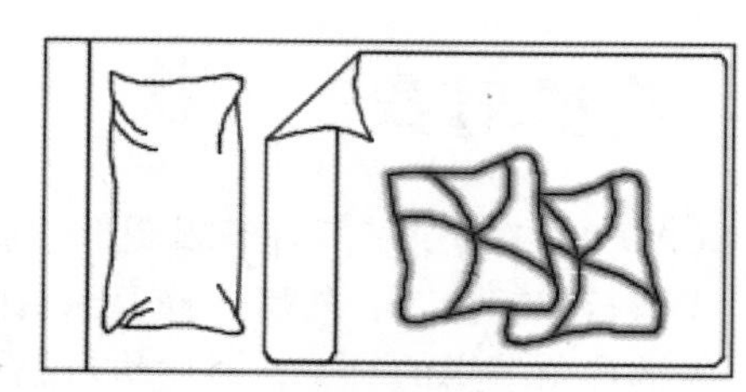

b) 选择后的图形

图 4-1 “窗口”对象选择方式

（3）上一个（L）

在“选择对象:”提示下输入 L 后，按〈Enter〉键，系统会自动选取最后绘出的一个对象。

（4）窗交（C）

该方式与“窗口”方式类似，区别在于：它不但会选中矩形窗口内部的对象，也会选中与矩形窗口边界相交的对象。选择的对象如图 4-2 所示。

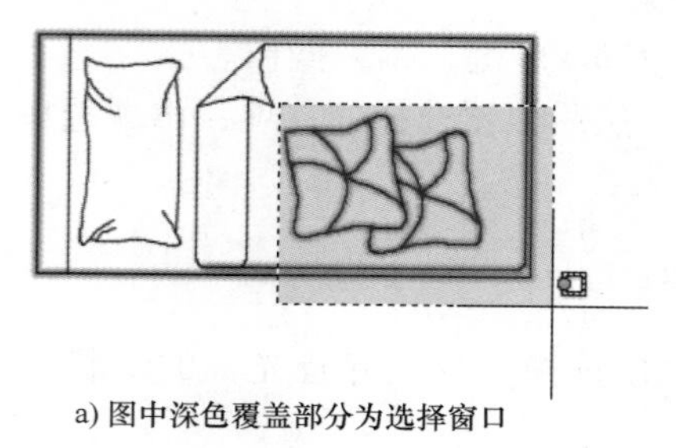

a) 图中深色覆盖部分为选择窗口

b) 选择后的图形

图 4-2 “窗交”对象选择方式

（5）框（BOX）

使用该选项时，系统根据用户在绘图区给出的两个对角点的位置自动引用“窗口”或“窗交”方式。若从左向右指定对角点，则为“窗口”方式；反之，则为“窗交”方式。

（6）全部（ALL）

该选项用于选取绘图区上的所有对象。

（7）栏选（F）

用户临时绘制一些直线，这些直线不必构成封闭图形，凡是与这些直线相交的对象均被选中。执行结果如图4-3所示。

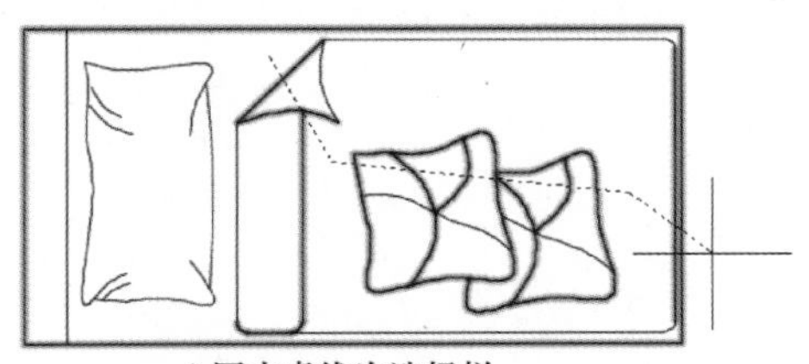

a) 图中虚线为选择栏

b) 选择后的图形

图4-3 “栏选”对象选择方式

（8）圈围（WP）

该选项使用一个不规则的多边形来选择对象。根据提示，用户顺次输入构成多边形的所有顶点的坐标，最后，按〈Enter〉键结束操作。系统将自动连接从第一个顶点到最后一个顶点的各个顶点，形成封闭的多边形。凡是被多边形围住的对象均被选中（不包括边界）。执行结果如图4-4所示。

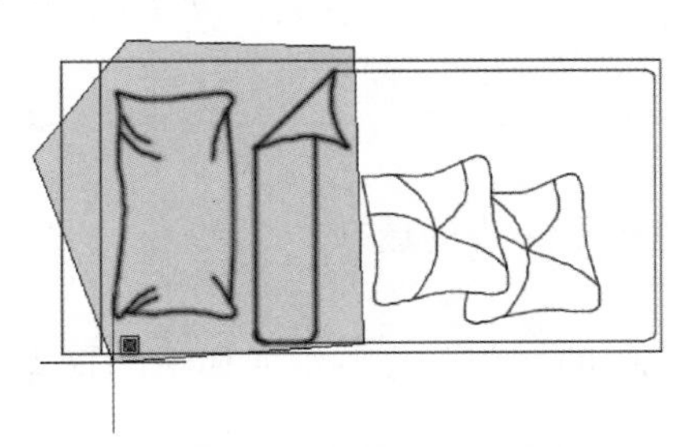

a) 图中十字光标拉出的深色多边形为选择窗口

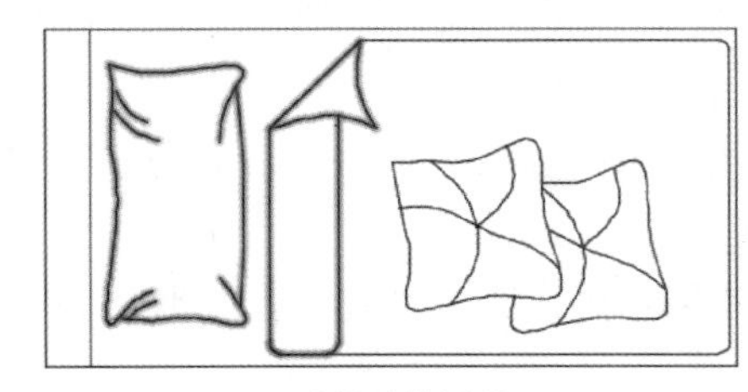

b) 选择后的图形

图4-4 “圈围”对象选择方式

（9）圈交（CP）

类似于“圈围”方式。在“选择对象:”提示后输入CP，后续操作与“圈围”方式相同。区别在于：与多边形边界相交的对象也被选中。

（10）编组（G）

该选项使用预先定义的对象组作为选择集。事先将若干个对象组成对象组，用组名引用。

（11）添加（A）

该选项用于添加下一个对象到选择集，也可用于从移走模式（Remove）到选择模式的切换。

(12) 删除 (R)

按住〈Shift〉键选择对象，可以从当前选择集中移走该对象，对象由高亮度显示状态变为正常显示状态。

(13) 多个 (M)

该选项指定多个点，不高亮度显示对象。这种方法可以加快在复杂图形上的选择对象过程。若两个对象交叉，两次指定交叉点，则可以选中这两个对象。

(14) 前一个 (P)

用关键字 P 回应“选择对象:”的提示，可把上次编辑命令中最后一次构造的选择集或最后一次使用 Select (DDSELECT) 命令预置的选择集作为当前选择集。这种方法适用于对同一选择集进行多种编辑操作的情况。

(15) 放弃 (U)

该选项用于取消加入选择集的对象。

(16) 自动 (AU)

该选项选择结果视用户在绘图区上的选择操作而定。如果选中单个对象，则该对象为自动选择的结果；如果选择点落在对象内部或外部的空白处，命令行会出现如下提示。

```
指定对角点:
```

此时，系统会采取一种窗口的选择方式。对象被选中后变为虚线形式，并以高亮度显示。

说明：若矩形框从左向右定义，即第一个选择的对角点为左侧的对角点，矩形框内部的对象被选中，框外部及与矩形框边界相交的对象不会被选中。若矩形框从右向左定义，矩形框内部及与矩形框边界相交的对象都会被选中。

(17) 单个 (SI)

选择指定的第一个对象或对象集，系统不再提示进行下一步的选择。

(18) 子对象 (SU)

使用户可以逐个选择原始形状，这些形状是复合实体的一部分或三维实体上的顶点、边和面。

(19) 对象 (O)

结束选择子对象的功能，使用户可以使用对象选择方法。

4.1.2 快速选择

有时用户需要选择具有某些共同属性的对象来构造选择集，如选择具有相同颜色、线型或线宽的对象。用户当然可以使用前面介绍的方法来选择这些对象，但如果要选择的对象数量较多且分布在较复杂的图形中，则会导致很大的工作量。AutoCAD 2024 提供了 QSELECT 命令来解决此问题。调用 QSELECT 命令后，将打开“快速选择”对话框，利用该对话框可以根据用户指定的过滤标准快速创建选择集，如图 4-5 所示。

执行方式

- 命令行：QSELECT。

- 菜单栏："工具"→"快速选择"。
- 快捷菜单：在绘图区右键单击鼠标，从打开的右键快捷菜单上选择"快速选择"命令，如图 4-6 所示。

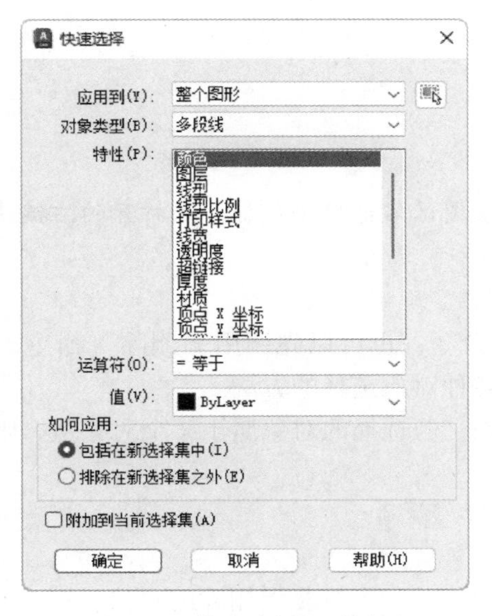

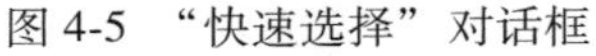
图 4-5 "快速选择"对话框

图 4-6 右键快捷菜单

执行上述命令后，系统弹出"快速选择"对话框。在该对话框中，可以选择符合条件的对象或对象组。

4.1.3 构造对象组

对象组与选择集并没有本质的区别，当把若干个对象定义为选择集并想让它们在以后的操作中始终作为一个整体时，为了操作简捷，可以给该选择集命名并保存起来，这个被命名的对象选择集就是对象组，它的名字称为组名。

如果对象组可以被选择（位于锁定层上的对象组不能被选择），那么就可以通过它的组名引用该对象组，并且一旦组中任何一个对象被选中，那么组中的全部对象成员都将被选中。

执行方式

- 命令行：GROUP。

执行上述命令后，系统弹出"对象编组"对话框。利用该对话框可以查看或修改存在的对象组的属性，也可以创建新的对象组。

4.2 删除及恢复类命令

这一类命令主要用于删除图形的某部分或对已被删除的部分进行恢复，包括删除、恢复、清除等命令。

4.2.1 “删除”命令

如果所绘制的图形不符合要求或错绘了图形，可以使用“删除”命令 ERASE 把它删除。

执行方式

- 命令行：ERASE。
- 菜单栏：“修改”→“删除”。
- 工具栏：“修改”→“删除”。
- 快捷菜单：选择要删除的对象，在绘图区右键单击鼠标，从打开的右键快捷菜单上选择“删除”命令。
- 功能区：“默认”→“修改”→“删除”。

可以先选择对象，然后调用“删除”命令；也可以先调用“删除”命令，然后再选择对象。选择对象时，可以使用前面介绍的各种对象选择的方法。

当选择多个对象时，多个对象都被删除；若选择的对象属于某个对象组，则该对象组的所有对象都将被删除。

4.2.2 “恢复”命令

若误删除了图形，可以使用“恢复”命令 OOPS 恢复误删除的对象。

执行方式

- 命令行：OOPS 或 U。
- 工具栏：“标准”工具栏→“放弃”。
- 快捷键：〈Ctrl+Z〉。

在命令窗口的提示行上输入 OOPS，按〈Enter〉键。

4.2.3 “清除”命令

此命令与“删除”命令的功能完全相同。

执行方式

- 菜单栏：“编辑”→“删除”。
- 快捷键：〈Delete〉。

用菜单输入上述命令或按快捷键后，命令行提示如下。

```
选择对象:(选择要清除的对象,按〈Enter〉键执行“清除”命令)
```

4.3 对象编辑

在对图形进行编辑时，可以对图形对象本身的某些特性进行编辑，从而方便地进行图形绘制。

4.3.1 钳夹功能

利用钳夹功能可以快速方便地编辑对象。AutoCAD 在图形对象上定义了一些特殊点，称为夹点，利用夹点可以灵活地控制对象，如图 4-7 所示。

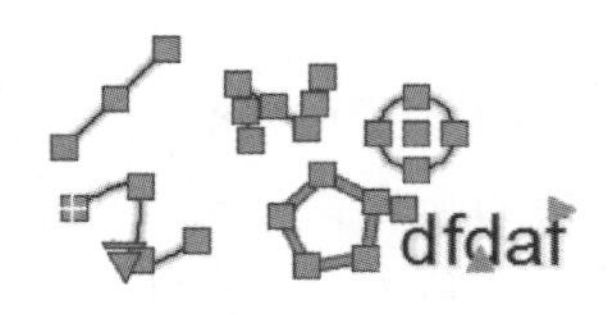

图 4-7　夹点

要使用钳夹功能编辑对象，必须先打开钳夹功能，打开的方法是：选择“工具”→“选项”→“选择集”命令。

在“选项”对话框的“选择集”选项卡中，选中“启用夹点”复选框。在该选项卡中，还可以设置代表夹点的小方格的尺寸和颜色。

也可以通过 GRIPS 系统变量来控制是否打开钳夹功能，1 代表打开，0 代表关闭。

打开钳夹功能后，应该在编辑对象之前先选择对象。夹点表示了对象的控制位置。

使用夹点编辑对象时，要先选择一个夹点作为基点，称为基准夹点。然后，选择一种编辑操作：删除、移动、复制选择、旋转和缩放等。可以用空格键、〈Enter〉键或键盘上的快捷键循环选择这些功能。

下面以拉伸对象操作为例进行讲述，其他操作类似。

在图形上拾取一个夹点，该夹点改变颜色，此点为夹点编辑的基准夹点。这时命令行提示如下。

```
* * 拉伸 * *
指定拉伸点或[基点(B)/复制(C)/放弃(U)/退出(X)]:
```

在上述拉伸编辑提示下，输入“缩放”命令，或右键单击鼠标在快捷菜单中选择“缩放”命令，系统就会转换为缩放操作。其他操作类似。

4.3.2　修改对象属性

执行方式

- 命令行：DDMODIFY 或 PROPERTIES。
- 菜单栏：“修改”→“特性”。
- 工具栏：“标准”→“特性”。

执行上述命令后，弹出“特性”对话框，如图 4-8 所示。利用该对话框可以方便地设置或修改对象的各种属性。

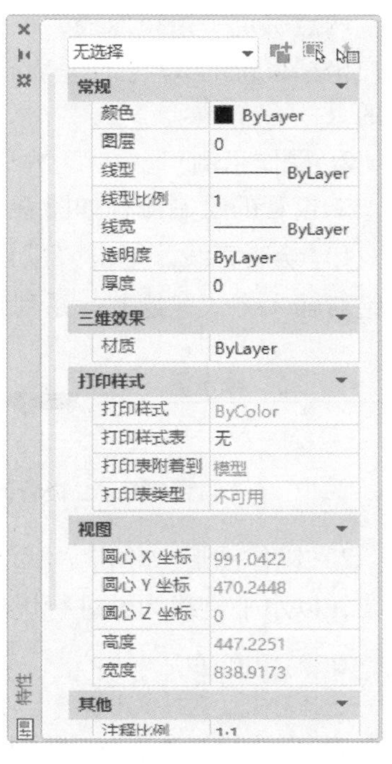

图 4-8　“特性”对话框

不同的对象属性种类和值不同，修改属性值，对象即具有了新的属性。

4.3.3　特性匹配

利用特性匹配功能可以将目标对象的属性与源对象的属性进行匹配，使目标对象的属性与源对象属性相同，并且可以方便快捷地修改对象属性，使不同对象具有相同属性。

执行方式

- 命令行：MATCHPROP。
- 工具栏：“标准”→“特性匹配”。

● 菜单栏："修改"→"特性匹配"。

图 4-9a 所示为两个属性不同的对象，以左边的圆为源对象，对右边的矩形进行特性匹配，结果如图 4-9b 所示。

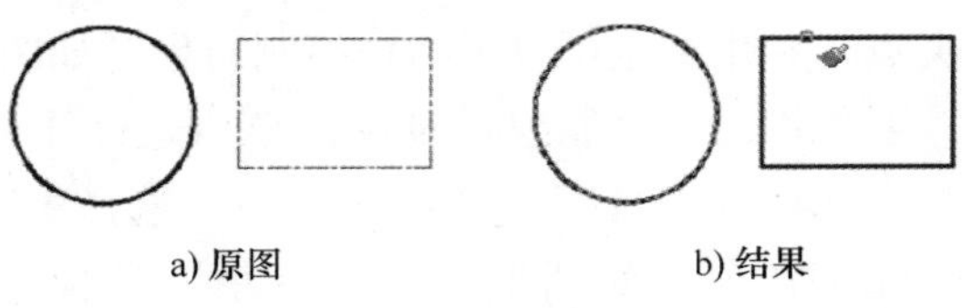

图 4-9 特性匹配

4.4 复制类命令

本节详细介绍 AutoCAD 2024 的复制类命令。利用这些复制类命令，可以方便地编辑、绘制图形。

4.4.1 "镜像"命令

镜像对象是指把选择的对象以一条镜像线为对称轴进行镜像。镜像操作完成后，可以保留源对象也可以将其删除。

1. 执行方式

● 命令行：MIRROR。

● 菜单栏："修改"→"镜像"。

● 工具栏："修改"→"镜像"。

● 功能区："默认"→"修改"→"镜像"。

两点确定一条镜像线，被选择的对象以该线为对称轴进行镜像。包含该线的镜像平面与用户坐标系统的 *XY* 平面垂直，即镜像操作是在与用户坐标系统的 *XY* 平面平行的平面上进行的。

2. 操作示例

二极管的绘制流程如图 4-10 所示。

1）绘制直线。单击"默认"选项卡"绘图"面板中的"直线"按钮，采用相对或者绝对输入方式，绘制一系列长度适当的直线，如图 4-11 所示。

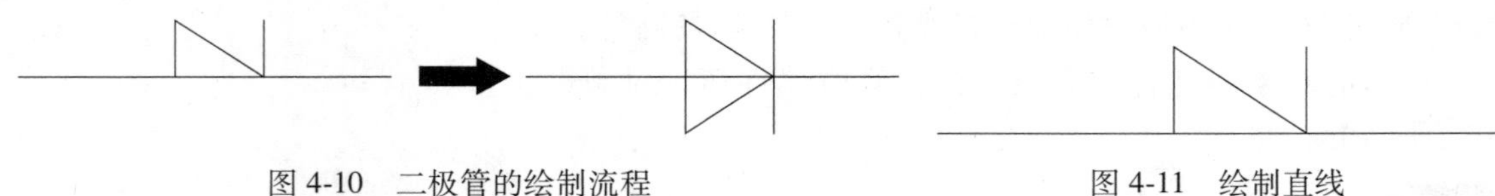

图 4-10 二极管的绘制流程　　图 4-11 绘制直线

2）镜像图形。单击"默认"选项卡"修改"面板中的"镜像"按钮，将绘制的多段线，以水平直线为轴进行镜像，生成二极管符号。命令行提示与操作如下。

```
命令:MIRROR↙
选择对象:(选择水平直线上的线段)
指定镜像线的第一点:(指定水平直线上的一点)
指定镜像线的第二点:(指定水平直线上的另一点)
要删除源对象吗?[是(Y)/否(N)]<否>:↙
```

结果如图 4-10 所示。

4.4.2 “复制”命令

1. 执行方式

- 命令行：COPY。
- 菜单栏：“修改”→“复制”。
- 工具栏：“修改”→“复制”。
- 快捷菜单：选择要复制的对象，在绘图区右键单击鼠标，从打开的右键快捷菜单上“复制”命令。
- 功能区：“默认”→“修改”→“复制”。

2. 操作示例

电桥符号的绘制流程如图4-12所示。

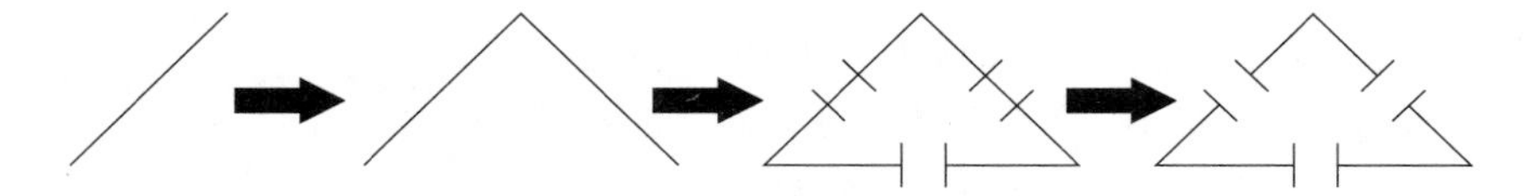

图4-12　电桥符号绘制流程

1）绘制直线。单击“默认”选项卡“绘图”面板中的“直线”按钮，开启极轴追踪模式，以点（100，100）为起点，绘制一条长度为20mm、与水平方向成45°角的直线*AB*。

2）单击“默认”选项卡“绘图”面板中的“直线”按钮，以点*B*为起点，沿*AB*方向绘制长度为10mm的直线*BC*。采用同样的方法，以点*C*为起点，绘制长度为20mm的直线*CD*，如图4-13所示。

3）采用同样的方法，以点*D*为起点绘制三条与水平方向成135°角，长度分别为20mm、10mm和20mm的直线*DE*、*EF*和*FG*，如图4-14所示。

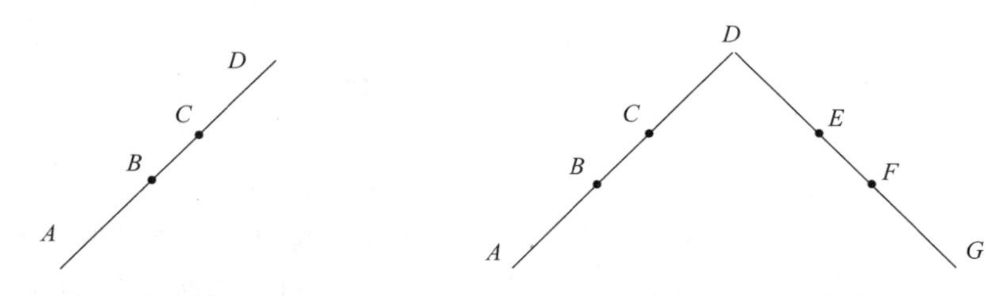

图4-13　绘制倾斜直线1　　图4-14　绘制倾斜直线2

4）绘制水平直线。单击“默认”选项卡“绘图”面板中的“直线”按钮，开启对象捕捉模式，捕捉点*A*作为起点，向右绘制一条长度为30.4mm的水平直线*AH*；捕捉*G*点作为起点，向左绘制一条长度为30.4mm的水平直线*GI*。

5）绘制倾斜直线。单击“默认”选项卡“绘图”面板中的“直线”按钮，开启对象捕捉和极轴追踪模式，捕捉点*B*作为起点，绘制一条与水平方向成135°角、长度为5mm的直线*L*1。

6）镜像直线。单击“默认”选项卡“修改”面板中的“镜像”按钮，选择直线*L*1

为镜像对象，以直线 *BC* 为镜像线进行镜像操作，得到直线 *L*2。

7）复制直线。单击“默认”选项卡“修改”面板中的“复制”按钮，复制直线 *L*1 和直线 *L*2，得到直线 *L*3 和直线 *L*4，命令行的提示与操作如下。

```
命令:_copy↙
选择对象:(选择直线 L1)↙
选择对象:(选择直线 L2)↙
当前设置:复制模式 = 多个
指定基点或[位移(D)/模式(O)] <位移>:(指定 B 点为基点)↙
指定第二个点或[阵列(A)] <使用第一个点作为位移>:↙(指定 C 点为复制放置点)
指定第二个点或[阵列(A)/退出(E)/放弃(U)] <退出>:↙
```

8）绘制直线。采用同样的方法，在其余位置绘制直线，如图 4-15 所示。

9）删除直线。单击“默认”选项卡“修改”面板中的“删除”按钮，将图中多余的直线 *BC* 和 *EF* 删除，得到如图 4-12 所示的结果，完成电桥符号的绘制。

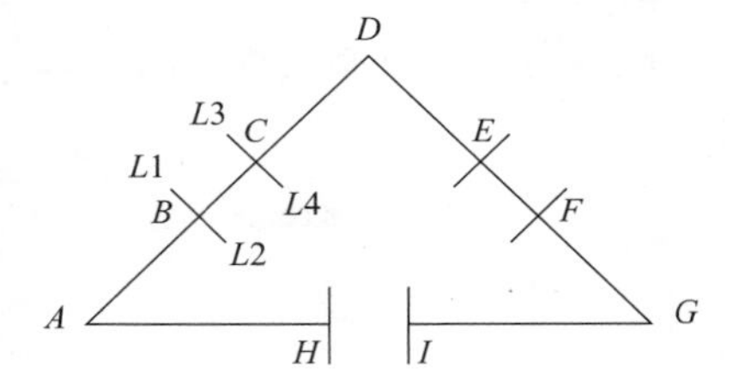

图 4-15　绘制直线

3. 特殊选项说明

（1）指定基点

指定一个坐标点后，AutoCAD 2024 会把该点作为复制对象的基点，命令行提示如下。

```
指定位移的第二点或 <使用第一点作位移>:
```

指定第二个点后，系统将根据这两点确定的位移矢量把选择的对象复制到第二点处。如果此时直接按〈Enter〉键，即选择默认的“使用第一点作位移”，则第一个点被当作相对于 *X*、*Y*、*Z* 的位移。例如，如果指定基点为（2，3）并在下一个提示下按〈Enter〉键，则该对象从它当前的位置开始，在 *X* 方向上移动 2 个单位，在 *Y* 方向上移动 3 个单位。复制完成后，命令行会继续提示如下。

```
指定位移的第二点:
```

这时，可以不断指定新的第二点，从而实现多重复制。

（2）位移（D）

该选项可以直接输入位移值，表示以选择对象时的拾取点为基准，以拾取点坐标为移动方向，沿纵横比方向移动指定位移后所确定的点为基点。例如，选择对象时的拾取点坐标为（2，3），输入“位移”为 5，则表示以（2，3）点为基准，沿纵横比为 3∶2 的方向移动 5 个单位所确定的点为基点。

（3）模式（O）

该选项控制是否自动重复该命令。确定复制模式是单个还是多个。

4.4.3 “偏移”命令

偏移对象是指保持选择对象的形状，在不同的位置以不同的尺寸大小新建一个对象。

1. 执行方式

- 命令行：OFFSET。

- 菜单栏："修改"→"偏移"。
- 工具栏："修改"→"偏移"⊆。
- 功能区："默认"→"修改"→"偏移"⊆。

2. 操作示例

手动三极开关的绘制流程如图 4-16 所示。

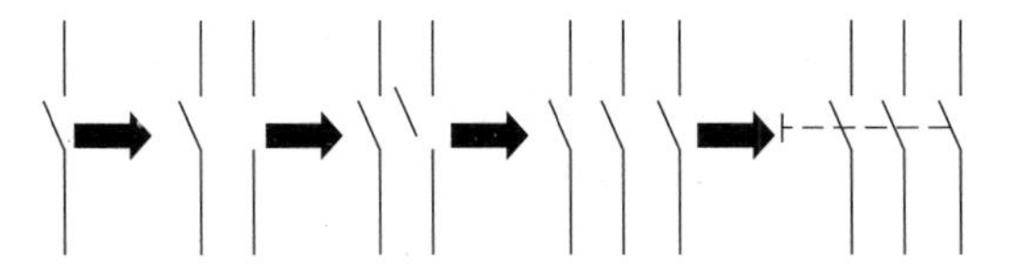

图 4-16　手动三极开关绘制流程

1）结合正交和对象追踪功能，单击"绘图"工具栏中的"直线"按钮⁄，绘制三条直线，完成开关第一极的绘制，如图 4-17 所示。

2）单击"默认"选项卡"修改"面板中的"偏移"按钮⊆，偏移竖直直线，命令行中的提示与操作如下。

```
命令:_Offset↙
当前设置:删除源=否   图层=源   OFFSETGAPTYPE=0
指定偏移距离或[通过(T)/删除(E)/图层(L)] <通过>:↙
指定第二点:<正交开>(向右在竖直方向选取适当的两点)
选择要偏移的对象或[退出(E)/放弃(U)] <退出>:(选择一条竖直直线)↙
指定要偏移的那一侧上的点或[退出(E)/多个(M)/放弃(U)] <退出>:(向右指定一点)↙
选择要偏移的对象或[退出(E)/放弃(U)] <退出>:(选取另一条竖线)↙
```

结果如图 4-18 所示。

图 4-17　绘制直线 1　　　　图 4-18　偏移结果

注意：偏移是将对象按指定的距离沿对象的垂直或法向方向进行复制。在本例中，如果采用上面方法设置相同的距离将斜线进行偏移，就会得到如图 4-19 所示的结果，与设想的结果不一样，这是初学者应该注意的地方。

3）单击"默认"选项卡"修改"面板中的"偏移"按钮⊆，绘制第三极开关的竖线，具体操作方法与步骤 2）相同，只是在命令行中有如下提示。

```
指定偏移距离或[通过(T)/删除(E)/图层(L)] <190.4771>:
```

直接按〈Enter〉键，接受上一次偏移指定的偏移距离为本次偏移的默认距离。结果如图 4-20 所示。

图 4-19　偏移斜线　　　　图 4-20　完成偏移

4）单击“默认”选项卡“修改”面板中的“复制”按钮，复制斜线，捕捉基点和目标点分别为对应的竖线端点，命令行中的提示与操作如下。

```
命令:COPY↙
选择对象:找到 1 个
选择对象:(选择斜线)↙
当前设置:  复制模式 = 多个
指定基点或[位移(D)/模式(O)] <位移>:↙
指定第二个点或[阵列(A)] <使用第一个点作为位移>:↙
指定第二个点或[阵列(A)/退出(E)/放弃(U)] <退出>:↙
```

结果如图 4-21 所示。

5）单击“默认”选项卡“绘图”面板中的“直线”按钮，结合对象捕捉功能绘制一条竖直直线和一条水平直线，结果如图 4-22 所示。

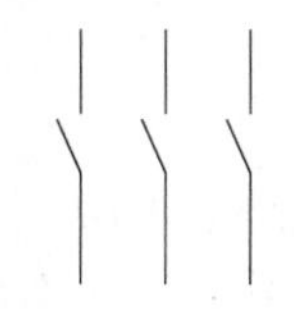

图 4-21　复制斜线

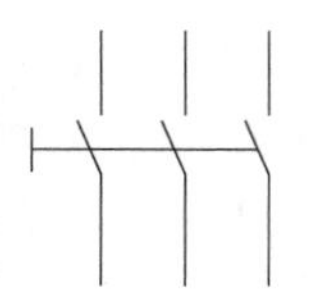

图 4-22　绘制直线 2

下面将水平直线的线型由实线改为虚线。

6）单击“默认”选项卡“图层”面板中的“图层特性”按钮，打开“图层特性管理器”对话框，如图 4-23 所示。双击 0 层下的 Continuous 线型，弹出“选择线型”对话框，如图 4-24 所示。单击“加载”按钮，弹出“加载或重载线型”对话框，选择其中的 ACAD_ISO02W100 线型，如图 4-25 所示，单击“确定”按钮，回到“选择线型”对话框。再次单击“确定”按钮，回到“图层特性管理器”对话框，最后单击“确定”按钮退出。

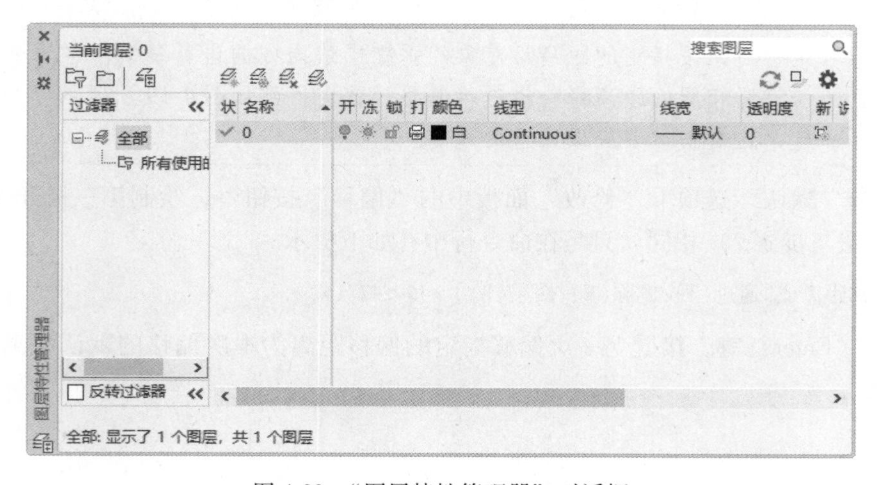

图 4-23　“图层特性管理器”对话框

7）选择步骤 5）绘制的水平直线，单击鼠标右键，在打开的右键快捷菜单中选取“特性”选项，系统弹出“特性”对话框。在“线型”下拉列表框中选择加载的 ACAD_

ISO02W100 线型，在“线型比例”文本框中将线型比例改为 3，如图 4-26 所示，关闭“特性”对话框。可以看到，水平直线的线型已经改为虚线，最终结果如图 4-16 所示。

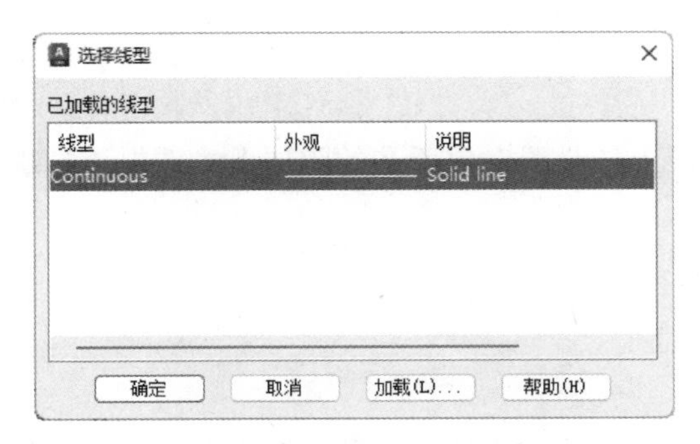

图 4-24 “选择线型”对话框

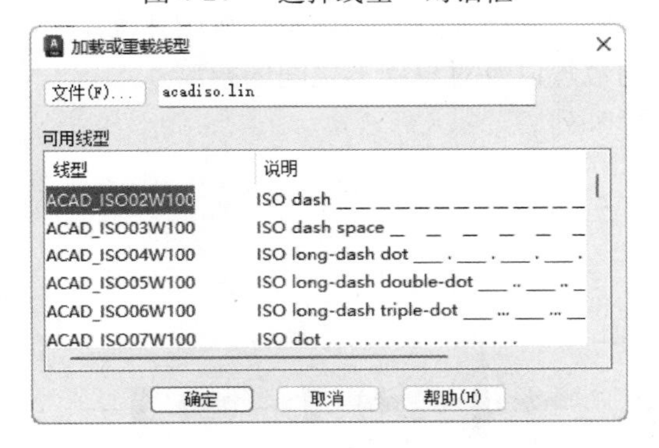

图 4-25 “加载或重载线型”对话框

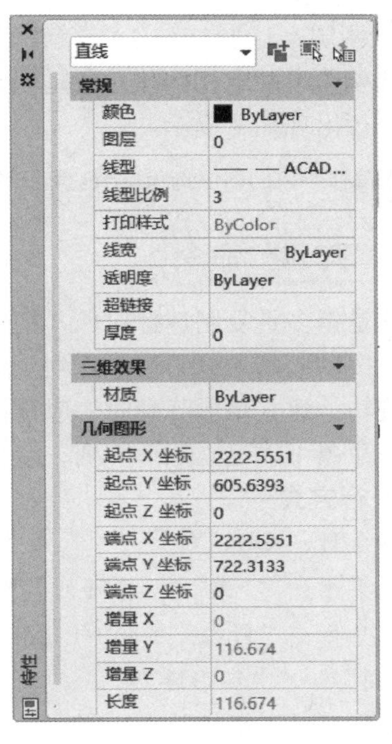

图 4-26 “特性”对话框

3. 特殊选项说明

（1）指定偏移距离

可以输入一个距离值，或按〈Enter〉键使用当前的距离值，系统将把该距离值作为偏移距离，如图 4-27 所示。

（2）通过（T）

指定偏移对象的通过点。选择该选项后命令行出现如下提示。

```
选择要偏移的对象或[退出(E)/放弃(U)] <退出>:↙(选择要偏移的对象,按〈Enter〉键,结束操作)
指定通过点或[退出(E)/多个(M)/放弃(U)] <退出>:↙(指定偏移对象的一个通过点)
```

操作完毕后，系统将根据指定的通过点绘出偏移对象，如图 4-28 所示。

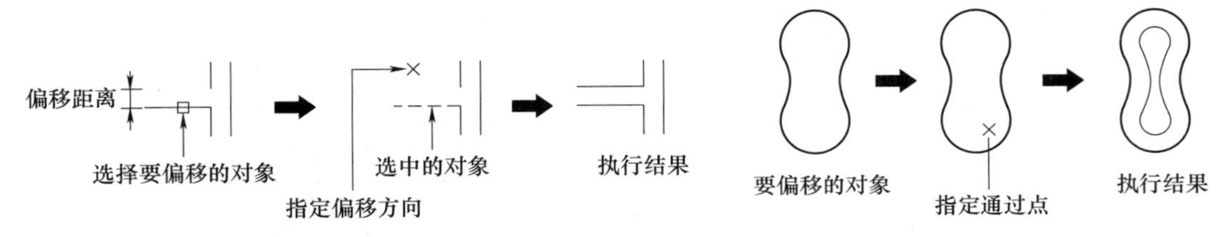

图 4-27 指定偏移对象的距离

图 4-28 指定偏移对象的通过点

（3）删除（E）

该选项用于偏移后，将源对象删除。选择该选项后命令行出现如下提示。

```
要在偏移后删除源对象吗？[是(Y)/否(N)]<当前>:
```

（4）图层（L）

该选项用于确定将偏移对象是创建在当前图层上还是源对象所在的图层上。选择该选项后，命令行出现如下提示。

```
输入偏移对象的图层选项[当前(C)/源(S)] <当前>:
```

4.4.4 “阵列”命令

阵列是指多重复制选择对象并把这些副本按矩形或环形排列。将副本按矩形排列称为矩形阵列，按环形排列称为环形阵列。建立环形阵列时，应该控制复制对象的次数并确定对象是否被旋转；建立矩形阵列时，应该控制行和列的数量以及对象副本之间的距离。

用该命令可以建立矩形阵列、路径阵列和环形阵列。

1. 执行方式

- 命令行：ARRAY。
- 菜单栏：“修改”→“阵列”。
- 工具栏：“修改”→“矩形阵列”/“路径阵列”/“环形阵列”。
- 功能区：“默认”→“修改”→“阵列”。

2. 操作示例

绘制多级插头插座。绘制流程如图 4-29 所示。

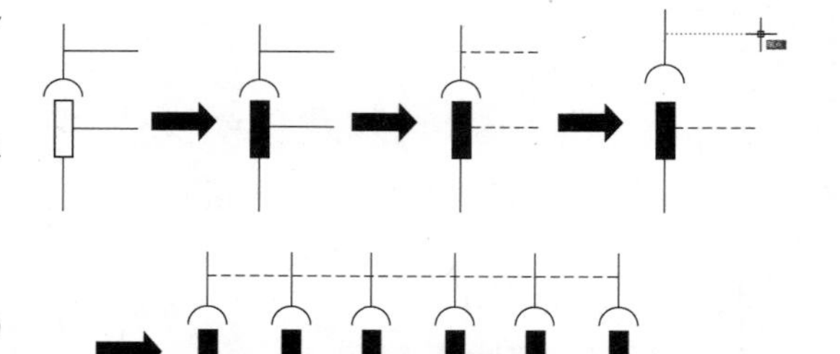

图 4-29　多级插头插座绘制流程

1）单击“默认”选项卡“绘图”面板中的“圆弧”按钮、“直线”按钮和“矩形”按钮等，绘制如图 4-30 所示的图形。

> 注意：利用正交模式、对象捕捉和对象追踪等工具准确绘制图线时，应保持相应端点对齐。

2）单击“默认”选项卡“绘图”面板中的“图案填充”按钮，对矩形进行填充，如图 4-31 所示。

3）参照前面讲解的方法将两条水平直线的线型改为虚线，如图 4-32 所示。

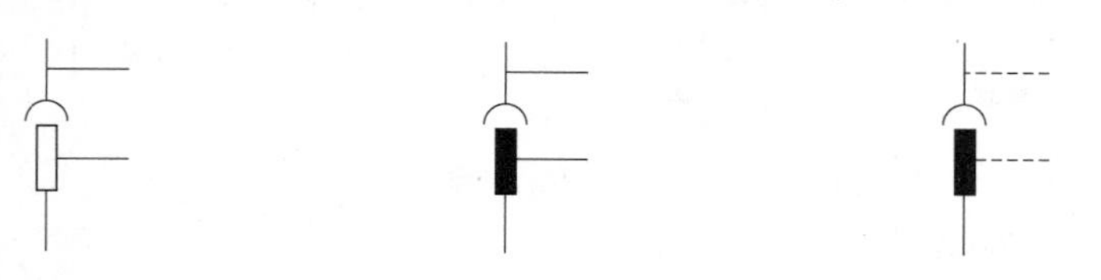

图 4-30　初步绘制图线　　图 4-31　图案填充　　图 4-32　修改线型

4）单击“默认”选项卡“修改”面板中的“矩形阵列”按钮，设置“行数”为1，“列数”为6，命令行中的提示与操作如下。

命令:_arrayrect↙
选择对象:找到7个↙
选择对象:↙
类型 = 矩形　关联 = 是
选择夹点以编辑阵列或[关联(AS)/基点(B)/计数(COU)/间距(S)/列数(COL)/行数(R)/层数(L)/退出(X)] <退出>:R
输入行数或[表达式(E)] <3>:1
指定行数之间的距离或[总计(T)/表达式(E)] <744.0967>:
指定行数之间的标高增量或[表达式(E)] <0>:
选择夹点以编辑阵列或[关联(AS)/基点(B)/计数(COU)/间距(S)/列数(COL)/行数(R)/层数(L)/退出(X)] <退出>:COL
输入列数或[表达式(E)] <4>:6
指定列数之间的距离或[总计(T)/表达式(E)] <381.6732>:
指定第二点:(指定上面水平虚线的左端点到上面水平虚线的右端点为阵列间距,如图4-33所示):↙

矩形阵列结果如图4-34所示。

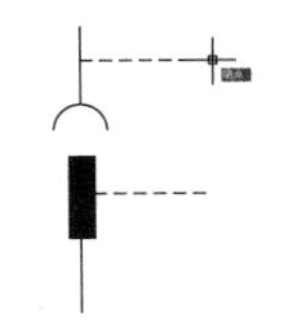
图4-33　指定偏移距离

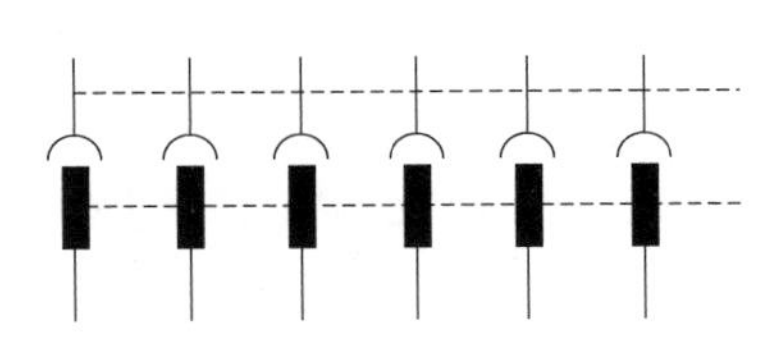
图4-34　阵列结果

5）单击“默认”选项卡“修改”面板中的“分解”按钮，将阵列图形分解。

6）将图4-34最右边的两条水平虚线删掉，最终结果如图4-29所示。

3. 特殊选项说明

（1）矩形（R）

该选项用于将选定对象的副本按行数、列数和层数任意组合。选择该选项后命令行出现提示如下。

选择夹点以编辑阵列或[关联(AS)/基点(B)/计数(COU)/间距(S)/列数(COL)/行数(R)/层数(L)/退出(X)] <退出>:(通过夹点,调整阵列间距,列数,行数和层数;也可以分别选择各选项输入数值)

（2）路径（PA）

该选项用于沿路径或部分路径均匀分布选定对象的副本。选择该选项后命令行出现提示如下。

选择路径曲线:(选择一条曲线作为阵列路径)
选择夹点以编辑阵列或[关联(AS)/方法(M)/基点(B)/切向(T)/项目(I)/行(R)/层(L)/对齐项目(A)/Z方向(Z)/退出(X)] <退出>:(通过夹点,调整阵列行数和层数;也可以分别选择各选项输入数值)

（3）极轴（PO）

该选项用于在绕中心点或旋转轴的环形阵列中均匀分布对象副本。选择该选项后命令行出现提示如下。

> 指定阵列的中心点或[基点(B)/旋转轴(A)]:(选择中心点、基点或旋转轴)
>
> 选择夹点以编辑阵列或[关联(AS)/基点(B)/项目(I)/项目间角度(A)/填充角度(F)/行(ROW)/层(L)/旋转项目(ROT)/退出(X)] <退出>:(通过夹点,调整角度,填充角度;也可以分别选择各选项输入数值)

4.5 改变位置类命令

这一类编辑命令的功能是按照指定要求改变当前图形或图形某部分的位置，主要包括移动、旋转和缩放等命令。

4.5.1 “移动”命令

执行方式

- 命令行：MOVE。
- 菜单栏：“修改”→“移动”。
- 工具栏：“修改”→“移动”✥。
- 快捷菜单：选择要复制的对象，在绘图区右键单击鼠标，从打开的右键快捷菜单上选择“移动”命令。
- 功能区：“默认”→“修改”→“移动”✥。

命令的选项功能与“复制”命令类似。

4.5.2 “旋转”命令

1. 执行方式

- 命令行：ROTATE。
- 菜单栏：“修改”→“旋转”。
- 工具栏：“修改”→“旋转”↻。
- 快捷菜单：选择要旋转的对象，在绘图区右键单击鼠标，从打开的右键快捷菜单上选择“旋转”命令。
- 功能区：“默认”→“修改”→“旋转”↻。

2. 操作示例

电极探头符号的绘制流程如图 4-35 所示。

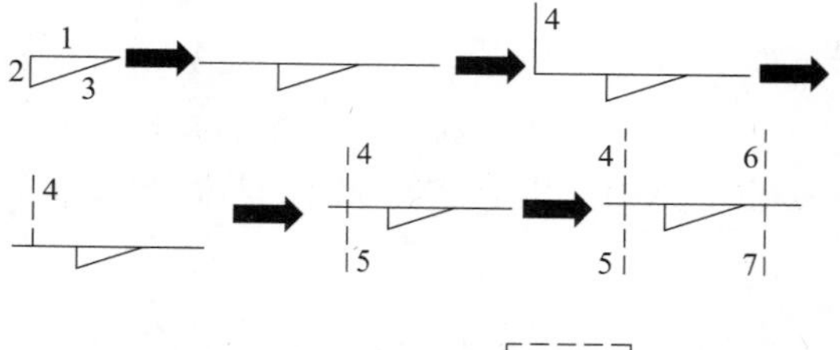

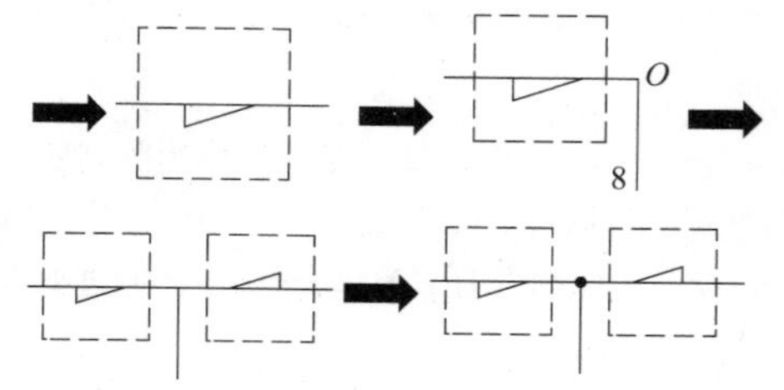

图 4-35 电极探头符号的绘制流程

1）绘制三角形。单击“默认”选项卡“绘图”面板中的“直线”按钮╱，分别绘制直线 1 {(10, 0), (21, 0)}、直线 2 {(10, 0), (10, －4)}、直线 3 {(10,

-4)，(21，0)}，这三条直线构成一个直角三角形，如图 4-36 所示。

2）拉长直线。单击“默认”选项卡“绘图”面板中的“直线”按钮 ╱，将直线 1 向左拉长 11mm，向右拉长 12mm，结果如图 4-37 所示。

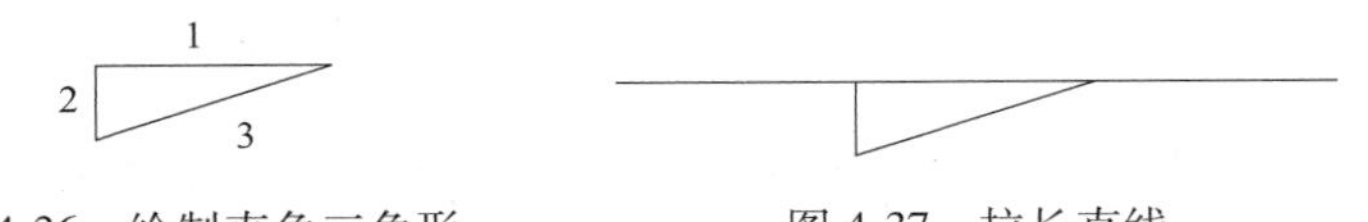

图 4-36　绘制直角三角形　　图 4-37　拉长直线

3）绘制竖直直线。单击“默认”选项卡“绘图”面板中的“直线”按钮 ╱，开启对象捕捉和正交模式，捕捉直线 1 的左端点，以其为起点，向上绘制长度为 12mm 的直线 4，如图 4-38 所示。

4）移动直线。单击“默认”选项卡“修改”面板中的“移动”按钮 ✥，将直线 4 向右平移 4. 5mm。

5）修改直线线型。新建一个名为“虚线层”的图层，线型为虚线。选中直线 4，单击“默认”选项卡“图层”面板中的“图层特性”下拉列表框处的“虚线层”图层，将直线 4 图层更改为“虚线层”，更改后的效果如图 4-39 所示。

图 4-38　绘制直线　　图 4-39　修改直线 4 的线型

6）镜像直线。单击“默认”选项卡“修改”面板中的“镜像”按钮 ⚠，选择直线 4 为镜像对象，以直线 1 为镜像线进行镜像操作，得到直线 5，如图 4-40 所示。

7）偏移直线。单击“默认”选项卡“修改”面板中的“偏移”按钮 ⊆，将直线 4 和 5 向右偏移 24mm，如图 4-41 所示。

图 4-40　镜像直线　　图 4-41　偏移直线

8）绘制水平直线。单击“默认”选项卡“绘图”面板中的“直线”按钮 ╱，打开对象捕捉功能，用鼠标分别捕捉直线 4 和 6 的上端点，绘制直线 8。采用相同的方法绘制直线 9，得到两条水平直线。

9）更改图层。选中直线 8 和 9，单击“默认”选项卡“图层”面板中的“图层特性”下拉列表框处的“虚线层”图层，将直线 8、9 图层更改为“虚线层”，如图 4-42 所示。

10）绘制竖直直线。返回实线层，单击“默认”选项卡“绘图”面板中的“直线”按钮 ╱，开启对象捕捉和正交模式，捕捉直线 1 的右端点，以其为起点向下绘制一条长度为 20mm 的竖直直线 0，如图 4-43 所示。

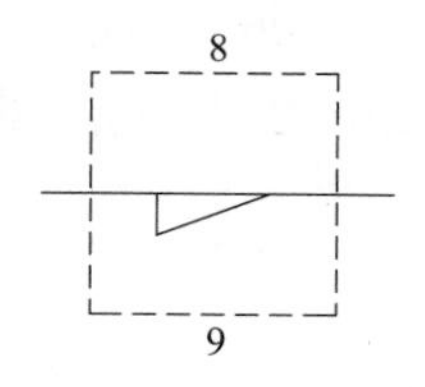

图 4-42　更改图层属性

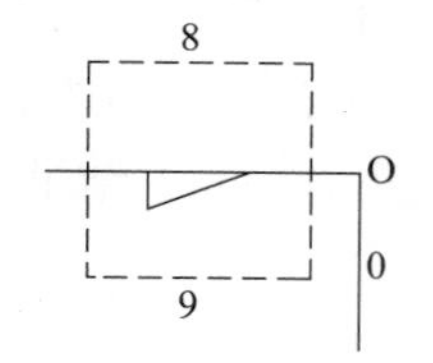

图 4-43　绘制竖直直线

11）旋转图形。单击“默认”选项卡“修改”面板中的“旋转”按钮，选择直线 0 以左的图形作为旋转对象，选择 O 点作为旋转基点，进行旋转操作。命令行中的提示与操作如下。

```
命令:_rotate
UCS 当前的正角方向:  ANGDIR=逆时针   ANGBASE=0
选择对象:指定对角点:找到 9 个(用矩形框选择旋转对象)↙
指定基点:(选择 O 点)↙
指定旋转角度,或[复制(C)/参照(R)] <180>:c↙
旋转一组选定对象。
指定旋转角度,或[复制(C)/参照(R)] <180>:180↙
```

旋转结果如图 4-44 所示。

12）绘制圆。单击“默认”选项卡“绘图”面板中的“圆”按钮，捕捉 O 点作为圆心，绘制一个半径为 1.5mm 的圆。

13）填充圆。单击“默认”选项卡“绘图”面板中的“图案填充”按钮，弹出“图案填充创建”选项卡，选择 SOLID 图案，其他选项保持系统默认设置。选择步骤 12）中绘制的圆作为填充边界，填充结果如图 4-45 所示。至此，电极探头符号绘制完成。

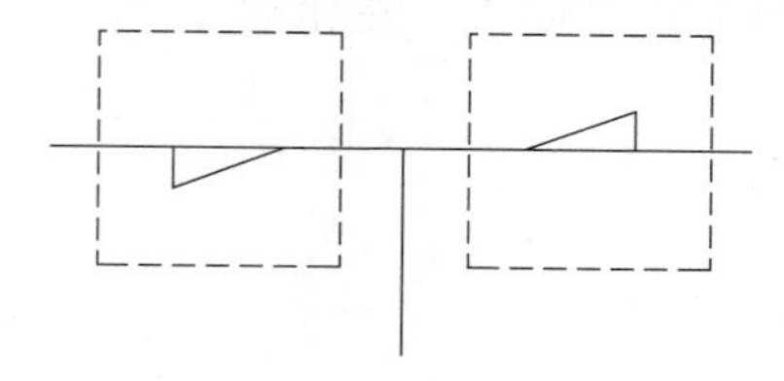

图 4-44　旋转图形

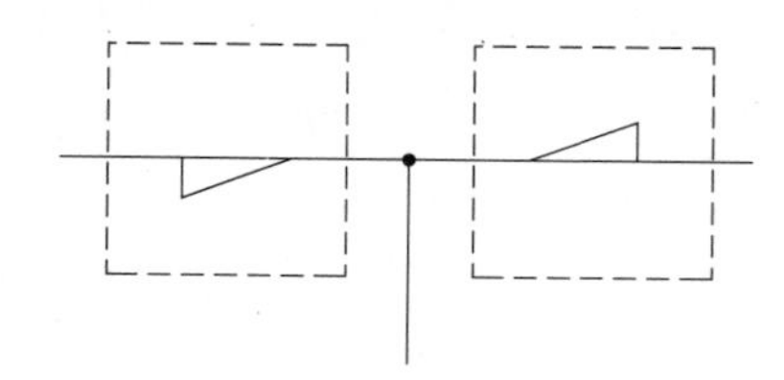

图 4-45　填充圆

3. 特殊选项说明

（1）复制（C）

选择该选项，旋转对象的同时，保留源对象，如图 4-46 所示。

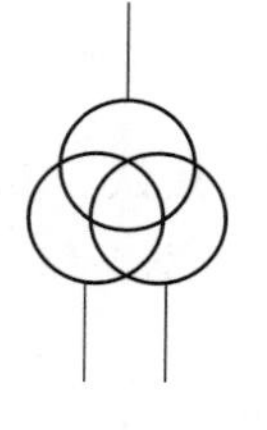

a) 旋转前

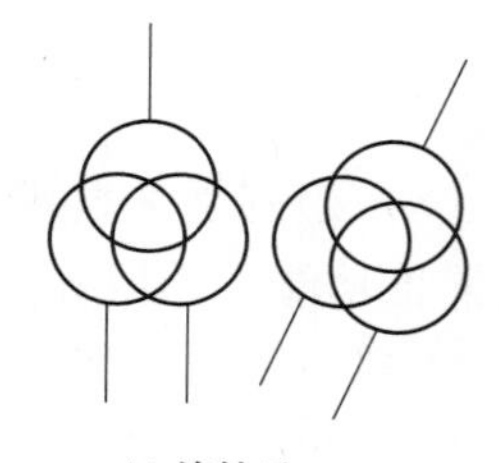

b) 旋转后

图 4-46　复制旋转

（2）参照（R）

采用参照方式旋转对象时，命令行提示如下。

```
指定参照角 <0>:↙(指定要参考的角度,默认值为 0)
指定新角度或[点(P)]:↙(输入旋转后的角度值)
```

操作完毕后，对象将会被旋转至指定的角度位置。

📖 说明：可以用拖动鼠标的方法旋转对象。选择对象并指定基点后，从基点到当前光标位置会出现一条连线，鼠标选择的对象会随着该连线与水平方向夹角变化而动态旋转，按〈Enter〉键，确认旋转操作，如图4-47所示。

4.5.3 “缩放”命令

1. 执行方式

- 命令行：SCALE。
- 菜单栏：“修改”→“缩放”。
- 工具栏：“修改”→“缩放”。
- 快捷菜单：选择要缩放的对象，在绘图区单击右键，从打开的右键快捷菜单上选择“缩放”命令。
- 功能区：“默认”→“修改”→“缩放”。

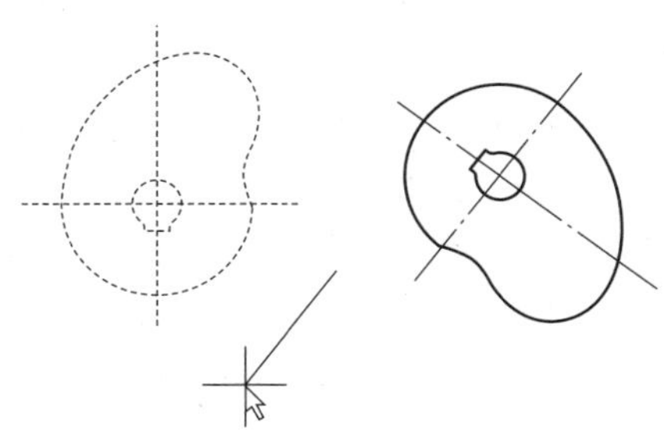

图4-47　拖动鼠标旋转对象

2. 特殊选项说明

（1）指定比例因子

选择对象并指定基点后，从基点到当前光标位置会出现一条线段，线段的长度即为比例大小。鼠标选择的对象会随着该连线长度的变化而动态缩放，按〈Enter〉键，确认缩放操作。

（2）复制（C）

选择“复制（C）”选项时，可以复制缩放对象，即缩放对象时，保留源对象，如图4-48所示。

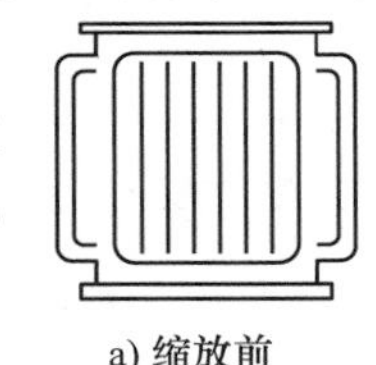

a) 缩放前　　b) 缩放后

图4-48　复制缩放

（3）参照（R）

采用参考方向缩放对象时，命令行提示如下。

```
指定参照长度 <1>:↙(指定参考长度值)
指定新的长度或[点(P)] <1.0000>:↙(指定新长度值)
```

若新的长度值大于参考长度值，则放大对象；否则，缩小对象。操作完毕后，系统以指定的基点按指定的比例因子缩放对象。如果选择“点（P）”选项，则指定两点来定义新的长度。

4.6　改变几何特性类命令

这一类编辑命令在对指定对象进行编辑后，会使编辑对象的几何特性发生改变。其包括倒角、圆角、打断、修剪、延伸、拉长、拉伸等命令。

4.6.1 “修剪”命令

1. 执行方式

- 命令行：TRIM。

● 菜单栏：“修改”→“修剪”。
● 工具栏：“修改”→“修剪”。
● 功能区：“默认”→“修改”→“修剪”。

2. 操作示例

桥式电路的绘制流程如图 4-49 所示。

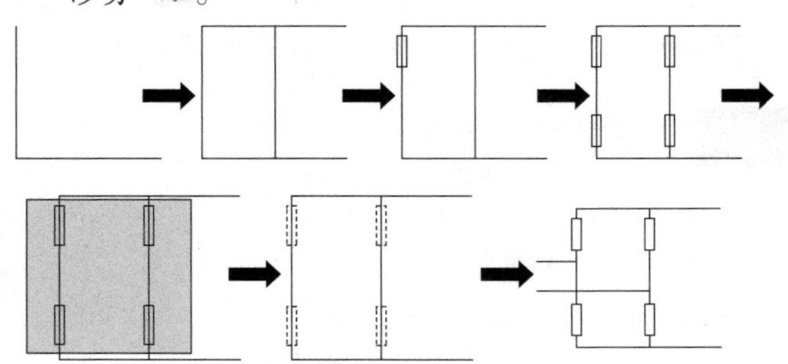

图 4-49 桥式电路的绘制流程

1）单击“默认”选项卡“绘图”面板中的“直线”按钮，绘制两条适当长度的正交垂直线段，如图 4-50 所示。

2）单击“默认”选项卡“修改”面板中的“复制”按钮，对下面的水平线段进行复制，复制基点为竖直线段下端点，目标点为竖直线段上端点；用同样方法，将竖直直线向右复制，复制基点为水平线段左端点，目标点为水平线段中点，结果如图 4-51 所示。

图 4-50 绘制线段

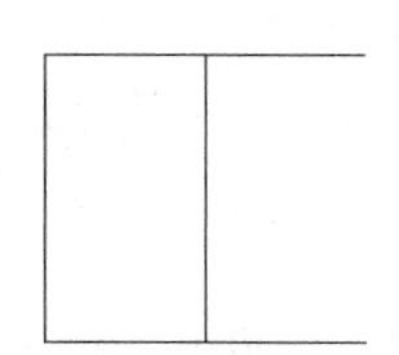

图 4-51 复制线段

3）单击“默认”选项卡“绘图”面板中的“矩形”按钮，在左侧竖直线段靠上适当位置绘制一个矩形，使矩形穿过线段，如图 4-52 所示。

4）单击“默认”选项卡“修改”面板中的“复制”按钮，将矩形向正下方适当位置进行复制；重复“复制”命令，将复制后的两个矩形向右复制，复制基点为水平线段左端点，目标点为水平线段中点，结果如图 4-53 所示。

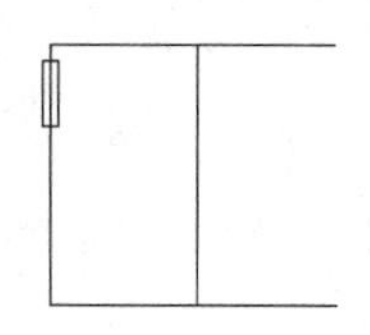

图 4-52 绘制矩形

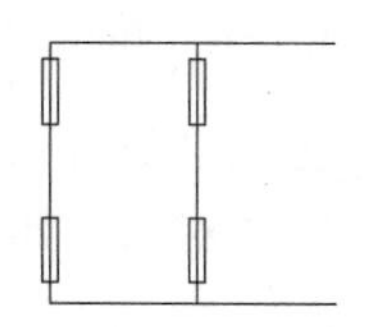

图 4-53 复制矩形

5）单击“默认”选项卡“修改”面板中的“修剪”按钮，命令行中的提示与操作如下。

```
命令:_trim
当前设置:投影=UCS,边=无
选择剪切边......
选择对象或 <全部选择>:(框选四个矩形,图 4-54 所示阴影部分为拉出的选择框)
选择对象:↙
```

选择要修剪的对象,或按住〈Shift〉键选择要延伸的对象,或[栏选(F)/窗交(C)/投影(P)/边(E)/删除(R)/放弃(U)]:(选择竖直直线穿过矩形的部分,如图4-55所示)

选择要修剪的对象,或按住〈Shift〉键选择要延伸的对象,或[栏选(F)/窗交(C)/投影(P)/边(E)/删除(R)/放弃(U)]:(继续选择竖直直线穿过矩形的部分)

选择要修剪的对象,或按住〈Shift〉键选择要延伸的对象,或[栏选(F)/窗交(C)/投影(P)/边(E)/删除(R)/放弃(U)]:(继续选择竖直直线穿过矩形的部分)

选择要修剪的对象,或按住〈Shift〉键选择要延伸的对象,或[栏选(F)/窗交(C)/投影(P)/边(E)/删除(R)/放弃(U)]:(继续选择竖直直线穿过矩形的部分)

选择要修剪的对象,或按住〈Shift〉键选择要延伸的对象,或[栏选(F)/窗交(C)/投影(P)/边(E)/删除(R)/放弃(U)]:↙

这样，就完成了电阻符号的绘制，结果如图4-56所示。

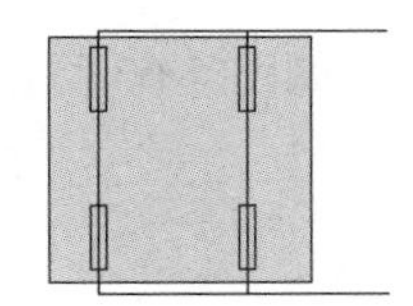

图4-54　框选对象

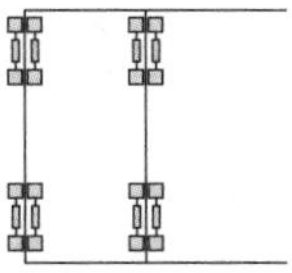

图4-55　修剪对象

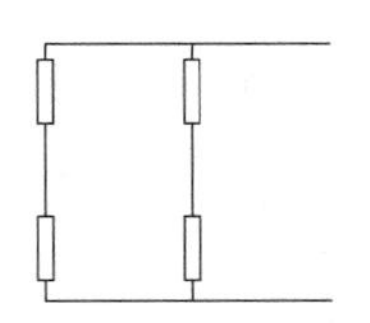

图4-56　修剪结果

6）单击“默认”选项卡“绘图”面板中的“直线”按钮，分别捕捉两条竖直线段上的适当位置点为端点，向左绘制两条水平线段，最终结果如图4-49所示。

3. 特殊选项说明

（1）按〈Shift〉键

在选择对象时，如果按住〈Shift〉键，系统会自动将“修剪”命令转换成“延伸”命令。

（2）边（E）

选择此选项时，可以选择对象的修剪方式：延伸和不延伸。

1）延伸（E）：延伸边界进行修剪。在此方式下，如果剪切边没有与要修剪的对象相交，系统会延伸剪切边直至与要修剪的对象相交，然后再进行修剪，如图4-57所示。

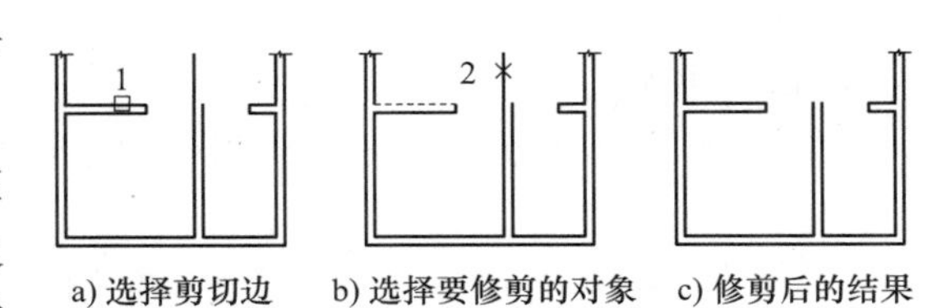

a) 选择剪切边　b) 选择要修剪的对象　c) 修剪后的结果

图4-57　延伸方式修剪对象

2）不延伸（N）：不延伸边界修剪对象。只修剪与剪切边相交的对象。

（3）栏选（F）

选择此选项时，系统以栏选的方式选择被修剪对象，如图4-58所示。

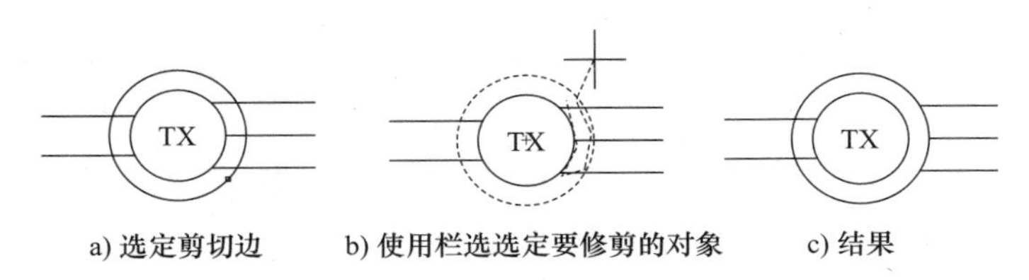

a) 选定剪切边　b) 使用栏选选定要修剪的对象　c) 结果

图4-58　栏选选择修剪对象

（4）窗交（C）

选择此选项时，系统以窗交的方式选择被修剪对象，如图 4-59 所示。

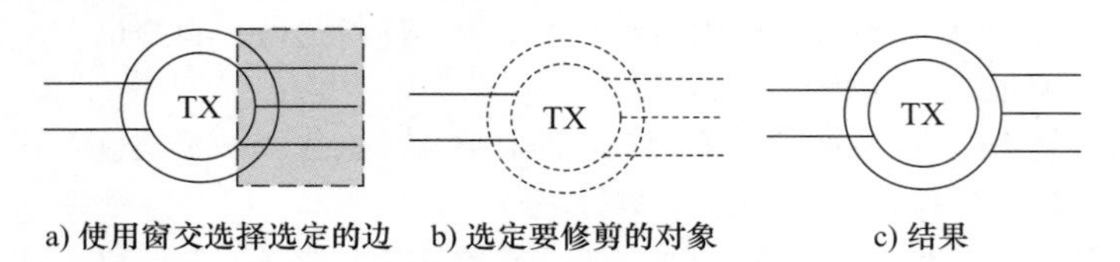

图 4-59 窗交选择修剪对象

被选择的对象可以互为边界和被修剪对象，此时系统会在选择的对象中自动判断边界。

4.6.2 “延伸”命令

延伸对象是指将要延伸的对象延伸至另一个对象的边界线，如图 4-60 所示。

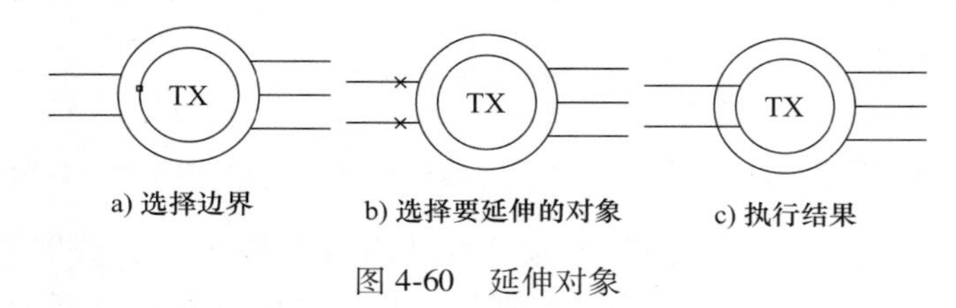

图 4-60 延伸对象

1. 执行方式

- 命令行：EXTEND。
- 菜单栏：“修改”→“延伸”。
- 工具栏：“修改”→“延伸”。
- 功能区：“默认”→“修改”→“延伸”。

2. 操作示例

绘制动断按钮符号，绘制流程如图 4-61 所示。

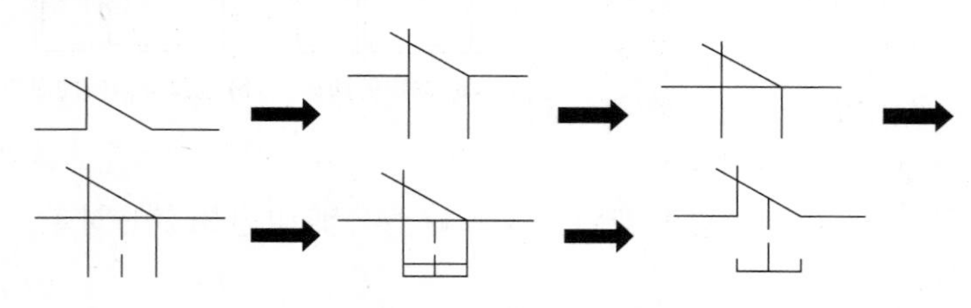

图 4-61 动断按钮的绘制流程

1）设置两个图层，实线层和虚线层，线型分别设置为 Continuous 和 ACAD_ISO02W100。其他属性按默认设置。

2）绘制初步图形。将实线层设置为当前层。单击“默认”选项卡“绘图”面板中的“直线”按钮，绘制初步图形，如图 4-62 所示。

3）绘制竖直直线。单击“默认”选项卡“绘图”面板中的“直线”按钮，分别以图 4-62 中 a 点和 b 点为起点，竖直向下绘制长度为 4.5mm 的直线，结果如图 4-63 所示。

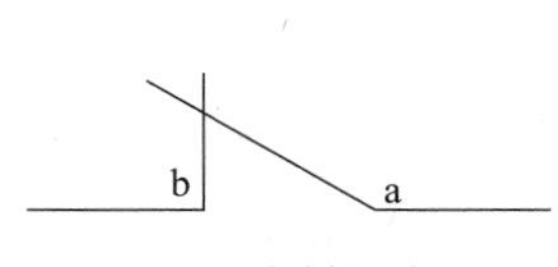

图 4-62　绘制初步图形

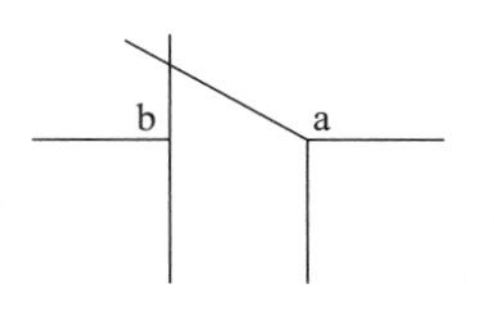

图 4-63　绘制直线 1

4）绘制水平直线。单击“默认”选项卡“绘图”面板中的“直线”按钮，以图 4-63 中 a 点为起点、b 点为终点，绘制直线 ab，结果如图 4-64 所示。

5）绘制竖直直线。单击“默认”选项卡“绘图”面板中的“直线”按钮，捕捉直线 ab 的中点，以其为起点，竖直向下绘制长度为 4.5mm 的直线，并将其所在图层更改为“虚线层”，如图 4-65 所示。

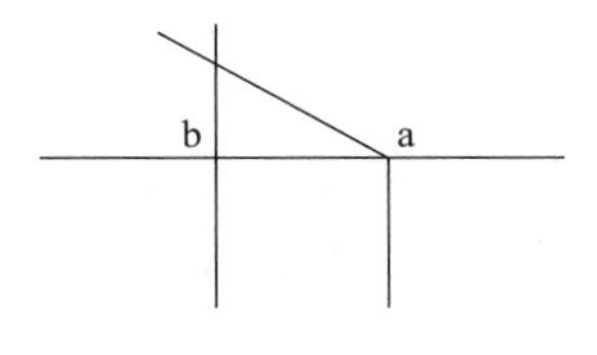

图 4-64　绘制直线 2

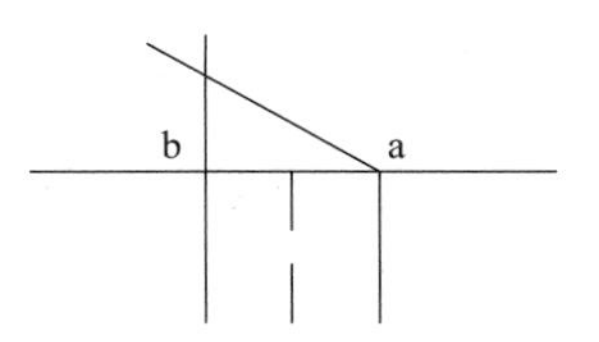

图 4-65　绘制虚线

6）偏移直线。单击“默认”选项卡“修改”面板中的“偏移”按钮，以直线 ab 为起始边，绘制两条水平直线，偏移距离分别为 3.5mm 和 4.5mm，如图 4-66 所示。

7）修剪图形。单击“默认”选项卡“修改”面板中的“修剪”按钮和“删除”按钮，对图形进行修剪，并删除掉直线 ab，结果如图 4-67 所示。

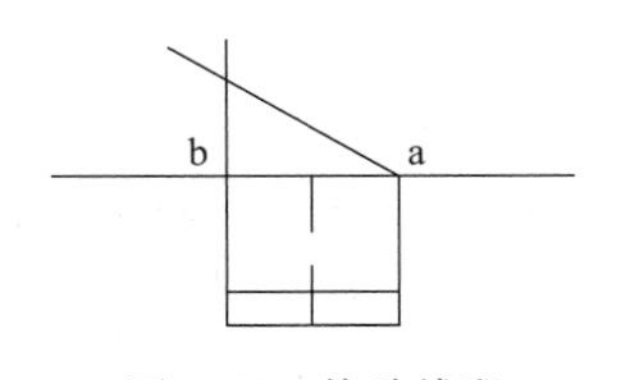

图 4-66　偏移线段

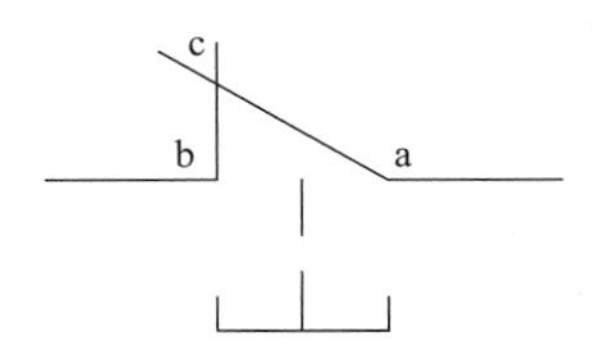

图 4-67　修剪图形

8）延伸直线。单击“默认”选项卡“修改”面板中的“延伸”按钮，选择虚线作为延伸的对象，将其延伸到斜线 ac 上，即为绘制完成的动断按钮。命令行的提示与操作如下。

命令:_extend↙
当前设置:投影=UCS,边=无,模式=标准
选择边界的边......
选择对象或[模式(O)] <全部选择>:(选取 ac 斜边)↙
选择对象:↙
选择要延伸的对象,或按住〈Shift〉键选择要修剪的对象,或[边界边(B)/栏选(F)/窗交(C)/模式(O)/投影(P)/边(E)]:(选取虚线)↙
选择要延伸的对象,或按住〈Shift〉键选择要修剪的对象,或[边界边(B)/栏选(F)/窗交(C)/模式(O)/投影(P)/边(E) /放弃(U)]:↙

最终结果如图 4-61 所示。

3. 特殊选项说明

1）如果要延伸的对象是适配样条多段线，则延伸后会在多段线的控制框上增加新节点。如果要延伸的对象是锥形的多段线，系统会修正延伸端的宽度，使多段线从起始端平滑地延伸至新的终止端。如果延伸操作导致新终止端的宽度为负值则取宽度值为 0，如图 4-68 所示。

a) 选择边界对象

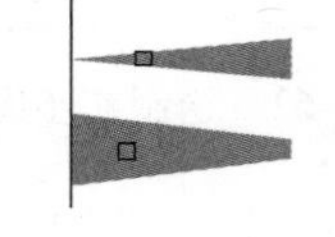
b) 选择要延伸的多段线

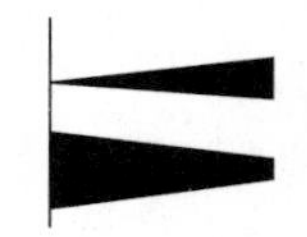
c) 延伸后的结果

图 4-68　延伸对象

2）选择对象时，如果按住〈Shift〉键，系统会自动将"延伸"命令转换成"修剪"命令。

4.6.3 "拉伸"命令

拉伸是指拖拽选择的对象，使对象的形状发生改变。拉伸对象时，应指定拉伸的基点和移至点。利用一些辅助工具，如捕捉、钳夹功能及相对坐标等，可以提高拉伸的精度。

执行方式

- 命令行：STRETCH。
- 菜单栏："修改"→"拉伸"。
- 工具栏："修改"→"拉伸"。
- 功能区："默认"→"修改"→"拉伸"。

STRETCH 仅移动位于交叉选择内的顶点和端点，不更改那些位于交叉选择外的顶点和端点。部分包含在交叉选择窗口内的对象将被拉伸。

说明：执行 STRETCH 命令时，必须采用交叉窗口（C）或交叉多边形（CP）方式选择对象。用交叉窗口选择拉伸对象时，落在交叉窗口内的端点将会被拉伸，落在外部的端点保持不动。

4.6.4 "拉长"命令

1. 执行方式

- 命令行：LENGTHEN。
- 菜单栏："修改" → "拉长"。
- 功能区："默认" → "修改" → "拉长"。

2. 操作示例

稳压二极管符号的绘制流程如图 4-69 所示。

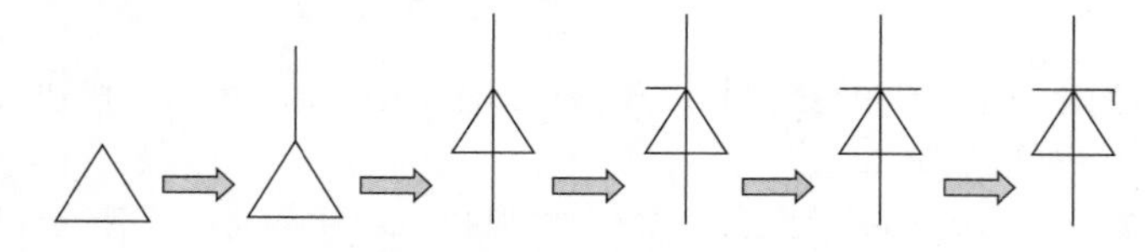

图 4-69　稳压二极管的绘制流程

1）绘制正三角形。单击“默认”选项卡“绘图”面板中的“多边形”按钮，命令行的提示与操作如下。

```
命令:_polygon↙
输入侧面数 <4>:3↙
指定正多边形的中心点或[边(E)]:e↙
指定边的第一个端点:(任意指定一点)↙
指定边的第二个端点:@10,0↙
```

结果如图 4-70 所示。

2）绘制竖直直线。单击“默认”选项卡“绘图”面板中的“直线”按钮，在正交和对象捕捉模式下，用鼠标捕捉正三角形最上面的顶点 A，以其为起点向上绘制一条长度为 10mm 的竖直直线，如图 4-71 所示。

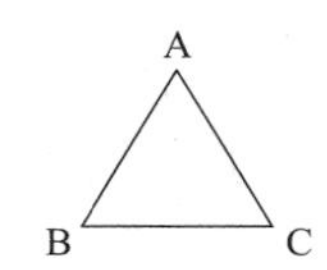

图 4-70　绘制正三角形

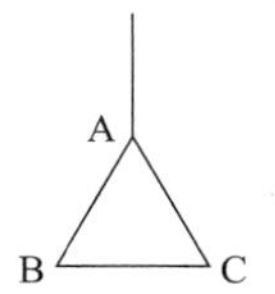

图 4-71　绘制竖直直线

3）拉长直线。单击“默认”选项卡“修改”面板中的“拉长”按钮，将步骤 2）绘制的直线向下拉长 18mm。命令行中的提示与操作如下。

```
命令:_lengthen↙
选择要测量的对象或[增量(DE)/百分比(P)/总计(T)/动态(DY)]:DE↙
输入长度增量或[角度(A)]<0.0000>:18↙
选择要修改的对象或[放弃(U)]:(将鼠标移动到竖直直线上靠近 A 点的地方,然后单击鼠标)
选择要修改的对象或[放弃(U)]:↙
```

拉长后的结果如图 4-72 所示。

4）绘制水平直线。单击“默认”选项卡“绘图”面板中的“直线”按钮，在正交和对象捕捉模式下，用鼠标捕捉点 A，向左绘制一条长度为 5mm 的水平直线 1，如图 4-73 所示。

5）镜像水平直线。单击“默认”选项卡“修改”面板中的“镜像”按钮，选择步骤 4）绘制的水平直线 1 作为镜像对象，以竖直直线为镜像线，完成镜像操作，得到如图 4-74 所示的图形。

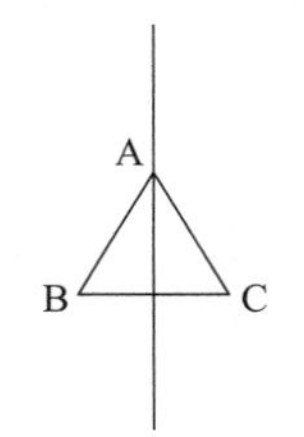

图 4-72　拉长直线

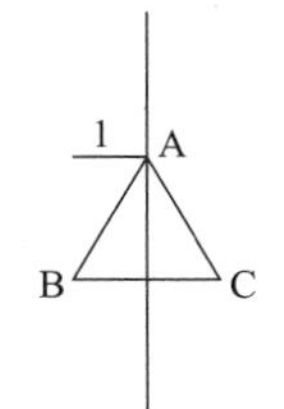

图 4-73　绘制水平直线

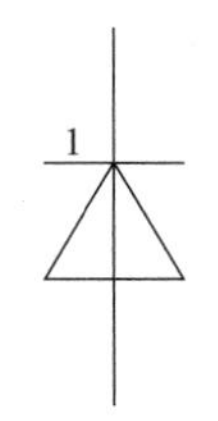

图 4-74　镜像水平直线

6）绘制直线。单击“默认”选项卡“绘图”面板中的“直线”按钮，以图 4-74 中直线 1 的右端点为起始点，竖直向下绘制长度为 2mm 的直线，最终结果如图 4-69 所示。

3. 特殊选项说明

（1）增量（DE）

该选项用指定增加量的方法来改变对象的长度或角度。

（2）百分比（P）

该选项用指定要修改对象的长度占总长度百分比的方法来改变圆弧或直线段的长度。

（3）总计（T）

该选项用指定新的总长度或总角度值的方法来改变对象的长度或角度。

（4）动态（DY）

在这种模式下，可以使用拖拽鼠标的方法来动态地改变操作对象的长度或角度。

4.6.5 “圆角”命令

圆角是指用指定半径的圆弧光滑地连接两个对象。系统规定可以圆角连接一对直线段、非圆弧的多段线、样条曲线、双向无限长线、射线、圆、圆弧和椭圆。可以在任何时刻圆角连接非圆弧多段线上的每个节点。

1. 执行方式

- 命令行：FILLET。
- 菜单栏：“修改”→“圆角”。
- 工具栏：“修改”→“圆角”。
- 功能区：“默认”→“修改”→“圆角”。

2. 特殊选项说明

（1）多段线（P）

该选项在一条二维多段线的两段直线段的节点处插入圆滑的弧。选择多段线后，系统会根据指定的圆弧半径把多段线各顶点用圆滑的弧连接起来。

（2）修剪（T）

该选项用于决定在用圆角连接两条边时，是否修剪这两条边，如图 4-75 所示。

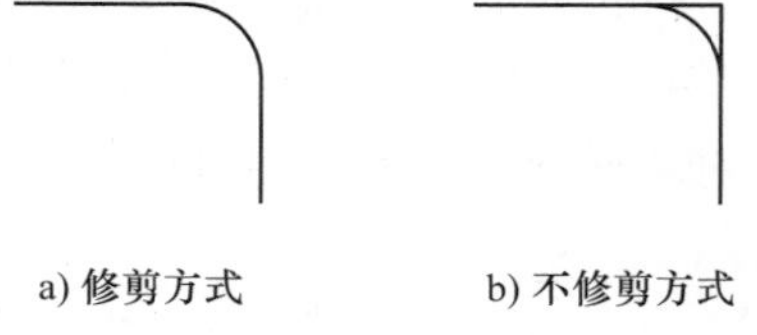

图 4-75　圆角连接

（3）多个（M）

该选项可以同时对多个对象进行圆角编辑，而不必重复启用命令。

（4）快速创建零距离倒角或零半径圆角

按住〈Shift〉键并选择两条直线，可以快速创建零距离倒角或零半径圆角。

4.6.6 “倒角”命令

倒角是指用斜线连接两个不平行的直线类对象。可以用斜线连接直线段、双向无限长线、射线和多段线。

1. 执行方式

- 命令行：CHAMFER。

- 菜单栏："修改"→"倒角"。
- 工具栏："修改"→"倒角"。
- 功能区："默认"→"修改"→"倒角"。

2. 操作示例

变压器的绘制流程如图4-76所示。

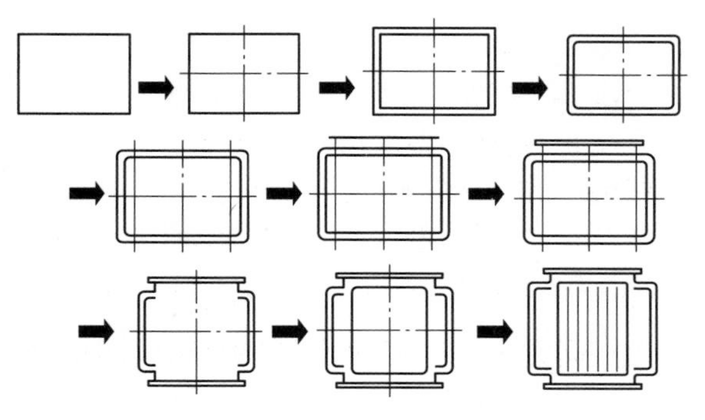

图4-76　变压器的绘制流程

1）单击"默认"选项卡"绘图"面板中的"矩形"按钮，绘制一个长为630mm，宽为455mm的矩形，如图4-77所示。

2）单击"默认"选项卡"修改"面板中的"分解"按钮，将绘制的矩形分解为直线A、B、C、D。

3）单击"默认"选项卡"修改"面板中的"偏移"按钮，将直线A向下偏移227.5mm，将直线C向右偏移315mm，得到两条中心线。选定偏移得到的两条中心线，单击"默认"选项卡"图层"面板中的"图层"下拉列表框处的"中心线层"图层，将当前图层更改为"中心线层"。单击"默认"选项卡"修改"面板中的"拉长"按钮，将两条中心线向端点方向分别拉长50mm，结果如图4-78所示。

4）单击"默认"选项卡"修改"面板中的"偏移"按钮，将直线A向下偏移35mm，将直线B向上偏移35mm，将直线C向右偏移35mm，将直线D向左偏移35mm。然后单击"默认"选项卡"修改"面板中的"修剪"按钮，修剪掉多余的直线，得到的结果如图4-79所示。

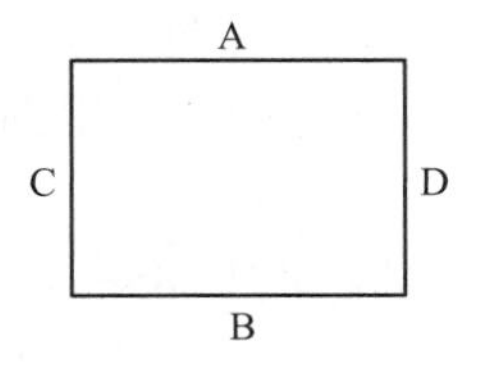

图4-77　绘制矩形

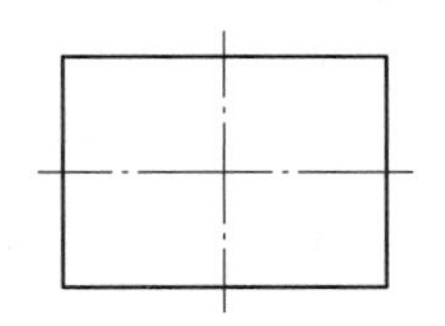

图4-78　绘制中心线

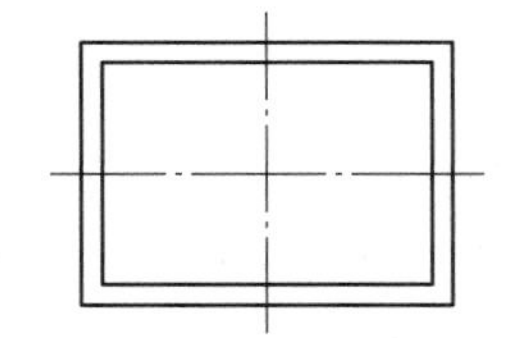

图4-79　偏移并修剪直线

5）单击"默认"选项卡"修改"面板中的"倒角"按钮，采用"修剪、角度、距离"模式，命令行中的提示与操作如下。

```
命令:CHAMFER↙
("修剪"模式) 当前倒角距离 1 = 0.0000,距离 2 = 0.0000
选择第一条直线或[放弃(U)/多段线(P)/距离(D)/角度(A)/修剪(T)/方式(E)/多个(M)]:A↙
指定第一条直线的倒角长度 <0.0000>:17.5↙
指定第一条直线的倒角角度 <0>:45↙
选择第一条直线或[放弃(U)/多段线(P)/距离(D)/角度(A)/修剪(T)/方式(E)/多个(M)]:(选择小矩形横边)↙
选择第二条直线,或按住〈Shift〉键选择直线以应用角点或[距离(D)/角度(A)/方法(M)]:↙(选择小矩形相邻竖边)
```

用相同方法，对小矩形其他角进行倒角处理。

6）单击“默认”选项卡“修改”面板中的“圆角”按钮，命令行中的提示与操作如下。

```
命令:_fillet↙
当前设置:模式 = 修剪,半径 = 0.0000
选择第一个对象或[放弃(U)/多段线(P)/半径(R)/修剪(T)/多个(M)]:r↙
指定圆角半径 <0.0000>:35↙
选择第一个对象或[放弃(U)/多段线(P)/半径(R)/修剪(T)/多个(M)]:↙(选择大矩形横边)
选择第二个对象,或按住〈Shift〉键选择对象以应用角点或[半径(R)]:↙(选择大矩形相邻竖边)
```

用相同方法，对大矩形的其他角进行倒圆处理，结果如图 4-80 所示。

7）单击“默认”选项卡“修改”面板中的“偏移”按钮，将竖直中心线分别向左和向右进行偏移，偏移距离分别为 230mm、230mm。用与步骤 3）同样的方法将偏移得到的两条竖直线的图层更改为“实体符号层”，结果如图 4-81 所示。

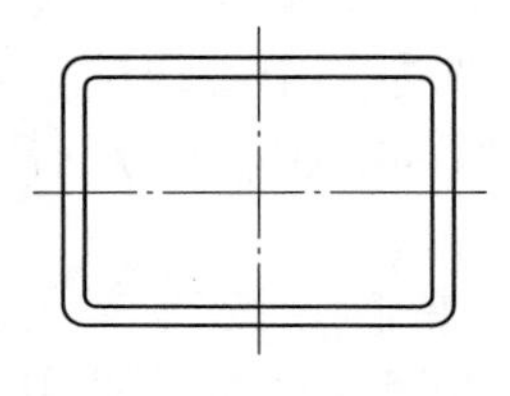

图 4-80　倒角与倒圆

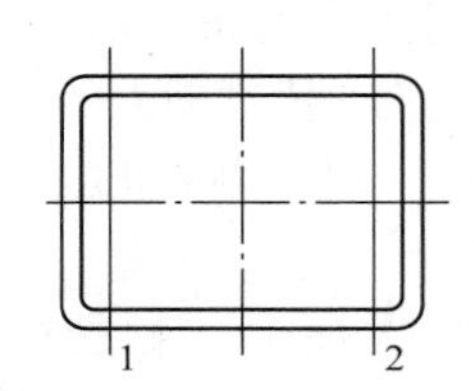

图 4-81　偏移中心线

8）单击“默认”选项卡“绘图”面板中的“直线”按钮，在对象追踪模式下，以直线 1、直线 2 的上端点为两端点绘制水平直线 3，并调用“拉长”命令，将水平直线向两端分别拉长 35mm，结果如图 4-82 所示。将图中的水平直线 3 向上偏移 20mm，得到直线 4，分别连接直线 3 和直线 4 的左、右端点，如图 4-83 所示。

9）用和前面相同的方法绘制下半部分。下半部分两水平直线的距离是 35mm，其他操作与绘制上半部分完全相同。完成后单击“默认”选项卡“修改”面板中的“修剪”按钮，修剪掉多余的直线，得到的结果如图 4-84 所示。

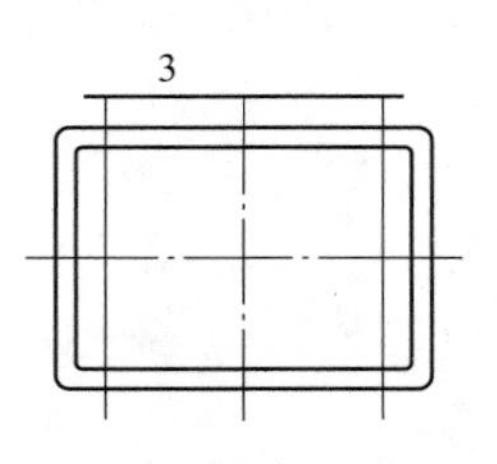

图 4-82　绘制水平直线

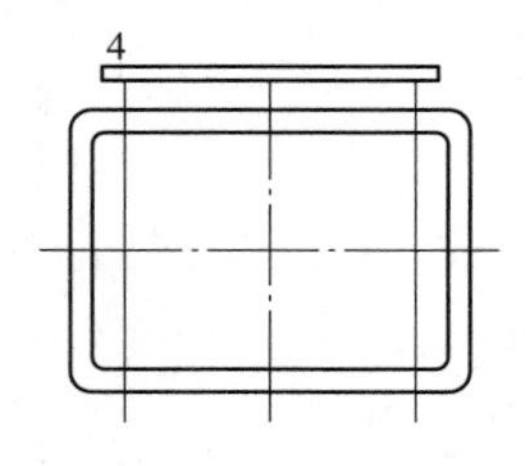

图 4-83　偏移水平直线

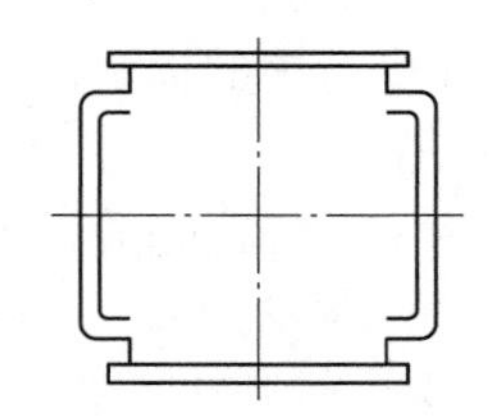

图 4-84　绘制下半部分

10）单击“默认”选项卡“绘图”面板中的“矩形”按钮，以两中心线交点为中心绘制一个带圆角的矩形，矩形的长为 380mm、宽为 460mm，圆角的半径为 35mm，命令行中的提示与操作如下。

命令:_rectang↙
当前矩形模式： 圆角=0.0000
指定第一个角点或[倒角(C)/标高(E)/圆角(F)/厚度(T)/宽度(W)]:f↙
指定矩形的圆角半径 <0.0000>:35↙
指定第一个角点或[倒角(C)/标高(E)/圆角(F)/厚度(T)/宽度(W)]:from↙
基点:<偏移>:@ -190,-230↙
指定另一个角点或[面积(A)/尺寸(D)/旋转(R)]:d↙
指定矩形的长度 <0.0000>:380↙
指定矩形的宽度 <0.0000>:460↙
指定另一个角点或[面积(A)/尺寸(D)/旋转(R)]:↙(移动鼠标到中心线的右上角,单击鼠标左键确定另一个角点的位置)

注意：采取上面这种用已知一个角点位置以及长度和宽度方式绘制矩形时，另一个矩形的角点的位置有四种可能位置，通过移动鼠标指针指向大体位置方向可以确定具体的另一个角点位置。

11）单击“默认”选项卡“修改”面板中的“移动”按钮✥，将绘制好的带圆角的矩形移动至图形中点处，结果如图 4-85 所示。

12）单击“默认”选项卡“绘图”面板中的“直线”按钮╱，以竖直中心线为对称轴，绘制六条竖直直线，长度均为420mm，直线间的距离为55mm，结果如图 4-76 所示。至此，变压器图形绘制完毕。

3. 特殊选项说明

（1）距离（D）

该选项用于选择倒角的两个斜线距离。斜线距离是指从被连接的对象与斜线的交点到被连接的两对象的可能交点之间的距离，如图 4-86 所示。这两个斜线距离可以相同也可以不相同，若二者均为 0，则系统不绘制连接的斜线，而是把两个对象延伸至相交，并修剪超出的部分。

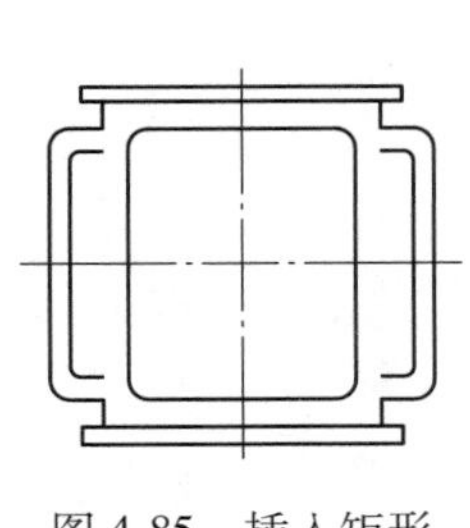

图 4-85　插入矩形

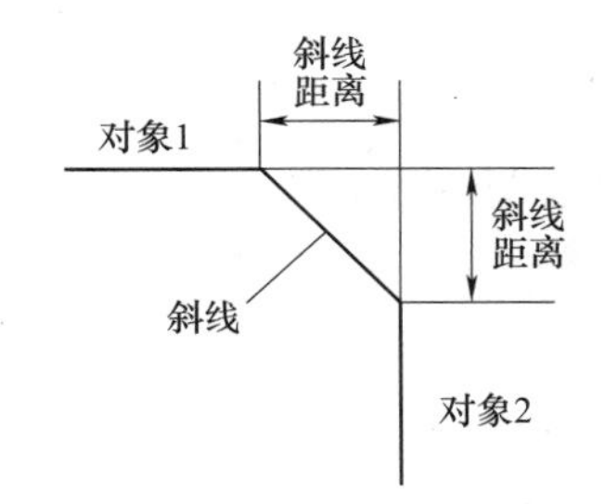

图 4-86　斜线距离

（2）角度（A）

该选项用于选择第一条直线的斜线距离和角度。采用这种方法连接对象时，需要输入两个参数：斜线与一个对象的斜线距离、斜线与该对象的夹角，如图 4-87 所示。

（3）多段线（P）

该选项用于对多段线的各个交叉点进行倒角编辑。为了得到最好的连接效果，一般设置斜线是相等的值。系统根据指定的斜线距离把多段线的每个交叉点都用斜线连接，连接的斜线成为多段线新添加的构成部分，如图 4-88 所示。

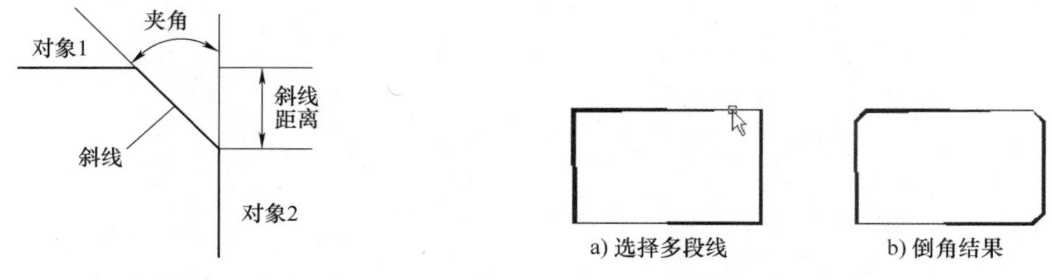

a) 选择多段线　b) 倒角结果

图 4-87　斜线距离与夹角　　图 4-88　斜线连接多段线

（4）修剪（T）

与圆角连接命令 FILLET 相同，该选项决定连接对象后是否剪切源对象。

（5）方式（E）

该选项决定采用“距离”方式还是“角度”方式进行倒角处理。

（6）多个（M）

该选项用于同时对多个对象进行倒角编辑。

说明：有时用户在执行“圆角”和“倒角”命令时，发现命令不执行或执行后没什么变化，那是因为系统默认圆角半径和斜线距离均为 0，如果不事先设定圆角半径或斜线距离，系统就会以默认值执行命令，所以看起来好像没有执行命令。

4.6.7 “打断”命令

1. 执行方式

- 命令行：BREAK。
- 菜单栏：“修改”→“打断”。
- 工具栏：“修改”→“打断”。
- 功能区：“默认”→“修改”→“打断”。

2. 操作示例

弯灯符号的绘制流程如图 4-89 所示。

1）绘制直线和圆。单击“默认”选项卡“绘图”面板中的“直线”按钮，绘制一条水平直线。单击“绘图”工具栏中的“圆”按钮，以直线的端点为圆心，绘制半径为 10mm 的圆，如图 4-90 所示。

2）偏移圆。单击“默认”选项卡“修改”面板中的“偏移”按钮，将圆向外偏移 3mm，如图 4-91 所示。

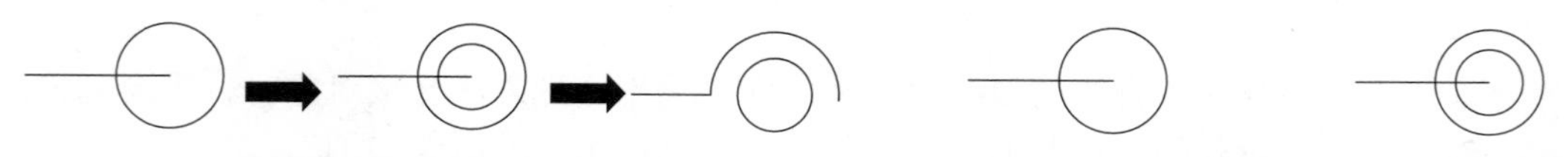

图 4-89　弯灯符号的绘制流程　　图 4-90　绘制直线和圆　　图 4-91　偏移圆

3）打断曲线。单击“默认”选项卡“修改”面板中的“打断”按钮，命令行提示和操作如下。

命令:BREAK↙
选择对象:(选择外圆与水平直线的交点)
指定第二个打断点或[第一点(F)]:(开启正交模式,选择第二个点为外圆右象限点)

打断后的图形如图 4-92 所示。

4）修剪曲线。单击“默认”选项卡“修改”面板中的“修剪”按钮，将圆内部分多余的线段剪切掉，得到的图形如图 4-89 所示。

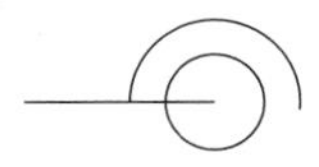

图 4-92　打断曲线

3. 特殊选项说明

如果选择“第一点（F）”选项，系统将丢弃前面的第一个选择点，重新提示用户指定两个打断点。

4.6.8 “打断于点”命令

打断于点是指在对象上指定一点，从而把对象在此点处拆分成两部分。此命令与打断命令类似。

执行方式

- 工具栏：“修改”→“打断于点”。

4.6.9 “分解”命令

执行方式

- 命令行：EXPLODE。
- 菜单栏：“修改”→“分解”。
- 工具栏：“修改”→“分解”。
- 功能区：“默认”→“修改”→“分解”。

4.6.10 “合并”命令

可以将直线、圆弧、椭圆弧和样条曲线等独立的对象合并为一个对象，如图 4-93 所示。

执行方式

- 命令行：JOIN。
- 菜单栏：“修改”→“合并”。
- 工具栏：“修改”→“合并”。
- 功能区：“默认”→“修改”→“合并”。

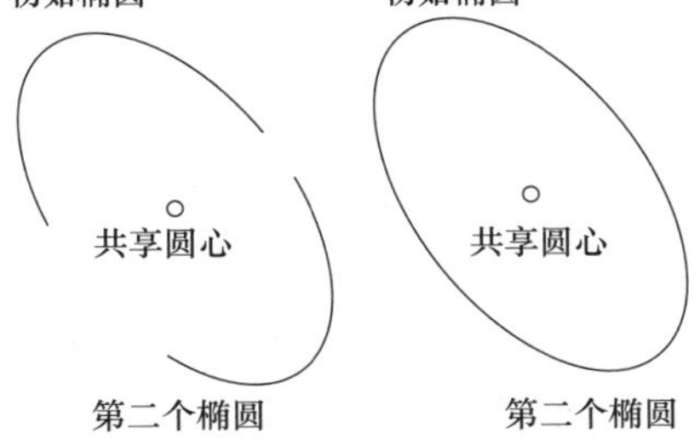

初始椭圆　初始椭圆
共享圆心　共享圆心
第二个椭圆　第二个椭圆
a) 合并前　b) 合并后

图 4-93　合并对象

4.7 上机实验

实验 1　绘制如图 4-94 所示的熔断式隔离开关符号

（1）目的要求

本实验绘制的图形相对简单，用到“直线”“矩形”“旋转”等编辑命令。通过本练习，读者可熟悉编辑命令的操作。

（2）操作提示

1）利用“直线”命令，绘制一条水平线段和三条首尾相连的竖直线段。

2）利用“矩形”命令，绘制一个穿过中间竖直线段的矩形。

3）利用“旋转”命令，将矩形以及穿过它的直线旋转一定角度。

实验 2　绘制如图 4-95 所示的加热器符号

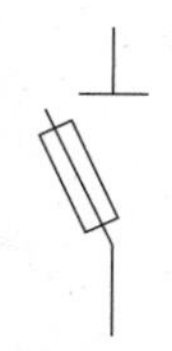

图 4-94　熔断式隔离开关

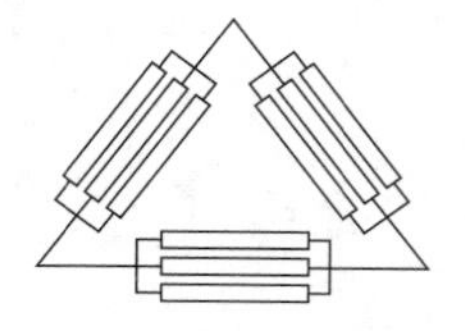

图 4-95　加热器符号

（1）目的要求

本实验绘制的图形步骤烦琐，但涉及的命令较少，需要细心捕捉放置点。用到“移动”“旋转”“阵列”等编辑命令。通过本练习，读者将熟悉绘图、编辑命令的操作。

（2）操作提示

1）利用“多边形”命令，绘制一个正三角形。

2）利用“矩形”“复制”以及“修剪”命令，绘制一个加热单元。

3）利用“旋转”命令，将加热单元分别旋转 60°和-60°。

4.8　思考与练习

1. 使用“复制”命令时，正确的情况是（　　）。
   A. 复制一个就退出命令　　B. 最多可复制三个
   C. 复制时，选择“放弃”，则退出命令
   D. 可复制多个，直到选择“退出”，才结束复制
2. 已有一个画好的圆，绘制一组同心圆可以用哪个命令来实现（　　）。
   A. STRETCH 伸展　　B. OFFSET 偏移
   C. EXTEND 延伸　　D. MOVE 移动
3. 下面图形不能偏移的是（　　）。
   A. 构造线　　B. 多线　　C. 多段线　　D. 样条曲线
4. 关于“分解”命令（Explode）的描述正确的是（　　）。
   A. 对象分解后颜色、线型和线宽不会改变
   B. 图案分解后图案与边界的关联性仍然存在
   C. 多行文字分解后将变为单行文字
   D. 构造线分解后可得到两条射线
5. 如果对图 4-96 所示的正方形沿两个点打断，打断之后的长度为（　　）。
   A. 150　　B. 100　　C. 150 或 50　　D. 随机

6. 对两条平行的直线倒圆角（Fillet），圆角半径设置为 20，其结果是（　　）。

A. 不能倒圆角

B. 按半径 20 倒圆角

C. 系统提示错误

D. 倒出半圆，其直径等于直线间的距离

7. 使用“偏移”命令时，下列说法正确的是（　　）。

A. 偏移值可以小于 0，这是向反向偏移

B. 可以框选对象进行一次偏移多个对象

C. 一次只能偏移一个对象

D.“偏移”命令执行时不能删除原对象

8. 使用 COPY 命令复制一个圆，指定基点为（0，0），在提示“指定第二个点”时按〈Enter〉键以第一个点作为位移，则下面说法正确的是（　　）。

A. 没有复制图形

B. 复制的图形圆心与“0，0”重合

C. 复制的图形与原图形重合

D. 以上答案全部正确

9. 绘制如图 4-97 所示三相变压器符号。

10. 绘制如图 4-98 所示固态继电器符号。

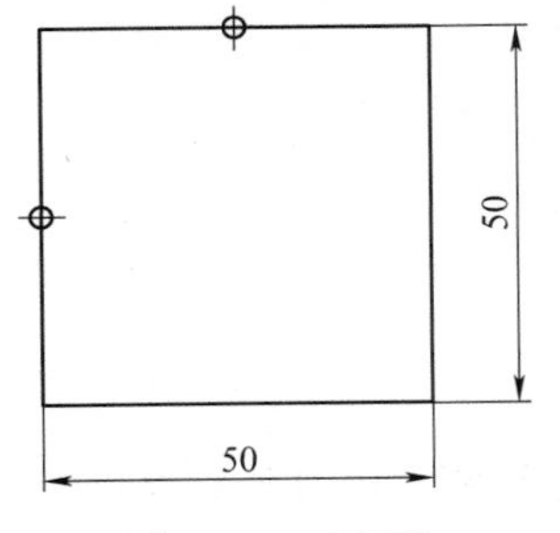

图 4-96　正方形

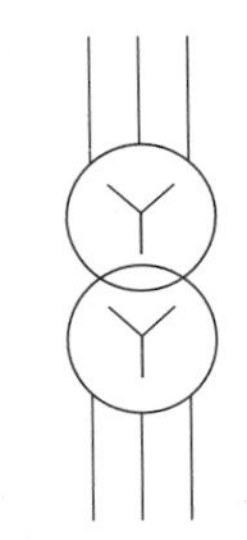

图 4-97　三相变压器

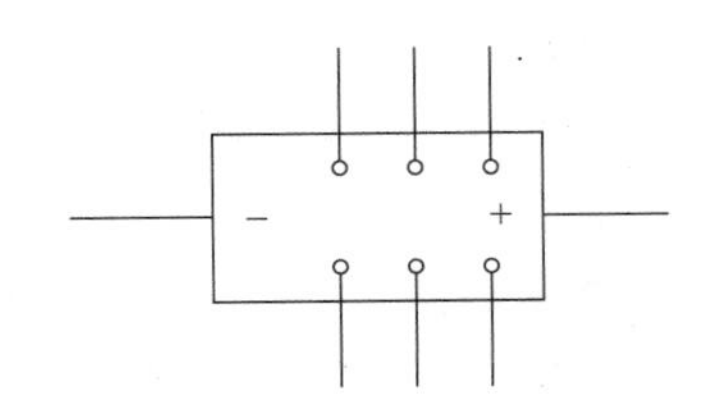

图 4-98　固态继电器

第5章　文本、表格与尺寸标注

文字注释是图形中很重要的一部分内容，AutoCAD 提供了多种写入文字的方法，本章将介绍文本的注释和编辑功能。图表在 AutoCAD 图形中也有大量的应用，如明细表、参数表和标题栏等。AutoCAD 新增的图表功能使绘制图表变得方便快捷。尺寸标注是绘图设计过程当中相当重要的一个环节，AutoCAD 2024 提供了方便、准确的标注尺寸功能。

本章重点

- 文本标注
- 表格
- 尺寸标注

5.1　文本标注

文本是建筑图形的基本组成部分，在图签、说明、图样目录等地方都要用到文本。本节讲述文本标注的基本方法。

5.1.1　设置文本样式

执行方式

- 命令行：STYLE 或 DDSTYLE。
- 菜单栏："格式"→"文字样式"。
- 工具栏："文字"→"文字样式"。
- 功能区："默认"→"注释"→"文字样式"或"注释"→"文字"→"对话框启动器"。

执行上述命令后，系统弹出"文字样式"对话框，如图 5-1 所示。

利用该对话框可以新建文字样式或修改当前文字样式。图 5-2、图 5-3 所示为各种文字样式。

5.1.2　单行文本标注

1. 执行方式

- 命令行：TEXT 或 DTEXT。
- 菜单栏："绘图"→"文字"→"单行文字"。
- 工具栏："文字"→"单行文字"A。
- 功能区："默认"→"注释"→"单行文字"A或"注释"→"文字"→"单行文字"A。

2. 特殊选项说明

（1）指定文字的起点

在此提示下直接在绘图区中单击一点作为文本的起始点，命令行提示如下。

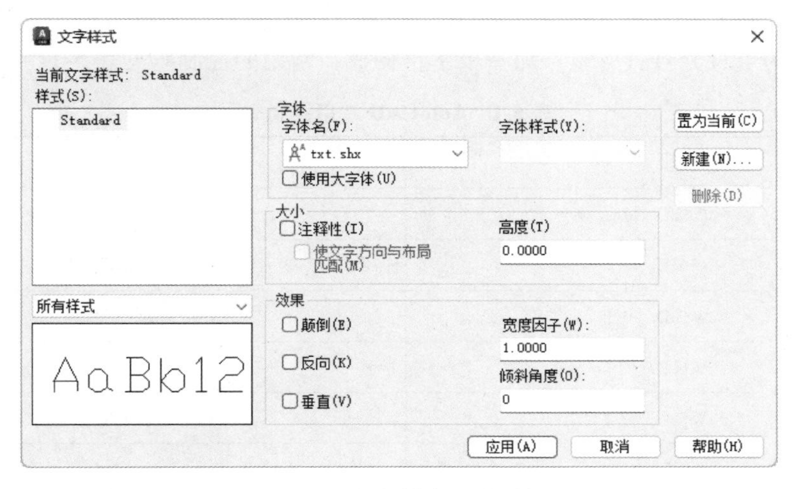

图 5-1 “文字样式”对话框

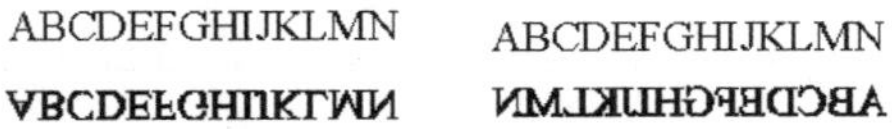

ABCDEFGHIJKLMN　　ABCDEFGHIJKLMN

图 5-2 文字倒置标注与反向标注

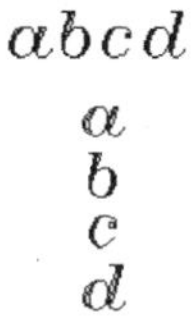

abcd

a
b
c
d

图 5-3 垂直标注文字

```
指定高度 <0.2000>:(确定字符的高度)
指定文字的旋转角度 <0>:(确定文本行的倾斜角度)
输入文字:(输入文本)
输入文字:(输入文本或按〈Enter〉键)
```

(2) 对正 (J)

在命令行的提示下输入 J，用来确定文本的对齐方式，对齐方式决定了文本的哪一部分与所选的插入点对齐。执行此选项，命令行提示如下。

```
输入选项[左(L)/居中(C)/右(R)/对齐(A)/中间(M)/布满(F)/左上(TL)/中上(TC)/右上(TR)/左中(ML)/正中(MC)/右中(MR)/左下(BL)/中下(BC)/右下(BR)]:
```

在命令行提示下选择一个选项作为文本的对齐方式。当文本行水平排列时，AutoCAD 为标注文本行定义了如图 5-4 所示的底线、基线、中线和顶线，各种对齐方式如图 5-5 所示，图中大写字母对应命令行提示中各选项。

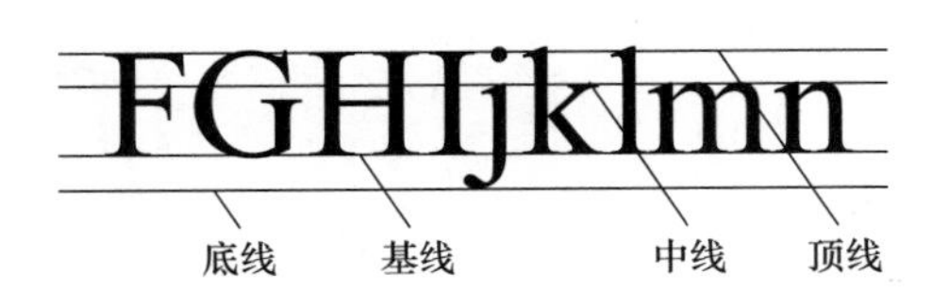

图 5-4 文本行的底线、基线、中线和顶线

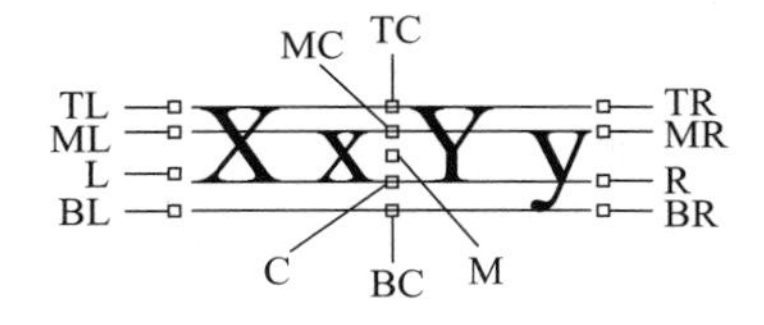

图 5-5 文本的对齐方式

实际绘图时，有时需要标注一些特殊字符，如直径符号、上画线或下画线、温度符号

等，由于这些符号不能直接从键盘上输入，AutoCAD 提供了一些控制码，用来添加这些符号。控制码由两个百分号（%%）加一个字符构成，常用的控制码见表 5-1。

表 5-1　AutoCAD 常用控制码

符号	功能
%%O	上画线
%%U	下画线
%%D	度符号
%%P	正负符号
%%C	直径符号
%%%	百分号%
\U+2248	几乎相等
\U+2220	角度
\U+E100	边界线
\U+2104	中心线
\U+0394	差值
\U+0278	电相位
\U+E101	流线
\U+2261	标识
\U+E102	界碑线
\U+2260	不相等
\U+2126	欧姆
\U+03A9	欧米加
\U+214A	低界线
\U+2082	下标 2
\U+00B2	上标 2

5.1.3　多行文本标注

1. 执行方式

- 命令行：MTEXT。
- 菜单栏："绘图"→"文字"→"多行文字"。
- 工具栏："绘图"→"多行文字"A或"文字"→"多行文字"A。
- 功能区："默认"→"注释"→"多行文字"A或"注释"→"文字"→"多行文字"A。

2. 特殊选项说明

（1）指定对角点

指定对角点后，AutoCAD 会打开“文字编辑器”选项卡和多行文字编辑器，如图 5-6 和图 5-7 所示。

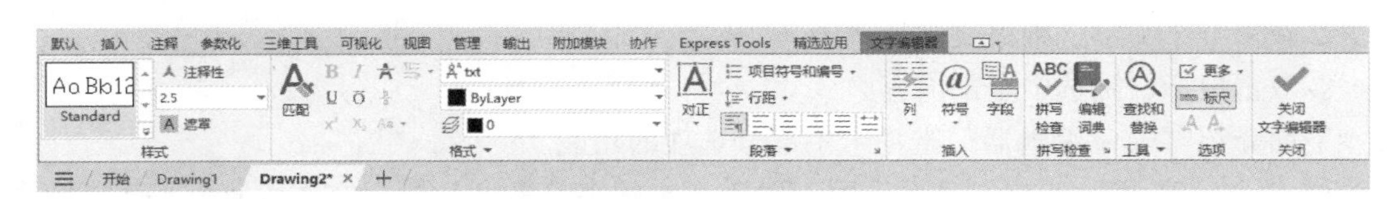

图 5-6 “文字编辑器”选项卡

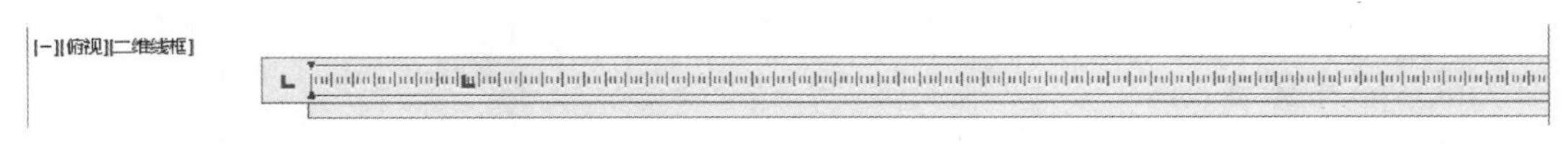

图 5-7 多行文字编辑器

（2）其他选项

命令行提示中各选项的含义如下。

1）指定对角点：直接在绘图区上拾取一个点作为矩形框的第二个角点，AutoCAD 以这两个点为对角点形成一个矩形区域，其宽度作为将来要标注的多行文本的宽度，第一个点作为第一行文本顶线的起点。响应后 AutoCAD 打开“文字编辑器”选项卡和多行文字编辑器，可利用此编辑器输入多行文本并对其格式进行设置。关于选项卡中各选项的含义与编辑器功能，下文将详细介绍。

2）对正（J）：确定所标注文本的对齐方式。这些对齐方式与 TEXT 命令中的各对齐方式相同，在此不再重复。选择一种对齐方式后按〈Enter〉键，AutoCAD 回到上一级提示。

3）行距（L）：确定多行文本的行间距，这里所说的行间距是指相邻两文本行的基线之间的垂直距离。选择此选项，在命令行提示“输入行距类型［至少（A）/精确（E）］<至少（A）>:”下有两种方式确定行间距：“至少”方式和“精确”方式。“至少”方式下，AutoCAD 根据每行文本中最大的字符自动调整行间距。“精确”方式下，AutoCAD 给多行文本赋予一个固定的行间距。可以直接输入一个确切的间距值，也可以“nx”形式输入，其中“n”是一个具体数，表示行间距设置为单行文本高度的 n 倍，而单行文本高度是本行文本字符高度的 1.66 倍。

4）旋转（R）：确定文本行的倾斜角度。选择此选项，在命令行提示“指定旋转角度<0>:（输入倾斜角度）”下输入角度值后按〈Enter〉键，返回到“指定对角点或［高度（H）/对正（J）/行距（L）/旋转（R）/样式（S）/宽度（W）］:”提示。

5）样式（S）：确定当前的文字样式。

6）宽度（W）：指定多行文本的宽度。可在绘图区上拾取一点，将其与前面确定的第一个角点组成的矩形框的宽度作为多行文本的宽度，也可以输入一个数值，精确设置多行文本的宽度。

7）栏（C）：该选项可以将多行文字对象的格式设置为多栏。可以指定栏和栏之间的宽度、高度及栏数，以及使用夹点编辑栏宽和栏高。其中提供了三个栏选项：“不分栏（N）”“静态（S）”和“动态（D）”。

“文字编辑器”选项卡用来控制文本文字的显示特性。可以在输入文本文字前设置文本的特性，也可以改变已输入的文本文字特性。要改变已有文本文字显示特性，首先应选择要修改的文本，选择文本的方式有以下三种。

①将光标定位到文本文字开始处，按住鼠标左键，拖到文本末尾。

②双击某个文字，则该文字被选中。

③双击鼠标，则选中全部内容。

下面介绍“文字编辑器”选项卡中部分选项的功能。

1）“文字高度”下拉列表框：用于确定文本的字符高度，可在文本编辑器中输入新的字符高度，也可从此下拉列表框中选择已设定过的高度值。

2）“加粗”按钮**B**和“斜体”按钮*I*：用于设置文字的加粗或斜体效果，但这两个按钮只对 TrueType 字体有效。

3）“删除线”按钮A：用于在文字上添加水平删除线。

4）“下画线”按钮U和“上画线”按钮O：用于设置或取消文字的上画线和下画线。

5）“堆叠”按钮：为层叠或非层叠文本按钮，用于层叠所选的文本文字，也就是创建分数形式。当文本中某处出现“/”“^”或“#”三种层叠符号之一时，选中需层叠的文字，才可层叠文本。二者缺一不可。符号左边的文字作为分子，右边的文字作为分母进行层叠。AutoCAD 提供了如下三种分数形式。

①如选中“abcd/efgh”后单击此按钮，得到如图 5-8a 所示的分数形式。

②如果选中“abcd^efgh”后单击此按钮，则得到如图 5-8b 所示的形式，此形式多用于标注极限偏差。

③如果选中“abcd # efgh”后单击此按钮，则创建斜排的分数形式，如图 5-8c 所示。

如果选中已经层叠的文本对象后单击此按钮，则恢复到非层叠形式。

6）“倾斜角度”（*0/*）文本框：用于设置文字的倾斜角度。

举一反三：倾斜角度与斜体效果是两个不同的概念。前者可以设置任意倾斜角度，后者是在任意倾斜角度的基础上设置斜体效果，如图 5-9 所示。第一行倾斜角度为 0°，非斜体效果；第二行倾斜角度为 12°，非斜体效果；第三行倾斜角度为 12°，斜体效果。

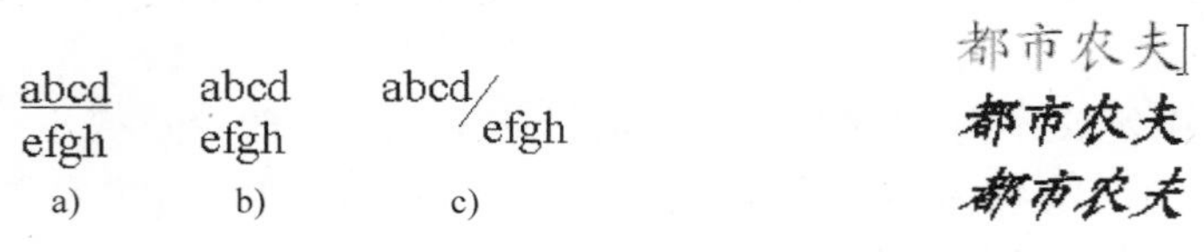

图 5-8 文本层叠

图 5-9 倾斜角度与斜体效果

7）“符号”按钮@：用于输入各种符号。单击此按钮，系统打开符号列表，如图 5-10 所示，可以从中选择符号输入到文本中。

8）“插入字段”按钮：用于插入一些常用或预设字段。单击此按钮，系统弹出“字段”对话框，如图 5-11 所示，用户可从中选择字段，插入到标注文本中。

9）“追踪”下拉列表框：用于增大或减小选定字符之间的空间。1.0 表示设置常规间距，>1.0 表示增大间距，<1.0 表示减小间距。

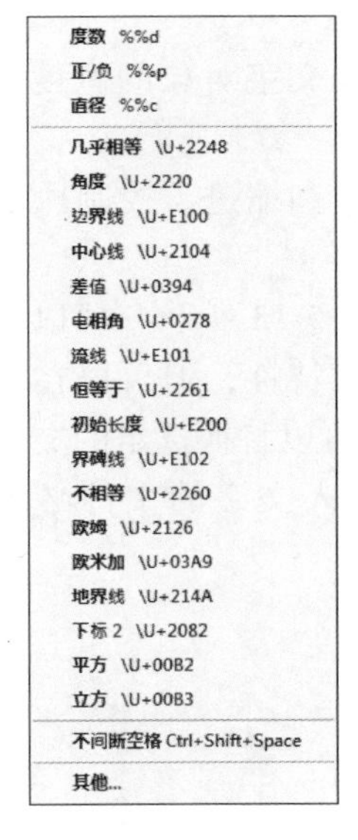

图 5-10　符号列表

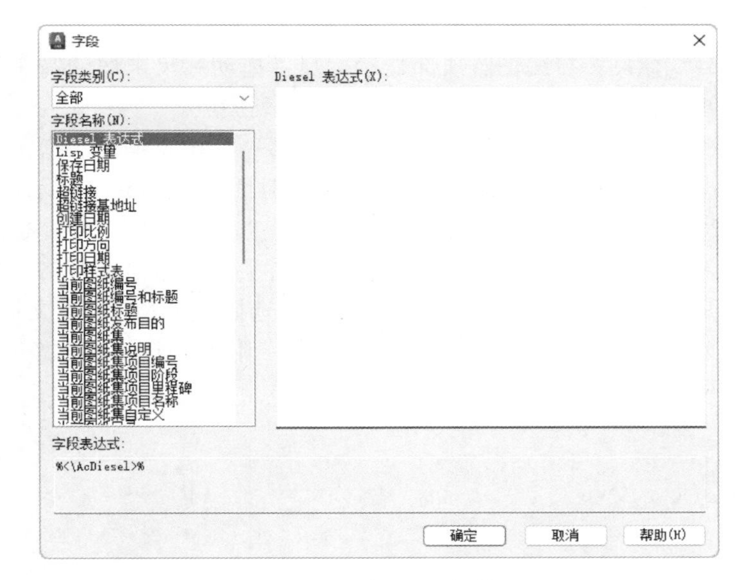

图 5-11　“字段”对话框

10）“宽度因子”下拉列表框：用于扩展或收缩选定字符。设置为 1.0 表示此字体中字母为常规宽度，可以增大该宽度或减小该宽度。

11）“上标”按钮：将选定文字转换为上标，即在输入线的上方设置稍小的文字。

12）“下标”按钮：将选定文字转换为下标，即在输入线的下方设置稍小的文字。

13）“清除格式”下拉列表：删除选定字符的字符格式，或删除选定段落的段落格式，或删除选定段落中的所有格式。

14）关闭：如果选择此选项，将从应用了列表格式的选定文字中删除字母、数字和项目符号，但不更改缩进状态。

15）以数字标记：将带有句点的数字用于列表中的项的列表格式。

16）以字母标记：将带有句点的字母用于列表中的项的列表格式。如果列表含有的项多于字母本身的数量，可以使用双字母继续序列。

17）以项目符号标记：将项目符号用于列表中的项的列表格式。

18）起点：在列表格式中启用新的字母或数字序列。如果选定的项位于列表中间，则选定项下面的未选中的项也将成为新列表的一部分。

19）连续：将选定的段落添加到上面最后一个列表，然后继续序列。如果选择的是列表项而非段落，选定项下面的未选中的项将继续序列。

20）允许自动项目符号和编号：在输入时应用列表格式。以下字符可以用作字母和数字后的标点，但不能用作项目符号：句点（.）、逗号（,）、右括号（））、右尖括号（>）、右方括号（］）和右花括号（｝）。

21）允许项目符号和列表：如果选择此选项，列表格式将应用到外观类似列表的多行文字对象中的所有纯文本。

22）拼写检查：该选项确定输入时拼写检查处于打开还是关闭状态。

23）编辑词典：显示“词典”对话框，从中可添加或删除在拼写检查过程中使用的自定义词典。

24）标尺：在编辑器顶部显示标尺。拖动标尺末尾的箭头可更改文字对象的宽度。列模式处于活动状态时，还可以显示高度和列夹点。

25）段落：该选项为段落和段落的第一行设置缩进。指定制表位和缩进，控制段落对齐方式、段落间距和段落行距。“段落”对话框如图 5-12 所示。

26）输入文字：选择此项，系统弹出“选择文件”对话框，如图 5-13 所示。可以选择任意 ASCII 或 RTF 格式的文件，输入的文字保留原始字符格式和样式特性，但可以在多行文字编辑器中编辑和格式化输入的文字。选择要输入的文本文件后，可以替换选定的文字或全部文字，或在文字边界内将插入的文字附加到选定的文字中。输入文字的文件必须小于 32K。

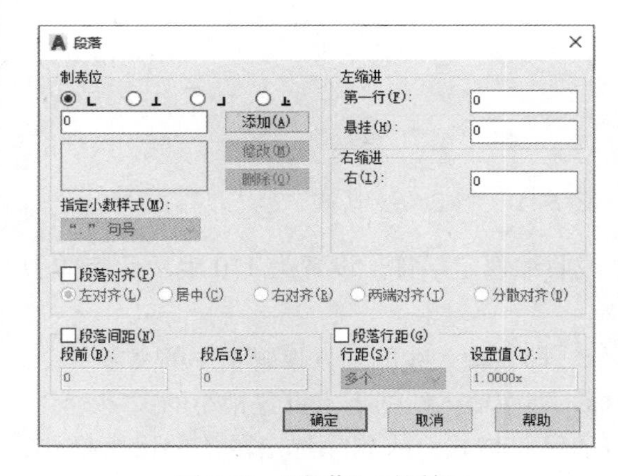

图 5-12 “段落”对话框

图 5-13 “选择文件”对话框

27）编辑器设置：显示“文字格式”工具栏的选项列表。有关详细信息，可参见编辑器设置。

5.1.4 多行文本编辑

1. 执行方式

- 命令行：DDEDIT。
- 菜单栏：“修改”→“对象”→“文字”→“编辑”。
- 工具栏：“文字”→“编辑”。

2. 操作示例

本例利用“直线”命令绘制导线，再利用“多行文字”命令进行说明标注，绘制流程如图 5-14 所示。

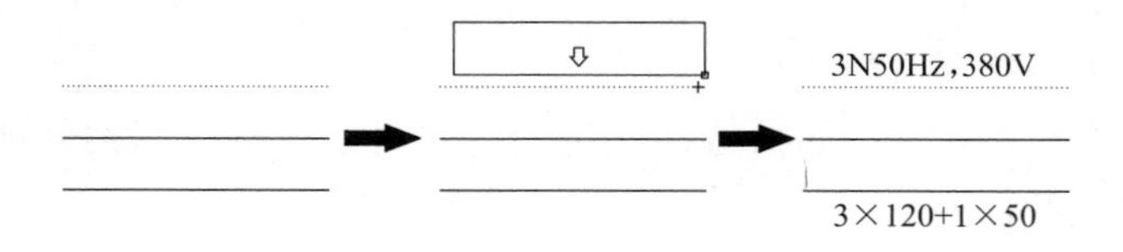

图 5-14 绘制导线符号的绘制流程

1）绘制三条平行直线。单击“默认”选项卡“绘图”面板中的“直线”按钮╱，按命令行提示操作。

```
命令:_line 指定第一点:100,100 （输入第一点坐标）
指定下一点或[放弃(U)]:@ 200,0
```

同样方法，在上面位置再绘制两条直线，坐标分别为{(100，140)、(@ 200，0)}和{(100，180)、(@ 200，0)}。

2）单击“默认”选项卡“注释”面板中的“多行文字”按钮A，为导线添加文字说明。首先在状态栏开启对象捕捉和对象跟踪模式，移动鼠标至导线左端点的正上方处，系统提示如图5-15所示，单击左键。

3）向右下方移动鼠标至导线右端点的正上方，系统提示如图5-16所示，单击左键。于是就在三根平行导线的上面拖拽出矩形框。

4）确定文字编辑区域后，系统弹出“文字编辑器”选项卡，其中文字字体选择“仿宋”，大小为10号字，居中对齐，其他默认。在选项卡下边光标闪烁处输入要求的文字“3N50Hz，380V”，如图5-17所示。

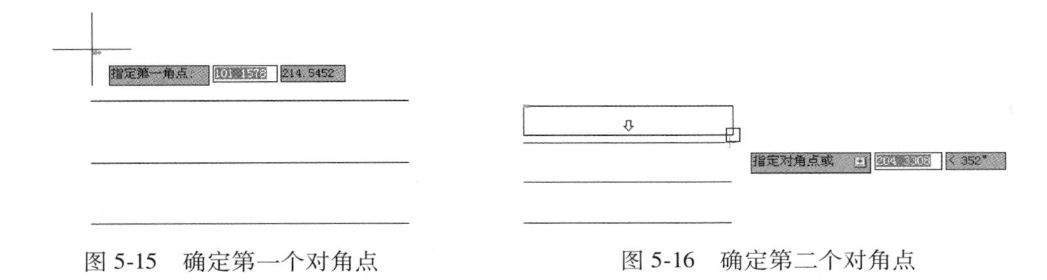

图5-15 确定第一个对角点　　图5-16 确定第二个对角点

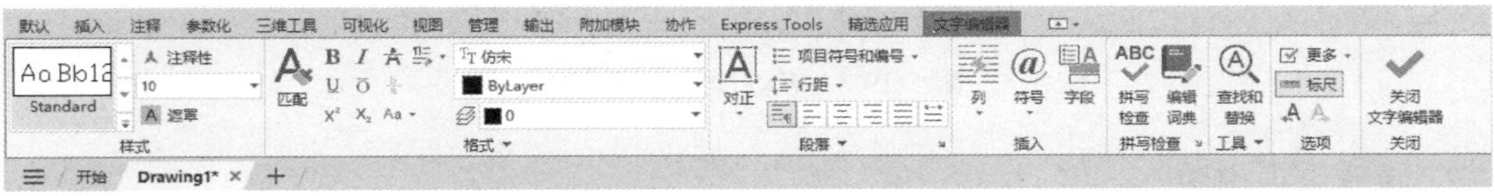

图5-17 “文字编辑器”选项卡

5）输入完文字后，单击绘图区中的任意一点，第一行文字编辑完成，效果如图5-18所示。

3N50Hz，380V

图5-18 输入第一行文字

6）单击“默认”选项卡“注释”面板中的“多行文字”按钮A，按步骤2)~4）在导线的下方拖拽出文字编辑用的矩形框，输入要求的文字“3 * 120+1 * 50”。至此导线符号绘制完毕，如图5-14所示。

5.2 表格

在以前的版本中，要绘制表格必须采用绘制图线或者图线结合偏移或复制等编辑命令来完成，这样的操作过程烦琐而复杂，不利于提高绘图效率。从AutoCAD 2005开始，新增加了一个“表格”绘制功能。有了该功能，创建表格就变得非常容易了，用户可以直接插入设置好样式的表格，而不用绘制由单独的图线组成的表格。

5.2.1 设置表格样式

1. 执行方式

- 命令行：TABLESTYLE。
- 菜单栏：“格式”→“表格样式”。
- 工具栏：“样式”→“表格样式管理器”。
- 功能区：“默认”→“注释”→“表格样式”或“注释”→“表格”→“对话框启动器”。

执行上述命令，系统弹出“表格样式”对话框，如图 5-19 所示。

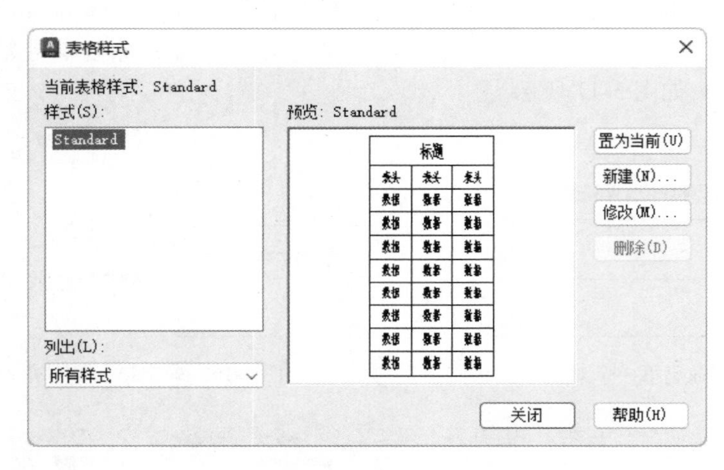

图 5-19 “表格样式”对话框

2. 特殊选项说明

（1）新建

单击该按钮，系统弹出“创建新的表格样式”对话框，如图 5-20 所示。输入新的表格样式名后，单击“继续”按钮，系统弹出“新建表格样式”对话框，如图 5-21 所示。从中可以定义新的表格样式，设置表格中数据、列标题和总标题的有关参数，如图 5-22 所示。

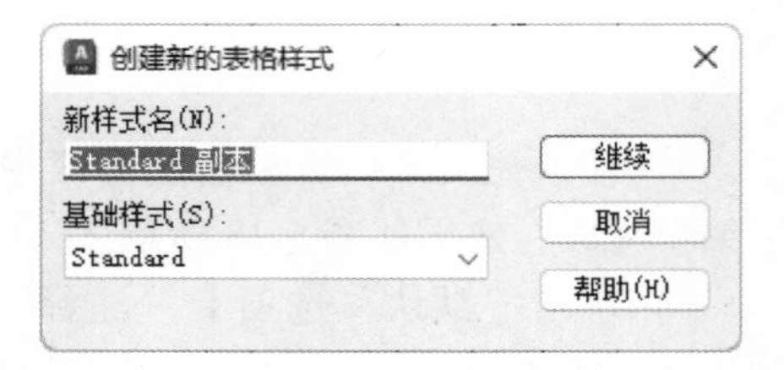

图 5-20 “创建新的表格样式”对话框

如图 5-23 所示的表格样式：数据文字样式为 Standard，文字高度为 4.5，文字颜色为“红色”，填充颜色为“黄色”，对齐方式为“右下”；没有列标题行，标题文字样式为 Standard，文字高度为 6，文字颜色为“蓝色”，填充颜色为“无”，对齐方式为“正中”；表格方向为“向上”，水平单元边距和垂直单元边距都为 1.5。

（2）修改

对当前表格样式进行修改，方式与新建表格样式相同。

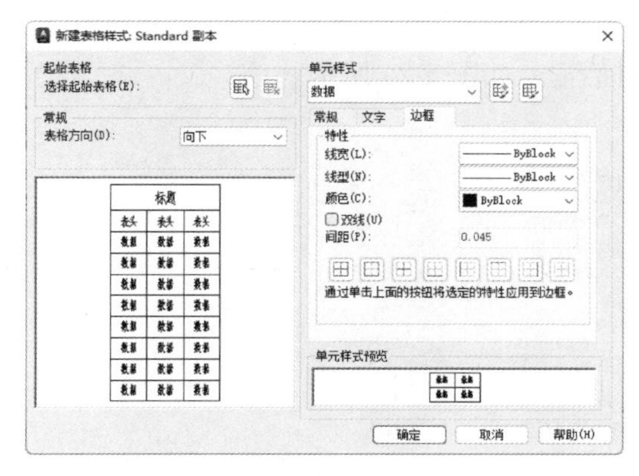

a)

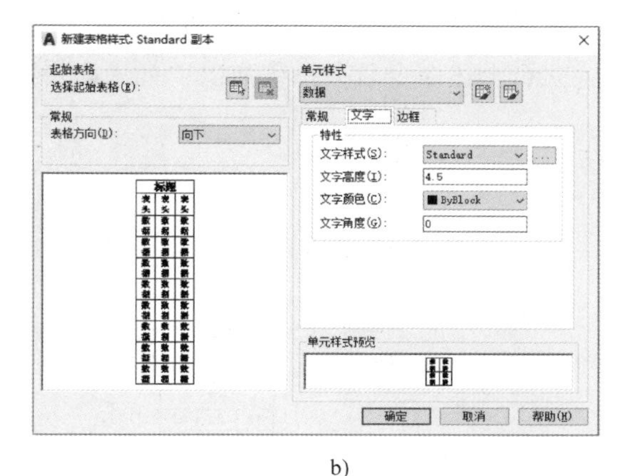

b)

c)

图 5-21 “新建表格样式”对话框

标题		
页层	页层	页层
数据	数据	数据
数据	数据	数据
数据	数据	数据
数据	数据	数据
数据	数据	数据
数据	数据	数据
数据	数据	数据
数据	数据	数据

总标题
列标题
数据

图 5-22 表格样式

数据	数据	数据
数据	数据	数据
数据	数据	数据
数据	数据	数据
数据	数据	数据
数据	数据	数据
数据	数据	数据
数据	数据	数据
数据	数据	数据
标题		

图 5-23 表格示例

5.2.2 创建表格

1. 执行方式

- 命令行：TABLE。
- 菜单栏：“绘图”→“表格”。
- 工具栏：“绘图”→“表格”。

● 功能区：“默认”→“注释”→“表格”▦或“注释”→“表格”→“表格”▦。

执行上述命令后，系统弹出“插入表格”对话框，如图 5-24 所示。

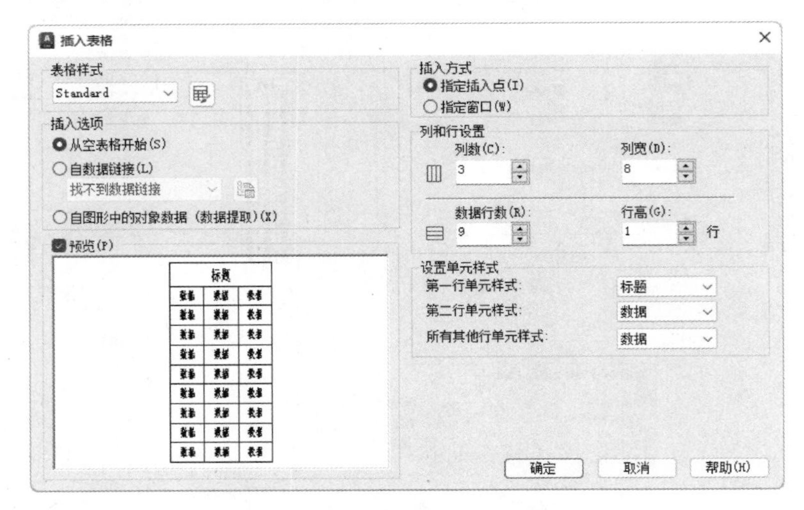

图 5-24 “插入表格”对话框

2. 特殊选项说明

（1）表格样式

从“表格样式”下拉列表中选择表格样式，也可以单击下拉列表旁边的按钮创建新的表格样式。

（2）插入选项

该选项组用于指定表格位置。

1）从空表格开始：创建可以手动填充数据的空表格。

2）自数据链接：用外部电子表格中的数据创建表格。

3）自图形中的对象数据（数据提取）：启动“数据提取”向导。

（3）预览

显示当前表格样式。

（4）插入方式

该选项组用于指定插入表格的方式。

1）指定插入点：指定表格左上角的位置。可以使用定点设备，也可以在命令行提示下输入坐标值。如果表格的方向设置为由下而上读取，则插入点位于表格的左下角。

2）指定窗口：指定表格的大小和位置。可以使用定点设备，也可以在命令行提示下输入坐标值。选定此选项时，行数、列数、列宽和行高取决于窗口的大小以及列和行的设置。

（5）列和行设置

该选项组用于设置列和行的数目和大小。

1）列数：选择“指定窗口”选项并指定列宽后，“自动”选项将被选定，且列数由表格的宽度控制。如果已指定包含起始表格的表格样式，则可以选择要添加到此起始表格的其他列的数量。

2）列宽：指定列的宽度。选择“指定窗口”选项并指定列数后，“自动”选项被选定，且列宽由表格的宽度控制。最小列宽为一个字符。

3）数据行数：指定行数。选择“指定窗口”选项并指定行高后，“自动”选项被选定，且行数由表格的高度控制。带有标题行和表格头行的表格样式最少应有三行。最小行高为一个文字行。如果已指定包含起始表格的表格样式，则可以选择要添加到此起始表格的其他数据行的数量。

4）行高：按照行数指定行高。文字行高基于文字高度和单元边距，这两项均在表格样式中设置。选择“指定窗口”选项并指定行数后，“自动”选项被选定，且行高由表格的高度控制。

（6）设置单元样式

对于那些不包含起始表格的表格样式，应指定新表格中行的单元格式。

1）第一行单元样式：指定表格中第一行的单元样式。默认情况下，使用标题单元样式。

2）第二行单元样式：指定表格中第二行的单元样式。默认情况下，使用表头单元样式。

3）所有其他行单元样式：指定表格中所有其他行的单元样式。默认情况下，使用数据单元样式。

在“插入表格”对话框中进行相应设置后，单击“确定”按钮，系统在指定的插入点或窗口自动插入一个空表格，并显示多行文字编辑器，用户可以逐行、逐列输入相应的文字或数据，如图 5-25 所示。

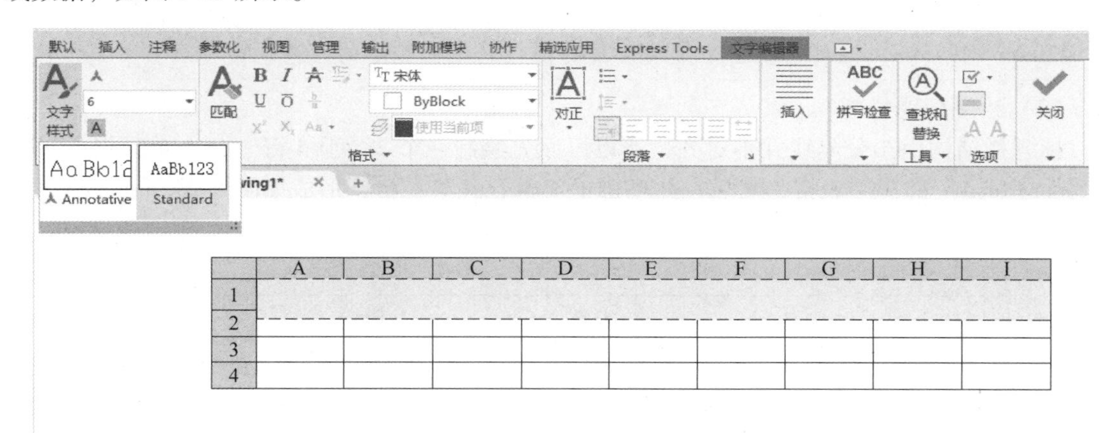

图 5-25　多行文字编辑器

5.2.3　编辑表格文字

1. 执行方式

● 命令行：TABLEDIT。

● 绘图区：鼠标双击表格。

执行上述操作后，系统会弹出如图 5-25 所示的多行文字编辑器，用户可以对指定表格单元中的文字进行编辑。

2. 操作示例

绘制电气 A3 样板图。在创建前应先设置图幅，然后利用“矩形”命令绘制图框，再利用“表格”命令绘制标题栏，最后利用“多行文字”命令输入文字并调整。绘制流程如图 5-26 所示。

（1）绘制图框

单击“默认”选项卡“绘图”面板中的“矩形”按钮▭，绘制一个矩形，指定矩形两个角点的坐标分别为（25，10）和（410，287），如图 5-27 所示。

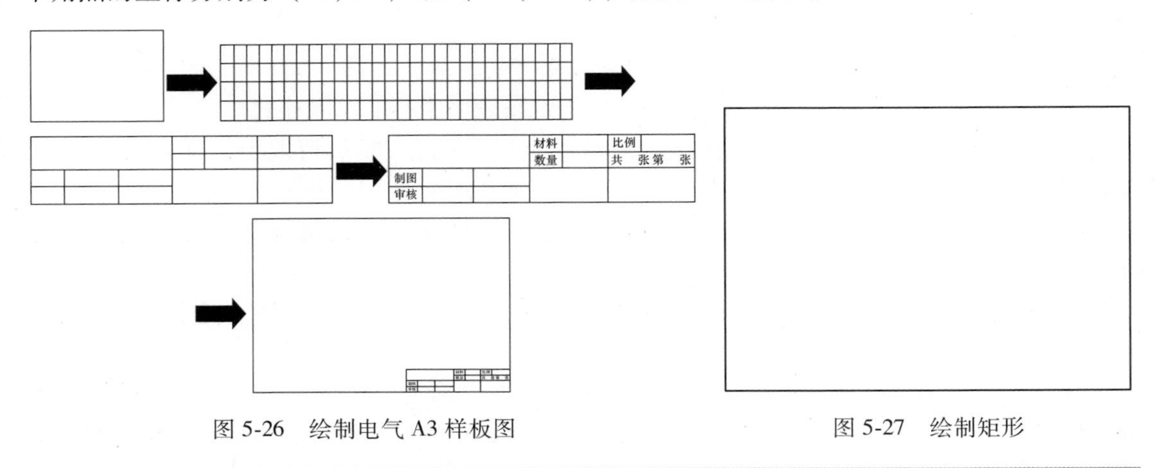

图 5-26 绘制电气 A3 样板图

图 5-27 绘制矩形

🕮 注意：《电气工程 CAD 制图规则》（GB/T 18135—2008）规定 A3 图纸的幅面大小是 420mm×297mm，该尺寸留出了带装订边的图框到纸面边界的距离。

（2）绘制标题栏

标题栏结构由于分隔线并不对齐，所以可以先绘制一个 28 列×4 行（每个单元格的尺寸是 5mm×8mm）的标准表格，然后在此基础上编辑合并单元格，形成如图 5-28 所示形式。

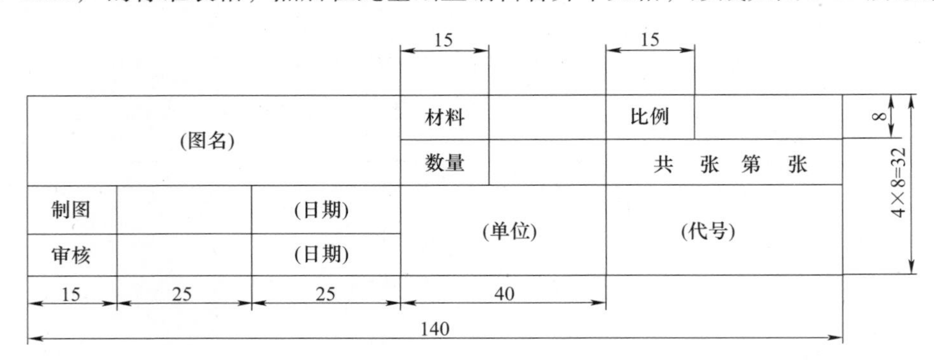

图 5-28 标题栏示意图

1）单击“默认”选项卡“注释”面板中的“表格样式”按钮▦，弹出“表格样式”对话框，如图 5-29 所示。

2）单击“修改”按钮，系统弹出“修改表格样式”对话框。在“单元样式”下拉列表框中选择“数据”选项，在下面的“文字”选项卡中将文字高度设置为 3，如图 5-30 所

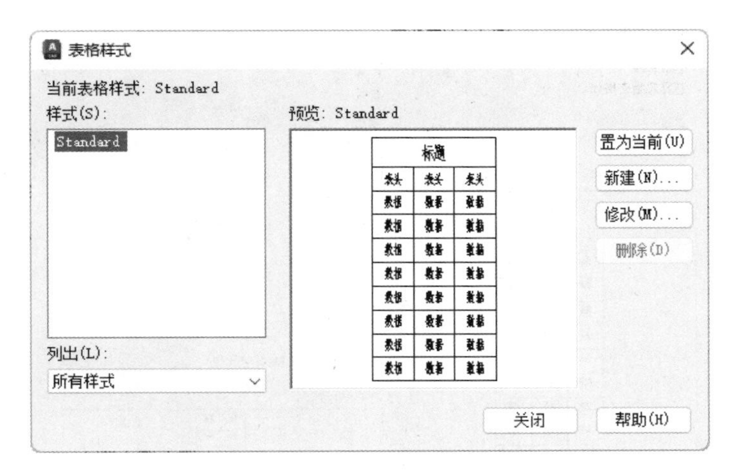

图 5-29 “表格样式”对话框

示。再打开“常规”选项卡，将“页边距”选项组中的“水平”和“垂直”都设置成 1，如图 5-31 所示。

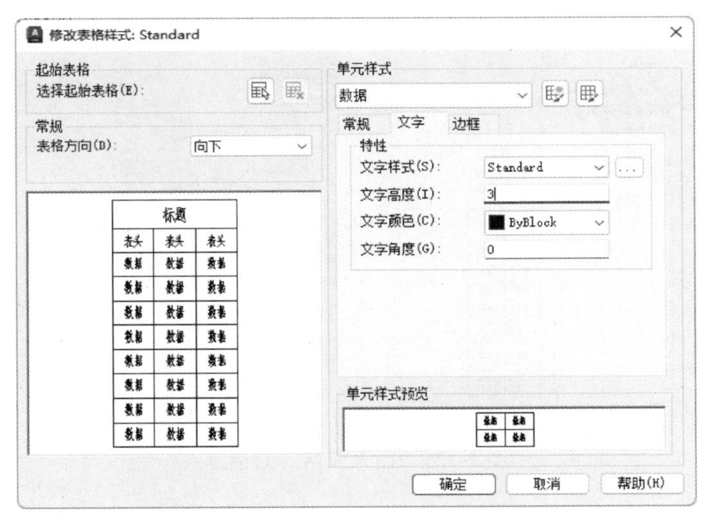

图 5-30 设置“文字”选项卡

注意：表格的行高=文字高度+2×垂直页边距，此处设置为 3+2×1=5。

3）系统回到“表格样式”对话框，单击“关闭”按钮退出。

4）选择菜单栏中的“绘图”→“表格”命令，系统打开“插入表格”对话框，在“列和行设置”选项组中将“列数”设置为 28，将“列宽”设置为 5，将“数据行数”设置为 2（加上标题行和表头行共 4 行），将“行高”设置为 1 行（即为 10）；在“设置单元样式”选项组中，将“第一行单元样式”“第二行单元样式”和“所有其他行单元样式”都设置为“数据”，如图 5-32 所示。

5）在图框线右下角附近指定表格位置，系统生成表格，同时打开多行文字编辑器，如图 5-33 所示，直接按〈Enter〉键，不输入文字，生成的表格如图 5-34 所示。

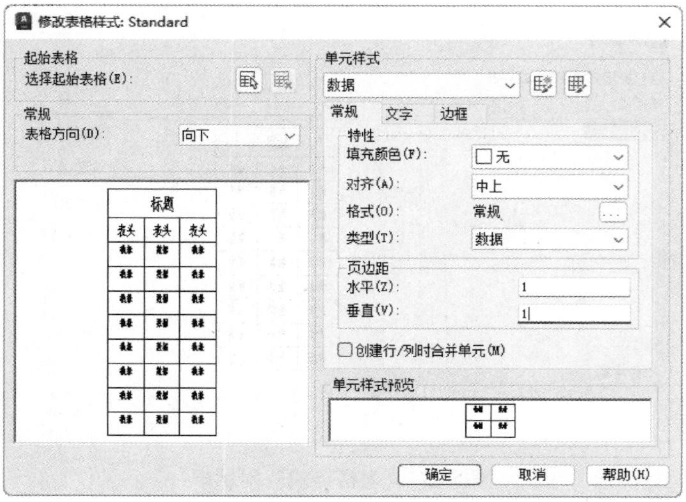

图 5-31　设置“常规”选项卡

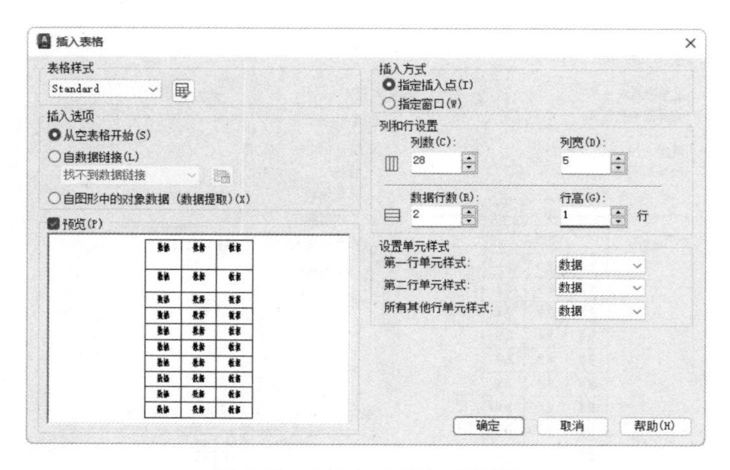

图 5-32　“插入表格”对话框

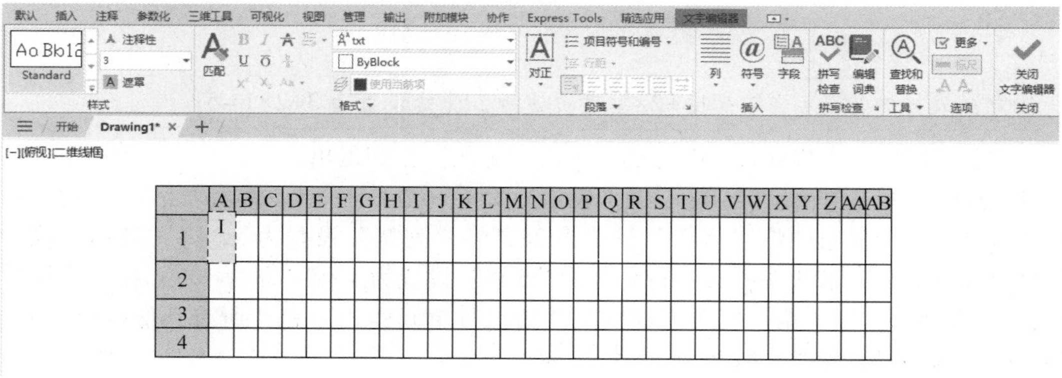

图 5-33　多行文字编辑器

6）单击表格中的一个单元格，系统会显示其编辑夹点。单击鼠标右键，在打开的快捷菜单中选择“特性”命令，如图 5-35 所示。系统弹出“特性”对话框，将“单元高度”参数改为 8，如图 5-36 所示，这样该单元格所在行的高度就统一改为 8。用同样方法将其他行的高度也改为 8，如图 5-37 所示。

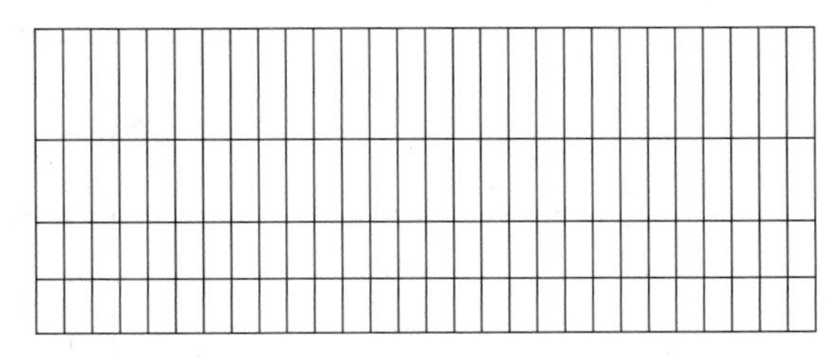

图 5-34 生成的表格

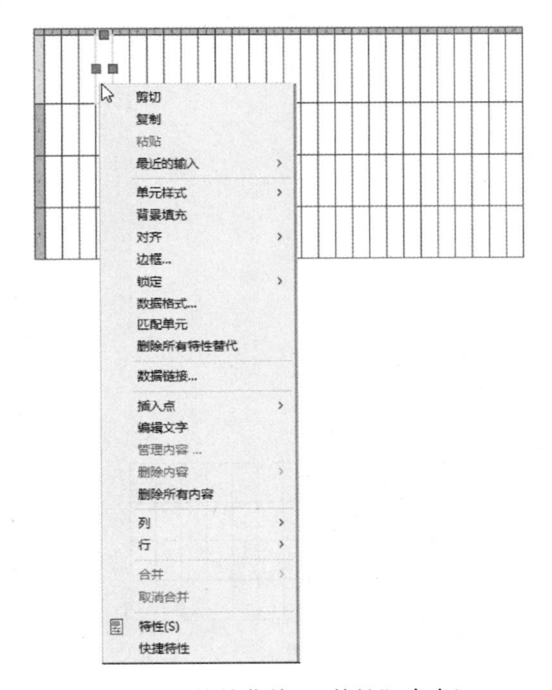

图 5-35 快捷菜单（“特性”命令）

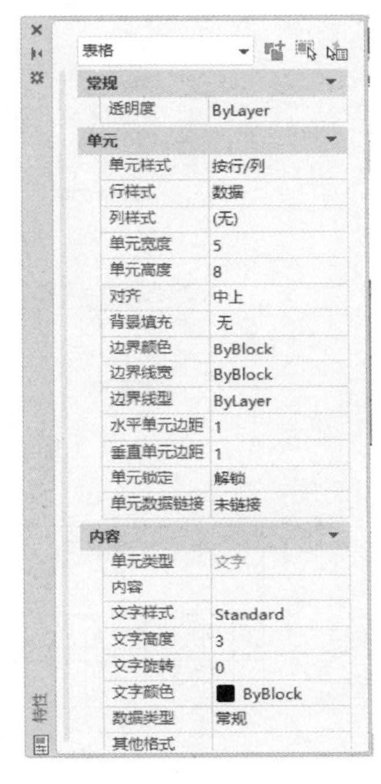

图 5-36 “特性”对话框

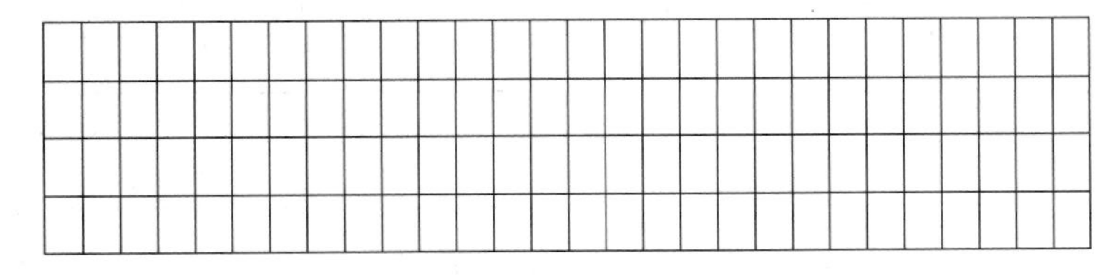

图 5-37 修改表格高度

7）选择 A1 单元格，按住〈Shift〉键，同时选择右边的 12 个单元格以及下面的 13 个单元格。单击鼠标右键，打开快捷菜单，选择“合并”→“全部”命令，如图 5-38 所示，这些单元格完成合并，如图 5-39 所示。

用同样方法合并其他单元格，结果如图 5-40 所示。

8）在单元格三击鼠标左键，打开文字编辑器，在单元格中输入文字，并将文字大小改为 6，如图 5-41 所示。

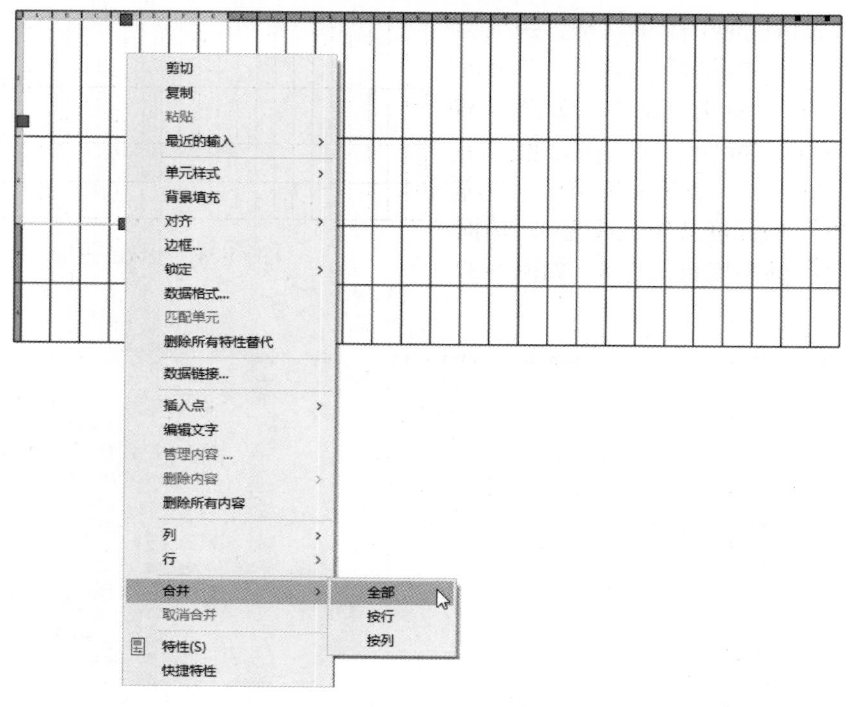

图 5-38　快捷菜单（“合并”命令）

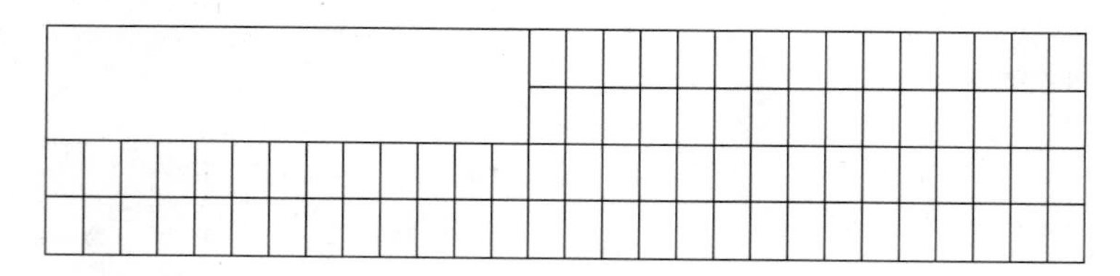

图 5-39　合并单元格

图 5-40　完成表格绘制

图 5-41　输入文字

9）用同样方法，输入其他单元格文字，结果如图 5-42 所示。

			材料		比例	
			数量		共　张第　张	
制图						
审核						

图 5-42　完成标题栏文字输入

（3）移动标题栏

生成的标题栏相对于图框的位置不符合要求，需要移动，单击“默认”选项卡“修改”面板中的“移动”按钮，命令行中的提示与操作如下。

```
命令：move↙
选择对象：↙（选择绘制的表格）
选择对象：↙
指定基点或[位移(D)] <位移>：↙（捕捉表格的右下角点）
指定第二个点或 <使用第一个点作为位移>：（捕捉图框的右下角点）↙
```

这样，就将表格准确放置在图框的右下角了，如图 5-43 所示。

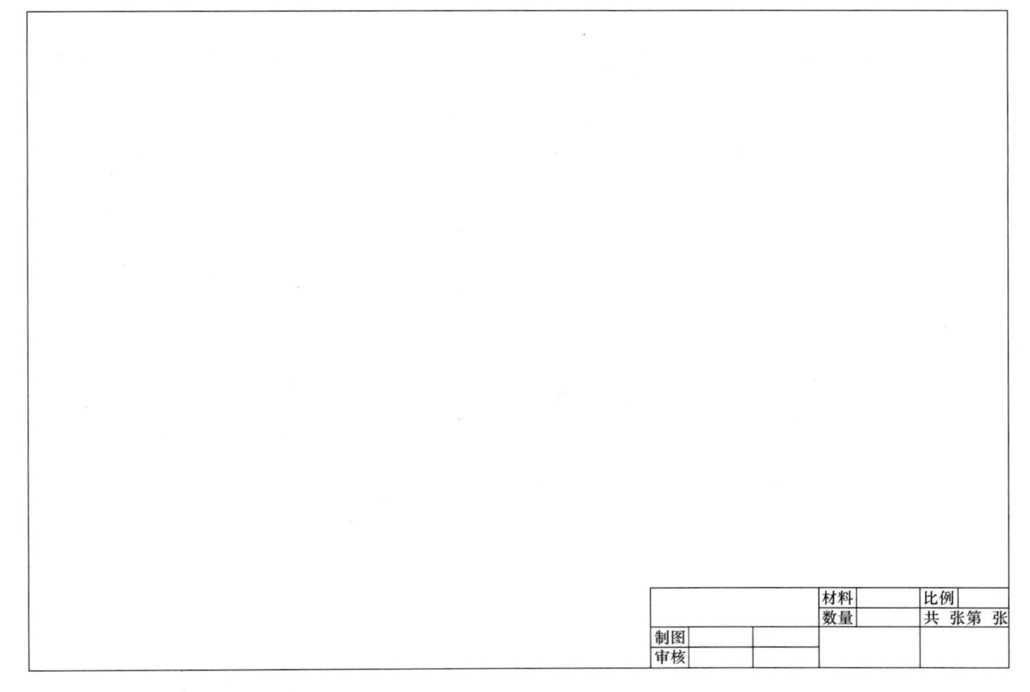

图 5-43　移动标题栏

（4）保存样板图

单击快速访问工具栏中的“另存为”按钮，弹出“图形另存为”对话框，将图形保存为 .dwt 格式文件即可，如图 5-44 所示。

图 5-44 “图形另存为”对话框

5.3 尺寸标注

在“标注”菜单和“标注”工具栏中都可以找到尺寸标注的相关命令，如图 5-45 和图 5-46 所示。

图 5-45 “标注”菜单

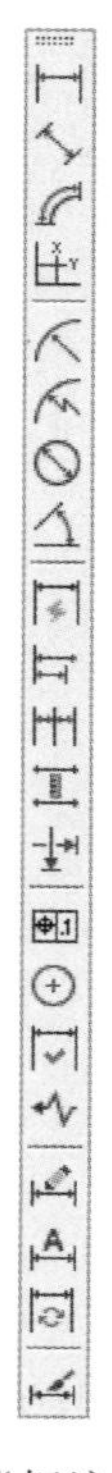

图 5-46 “标注”工具栏

5.3.1 设置尺寸样式

1. 执行方式

- 命令行：DIMSTYLE。
- 菜单栏："格式"→"标注样式"或"标注"→"标注样式"。
- 工具栏："标注"→"标注样式"。
- 功能区："默认"→"注释"→"标注样式"或"注释"→"标注"→"对话框启动器"。

执行上述命令后，系统弹出"标注样式管理器"对话框，如图 5-47 所示。利用此对话框可方便直观地定制和浏览尺寸标注样式，包括创建新的标注样式、修改已存在的样式、设置当前尺寸标注样式、样式重命名以及删除一个已有样式等。

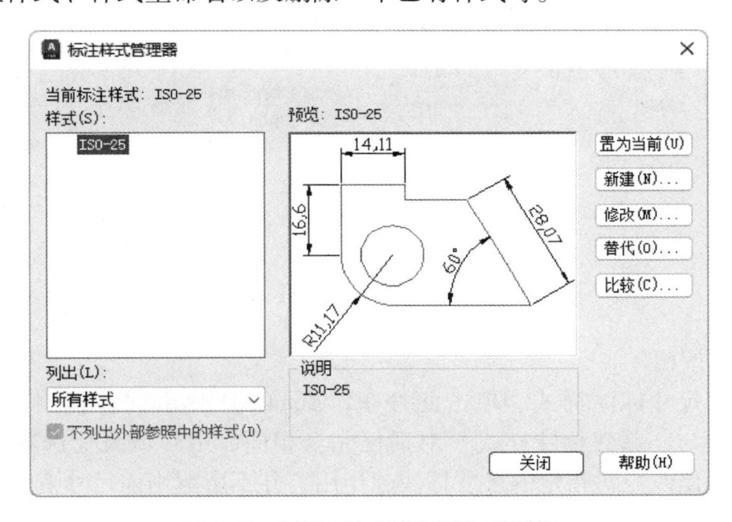

图 5-47 "标注样式管理器"对话框

2. 特殊选项说明

(1)"置为当前"按钮

单击此按钮，把在"样式"列表框中选中的样式设置为当前样式。

(2)"新建"按钮

定义一个新的尺寸标注样式。单击此按钮，AutoCAD 弹出"创建新标注样式"对话框，如图 5-48 所示，利用此对话框可创建一个新的尺寸标注样式。单击"继续"按钮，系统弹出"新建标注样式"对话框，如图 5-49 所示，利用此对话框可对新样式的各项特性进行设置。该对话框中各部分的含义和功能将在下文介绍。

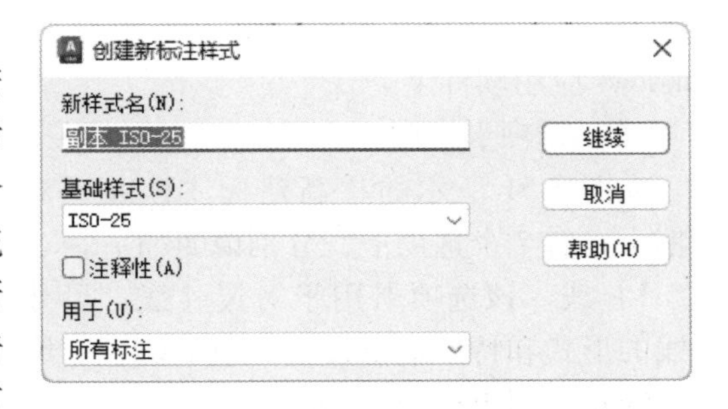

图 5-48 "创建新标注样式"对话框

(3)"修改"按钮

修改一个已存在的尺寸标注样式。单击此按钮，AutoCAD 弹出"修改标注样式"对话框，该对话框中各选项与“新建标注样式”对话框中的完全相同，可以对已有标注样式进行修改。

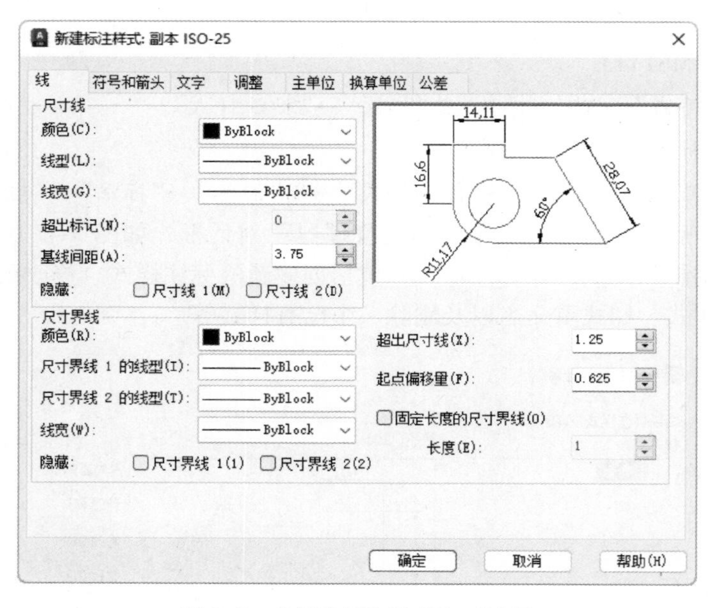

图 5-49 “新建标注样式”对话框

（4）“替代”按钮

设置临时覆盖尺寸标注样式。单击此按钮，AutoCAD 弹出“替代当前样式”对话框，该对话框中各选项与“新建标注样式”对话框完全相同，用户可改变选项的设置来覆盖原来的设置，但这种修改只对指定的尺寸标注起作用，并不影响当前尺寸变量的设置。

（5）“比较”按钮

比较两个尺寸标注样式在参数上的区别或浏览一个尺寸标注样式的参数设置。单击此按钮，AutoCAD 弹出“比较标注样式”对话框，如图 5-50 所示。可以把比较结果复制到剪贴板上，然后粘贴到其他的 Windows 应用软件上。

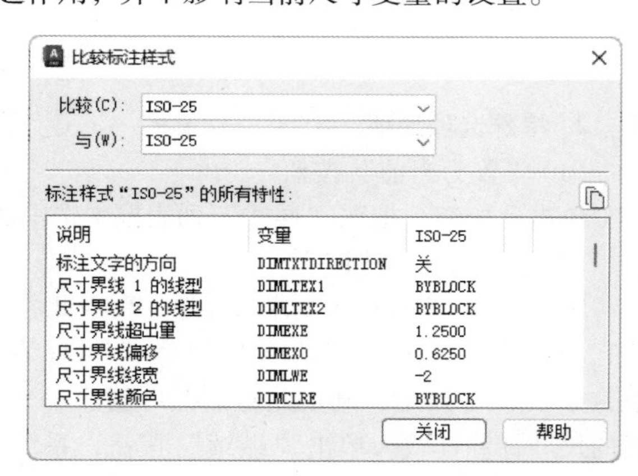

图 5-50 “比较标注样式”对话框

（6）选项卡说明

在图 5-51 所示的“新建标注样式”对话框中，有 7 个选项卡，分别说明如下。

1）线。该选项卡用于对尺寸线、尺寸界线的形式和特性进行设置。包括颜色、线型、线宽、超出标记、超出尺寸线、起点偏移量等参数。

2）符号和箭头。该选项卡用于对箭头、圆心标记、折断标注、弧长符号、半径折弯标注和线性折弯标注的各个参数进行设置，如图 5-52 所示。包括箭头的大小、引线、形状等参数，圆心标记的类型、大小等参数，弧长符号位置，半径折弯标注的折弯角度，线性折弯

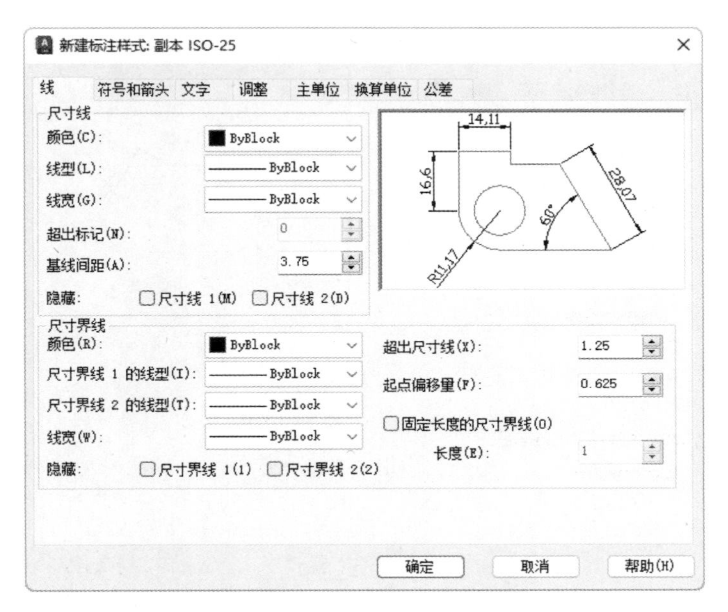

图 5-51 “新建标注样式”对话框中的“线”选项卡

标注的折弯高度因子以及折断标注的折断大小等参数。

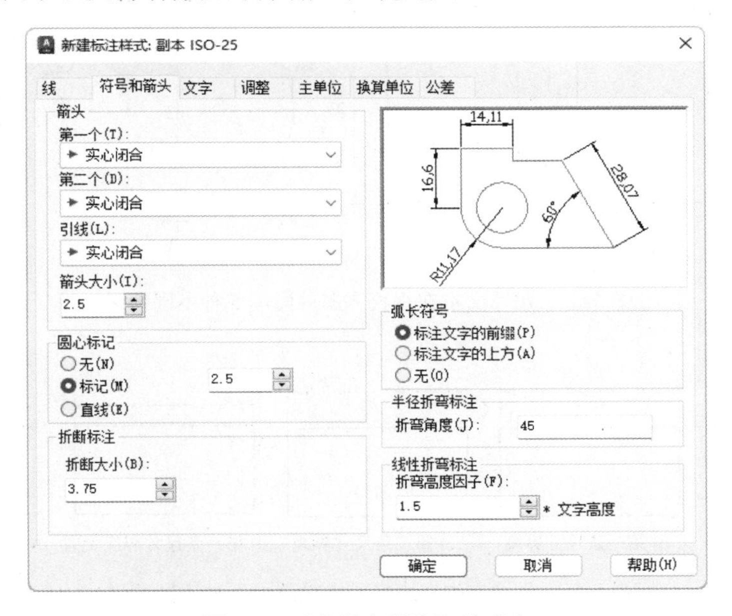

图 5-52 “符号和箭头”选项卡

3）文字。该选项卡用于对文字的外观、位置、对齐方式等各个参数进行设置，如图 5-53 所示。包括文字外观的文字样式、文字颜色、填充颜色、文字高度、分数高度比例、是否绘制文字边框，文字位置垂直或水平、观察方向以及从尺寸线偏移量等参数。对齐方式有水平、与尺寸线对齐、ISO 标准三种方式。图 5-54 所示为尺寸文本在垂直方向放置的 5 种不同情形，图 5-55 所示为尺寸文本在水平方向放置的 5 种不同情形。

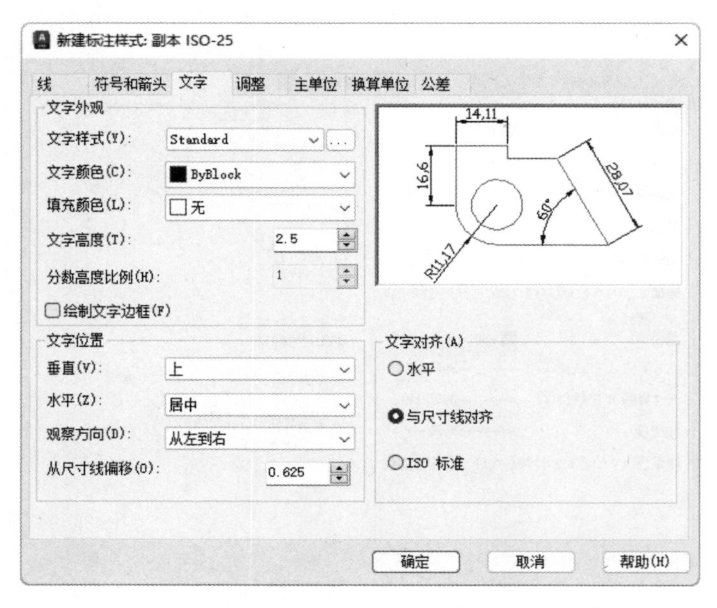

图 5-53 “文字”选项卡

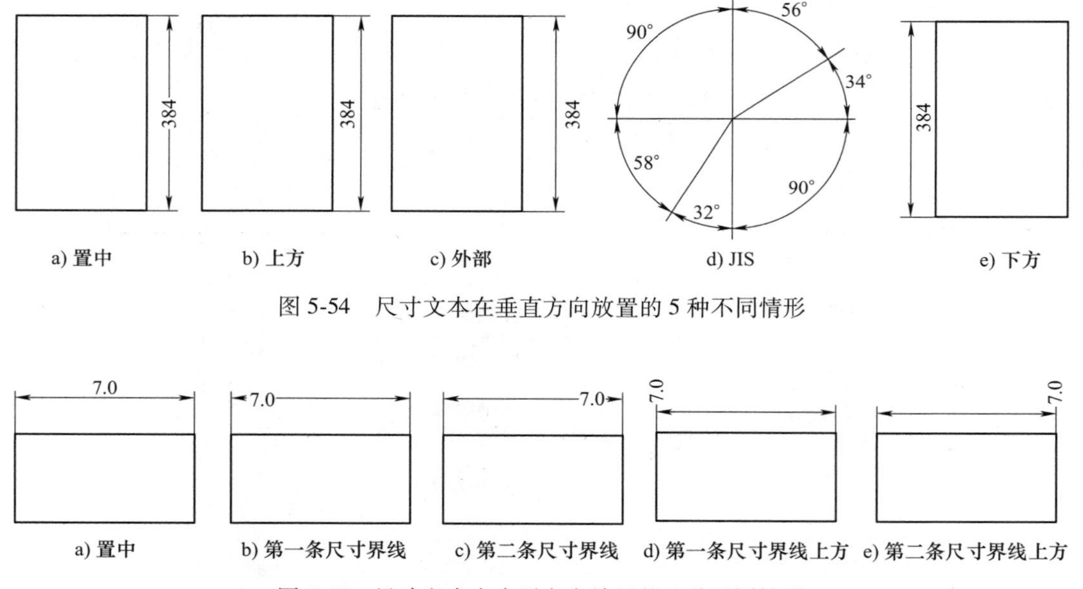

图 5-54 尺寸文本在垂直方向放置的 5 种不同情形

图 5-55 尺寸文本在水平方向放置的 5 种不同情形

4）调整。该选项卡用于对调整选项、文字位置、标注特征比例、优化等参数进行设置，如图 5-56 所示。包括调整选项选择，文字不在默认位置时的放置位置、标注特征比例选择以及调整尺寸要素位置等参数。图 5-57 所示为文字不在默认位置时放置的三种不同情形。

5）主单位。该选项卡用来设置尺寸标注的主单位和精度，以及给尺寸文本添加固定的前缀或后缀。本选项卡有两个选项组，分别对线性标注和角度标注进行设置，如图 5-58 所示。

6）换算单位。该选项卡用于对替换单位进行设置，如图 5-59 所示。

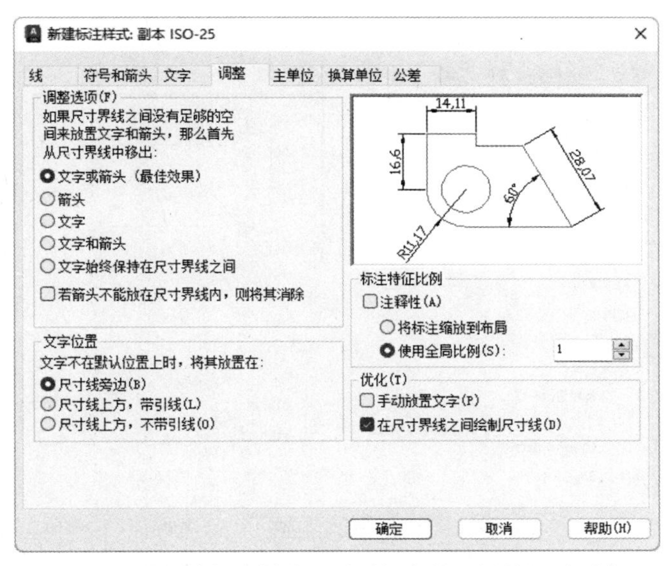

图 5-56 “新建标注样式”对话框中的“调整”选项卡

7）公差。该选项卡用于对尺寸公差进行设置，如图 5-60 所示。其中“方式”下拉列表中列出了 AutoCAD 提供的 5 种标注公差的形式，用户可从中选择。这 5 种形式分别是“无”“对称”“极限偏差”“极限尺寸”和“基本尺寸”，其中“无”表示不标注公差，即上文的通常标注情形，其余四种公差标注形式如图 5-61 所示。在“精度”“上偏差”“下偏差”“高度比例”“垂直位置”等文本框中可以输入或选择相应的参数值。

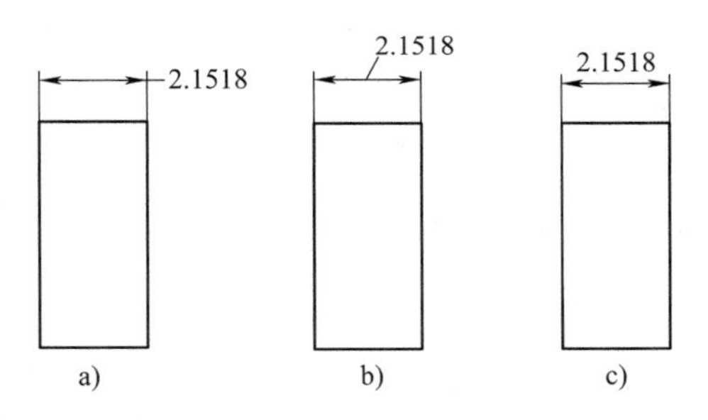

图 5-57 尺寸文本的位置

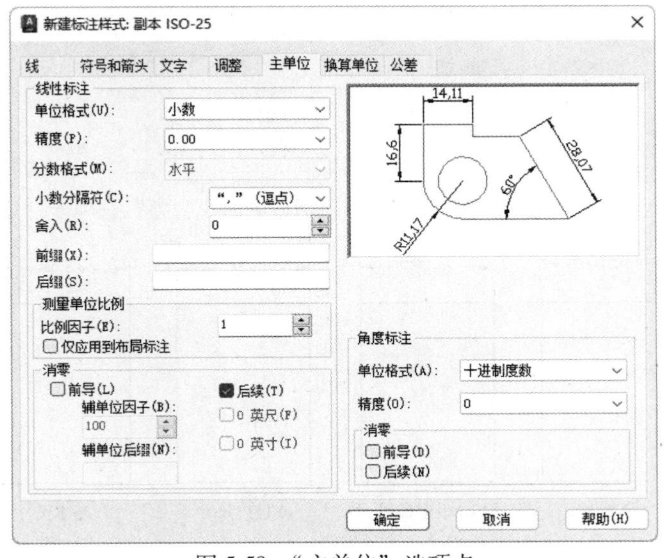

图 5-58 “主单位”选项卡

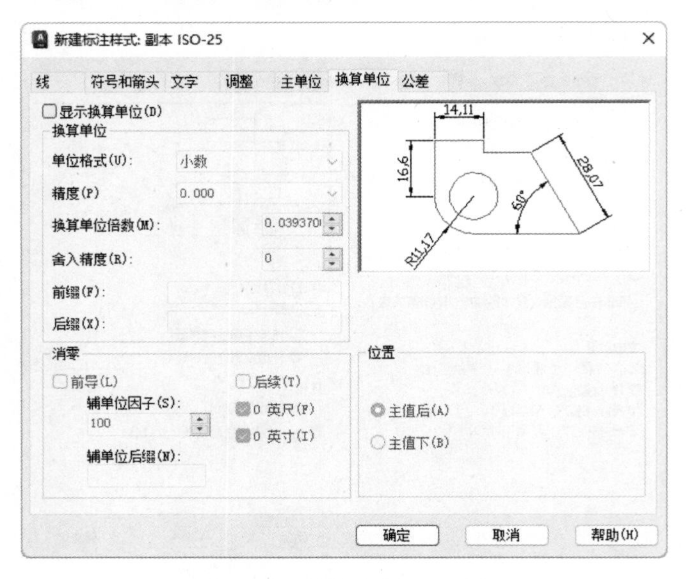

图 5-59 “换算单位”选项卡

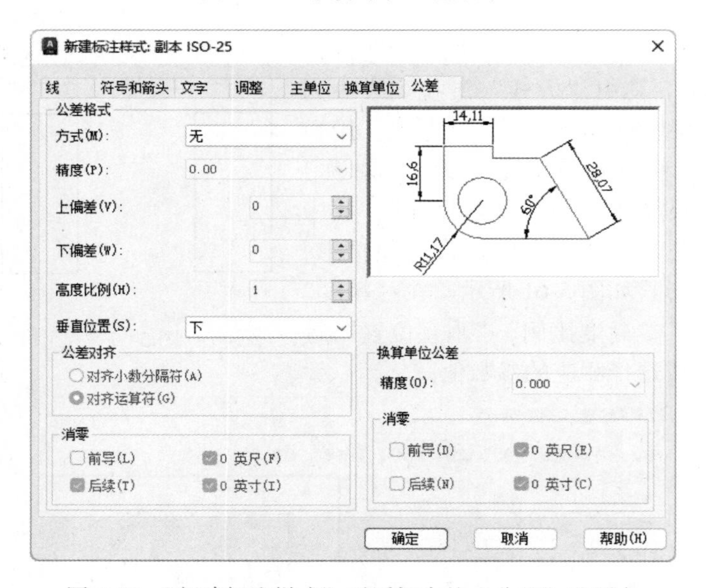

图 5-60 “新建标注样式”对话框中的“公差”选项卡

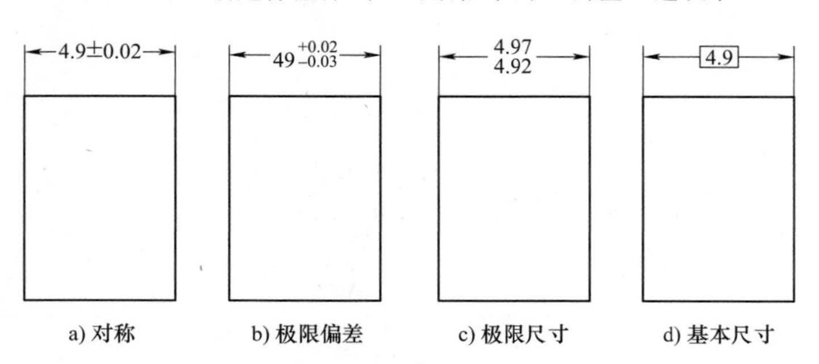

图 5-61 公差标注的形式

📖 注意：系统会自动在上极限偏差数值前加“+”号，在下极限偏差数值前加“-”号。如果上极限偏差是负值或下极限偏差是正值，都需要在输入的偏差值前加负号。如下极限偏差是+0.005，则需要在“下偏差”微调框中输入“-0.005”。

5.3.2 线性标注

1. 执行方式

- 命令行：DIMLINEAR。
- 菜单栏：“标注”→“线性”。
- 工具栏：“标注”→“线性”⊢⊣。
- 功能区：“默认”→“注释”→“线性”⊢⊣或“注释”→“标注”→“线性”⊢⊣。

2. 特殊选项说明

1）指定尺寸线位置：确定尺寸线的位置。用户可移动鼠标选择合适的尺寸线位置，然后按〈Enter〉键或单击鼠标左键，AutoCAD 会自动测量所标注线段的长度并标注出相应的尺寸。

2）多行文字（M）：用多行文本编辑器标注尺寸文本。

3）文字（T）：在命令行提示下输入或编辑尺寸文本。选择此选项后命令行提示如下。

```
输入标注文字 <默认值>:
```

其中的“默认值”是 AutoCAD 自动测量得到的被标注线段的长度，直接按〈Enter〉键即可采用此长度值，也可输入其他数值代替默认值。当尺寸文本中包含默认值时，可使用尖括号“< >”标明。

4）角度（A）：确定尺寸文本的倾斜角度。

5）水平（H）：水平标注尺寸，不论标注什么方向的线段，尺寸线均水平放置。

6）垂直（V）：垂直标注尺寸，不论被标注线段沿什么方向，尺寸线总保持垂直。

7）旋转（R）：输入尺寸线旋转的角度值，旋转标注尺寸。

5.3.3 基线标注

基线标注用于创建一系列基于同一条尺寸界线的尺寸标注，适用于长度尺寸标注、角度标注和坐标标注等。在使用基线标注方式之前，应该先标注出一个相关的尺寸，如图 5-62 所示。基线标注时两平行尺寸线间距由“新建（修改）标注样式”对话框“线”选项卡“尺寸线”选项组“基线间距”文本框中的值确定。

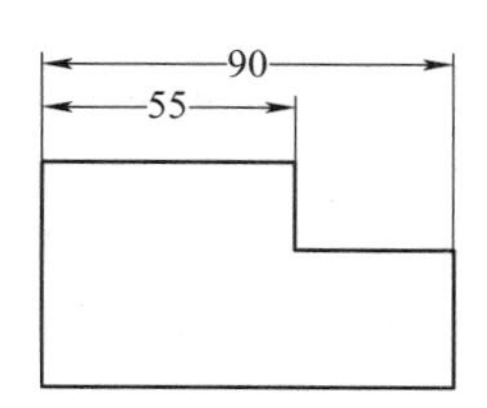

图 5-62　基线标注

执行方式

- 命令行：DIMBASELINE。
- 菜单栏：“标注”→“基线”。
- 工具栏：“标注”→“基线”⊢⊣。
- 功能区：“注释”→“标注”→“基线”⊢⊣。

5.3.4 连续标注

连续标注又称尺寸链标注，用于创建一系列连续的尺寸标注，后一个尺寸标注均把前一个标注的第二条尺寸界线作为它的第一条尺寸界线。适用于长度尺寸标注、角度标注和坐标标注等。与基线标注一样，在使用连续标注方式之前，应该先标注出一个相关的尺寸。其标注过程与基线标注类似，如图 5-63 所示。

执行方式

- 命令行：DIMCONTINUE。
- 菜单："标注"→"连续"。
- 工具栏："标注"→"连续"。
- 功能区："默认"→"注释"→"连续"或"注释"→"标注"→"连续"。

角度连续标注的效果如图 5-64 所示。

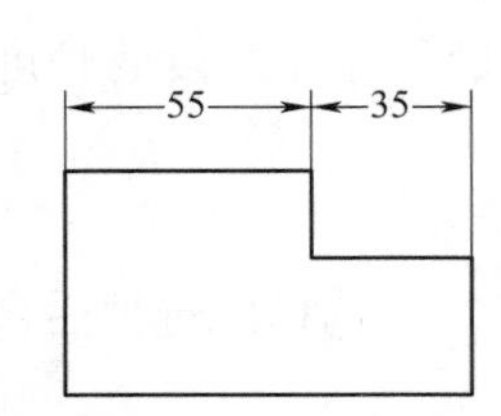

图 5-63　连续标注

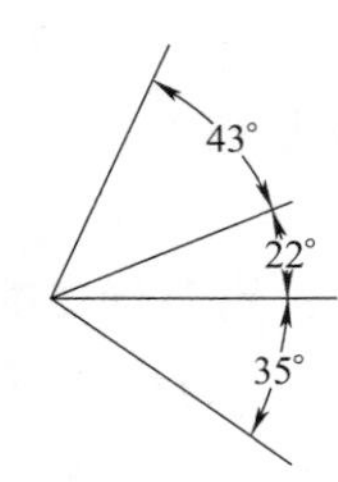

图 5-64　角度连续标注

5.3.5 直径标注

执行方式

- 命令行：DIMDIAMETER（快捷命令：DDI）。
- 菜单："标注"→"直径"。
- 工具栏："标注"→"直径"。
- 功能区："默认"→"注释"→直径或"注释"→"标注"→直径。

5.3.6 快速标注

快速尺寸标注命令 QDIM 使用户可以交互地、动态地、自动地进行尺寸标注。在 QDIM 命令中可以同时选择多个圆或圆弧标注直径或半径，也可同时选择多个对象进行基线标注和连续标注，一次选择即可完成多个标注，因此可节省时间，提高工作效率。

1. 执行方式

- 命令行：QDIM。
- 菜单栏："标注"→"快速标注"。
- 工具栏："标注"→"快速标注"。
- 功能区："注释"→"标注"→"快速标注"。

2. 特殊选项说明

1）指定尺寸线位置：直接确定尺寸线的位置，按默认尺寸标注类型标注出相应尺寸。

2）连续（C）：创建一系列连续标注的尺寸。

3）并列（S）：创建一系列交错的尺寸标注，如图 5-65 所示。

4）基线（B）：创建一系列基线标注的尺寸。选项“坐标（O）”“半径（R）”“直径（D）”的含义与此类同。

5）基准点（P）：为基线标注和连续标注指定一个新的基准点。

6）编辑（E）：对多个尺寸标注进行编辑。系统允许对已存在的尺寸标注添加或移去标注点。选择此选项，命令行提示如下。

```
指定要删除的标注点或[添加(A)/退出(X)] <退出>:
```

在此提示下确定要移去的点之后按〈Enter〉键，AutoCAD 对尺寸标注进行更新。图 5-66 所示为图 5-65 删除中间标注点后的尺寸标注。

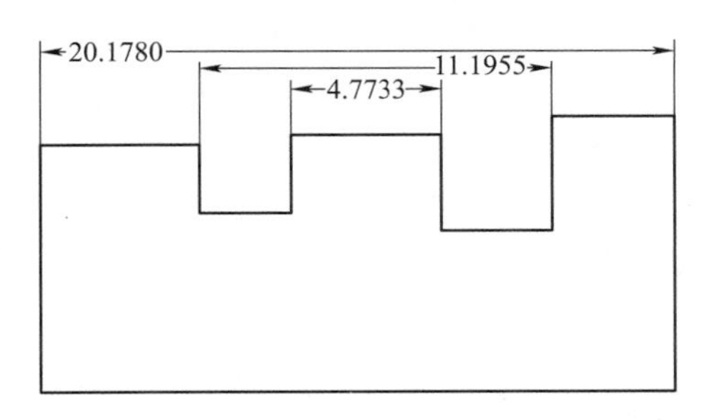

图 5-65　交错尺寸标注

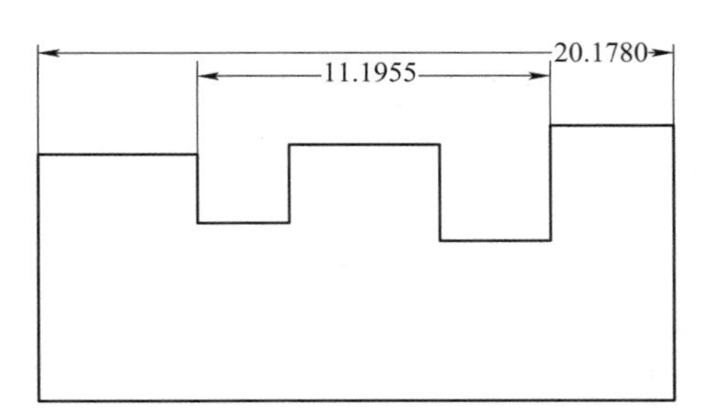

图 5-66　删除标注点

5.3.7 引线标注

执行方式

命令行：QLEADER。

另外，还有一个名为 LEADER 的命令也可以进行引线标注，与 QLEADER 命令类似，不再赘述。

5.4　综合实例——标注耐张铁帽三视图

对图 5-67 所示的耐张铁帽三视图进行尺寸标注。在本例中，将用到尺寸样式设置、线性尺寸标注、连续尺寸标注、半径尺寸标注、直径尺寸标注以及文字标注等知识。

为方便操作，已将用到的实例保存在源文件中。打开本书“源文件\第 5 章\耐张铁帽三视图”，进行以下操作。

（1）标注样式设置

1）单击“默认”选项卡“注释”面板中的“标注样式”按钮，弹出“标注样式管理器”对话框，如图 5-68 所示，单击“新建”按钮，弹出“创建新标注样式”对话框，如图 5-69 所示。在“用于”下拉列表中选择“直径标注”。

2）单击“继续”按钮，弹出“新建标注样式”对话框。其中有 7 个选项卡，可对新建的直径标注样式的风格进行设置。“线”选项卡设置如图 5-70 所示，“基线间距”设置为 3.75，“超出尺寸线”设置为 1.25。

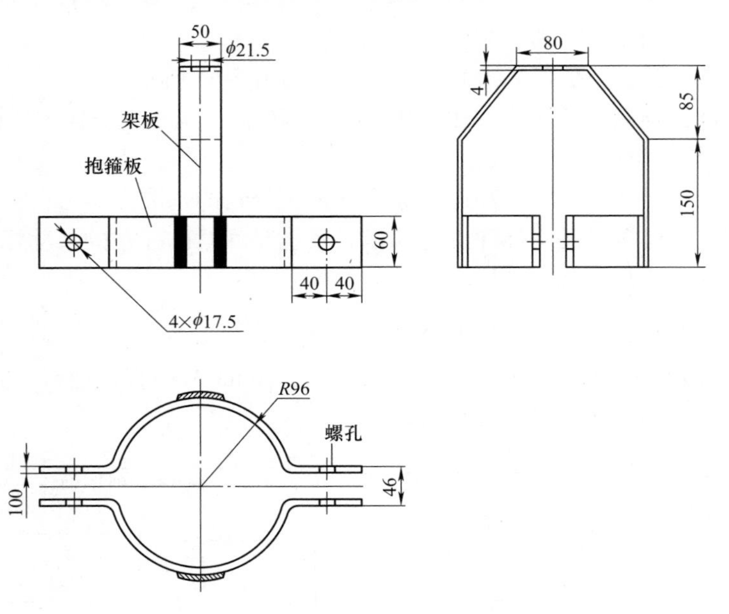

图 5-67　耐张铁帽三视图

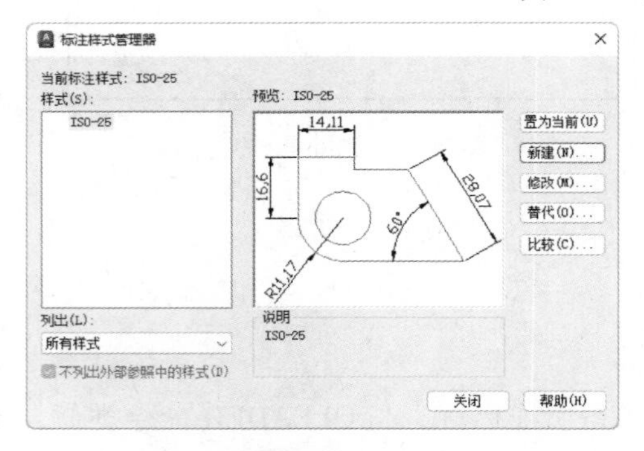

图 5-68　“标注样式管理器”对话框

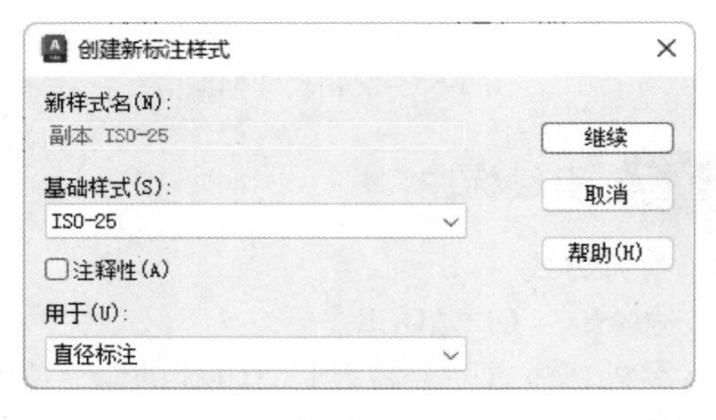

图 5-69　“创建新标注样式”对话框

3）“符号和箭头”选项卡设置如图 5-71 所示，“箭头大小”设置为 2，“折弯角度”设置为 90。

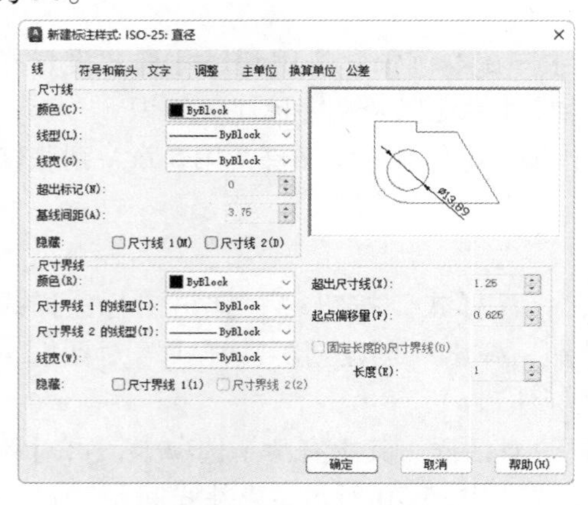

图 5-70　“线”选项卡设置

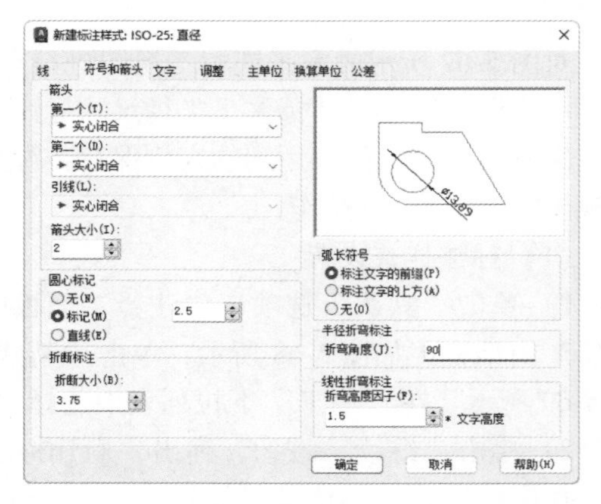

图 5-71　“符号和箭头”选项卡设置

4）“文字”选项卡设置如图 5-72 所示，“文字高度”设置为 10，“从尺寸线偏移”设置为 0.625，“文字对齐”采用“水平”。

5）“主单位”选项卡设置如图 5-73 所示，“舍入”设置为 0，“精度”设置为 0.0，“小数分隔符”为“句点”。

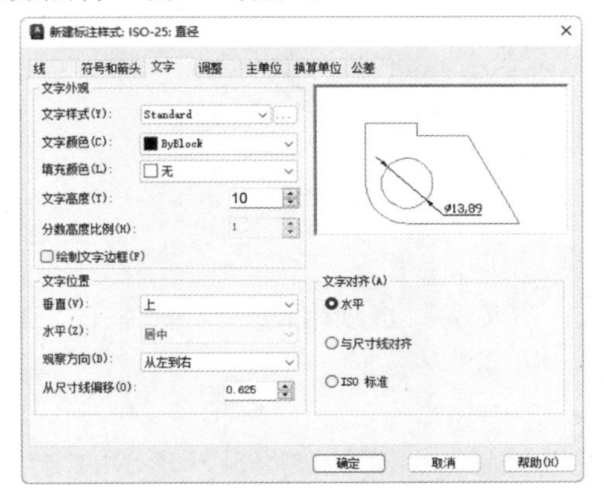

图 5-72 “文字”选项卡设置

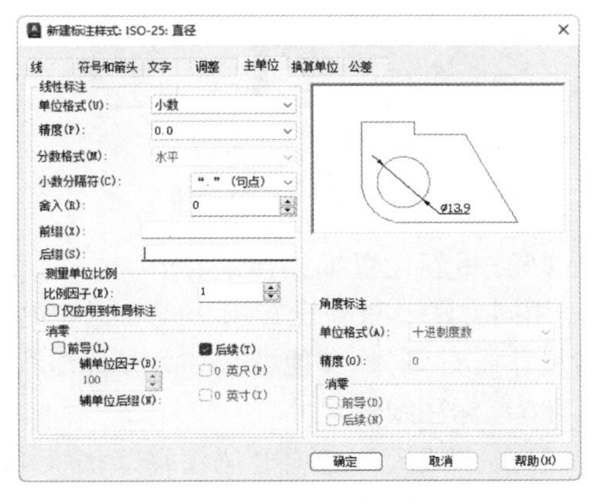

图 5-73 “主单位”选项卡设置

6）“调整”和“换算单位”选项卡暂时不进行设置，后面用到的时候再进行设置。设置完毕后，回到“标注样式管理器”对话框，单击“置为当前”按钮，将新建的耐张铁帽三视图设置为当前使用的标注样式。

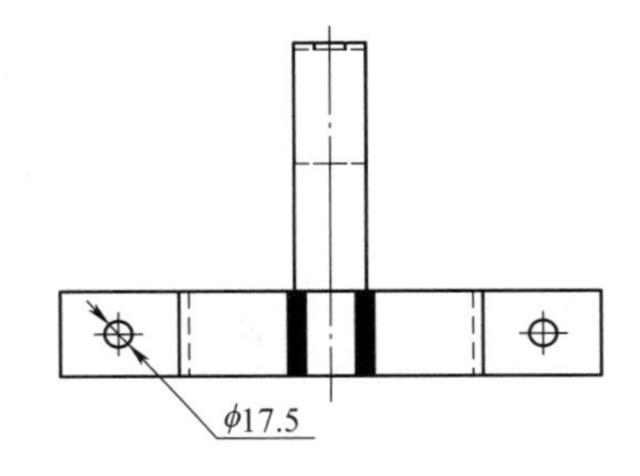

图 5-74 标注直径

（2）标注直径尺寸

1）单击“默认”选项卡“注释”面板中的“直径”按钮，标注如图 5-74 所示的直径。命令行操作如下。

```
命令：_dimdiameter
选择圆弧或圆：(选择小圆)
标注文字 = 17.5
指定尺寸线位置或[多行文字(M)/文字(T)/角度(A)]：(适当指定一个位置)
```

2）双击要修改的直径标注文字，系统弹出文字格式编辑器，在已有的文字前面输入“4×”，标注效果如图 5-75 所示。

（3）重新设置标注样式

使用相同方法，重新设置用于标注半径的标注样式，具体参数和直径标注相同。

（4）标注半径尺寸

单击“默认”选项卡“注释”面板中的“半径”按钮，标注如图 5-76 所示的半径。命令行操作如下。

```
命令：_dimradius
选择圆弧或圆：(选择俯视图圆弧)
标注文字 = 96
指定尺寸线位置或[多行文字(M)/文字(T)/角度(A)]：(适当指定一个位置)
```

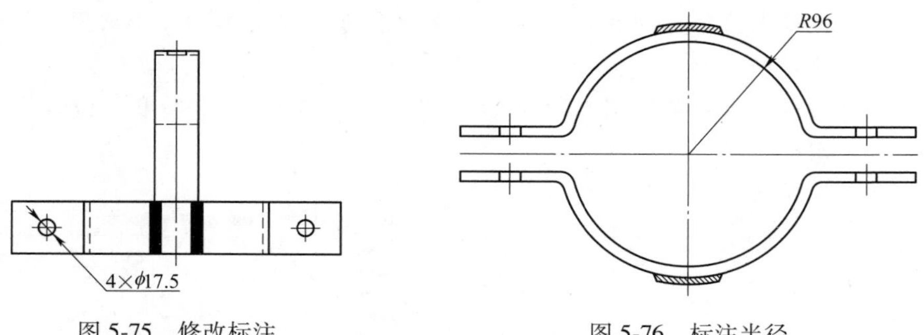

图 5-75　修改标注　　　图 5-76　标注半径

（5）重新设置标注样式

相同方法，重新设置用于线性标注的标注样式。“文字”选项卡的“文字对齐”选择“与尺寸线对齐”，其他参数和直径标注相同。

（6）标注线性尺寸

单击“默认”选项卡“注释”面板中的“线性”按钮，标注如图 5-77 所示的线性尺寸。命令行操作如下。

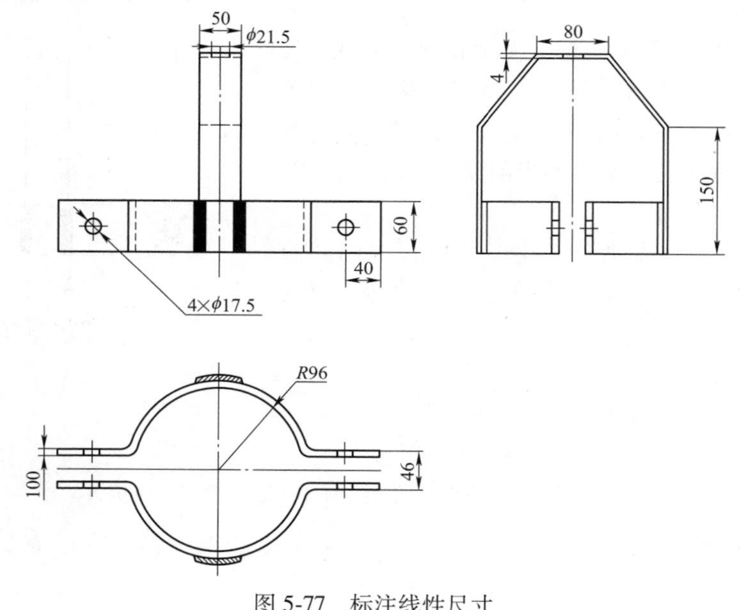

图 5-77　标注线性尺寸

命令：_dimlinear

指定第一个尺寸界线原点或 <选择对象>：(捕捉适当位置点)

指定第二条尺寸界线原点：(捕捉适当位置点)

创建了无关联的标注。

指定尺寸线位置或[多行文字(M)/文字(T)/角度(A)/水平(H)/垂直(V)/旋转(R)]：t↙

输入标注文字 <21.5>：%%C21.5↙

指定尺寸线位置或[多行文字(M)/文字(T)/角度(A)/水平(H)/垂直(V)/旋转(R)]：(指定适当位置)

使用相同方法，标注其他线性尺寸。

（7）重新设置标注样式

使用相同方法，重新设置用于连续标注的标注样式，参数设置和线性标注相同。

（8）标注连续尺寸

单击“注释”选项卡“标注”面板中的“连续”按钮，标注连续尺寸。命令行操作如下。

```
命令:_dimcontinue
选择连续标注:(选择尺寸 150 标注)
指定第二条尺寸界线原点或[放弃(U)/选择(S)] <选择>:(捕捉合适的位置点)
标注文字 = 85
指定第二条尺寸界线原点或[放弃(U)/选择(S)] <选择>:↙
```

使用相同方法，绘制另一个连续标注尺寸 40。结果如图 5-78 所示。

（9）添加文字

1）创建文字样式：单击“默认”选项卡“注释”面板中的“文字样式”按钮，弹出“文字样式”对话框，创建一个样式名为“耐张铁帽三视图”的文字样式。“字体名”为“仿宋_GB2312”，“字体样式”为“常规”，“高度”为 15，“宽度因子”为 1，如图 5-79 所示。

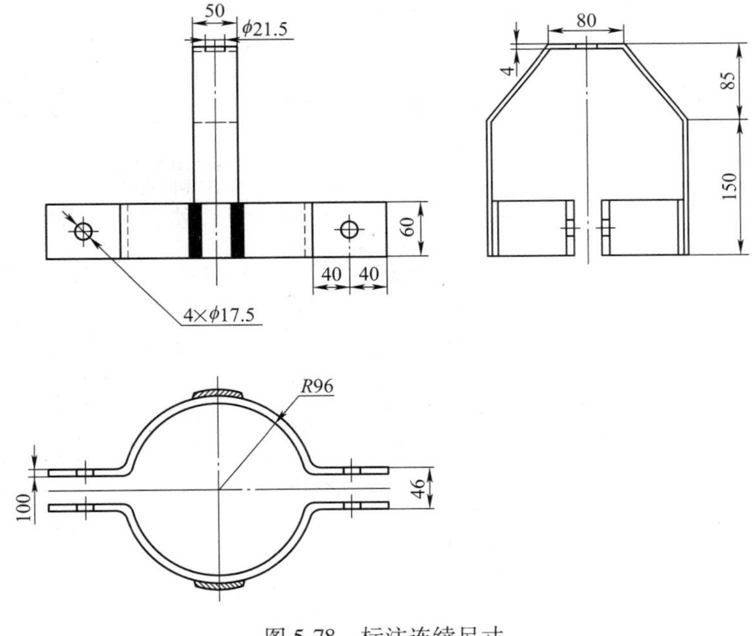

图 5-78　标注连续尺寸

2）添加注释文字：单击“默认”选项卡“注释”面板中的“多行文字”按钮，一次输入多行文字，然后调整其位置，以对齐文字。调整位置的时候，结合使用正交命令。

3）使用“文字编辑”命令修改文字以得到需要的文字。

添加注释文字后，利用“直线”命令绘制几条指引线，即完成了整张图样的绘制，如图 5-67 所示。

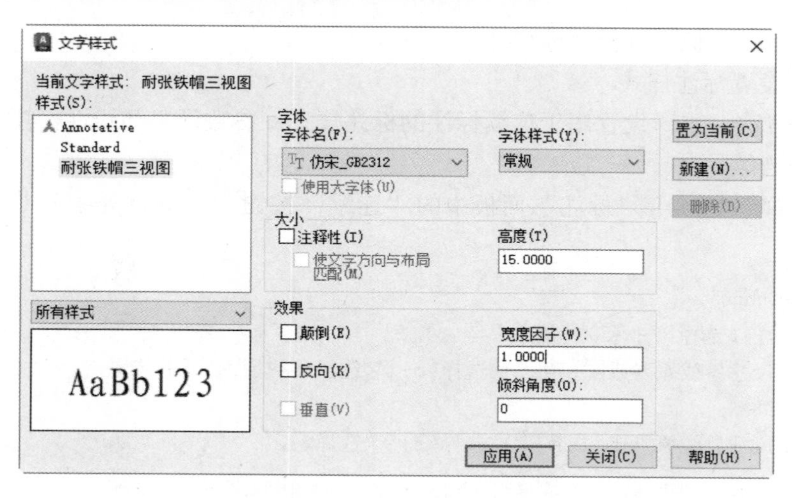

图 5-79 “文字样式”对话框

5.5 上机实验

实验 1 绘制如图 5-80 所示的电缆分支箱

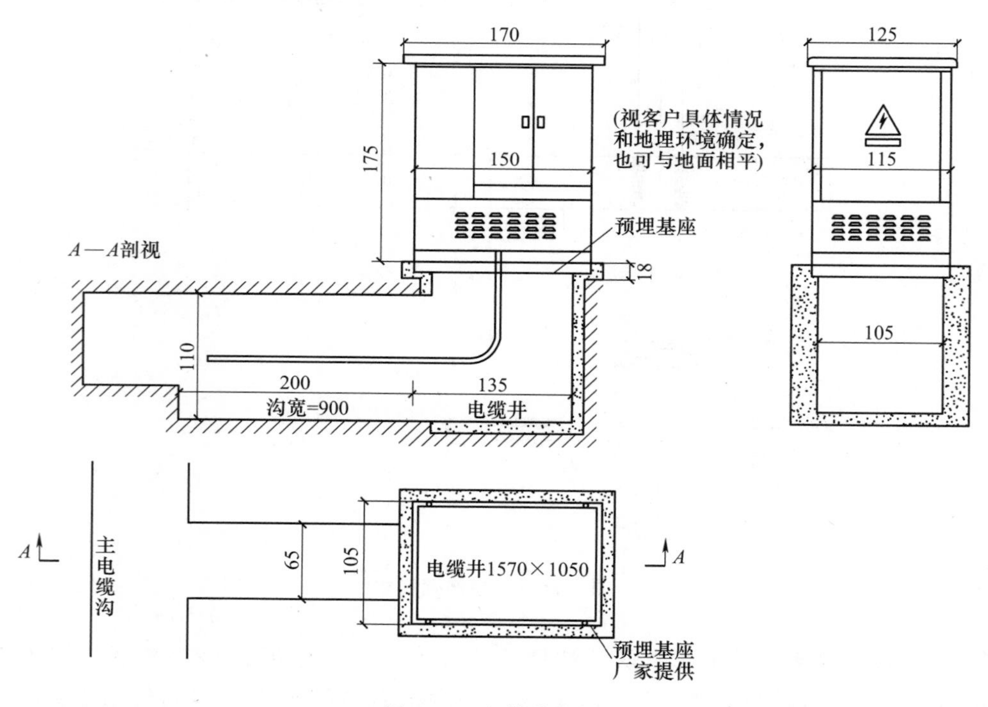

图 5-80 电缆分支箱

（1）目的要求

文字标注与尺寸标注是对所有图形进行完善的重要部分。本实验通过绘制电缆分支箱复习绘图与编辑命令，标注文字和尺寸，让读者掌握文字和尺寸的标注方法和技巧。

（2）操作提示

1）利用“图层”命令设置图层。

2）利用绘图命令和编辑命令绘制各部分。

3）利用“多行文字”命令和“尺寸标注”命令标注文字和尺寸。

实验 2　绘制并标注如图 5-81 所示的变电站避雷针布置及其保护范围图

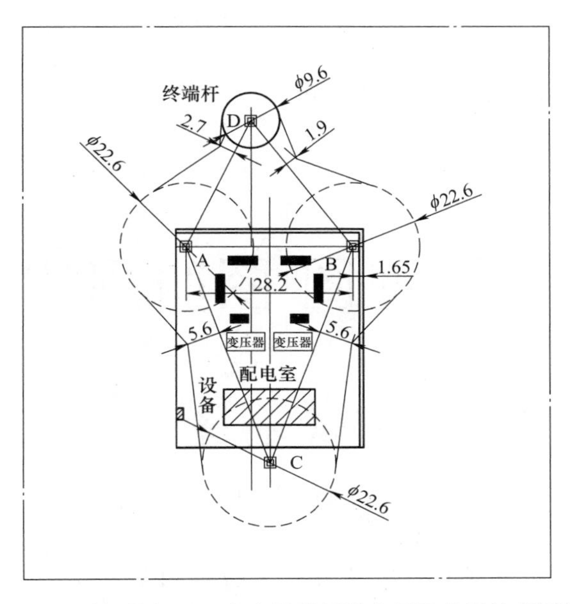

图 5-81　某厂用 35kV 变电站避雷针布置及其保护范围图

（1）目的要求

文字标注与尺寸标注是对所有图形进行完善的重要部分。本实验通过某厂用 35kV 变电站避雷针布置及其保护范围图复习绘图与编辑命令、标注文字和尺寸，让读者掌握文字和尺寸的标注方法和技巧。

（2）操作提示

1）利用“图层”命令设置图层。

2）利用绘图命令和编辑命令绘制各部分。

3）利用“多行文字”命令和“尺寸标注”命令标注文字和尺寸。

5.6　思考与练习

1. 在设置文字样式的时候，设置了文字的高度，其效果是（　　）。

   A. 在输入单行文字时，可以改变文字高度

   B. 输入单行文字时，不可以改变文字高度

   C. 在输入多行文字时候，不能改变文字高度

   D. 都能改变文字高度

2. 如图 5-82 所示的标注，在“新建标注样式”对话框“符号和箭头”选项卡“箭头”选项组下，应该为（　　）。

A. 建筑标记　　B. 倾斜　　C. 指示原点　　D. 实心方框

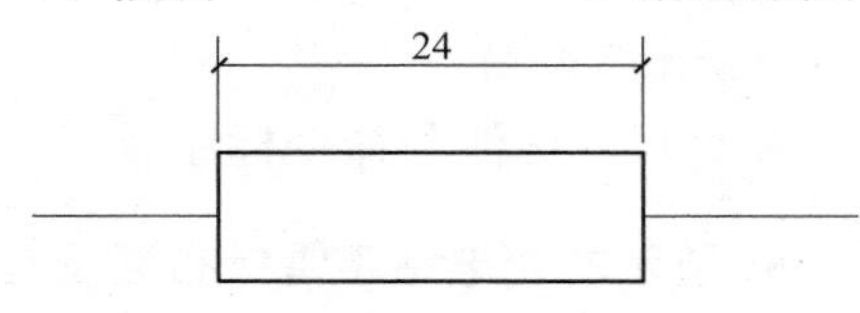

图 5-82　标注水平尺寸

3. 如图 5-83 所示的右侧镜像文字，mirrtext 系统变量是（　　）。

A. 0　　B. 1　　C. ON　　D. OFF

电气原理图

图 5-83　镜像文字

4. 在插入字段的过程中，如果显示####，则表示该字段（　　）。

A. 没有值　　B. 无效　　C. 字段太长，溢出　　D. 字段需要更新

5. 将尺寸标注对象如尺寸线、尺寸界线、箭头和文字作为单一的对象时，必须将（　　）尺寸标注变量设置为 ON。

A. DIMASZ　　B. DIMASO　　C. DIMON　　D. DIMEXO

6. 下列尺寸标注中共用一条基线的是（　　）。

A. 基线标注　　B. 连续标注　　C. 公差标注　　D. 引线标注

7. 将图和已标注的尺寸同时放大 2 倍，其结果是（　　）。

A. 尺寸值是原尺寸的 2 倍　　B. 尺寸值不变，字高是原尺寸 2 倍

C. 尺寸箭头是原尺寸的 2 倍　　D. 原尺寸不变

8. 尺寸公差中的上下偏差可以在线性标注的（　　）选项中堆叠起来。

A. 多行文字　　B. 文字　　C. 角度　　D. 水平

9. 绘制如图 5-84 所示的电气元件表。

	配电柜编号	1P1	1P2	1P3	1P4	1P5
	配电柜型号	GCK	GCK	GCJ	GCJ	GCK
	配电柜柜宽	1000	1800	1000	1000	1000
	配电柜用途	计量进线	干式稳压器	电容补偿柜	电容补偿柜	馈电柜
主要元件	隔离开关			QSA-630/3	QSA-630/3	
	断 路 器	AE-3200A/4P	AE-3200A/3P	CJ20-63/3	CJ20-63/3	AE-1600AX2
	电流互感器	3×LMZ2-0.66-2500/5 4×LMZ2-0.66-3000/5	3×LMZ2-0.66-3000/5	3×LMZ2-0.66-500/5	3×LMZ2-0.66-500/5	6×LMZ2-0.66-1500/5
	仪表规格	DTF-224 1级　6L2-A×3 DXF-226 2级　6L2-V×1	6L2-A×3	6L2-A×3 6L2-COSΦ	6L2-A×3	6L2-A
负荷名称/容量		SC9-1600kVA	1600kVA	12X30=360kVAR	12X30=360kVAR	
母线及进出线电缆		母线槽FCM-A-3150A		配十二步自动投切	与主柜联动	

图 5-84　电气元件表的文本

第 6 章　辅助绘图工具

在设计绘图过程中经常会遇到一些重复出现的图形，如果每次都重新绘制这些图形，不仅会造成大量的重复工作，而且存储这些图形及其信息也要占用相当大的磁盘空间。为解决这一问题，针对图块提出了模块化作图的概念，这样不仅避免了大量的重复工作，提高了绘图速度和工作效率，而且还可大幅节省磁盘空间。对于一个绘图项目，重用和分享设计内容，是管理一个绘图项目的基础。通过 AutoCAD 设计中心和工具选项板可以管理块、外部参照、渲染的图像以及其他设计资源文件的内容。利用对象约束工具，可以快速准确地进行图形绘制和修改。所有这些辅助工具都可以提高绘图效率，有利于标准化绘图。

本章重点

- 对象约束
- 图块及其属性
- 设计中心与工具选项板

6.1　对象约束

约束能够用于精确地控制草图中的对象。草图约束有两种类型：尺寸约束和几何约束。

几何约束可以建立起草图对象的几何特性（如要求某一直线具有固定长度）或是两个或更多草图对象间的关系类型（如要求两条直线垂直或平行，或是几个弧具有相同的半径）。在绘图区用户可以使用“参数化”选项卡内的“全部显示”“全部隐藏”或“显示”选项来显示有关信息，并显示代表这些约束的直观标记（如图 6-1 所示的水平标记 和共线标记 ）。

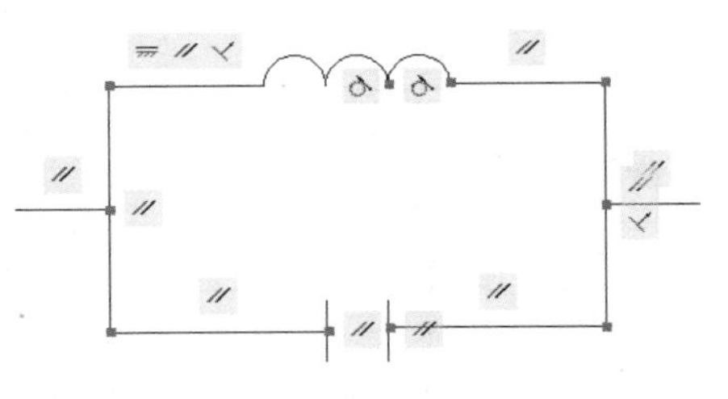

图 6-1　几何约束示意图

尺寸约束可以建立起草图对象的大小（如直线的长度、圆弧的半径等）或是两个对象之间的关系（如两点之间的距离），图 6-2 所示为一带有尺寸约束的示例。

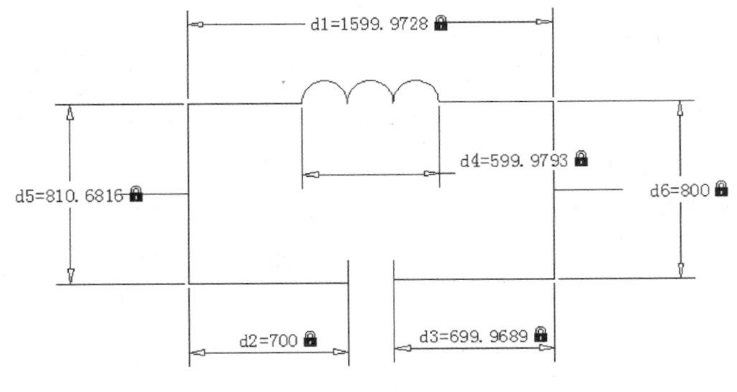

图 6-2　尺寸约束示意图

6.1.1 几何约束

使用几何约束，可以指定草图对象必须遵守的条件，或是草图对象之间必须维持的关系。“几何约束”面板及工具栏（在“参数化”选项卡内的“几何”面板中）如图 6-3 所示，其主要几何约束选项功能见表 6-1。

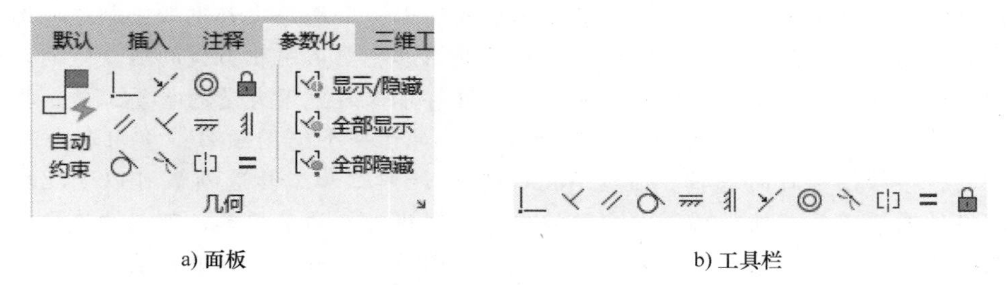

a) 面板　　b) 工具栏

图 6-3 “几何约束”面板及工具栏

表 6-1　主要几何约束选项功能

约束模式	功　　能
重合	约束两个点使其重合，或者约束一个点使其位于曲线（或曲线的延长线）上。可以使对象上的约束点与某个对象重合，也可以使其与另一对象上的约束点重合
共线	使两条或多条直线段沿同一直线方向
同心	将两个圆弧、圆或椭圆约束到同一个中心点。结果与将重合约束应用于曲线中心点所产生的结果相同
固定	将几何约束应用于一对对象时，选择对象的顺序以及选择每个对象的点可能会影响对象彼此间的放置方式
平行	使选定的直线位于彼此平行的位置。平行约束应用于两个对象之间
垂直	使选定的直线位于彼此垂直的位置。垂直约束应用于两个对象之间
水平	使直线或点对位于与当前坐标系 X 轴平行的位置。默认选择类型为对象
竖直	使直线或点对位于与当前坐标系 Y 轴平行的位置
相切	将两条曲线约束为保持彼此相切或其延长线保持彼此相切。相切约束应用于两个对象之间
平滑	将样条曲线约束为连续，并与其他样条曲线、直线、圆弧或多段线保持 G2 连续性
对称	使选定对象受对称约束，相对于选定直线对称
相等	将选定圆弧和圆的尺寸重新调整为半径相同，或将选定直线的尺寸重新调整为长度相同

绘图中可指定二维对象或对象上点之间的几何约束，之后在编辑受约束的几何图形时，将保留约束。因此，通过使用几何约束，可以在图形中包括设计要求。

在用 AutoCAD 绘图时，可以控制约束栏的显示。使用“约束设置”对话框可控制约束栏上显示或隐藏的几何约束类型，可单独或全局显示/隐藏几何约束和约束栏。可执行以下操作。

1）显示（或隐藏）所有的几何约束。

2）显示（或隐藏）指定类型的几何约束。

3）显示（或隐藏）所有与选定对象相关的几何约束。

1. 执行方式

- 命令行：CONSTRAINTSETTINGS。
- 菜单栏："参数"→"约束设置"。
- 工具栏："参数化"→"约束设置"。
- 功能区："参数化"→"几何"→"几何约束设置"。
- 快捷键：CSETTINGS。

执行上述命令后，系统弹出"约束设置"对话框。在该对话框中，单击"几何"标签打开"几何"选项卡，如图 6-4 所示。利用此对话框可以控制约束栏上约束类型的显示。

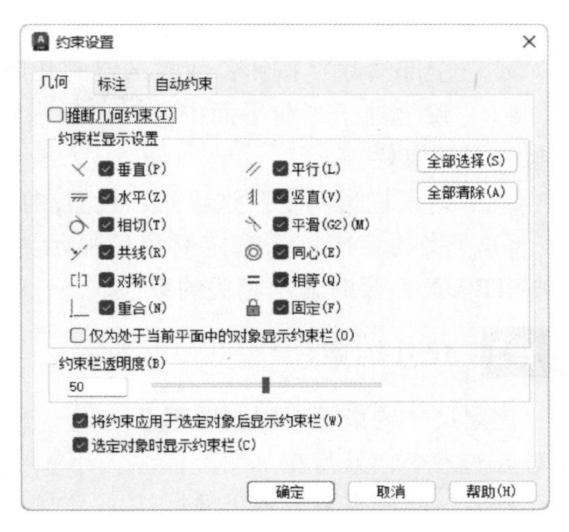

图 6-4 "几何"选项卡

2. 操作示例

电感符号的绘制流程如图 6-5 所示。

图 6-5 电感符号的绘制流程

1）绘制绕线组。单击"默认"选项卡"绘图"面板中的"圆弧"按钮，绘制半径为 10mm 的半圆弧。命令行中的提示与操作如下。

```
命令：_arc
指定圆弧的起点或［圆心(C)］:(指定一点作为圆弧起点)
指定圆弧的第二个点或［圆心(C)/端点(E)］: e↙(采用端点方式绘制圆弧)
指定圆弧的端点: @ -20,0↙(指定圆弧的第二个端点,采用相对方式输入点的坐标值)
指定圆弧的中心点(按住〈Ctrl〉键以切换方向)或［角度(A)/方向(D)/半径(R)］: r↙
指定圆弧的半径(按住〈Ctrl〉键以切换方向): 10↙(指定圆弧半径)
```

使用相同方法或者利用"复制"命令绘制另外三段相同的圆弧，每段圆弧的起点为上一段圆弧的终点。

2）绘制引线。单击"默认"选项卡"绘图"面板中的"直线"按钮，打开正交模式，绘制竖直向下的电感两端引线，如图 6-6 所示。

3）相切对象。单击"参数化"选项卡"几何"面板中的"相切"按钮，选择需要约束的对象，如图 6-7、图 6-8 所示，使直线与圆弧相切，结果如图 6-9 所示。

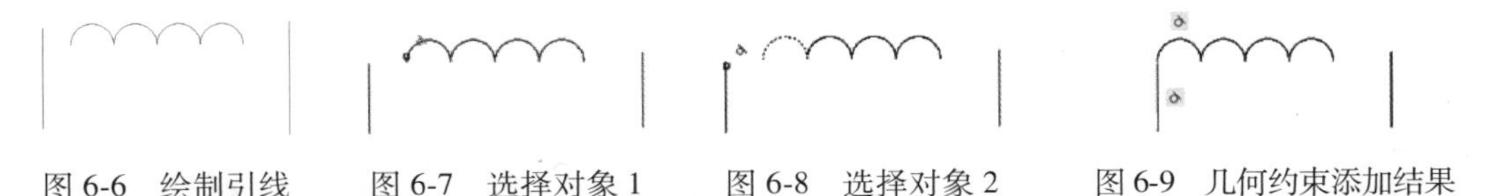

图 6-6 绘制引线　图 6-7 选择对象 1　图 6-8 选择对象 2　图 6-9 几何约束添加结果

4）采用同样的方式建立右侧直线和圆弧的相切关系，最终结果如图 6-5 所示。

3. 特殊选项说明

1）"约束栏显示设置"选项组：此选项组用于控制绘图时是否为对象显示约束栏或约束点标记。例如，可以为水平约束和竖直约束隐藏约束栏的显示。

2）“全部选择”按钮：选择几何约束类型。

3）“全部清除”按钮：清除选定的几何约束类型。

4）“仅为处于当前平面中的对象显示约束栏”复选框：仅为当前平面上受几何约束的对象显示约束栏。

5）“约束栏透明度”选项组：设置图形中约束栏的透明度。

6）“将约束应用于选定对象后显示约束栏”复选框：手动应用约束后或使用 AUTOCONSTRAIN 命令时显示相关约束栏。

6.1.2 尺寸约束

建立尺寸约束可以限制图形几何对象的大小，其与在草图上标注尺寸相似，同样需要设置尺寸标注线，与此同时还可以建立相应的表达式，不同的是可以在后续的编辑工作中实现尺寸的参数化驱动。“标注约束”面板及工具栏（在“参数化”选项卡内的“标注”面板中）如图 6-10 所示。

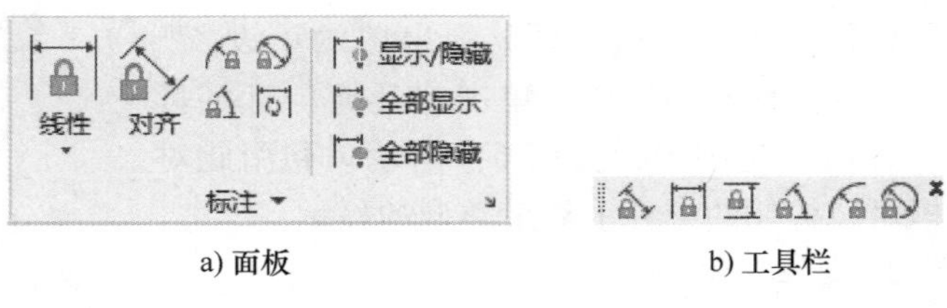

a) 面板　　b) 工具栏

图 6-10 “标注约束”面板及工具栏

在生成尺寸约束时，用户可以选择草图曲线、边、基准平面或基准轴上的点，以生成水平、竖直、平行、垂直和角度尺寸。

生成尺寸约束时，系统会生成一个表达式，其名称和值显示在“约束设置”对话框文本区域中，如图 6-11 所示。用户可以编辑该表达式的名称和值。

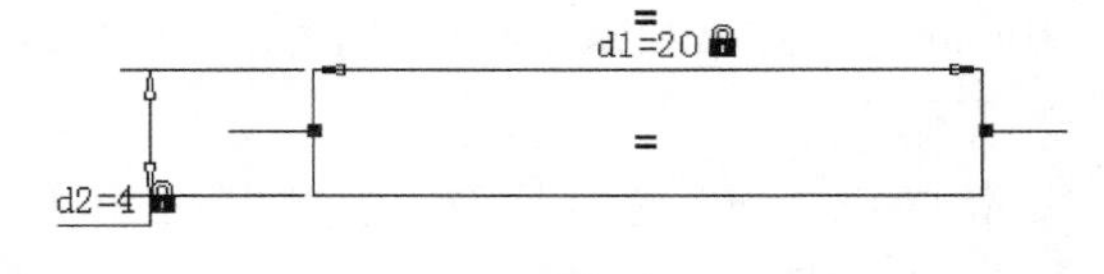

图 6-11 尺寸约束编辑示意图

生成尺寸约束时，只要选中了几何体，其尺寸及其延伸线和箭头就会全部显示出来。将尺寸拖动到位，然后单击鼠标左键即可。完成尺寸约束后，用户还可以随时更改尺寸约束，只需在绘图区域选中该值双击鼠标左键，然后使用与生成过程同样方式，编辑其名称、值或位置，如图 6-12 所示。

在用 AutoCAD 绘图时，可以控制约束栏的显示。使用“约束设置”对话框内的“标注”选项卡，可控制显示标注约束时的系统配置。标注约束可控制设计对象的大小和比例，并约束以下内容。

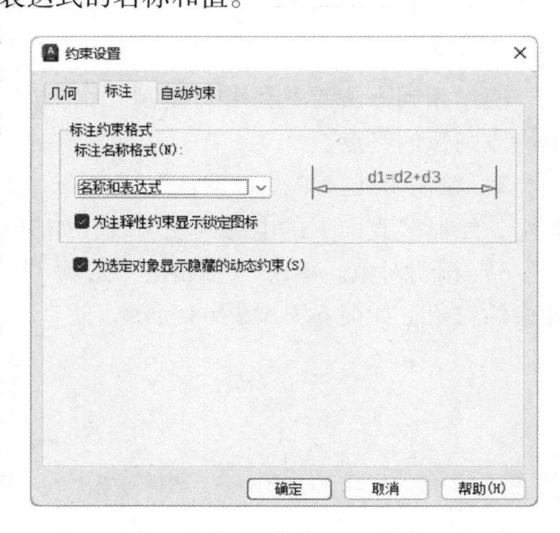

图 6-12 “约束设置”对话框

1）对象之间或对象上的点之间的距离。

2）对象之间或对象上的点之间的角度。

1. 执行方式

- 命令行：CONSTRAINTSETTINGS。
- 菜单栏："参数"→"约束设置"。
- 工具栏："参数化"→"约束设置" 。
- 功能区："参数化"→"标注"→"标注约束设置" 。
- 快捷键：CSETTINGS。

执行上述命令后，系统弹出"约束设置"对话框。在该对话框中，单击"标注"标签打开"标注"选项卡，如图6-12所示。利用此选项卡可以控制约束栏上约束类型的显示。

2. 操作示例

绘制电阻并修改尺寸的流程如图6-13所示。

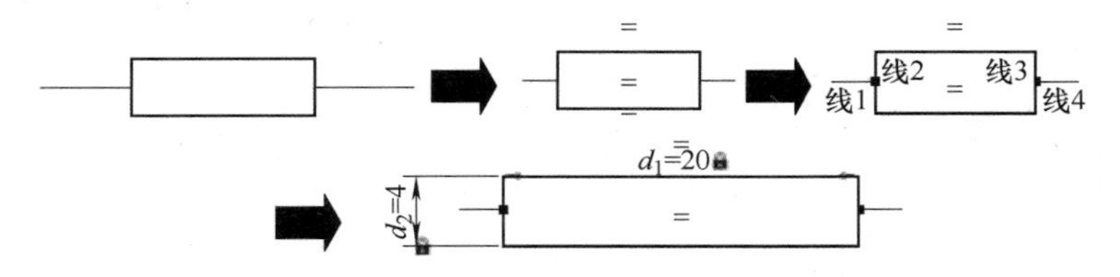

图6-13　绘制并更改电阻尺寸的流程

1）单击"默认"选项卡"绘图"面板中的"直线"按钮和"矩形"按钮，绘制长、宽分别为10、4，导线长度为5的电阻，如图6-14所示。

2）单击"参数化"选项卡"几何"面板中的"相等"按钮，使最上端水平线与下面各条水平线建立相等的几何约束。如图6-15所示。

3）单击"参数化"选项卡"几何"面板中的"重合"按钮，使线1右端点和线2中点、线4左端点和线3的中点建立"重合"的几何约束，如图6-16所示。

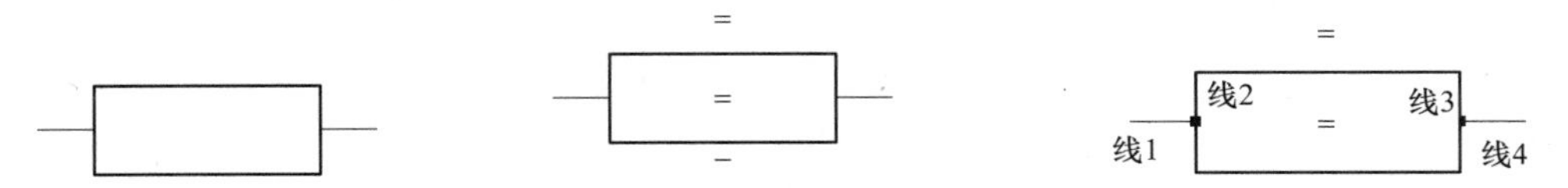

图6-14　绘制电阻　　图6-15　建立相等的几何约束　　图6-16　建立"重合"几何约束

4）单击"参数化"选项卡"标注"面板中的"水平"按钮，更改水平尺寸。命令行提示与操作如下。

```
命令：_DimConstraint
当前设置：约束形式 = 动态
选择要转换的关联标注或[线性(L)/水平(H)/竖直(V)/对齐(A)/角度(AN)/半径(R)/直径(D)/形式(F)/转换(C)] <水平>:_Horizontal
指定第一个约束点或[对象(O)] <对象>:(单击最上端直线左端)
指定第二个约束点:(单击最上端直线右端)
指定尺寸线位置(在合适位置单击左键)
标注文字 = 10(输入长度20)
```

系统自动将长度10调整为20。最终结果如图6-13所示。

3. 特殊选项说明

1）“标注约束格式”选项组：该选项组可以设置标注名称格式和锁定图标的显示。

2）“标注名称格式”下拉列表框：为应用标注约束时显示的文字指定格式。有“名称”“值”或“名称和表达式”等选项。例如：宽度=长度/2。

3）“为注释性约束显示锁定图标”复选框：针对已应用注释性约束的对象显示锁定图标。

4）“为选定对象显示隐藏的动态约束”复选框：显示选定时已设置为隐藏的动态约束。

6.2 图块及其属性

把一组图形对象组合成图块加以保存，需要的时候可以把图块作为一个整体以任意比例和旋转角度插入到图中任意位置，这样不仅避免了大量的重复工作，提高绘图速度和工作效率，而且可以大幅节省磁盘空间。

6.2.1 图块操作

1. 图块定义

执行方式

- 命令行：BLOCK。
- 菜单栏：“绘图”→“块”→“创建”。
- 工具栏：“绘图”→“创建块”。
- 功能区：“插入”→“块定义”→“创建块”。

执行上述命令后，系统弹出如图 6-17 所示的“块定义”对话框，利用该对话框可以定义对象和基点以及其他参数，还可定义图块并命名。

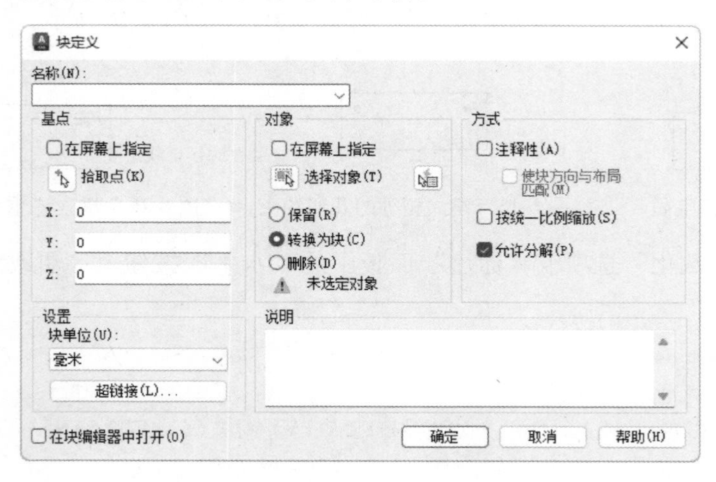

图 6-17 “块定义”对话框

2. 图块保存

执行方式

命令行：WBLOCK。

执行上述命令后，系统打开如图 6-18 所示的“写块”对话框。利用此对话框可把图形对象保存为图块或把图块转换成图形文件。

以 BLOCK 命令定义的图块只能插入到当前图形。以 WBLOCK 命令保存的图块则既可以插入到当前图形，也可以插入到其他图形。

3. 图块插入

（1）执行方式

● 命令行：INSERT。

● 菜单栏：“插入”→“块”选项板。

● 工具栏：单击“插入”工具栏中的“插入块”按钮或“绘图”工具栏中的“插入块”按钮。

执行上述命令后，系统弹出“块”选项板，如图 6-19 所示。利用此选项板可设置插入点的位置、插入比例以及旋转角度，指定要插入的图块及插入位置。

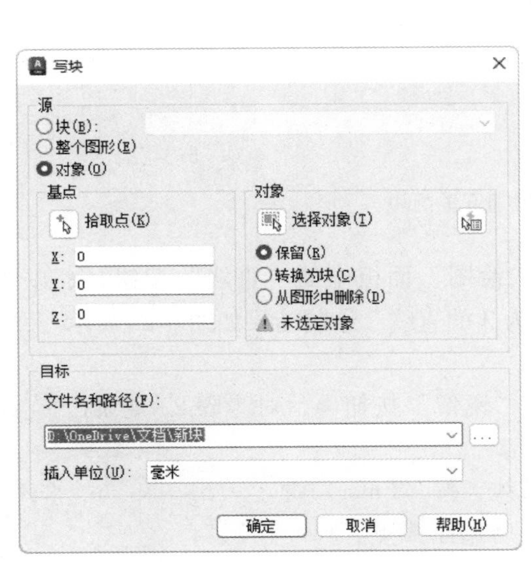

图 6-18 “写块”对话框

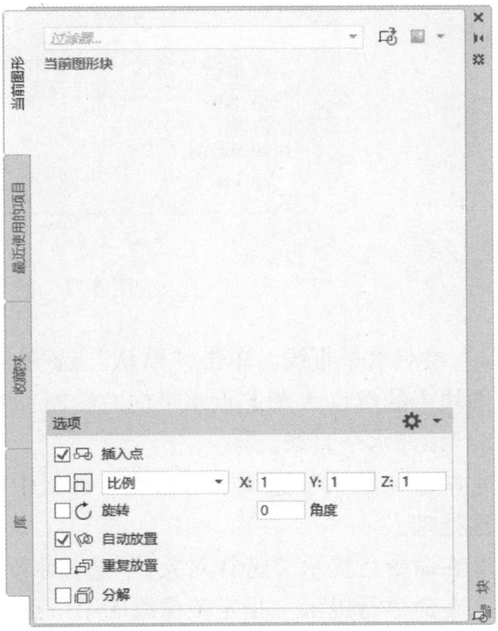

图 6-19 “块”选项板

（2）操作示例

本示例利用图块相关命令，绘制转换开关符号，绘制流程如图 6-20 所示。

1）插入普通开关图块。单击“绘图”工具栏中的“插入块”按钮，弹出“插入”对话框，如图 6-21a 所示。单击“显示文件导航对话框”按钮，弹出“选择要插入的文件”对话框，选择配套资源中的“源文件\图块\普通

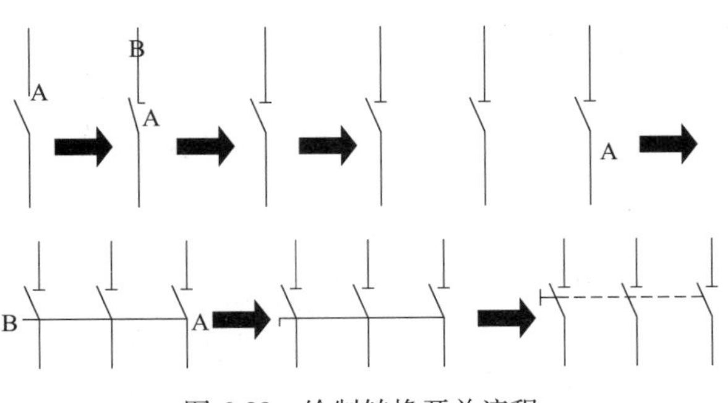

图 6-20 绘制转换开关流程

开关”图块作为插入对象，设置相关参数如图 6-21a 所示，然后返回屏幕，在屏幕单击指定插入点，插入的普通开关符号如图 6-21b 所示。

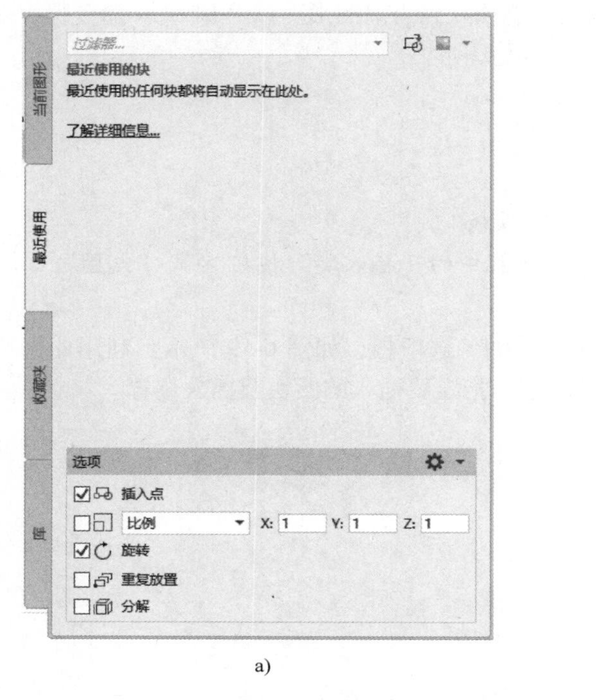

a)

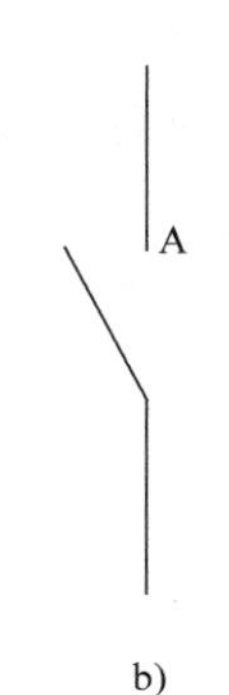

b)

图 6-21　插入普通开关图块

2）绘制水平直线。单击“默认”选项卡“绘图”面板中的“直线”按钮，以普通开关图块中的端点 A 为起点水平向右绘制长度为 3 的直线，绘制结果如图 6-22 所示。

3）镜像水平直线。

①单击“默认”选项卡“修改”面板中的“镜像”按钮，对步骤 2）绘制的直线进行镜像处理。

②在命令行提示“选择对象：”选择水平直线，按〈Enter〉键。

③在命令行提示“指定镜像线的第一点：”后选择 A 点。

④在命令行提示“指定镜像线的第二点：”后选择 B 点。

⑤在命令行提示“要删除源对象吗？[是(Y)/否(N)] <否>:”后按〈Enter〉键。N 表示不删除原有直线，Y 表示删除原有直线，镜像后的效果如图 6-23 所示。

图 6-22　绘制直线　　　　图 6-23　镜像水平直线

4）阵列图形。单击“默认”选项卡“修改”面板中的“矩形阵列”按钮，选择如图 6-23 所示的图形作为阵列对象，设置行数为 1，列数为 3，列间距为 24，阵列结果如图 6-24

所示。

5）绘制水平直线。单击“默认”选项卡“绘图”面板中的“直线”按钮，以图 6-24 中的端点 A 为起点水平向左绘制长度为 52 的直线，绘制结果如图 6-25 所示。

6）绘制竖直直线。单击“默认”选项卡“绘图”面板中的“直线”按钮，以图 6-25 中的端点 B 为起点，竖直向下绘制长度为 3 的直线，绘制结果如图 6-26 所示。

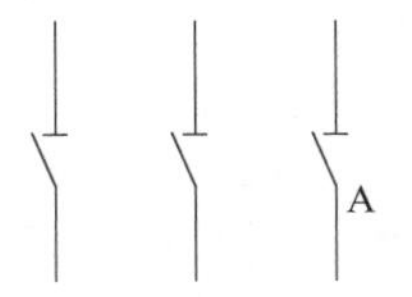

图 6-24　阵列图形

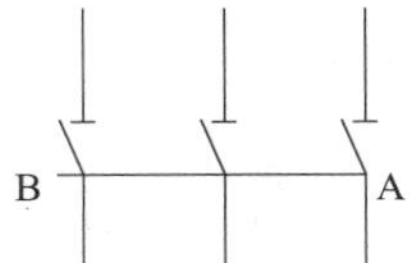

图 6-25　绘制水平直线

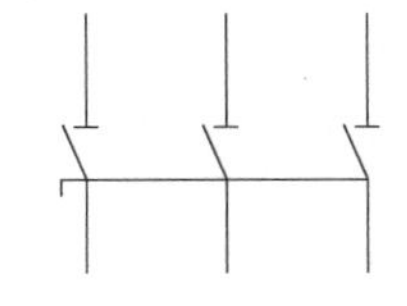

图 6-26　绘制竖直直线

7）镜像竖直直线。单击“默认”选项卡“修改”面板中的“镜像”按钮，将步骤 6）绘制的竖直直线沿水平直线 AB 进行镜像处理，镜像后的效果图如图 6-27 所示。

8）平移水平直线和竖直短线。单击“默认”选项卡“修改”面板中的“移动”按钮，将水平直线 AB 和竖直短线移动到点（@ -3.5，6）。

9）更改线型。选中平移后的水平直线，在“特性”工具栏的“线型控制”下拉列表中选择虚线线型，将水平直线的线型改为虚线，结果如图 6-28 所示，至此完成转换开关符号的绘制。

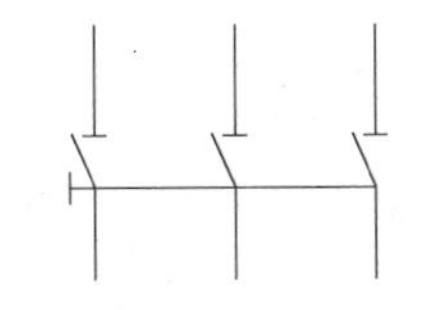

图 6-27　镜像竖直直线

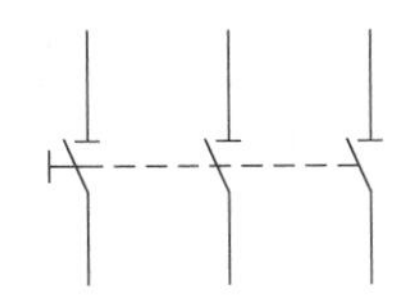

图 6-28　更改线型

4. 动态块

动态块具有灵活性和智能性。用户在操作时可以轻松地更改图形中的动态块参照，可以通过自定义的夹点或自定义特性来操作动态块参照中的几何图形。这使得用户可以根据需要在调整块时不用搜索另一个块插入或重定义现有的块。

可以使用“块编辑器”创建动态块。“块编辑器”是一个专门的编写区域，用于添加能够使块成为动态块的元素。用户可以重新创建块，可以在现有的块定义中添加动态行为，也可以像在绘图区域中一样创建几何图形。

（1）执行方式

- 命令行：BEDIT。
- 菜单栏：“工具”→“块编辑器”。
- 工具栏：“标准”→“块编辑器”。
- 快捷菜单：选择一个块参照，单击鼠标右键。选择“块编辑器”选项。

执行上述命令后，系统弹出“编辑块定义”对话框，如图 6-29 所示。在“要创建或编辑的块”文

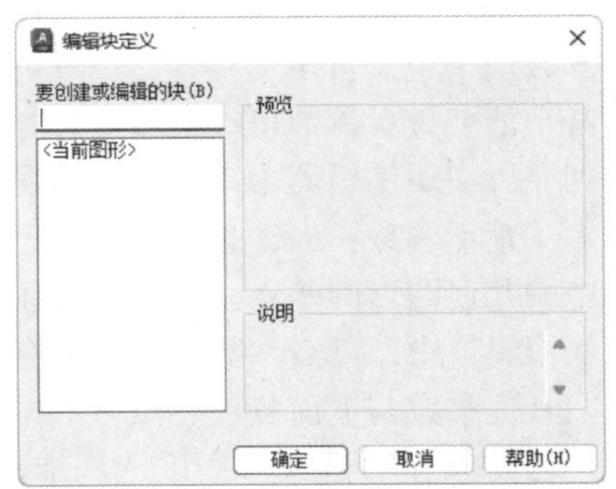

图 6-29　“编辑块定义”对话框

本框中输入块名，或在列表框中选择已定义的块或当前图形，确认后系统弹出“块编写”选项板和“块编辑器”工具栏，如图 6-30 所示。

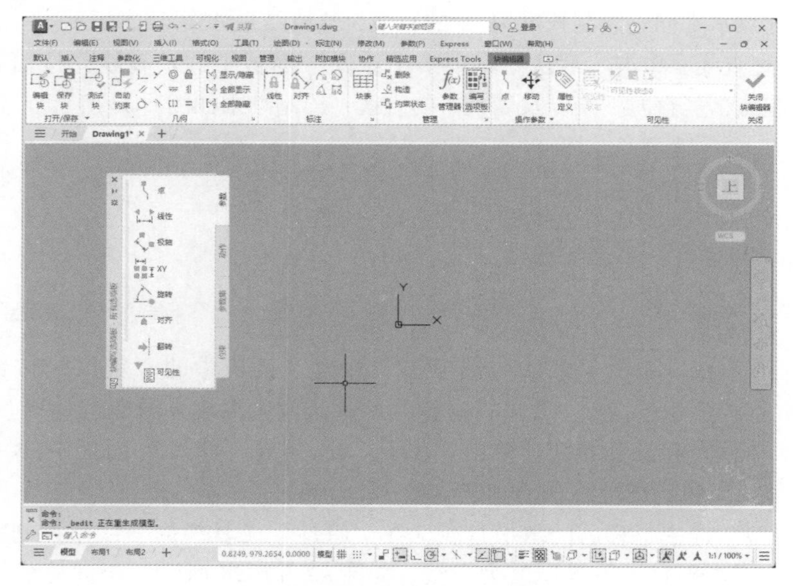

图 6-30　块编辑状态绘图平面

（2）特殊选项说明

“块编写”选项板有 4 个选项卡。

1）“参数”选项卡。该选项卡用于向块编辑器的动态块定义提供添加参数的工具。参数用于指定几何图形在块参照中的位置、距离和角度。将参数添加到动态块定义中时，该参数将定义块的一个或多个自定义特性。此选项卡也可以通过命令 BPARAMETER 打开。

①点参数：向动态块定义中添加一个点参数，并定义块参照的自定义 X 和 Y 特性。点参数定义图形中对象 X 和 Y 位置。在块编辑器中，点参数类似于一个坐标标注。

②可见性参数：向动态块定义中添加一个可见性参数，并定义块参照的自定义可见性特性。可见性参数允许用户创建可见性状态并控制对象在块中的可见性。可见性参数总是应用于整个块，并且无需与任何动作相关联。在图形中单击某个夹点可以显示块参照中所有可见性状态的列表。在块编辑器中，可见性参数显示为带有关联夹点的文字。

③查寻参数：向动态块定义中添加一个查寻参数，并定义块参照的自定义查寻特性。查寻参数用于定义自定义特性，用户可以指定或设置该特性，以便从定义的列表或表格中计算出某个值。查寻参数可以与单个查寻夹点相关联，在块参照中单击查寻夹点可以显示可用值的列表。在块编辑器中，查寻参数显示为文字。

④基点参数：向动态块定义中添加一个基点参数。基点参数用于定义动态块参照相对于块中的几何图形的基点。基点参数无法与任何动作相关联，但可以属于某个动作的选择集。在块编辑器中，基点参数显示为带有十字光标的圆。

其他参数与上面各项类似，不再赘述。

2）“动作”选项卡。该选项卡用于向块编辑器中的动态块定义提供添加动作的工具。动作定义了在图形中操作块参照的自定义特性时，动态块参照的几何图形将如何移动或变化。应将动作与参数相关联。此选项卡也可以通过命令 BACTIONTOOL 打开。

①移动动作：在用户将移动动作与点参数、线性参数、极轴参数或 XY 参数相关联时，将该动作添加到动态块定义中。移动动作类似于 MOVE 命令。在动态块参照中，移动动作使对象移动指定的距离和角度。

②查寻动作：向动态块定义中添加一个查寻动作。将查寻动作添加到动态块定义中并将其与查寻参数相关联。该选项将创建一个查寻表，可以使用查寻表指定动态块的自定义特性和值。

其他动作与上面各项类似。

3）“参数集”选项卡。该选项卡用于在块编辑器中向动态块定义提供添加一个参数和至少一个动作的工具。将参数集添加到动态块中时，系统会将动作自动与参数相关联。将参数集添加到动态块中后，双击黄色警示图标（或使用 BACTIONSET 命令），然后按照命令行上的提示将动作与几何图形选择集相关联。此选项卡也可以通过命令 BPARAMETER 打开。

①点移动：向动态块定义中添加一个点参数。系统会自动添加与该点参数相关联的移动动作。

②线性移动：向动态块定义中添加一个线性参数。系统会自动添加与该线性参数的端点相关联的移动动作。

③可见性集：向动态块定义中添加一个可见性参数并允许定义可见性状态。无需添加与可见性参数相关联的动作。

④查寻集：向动态块定义中添加一个查寻参数。系统会自动添加与该查寻参数相关联的查寻动作。

其他参数集与上面各项类似。

4）“约束”选项卡。通过该选项卡几何约束可将几何对象关联在一起，或者指定固定的位置或角度。例如，用户可以指定某条直线应始终与另一条直线垂直，某个圆弧应始终与某个圆保持同心，或者某条直线应始终与某个圆弧相切。几何约束各选项的功能见表 6-1。

6.2.2 图块的属性

1. 属性定义

（1）执行方式

- 命令行：ATTDEF。
- 菜单栏：“绘图”→“块”→“定义属性”。
- 功能区：“插入”→“块定义”→“定义属性”。

执行上述命令后，系统弹出“属性定义”对话框，如图 6-31 所示。

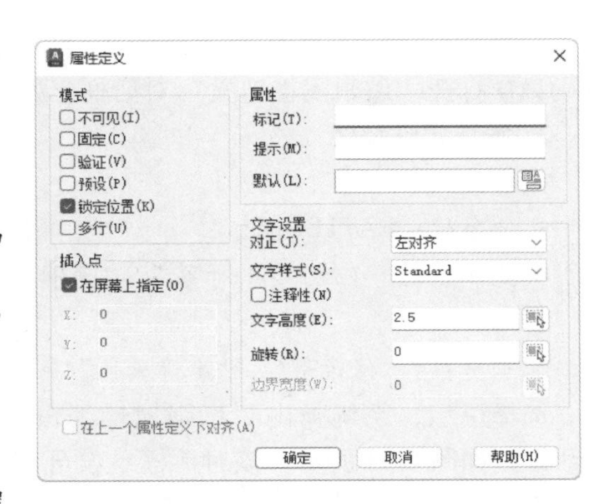

图 6-31 “属性定义”对话框

（2）特殊选项说明

1）“模式”选项组。

①“不可见”复选框：选中此复选框，属性为不可见状态，即插入图块并输入属性值

后，属性值在图中并不会显示出来。

②“固定”复选框：选中此复选框，属性值为常量，即属性值在属性定义时给定，在插入图块时 AutoCAD 不再提示输入属性值。

③“验证”复选框：选中此复选框，当插入图块时 AutoCAD 会重新显示属性值，让用户验证该值是否正确。

④“预设”复选框：选中此复选框，当插入图块时 AutoCAD 会自动把事先设置好的默认值赋予属性，而不再提示输入属性值。

⑤“锁定位置”复选框：选中此复选框，当插入图块时 AutoCAD 会锁定块参照中属性的位置。解锁后，属性可以相对于使用夹点编辑的块的其他部分移动，并且可以调整多行属性的大小。

⑥“多行”复选框：指定属性值可以包含多行文字。选中此复选框后，可以指定属性的边界宽度。

2）“属性”选项组。

①“标记”文本框：输入属性标签。属性标签可由除空格和感叹号以外的所有字符组成。AutoCAD 会自动把小写字母改为大写字母。

②“提示”文本框：输入属性提示。属性提示是插入图块时 AutoCAD 要求输入属性值的提示。如果不在此文本框内输入文本，则以属性标签作为提示。如果在“模式”选项组选中“固定”复选框，即设置属性为常量，则不需要设置属性提示。

③“默认”文本框：设置默认的属性值。可把使用次数较多的属性值作为默认值，也可不设默认值。

其他各选项组比较简单，不再赘述。

2. 修改属性定义

执行方式

● 命令行：DDEDIT 或 TEXTEDIT。

● 菜单栏：“修改”→“对象”→“文字”→“编辑”。

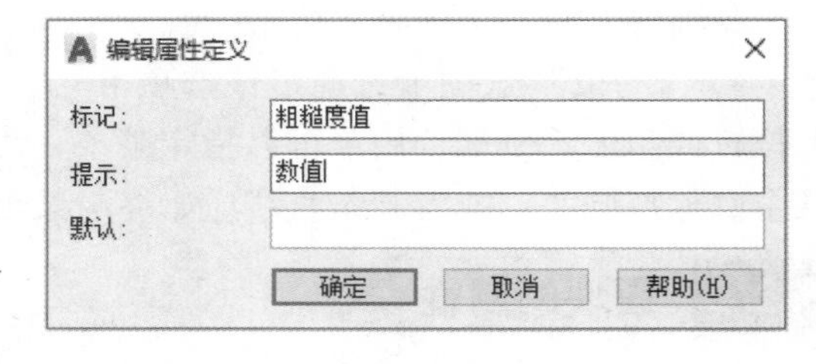

图 6-32 “编辑属性定义”对话框

在命令行提示下选择要修改的属性定义，AutoCAD 打开“编辑属性定义”对话框，如图 6-32 所示。可以在该对话框中修改属性定义。

3. 图块属性编辑

执行方式

● 命令行：EATTEDIT。

● 菜单栏：“修改”→“对象”→“属性”→“单个”。

● 工具栏：“修改 Ⅱ”→“编辑属性”。

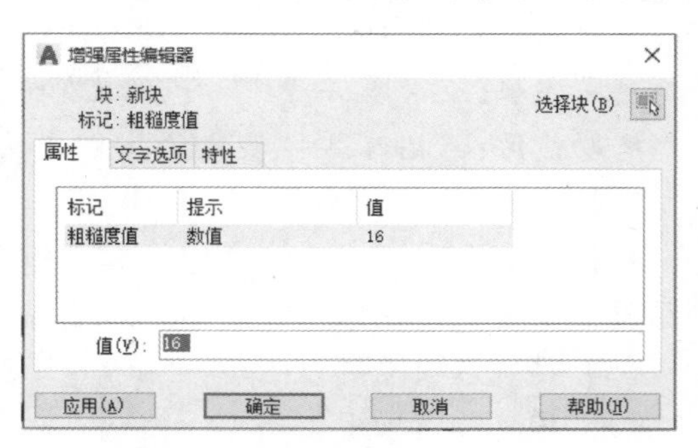

图 6-33 “增强属性编辑器”对话框

选择块后，系统弹出“增强属性编辑器”对话框，如图 6-33 所示。该对话框不仅可以编辑属性值，还可以编辑属性的文字选项和图层、线型、颜色等特性值。

4. 提取属性数据

提取属性信息后可以方便地直接从图形数据中生成日程表或 BOM 表。"数据提取-开始"对话框使得此过程更加简单。

执行方式

● 命令行：EATTEXT。

执行上述命令后，系统打开"数据提取-开始"对话框，如图 6-34 所示。单击"下一步"按钮，依次弹出各个对话框，依次在各对话框中对提取属性的各选项进行设置。设置完成后，系统生成包含提取数据的 BOM 表。

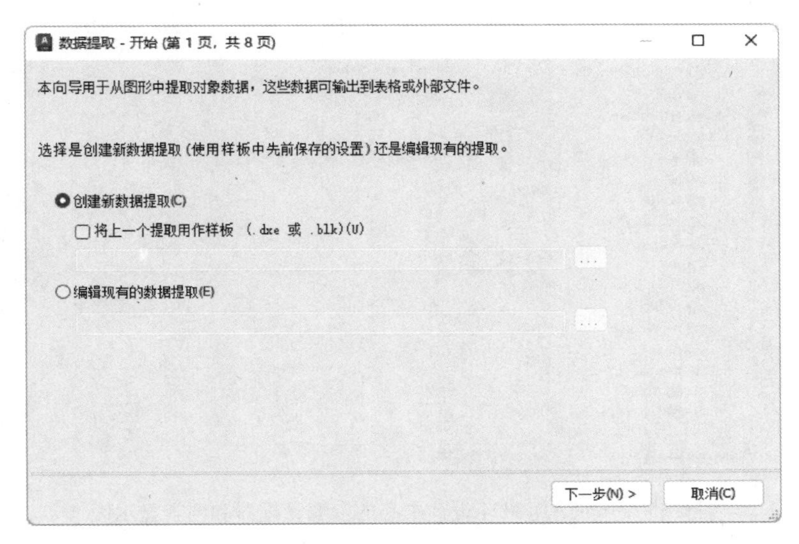

图 6-34 "数据提取-开始"对话框

6.3 设计中心与工具选项板

使用 AutoCAD 设计中心可以很容易地组织设计内容，并把它们拖动到当前图形中。工具选项板是指"工具选项板"窗口中选项卡形式的区域，它是组织、共享和放置块及填充图案的有效工具。工具选项板可以包含由第三方开发人员提供的自定义工具，也可以利用设计中心组织内容，并将其创建为工具选项板。设计中心与工具选项板的使用大幅方便了绘图，提高了绘图的效率。

6.3.1 设计中心

1. 启动设计中心

执行方式

● 命令行：ADCENTER。

● 菜单栏："工具"→"选项板"→"设计中心"。

● 工具栏："标准"→"设计中心" 。

● 快捷键：〈Ctrl+2〉。

● 功能区："视图"→"选项板"→"设计中心" 。

执行上述命令后，系统打开设计中心。第一次启动设计中心时，系统默认打开的选项卡为"文件夹"。内容显示区采用大图标显示，左边的资源管理器采用 tree view 方式显示系统的树形结构。浏览资源的同时，在内容显示区会显示所浏览资源的有关细目或内容，如图 6-35 所示。也可以搜索资源，方法与 Windows 资源管理器类似。

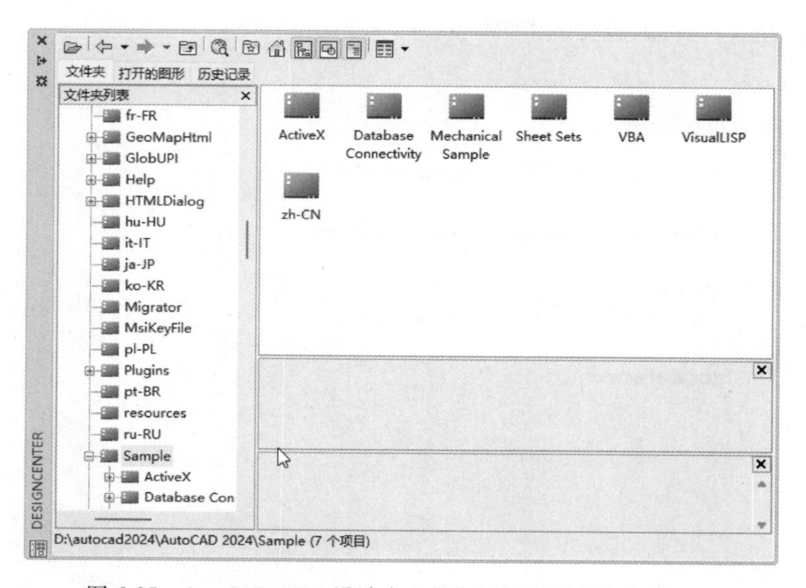

图 6-35　AutoCAD 2024 设计中心的资源管理器和内容显示区

2. 利用设计中心插入图形

设计中心一个最大的优点是它可以将系统文件夹中的 . dwg 文件当成图块插入到当前图形中去。具体方法如下。

1）从文件夹列表或查找结果列表框中选择要插入的对象，拖动对象到打开的图形中。

2）在相应的命令行提示下输入比例和旋转角度等数值。

被选择的对象根据指定的参数插入到图形当中。

6. 3. 2 工具选项板

1. 打开工具选项板

执行方式

● 命令行：TOOLPALETTES。

● 菜单栏："工具"→"选项板"→"工具选项板"。

● 工具栏："标准"→"工具选项板" 。

● 快捷键：〈Ctrl+3〉。

● 功能区："视图"→"选项板"→"工具选项板" 。

执行上述命令后，系统自动打开"工具选项板"窗口，如图 6-36 所示。该工具选项板上有系统预设置的三个选项卡。可以右键单击鼠标，在系统弹出的快捷菜单中选择“新建选项板”命令（图 6-37），系统将新建一个空白选项卡，可以命名该选项卡，如图 6-38 所示。

图 6-37　快捷菜单

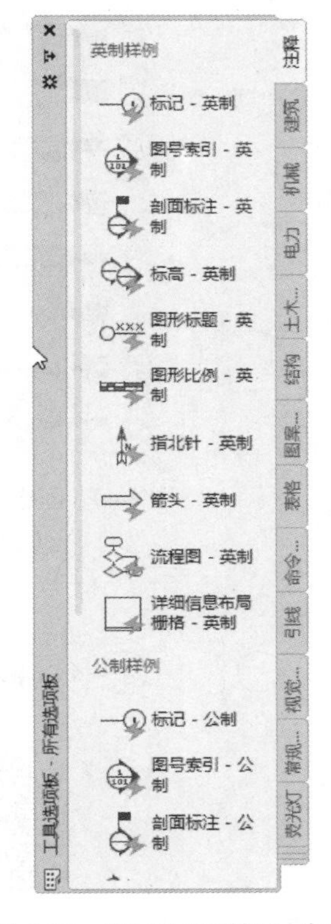

图 6-36　“工具选项板”窗口

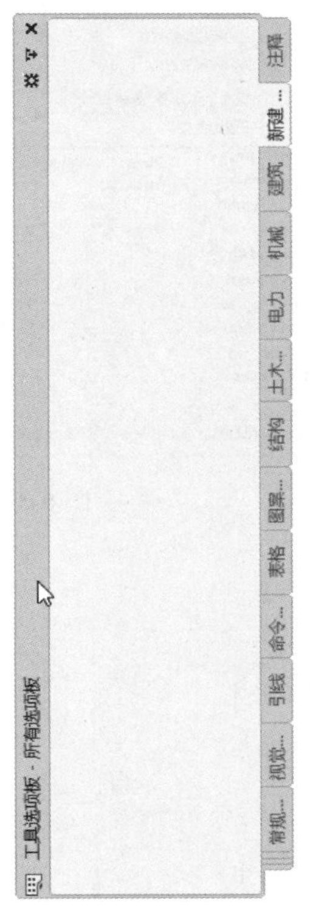

图 6-38　新建选项卡

2. 将设计中心内容添加到工具选项板

在 DesignCenter 文件夹上右键单击鼠标，系统打开右键快捷菜单，从中选择“创建块的工具选项板”命令，如图 6-39 所示。设计中心中存储的图形单元就会出现在工具选项板中新建的 DesignCenter 选项卡上，如图 6-40 所示。这样就可以将设计中心与工具选项板结合起来，创建一个快捷方便的工具选项板。

3. 利用工具选项板绘图

只需要将工具选项板中的图形单元拖动到当前图形，该图形单元就以图块的形式插入到当前图形中。将工具选项板中 Electrical Power 图形单元拖动到当前图形中如图 6-41 所示。

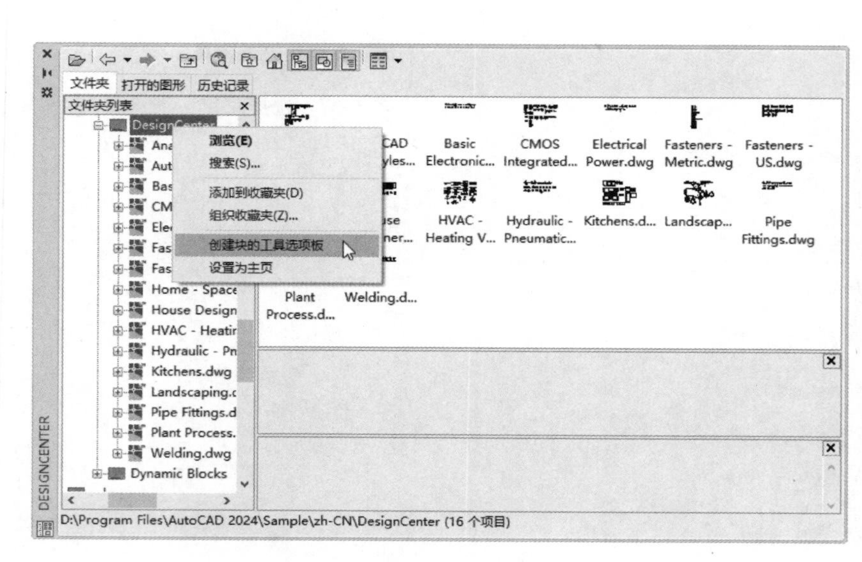

图 6-39　快捷菜单

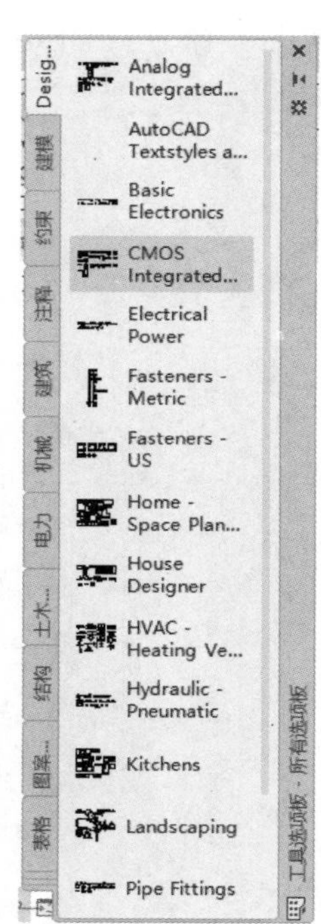

图 6-40　创建工具选项板

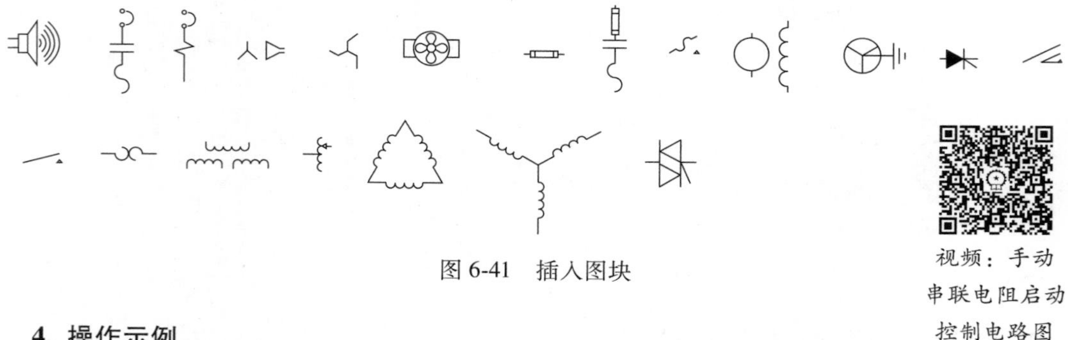

图 6-41　插入图块

视频：手动串联电阻启动控制电路图

4. 操作示例

绘制手动串联电阻启动控制电路图，绘制流程如图 6-42 所示，本示例主要介绍怎样利用设计中心与工具选项板来绘制该图。

1）利用各种绘图和编辑命令绘制如图 6-43 所示的各个电气元件图形符号，并将其分别保存到“电气元件”文件夹中。也可调用源文件/第 6 章中绘制好的电气元件图形符号。

注意：这里绘制的电气元件符号只作为 DWG 图形保存，不必保存成图块。

2）分别单击“视图”选项卡“选项板”面板中的“设计中心”和“工具选项板”按钮，打开设计中心和工具选项板，如图 6-44 所示。

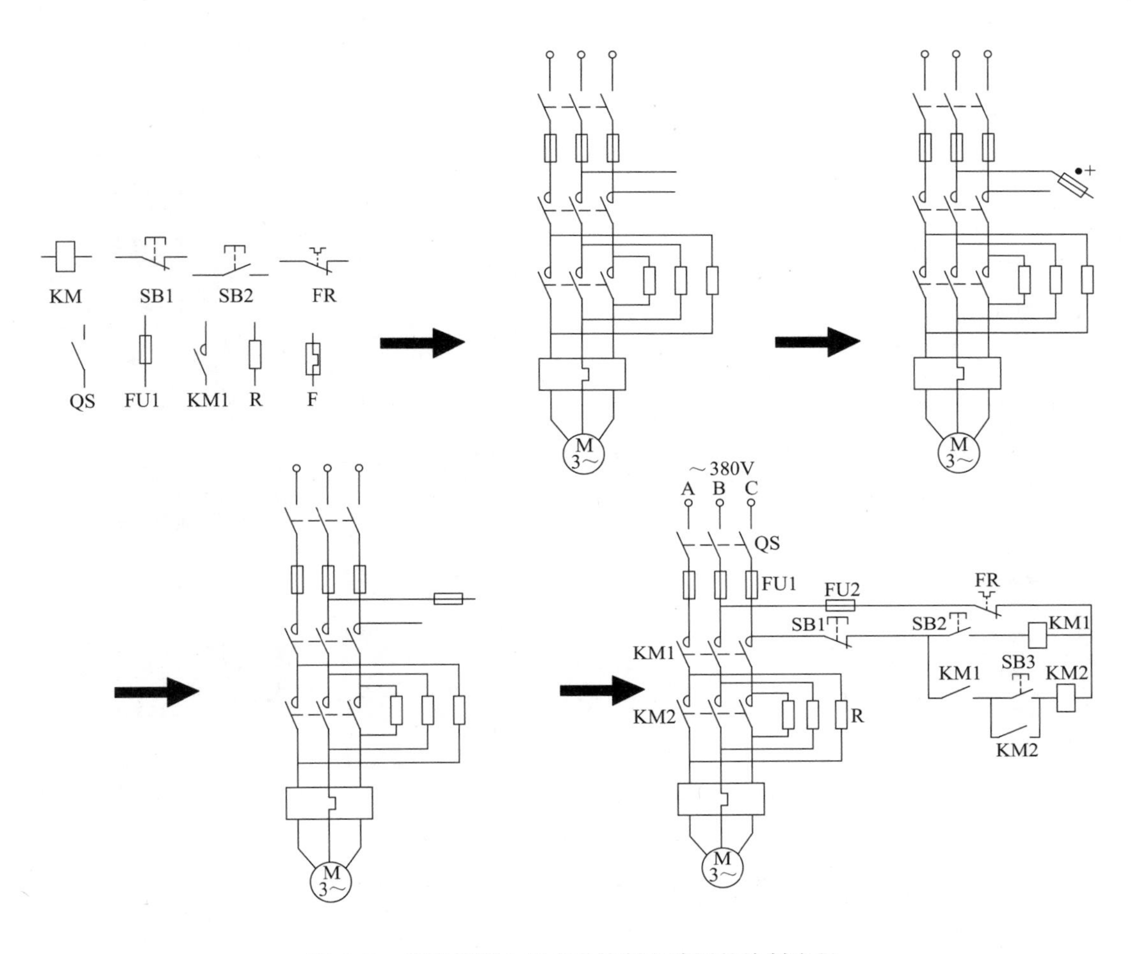

图 6-42　手动串联电阻启动控制电路图的绘制流程

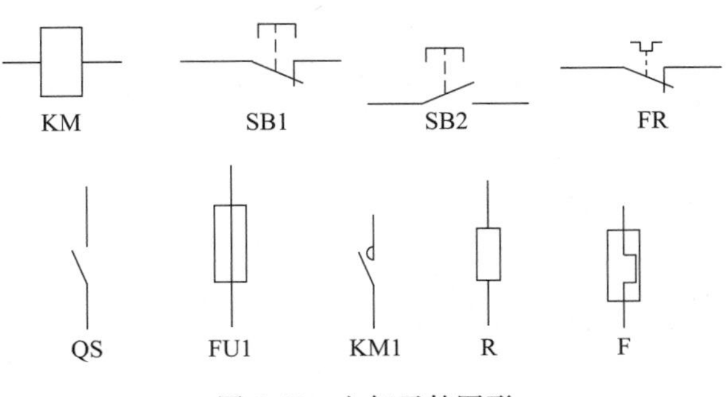

图 6-43　电气元件图形

3）在设计中心的“文件夹”选项卡中找到保存绘制电器元件的“电气元件”文件夹。在该文件夹上单击鼠标右键，弹出快捷菜单，选择“创建块的工具选项板”命令，如图6-45 所示。

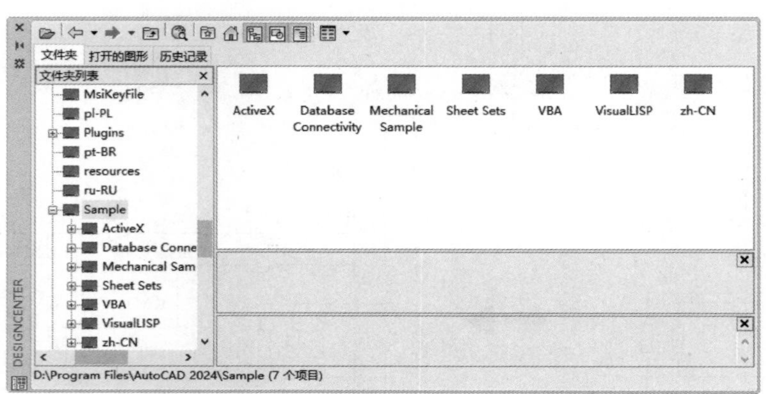

a) 设计中心　　b) 工具选项板

图 6-44　设计中心和工具选项板

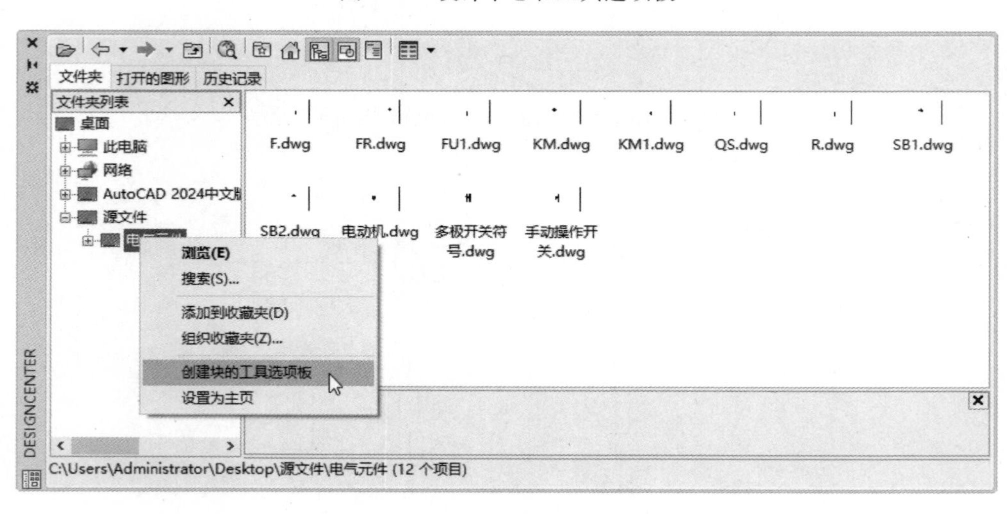

图 6-45　设计中心操作

4）系统会自动在工具选项板上创建一个名为“电气元件”的工具选项板，如图 6-46 所示。该选项板上列出了“电气元件”文件夹中的各图形，并将每一个图形自动转换成图块。

5）按住鼠标左键，将“电气元件”工具选项板中的 M 图块拖动到绘图区域，电动机图块就插入到新的图形文件中了，如图 6-47 所示。

6）如果从工具选项板中插入的图块需要旋转，可以单击“默认”选项卡“修改”面板中的“旋转”按钮和“移动”按钮，进行旋转和移动操作，也可以采用直接从设计中心拖动图块的方法实现。单击“默认”选项卡“块”面板中的“插入”按钮，插入手动串联电阻，如图 6-48 所示。下面以图 6-48 所示绘制水平引线后需要插入旋转的图块为例，讲述如何旋转插入图块。

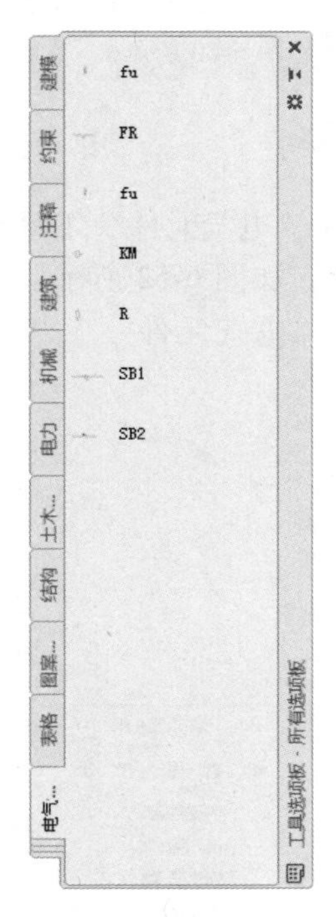

图 6-46 “电气元件”工具选项板

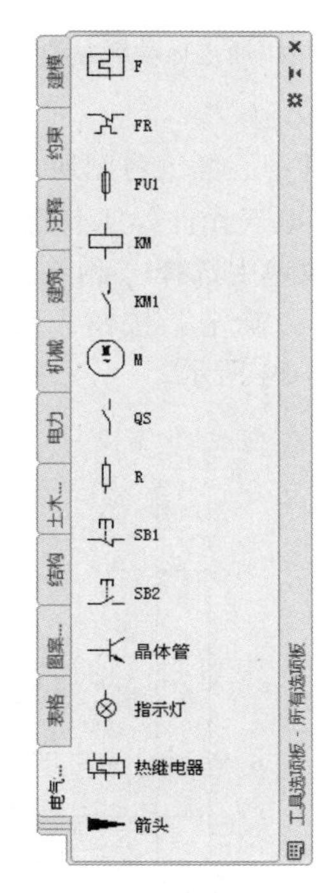

图 6-47 插入电动机图块

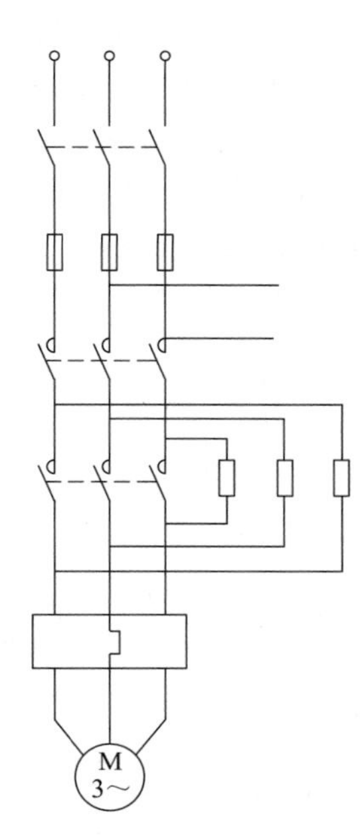

图 6-48 绘制水平引线

打开设计中心，找到“电气元件”文件夹，选择该文件夹，设计中心右边的显示框列表将显示该文件夹中的各图形文件，如图 6-49 所示。选择其中的 FU1. dwg 文件，按住鼠标左键，将其拖动到当前绘制的图形中，命令行提示与操作如下。

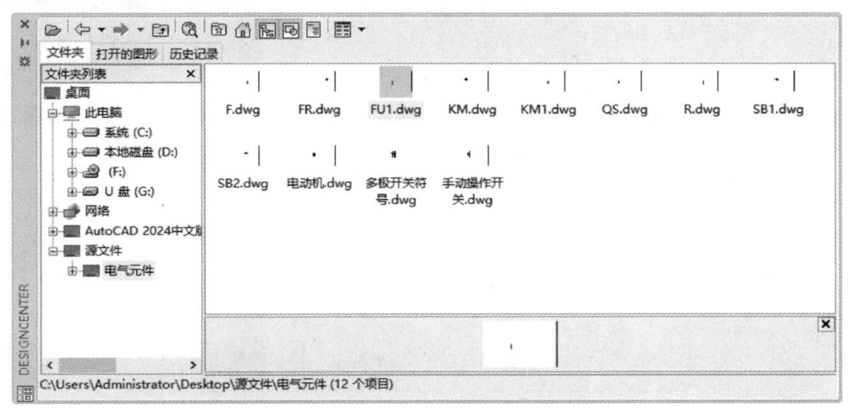

图 6-49 设计中心

命令：_-INSERT
输入块名或［?］："D:\.......\源文件\电气元件\FU1.dwg"
单位：毫米　转换：　0.0394
指定插入点或［基点(B)/比例(S)/X/Y/Z/旋转(R)/分解(E)/重复(RE)］：(捕捉图 6-50 中的点)
输入 X 比例因子，指定对角点，或［角点(C)/XYZ(XYZ)］<1>：1↙
输入 Y 比例因子或 <使用 X 比例因子>：↙
指定旋转角度 <0>：-90↙(也可以通过拖动鼠标动态控制旋转角度，如图 6-50 所示)

插入结果如图 6-51 所示。

继续利用工具选项板和设计中心插入各图块。

7）最后，如果不想保存“电气元件”工具选项板，可以在“电气元件”工具选项板上单击鼠标右键，在弹出的快捷菜单中选择“删除选项板”命令，如图 6-52 所示。系统弹出提示框，如图 6-53 所示，单击“确定”按钮，系统会自动将“电气元件”工具选项板删除。删除后的工具选项板如图 6-54 所示。

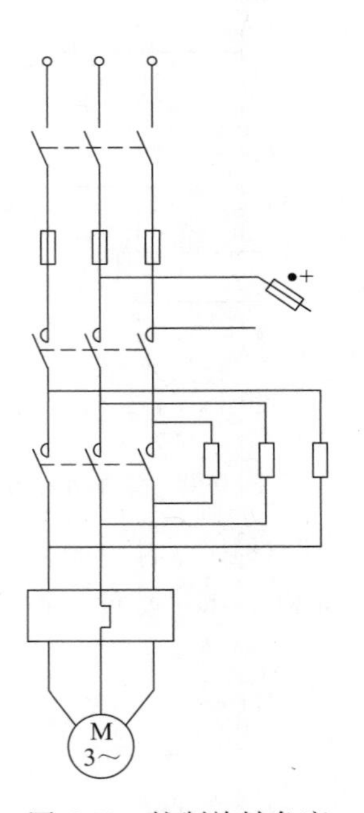

图 6-50　控制旋转角度

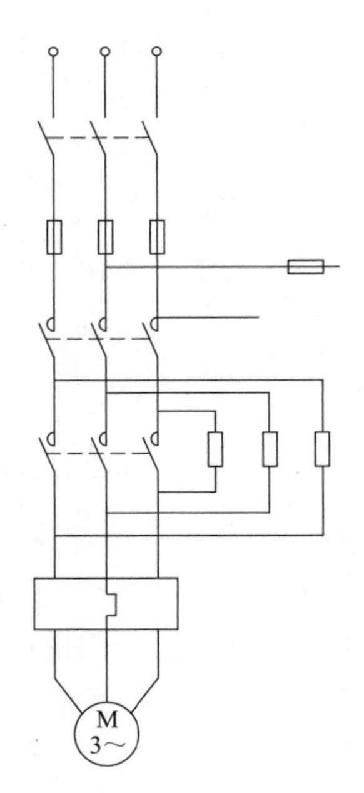

图 6-51　插入结果

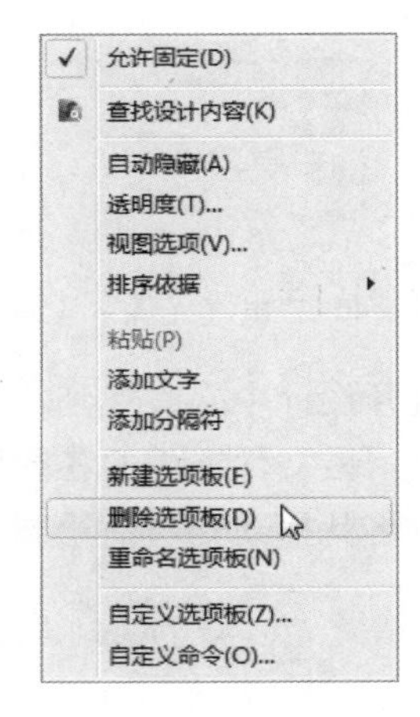

图 6-52　快捷菜单

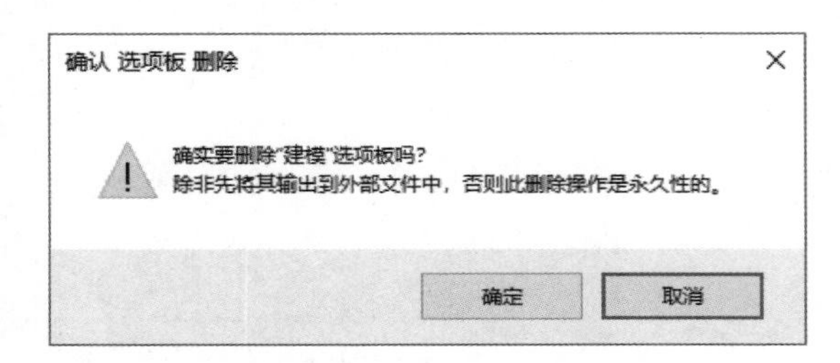

图 6-53　提示框

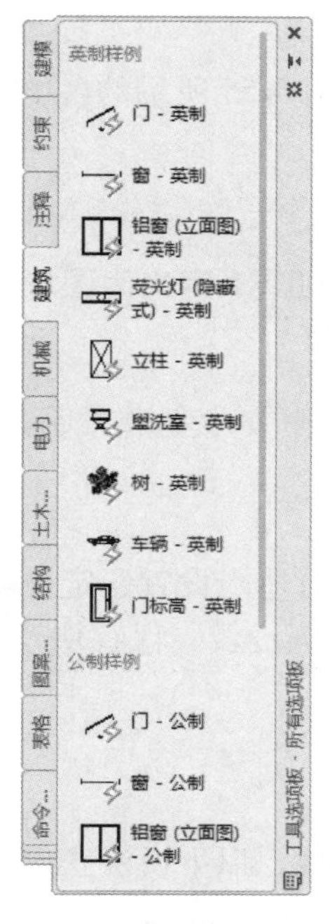

图 6-54　删除后的工具选项板

6.4　上机实验

实验 1　利用插入图块的方法绘制如图 6-55 所示的变电工程原理图

（1）目的要求

本实验绘制的图形主要利用图块相关命令来完成。通过本练习，读者将熟悉图块相关命令的操作。

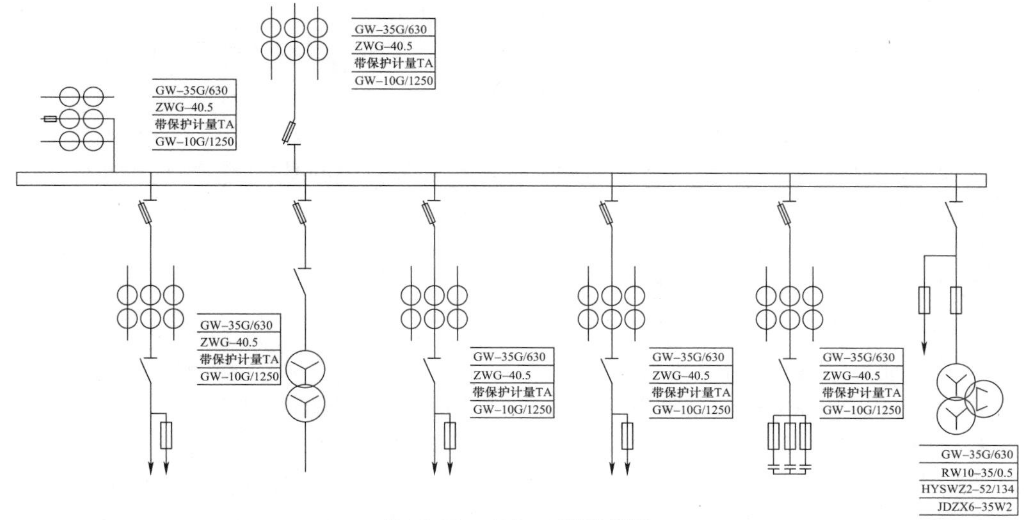

图 6-55　变电工程原理图

（2）操作提示

1）利用二维绘图命令，绘制如图 6-55 所示的各电气元件符号并保存为图块。

2）绘制电路图主干线。

3）插入各个电气单元图块。

实验 2　将图 6-56 所示的可变电阻 R1 定义为图块，并取名为“可变电阻”

（1）目的要求

本实验绘制的图形主要利用图块相关命令来完成。通过本练习，读者将熟悉图块相关命令的操作。

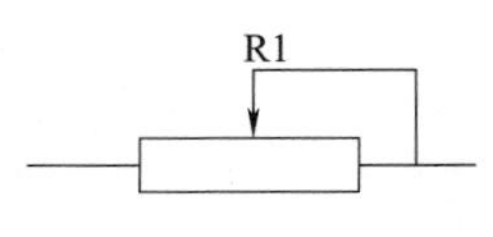

图 6-56　可变电阻 R1

（2）操作提示

1）利用“块定义”对话框，进行适当设置，定义块。

2）利用 WBLOCK 命令，进行适当设置，保存块。

6.5　思考与练习

1. 用 BLOCK 命令定义的内部图块，以下说法正确的是（　　）。

   A. 只能在定义它的图形文件内自由调用

   B. 只能在另一个图形文件内自由调用

   C. 既能在定义它的图形文件内自由调用，又能在另一个图形文件内自由调用

   D. 两者都不能用

2. 在 AutoCAD 的设计中心窗口的（　　）对话框中，可以查看当前图形中的图形信息。

   A. “文件夹”　　B. “打开的图形”　　C. “历史记录”　　D. “联机设计中心”

3. 利用设计中心不可能完成的操作是（　　）。

   A. 根据特定的条件快速查找图形文件

   B. 打开所选的图形文件

   C. 将某一图形中的块通过鼠标拖放添加到当前图形中

   D. 删除图形文件中未使用的命名对象。例如，块定义、标注样式、图层、线型和文字样式等

4. （　　）能插入创建好的块。

   A. 从 Windows 资源管理器中将图形文件图标拖放到 AutoCAD 绘图区域插入块

   B. 从设计中心插入块

   C. 用粘贴命令 pasteclip 插入块。

   D. 用插入命令 insert 插入块

5. 下列关于块的说法正确的是（　　）。

   A. 块只能在当前文档中使用

   B. 只有用 Wblock 命令写到盘上的块才可以插入另一图形文件中

   C. 任何一个图形文件都可以作为块插入另一幅图中

   D. 用 Block 命令定义的块可以直接通过 insert 命令插入到任何图形文件中

6. 设计中心以及工具选项板中的图形与普通图形有什么区别？与图块又有什么区别？

第 7 章　电路图设计

电路图是人们为了研究和工作的需要，用约定的符号绘制的一种表示电路结构的图形，通过电路图可以知道电路的实际情况。电子线路是最常见，也是应用最为广泛的一类电气线路，在各个工业领域都占据了重要的位置。在日常生活中，几乎每个环节都和电子线路有着或多或少的联系，例如，电话机、电视机、电冰箱等都是电子线路应用的例子。本章将简单介绍电路图的概念和分类，以及电路图基本符号的绘制，然后结合具体的电子线路的例子来介绍电路图的一般绘制方法。

本章重点

- 电路图的基本概念和分类
- 抽水机线路图
- 停电来电自动告知线路图

7.1　电路图基本理论

在学习设计和绘制电路图之前，先来了解一下电路图的基本概念和电子线路的分类。

7.1.1　基本概念

电路图是用图形符号按工作顺序排列，详细表示电路、设备或成套装置的全部基本组成和连接关系，而不考虑其实际位置的一种简图。

电子线路是由电子器件（又称有源器件，如电子管、半导体二极管、晶体管、集成电路等）和电子元件（又称无源器件，如电阻器、电容器、变压器等）组成的具有一定功能的电路。电路图一般包括以下主要内容。

1）电路中元件或功能件的图形符号。

2）元件或功能件之间的连接线，单线或多线，连接线或中断线。

3）项目代号，如高层代号、种类代号和必要的位置代号、端子代号。

4）用于信号的电平约定。

5）了解功能件必需的补充信息。

电路图主要用于了解实现系统、分系统、电器、部件、设备、软件等功能实际所需的元器件及其在电路中的作用；详细表达和理解设计对象（电路、设备或装置）的作用原理，分析和计算电路特性；作为编制接线图的依据；为测试和寻找故障提供信息。

7.1.2　电子线路的分类

1. 信号的分类

电子信号可以分为数字信号和模拟信号两类。

（1）数字信号

指那些在时间上和数值上都是离散的信号。

(2) 模拟信号

除数字信号外的所有其他形式的信号统称为模拟信号。

2. 电路的分类

根据不同的划分标准，电路可以按照如下类别来划分。

1) 根据工作信号，分为模拟电路和数字电路。

①模拟电路：工作信号为模拟信号的电路。模拟电路的应用十分广泛，从收音机、音响到精密的测量仪器，再到复杂的自动控制系统、数字数据采集系统等。

②数字电路：工作信号为数字信号的电路。绝大多数的数字系统仍需做到以下过程。

- 模拟信号→数字信号→模拟信号。
- 数据采集→A \ D 转换→D \ A 转换→应用。

图 7-1 所示为一个由模拟电路和数字电路共同组成的电子系统实例。

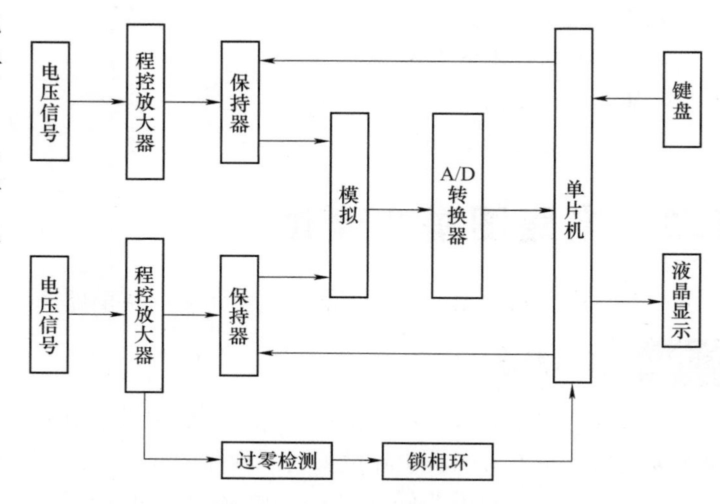

图 7-1 电子系统的组成框图

2) 根据信号的频率范围，分为低频电子线路和高频电子线路。高频电子线路和低频电子线路的频率划分为如下等级。

- 极低频：3kHz 以下。
- 甚低频：3~30kHz。
- 低频：30~300kHz。
- 中频：300kHz~3MHz。
- 高频：3~30MHz。
- 甚高频：30~300MHz。
- 特高频：300MHz~3GHz。
- 超高频：3~30GHz。

也可按下列方式划分。

- 超低频：0. 03~300Hz。
- 极低频：300~3000Hz（音频）。
- 甚低频：3~30kHz。
- 长波：30~300kHz。
- 中波：300kHz~3MHz。
- 短波：3~30MHz。
- 甚高频：30~300MHz。
- 超高频：300MHz~3GHz。
- 特高频：3~30GHz。
- 极高频：30~300GHz。

● 远红外：300~3000GHz。

3）根据核心元件的伏安特性，可将整个电子线路分为线性电子线路和非线性电子线路。

①线性电子线路：指电路中的电压和电流在相量图上同相，相互之间既不超前，也不滞后。纯电阻电路就是线性电路。

②非线性电子线路：包括容性电路，电流超前电压（如补偿电容）；感性电路，电流滞后电压（如变压器）；以及混合型电路（如各种晶体管电路）。

7.2 抽水机线路图

图7-2所示是由4只晶体管组成的自动抽水机线路图。潜水泵的供电受继电器KAJ触点的控制，而该触点是否接通与KAJ线圈中的电流通路是否形成有关。KAJ线圈中的电流是否形成，取决于VT4是否导通，而VT4是否导通，则受其基极前面电路的控制。最终也就是受与VT1基极连接的水池内水位的控制。

此图绘制的大体思路如下：先绘制供电电路图，然后绘制自动抽水机控制电路图，最后将供电电路图和自动抽水机控制电路图组合到一起，添加注释文字，完成绘制。

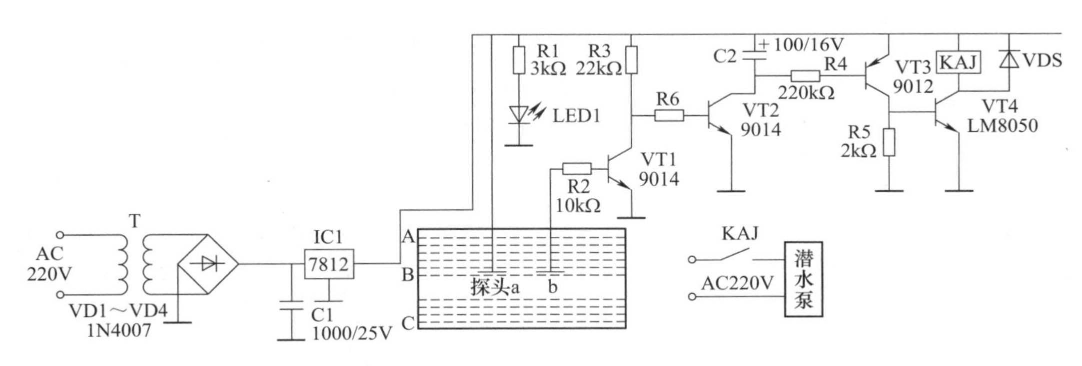

图7-2　自动抽水机线路图

7.2.1 设置绘图环境

1. 建立新文件

打开AutoCAD 2024应用程序，单击快速访问工具栏中的“新建”按钮，以“无样板打开-公制（M）”建立新文件，设置保存路径，取名为“自动抽水机线路图.dwg”，并保存。

2. 设置图层

单击“默认”选项卡“图层”面板中的“图层特性”按钮，设置“连接线层”和“实体符号层”两个图层，各图层的颜色、线型、线宽及其他属性状态设置分别如图7-3所示，将“实体符号层”设为当前层。

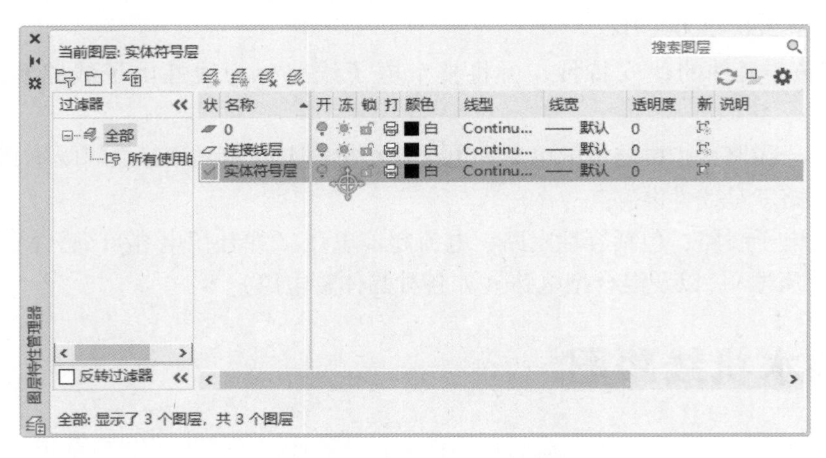

图 7-3　自动抽水机线路图图层设置

7.2.2　绘制供电电路

该电路由电源变压器 T、VD1～VD4、IC1 三端固定稳压集成电路组成。220V 交流电压经 T 变换为交流低压后，经 VD1～VD4 桥式整流、C1 滤波及 IC1 稳压为 12V 后提供给自动抽水机控制电路。

1）打开源文件/图库/电器符号，将图形复制到当前图形中。

2）单击“默认”选项卡“修改”面板中的“移动”按钮，将各个元件的图形符号摆放到适当位置，如图 7-4 所示。将各个元件符号连接，如图 7-5 所示。

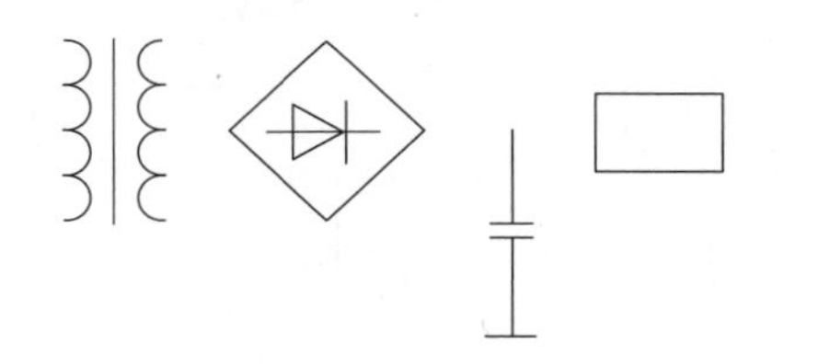

图 7-4　摆放供电电路各元器件

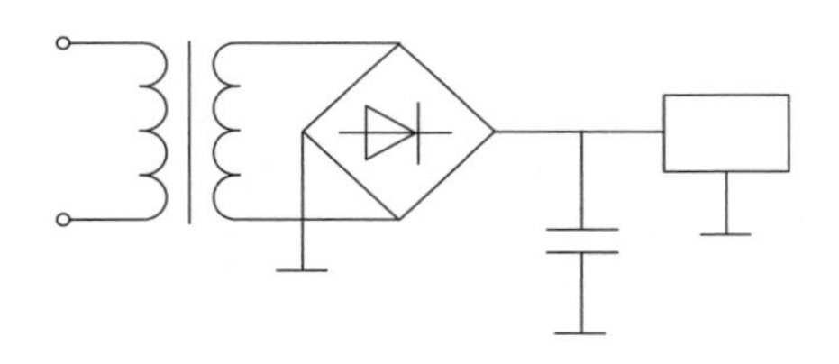

图 7-5　供电电路元器件连接图

7.2.3　绘制自动抽水机控制电路

1. 绘制蓄水池

1）绘制矩形。单击“默认”选项卡“绘图”面板中的“矩形”按钮，绘制一个长为 135、宽为 65 的矩形，结果如图 7-6a 所示。

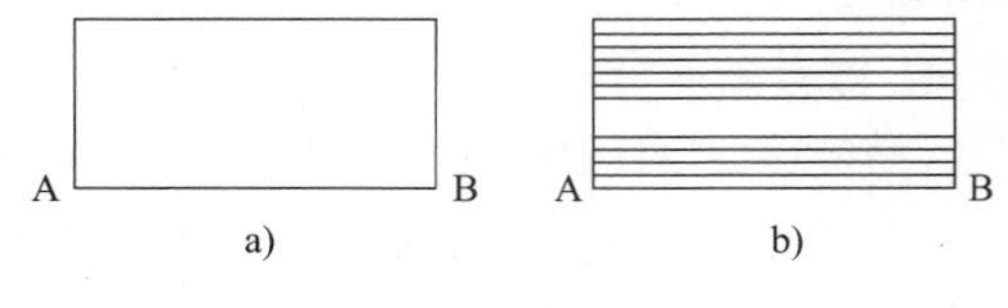

图 7-6　绘制蓄水池

2）分解矩形。单击“默认”选项卡“修改”面板中的“分解”按钮，将图 7-6a 所示的矩形边框进行分解。

3）偏移直线。单击“默认”选项卡“修改”面板中的“偏移”按钮，将直线 AB 向上偏移，偏移距离分别为 5、5、5、5、15、5、5、5、5、5，偏移后的效果如图 7-6b 所示。

4）修改线型。将图 7-6b 中偏移的水平直线的线型变为 DASHED（虚线），效果如图 7-7 所示。

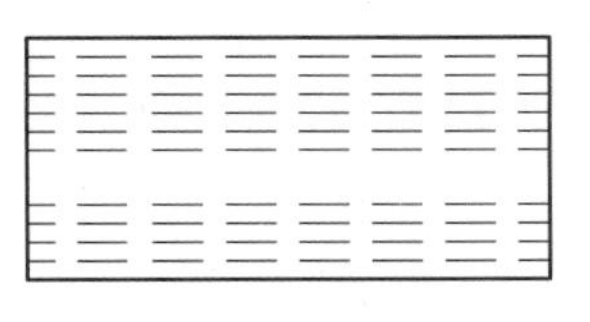
图 7-7 蓄水池

2. 连接各个图形符号

自动抽水机控制电路中其他元件的符号在前面绘制过，在此不再赘述。

1）单击"默认"选项卡"修改"面板中的"移动"按钮✥，将各个元器件的图形符号摆放到适当位置，如图 7-8 所示。

2）将"连接线层"设为当前层，单击"默认"选项卡"绘图"面板中的"直线"按钮╱，将图 7-8 中的各个元器件符号连接起来，并补画出其他图形符号，如输出端子等，结果如图 7-9 所示。

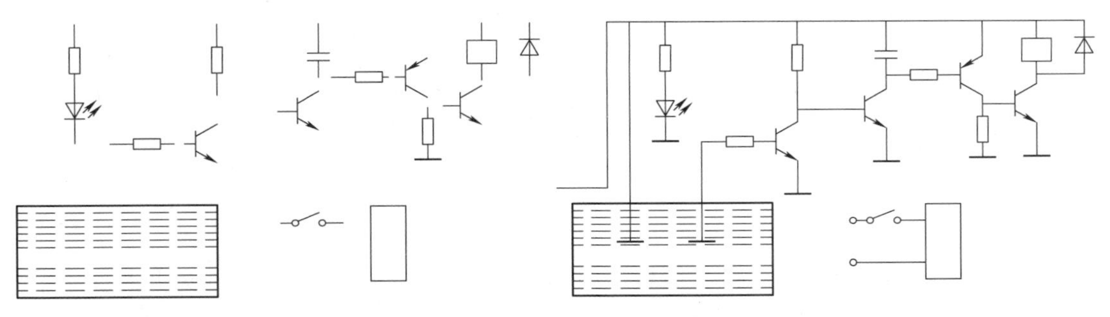
图 7-8 摆放控制电路各元器件　　图 7-9 控制电路元器件连接图

7.2.4 组合图形

将供电电路和自动抽水机控制电路组合到一起，得到自动抽水机线路图，如图 7-10 所示。

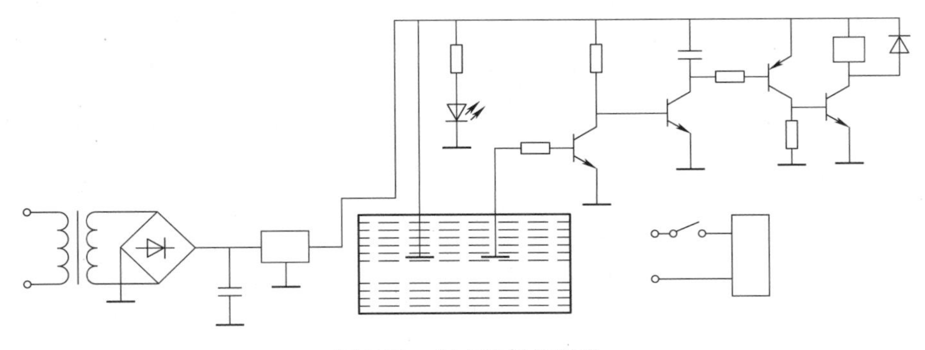
图 7-10 完成绘制的图形

7.2.5 添加注释文字

1. 创建文字样式

单击"默认"选项卡"注释"面板中的"文字样式"按钮A，弹出"文字样式"对话框，如图 7-11 所示。创建一个样式名为"自动抽水机线路图"的文字样式，"字体名"设置为“仿宋_ GB2312”，“字体样式”设置为“常规”，“高度”设置为 8，“宽度因子”设置为 0. 7，设置完成后单击“应用”按钮，并单击“置为当前”按钮，然后关闭对话框。

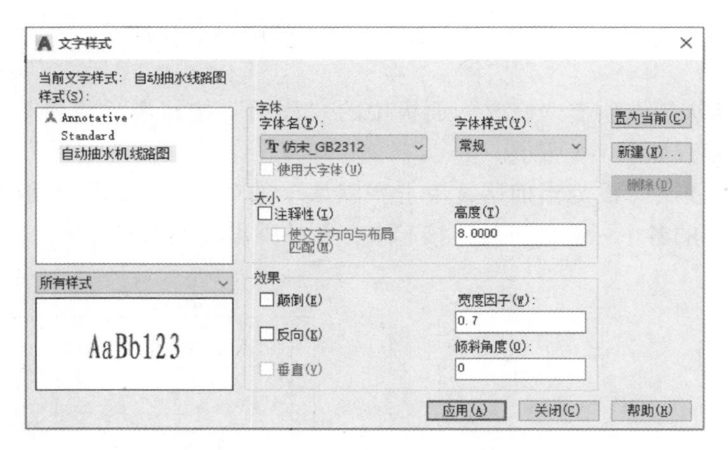

图 7-11 “文字样式”对话框

2. 添加注释文字

单击“默认”选项卡“注释”面板中的“多行文字”按钮A，一次输入几行文字，然后调整其位置，以对齐文字。调整位置时，结合使用正交模式。

添加注释文字后，即完成了整张图的绘制，如图 7-2 所示。

7.3 停电来电自动告知线路图

图 7-12 所示是一种音乐集成电路构成的停电来电自动告知线路图。它适用于农村需要提示停电、来电的场合。VT1、CD5、R3 组成了停电告知控制电路；IC1、VD1～VD4 等构成了来电告知控制电路；IC2、VT2、BL 为报警声驱动电路。

绘制此图的大致思路如下：首先绘制线路结构图，然后绘制各个元器件的图形符号，将元器件图形符号插入到线路结构图中，最后添加注释文字完成绘制。

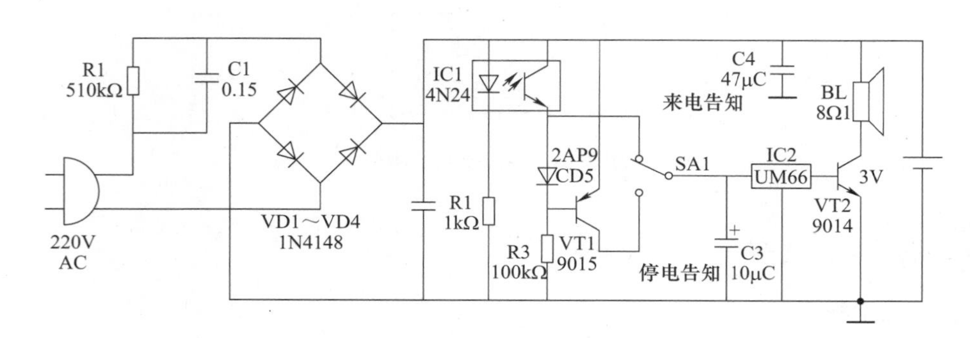

图 7-12 停电来电自动告知线路图

7.3.1 设置绘图环境

视频：停电来电自动告知线路图 1

1. 建立新文件

打开 AutoCAD 2024 应用程序，单击快速访问工具栏中的“新建”按钮，以“无样板打开-公制（M）”建立新文件，将新文件命名为“停电来电自动告知线路图 .dwg”并保存。

2. 设置图层

单击“图层”工具栏中的“图层特性管理器”按钮，设置“连接线层”和“实体符号层”，各图层的颜色、线型、线宽及其他属性状态设置如图 7-13 所示，将“连接线层”设置为当前层。

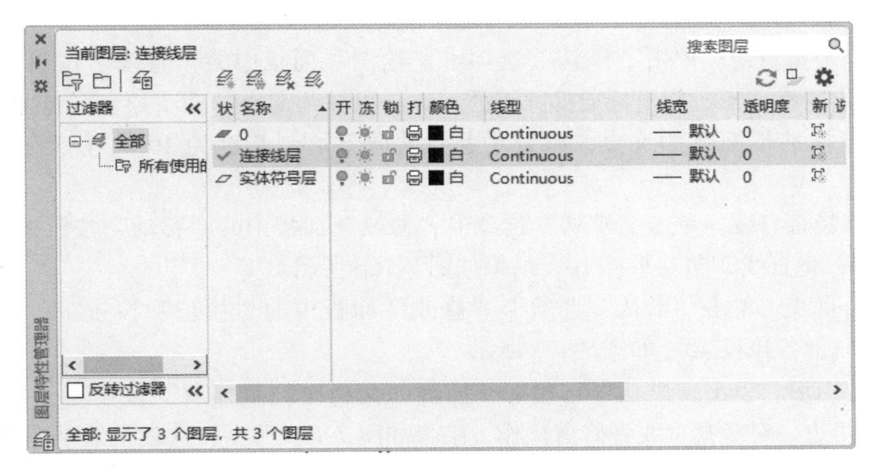

图 7-13　停电来电自动告知线路图层设置

7.3.2 绘制线路结构图

观察图 7-12 可知，此图中所有的元器件之间都是用导线连接的。因此，线路结构图的绘制方法如下。

单击“默认”选项卡“绘图”面板中的“直线”按钮，绘制一系列的水平和竖直直线，得到停电来电自动告知线路图的结构图。在绘制过程中，可以使用对象捕捉和正交绘图功能。绘制相邻直线时，先用鼠标捕捉相邻已经绘制好的直线端点，再以其为起点来绘制下一条直线。由于图中所有的直线都是水平或者竖直直线，因此，使用正交模式可以大幅减少工作量，方便绘图，提高效率。

如图 7-14 所示的结构图中，各个连接直线的长度如下：ab = 42，bc = 65，cd = 60，de = 40，ef = 30，fg = 30，gh = 105，hi = 45，ij = 35，jk = 155，lm = 75，ln = 32，np = 50，op = 35，pq = 45，rq = 23，fv = 45，ut = 52，tz = 50，aw = 55。实际上，在绘制各连接线的

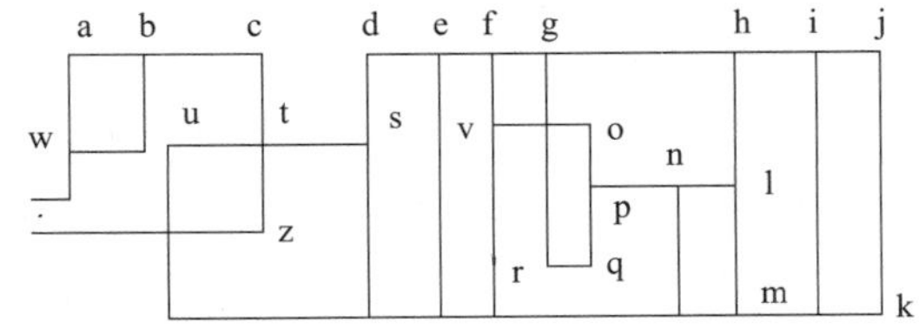

图 7-14　线路结构图

时候，可以用多种不同的方法，例如，“偏移”命令，“拉长”命令，“多段线”命令等。类似的技巧如果熟练应用，可以大幅减少工作量，能够快速准确地绘制需要的图形。

7.3.3 绘制各图形符号

1. 绘制插座符号

1）将“实体符号层”设置为当前层，绘制圆弧。单击“默认”选项卡“绘图”面板中的“圆弧”按钮，绘制一条起点为（100，100），端点为（60，100），半径为 20 的圆弧，如图 7-15a 所示。

2）绘制水平直线。单击“默认”选项卡“绘图”面板中的“直线”按钮，在对象捕捉绘图模式下，用鼠标分别捕捉圆弧的起点和终点，绘制一条水平直线，如图 7-15b 所示。

3）绘制竖直直线。单击“默认”选项卡“绘图”面板中的“直线”按钮，在对象捕捉和正交绘图模式下，用鼠标捕捉圆弧的起点，以其为起点，向下绘制长度为 10 的竖直直线 1；用鼠标捕捉圆弧的终点，以其为起点，向下绘制长度为 10 的竖直直线 2，如图 7-16a 所示。

4）平移竖直直线。单击“默认”选项卡“修改”面板中的“移动”按钮，将直线 1 向右平移 10，将直线 2 向左平移 10，结果如图 7-16b 所示。

5）拉长直线。单击“默认”选项卡“修改”面板中的“拉长”按钮，将直线 1 和直线 2 分别向上各拉长 40，如图 7-17a 所示。

6）修剪图形。单击“默认”选项卡“修改”面板中的“修剪”按钮，以水平直线和圆弧为剪切边，对竖直直线做修剪操作，结果如图 7-17b 所示，这就是绘制完成的插座的图形符号。

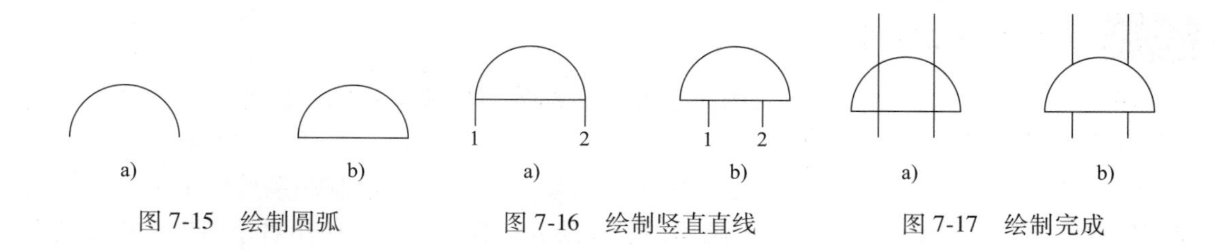

图 7-15 绘制圆弧　　图 7-16 绘制竖直直线　　图 7-17 绘制完成

2. 绘制开关符号

1）单击“默认”选项卡“绘图”面板中的“直线”按钮，绘制一条长为 20 的竖直直线，如图 7-18a 所示。

2）单击“默认”选项卡“修改”面板中的“旋转”按钮，选择“复制”模式，将步骤 1）绘制的竖直直线绕直线下端点旋转−60°，如图 7-18b 所示。

3）单击“默认”选项卡“修改”面板中的“旋转”按钮，选择“复制”模式，将步骤 1）绘制的竖直直线绕直线上端点旋转 60°，如图 7-18c 所示。

4）绘制圆。单击“默认”选项卡“绘图”面板中的“圆”按钮，分别以图 7-18 所示的三角形的顶点为圆心，绘制3个半径为2的圆，如图7-19a所示。

5）删除直线。单击“默认”选项卡“修改”面板中的“删除”按钮，删除三角形的三条边，如图7-19b所示。

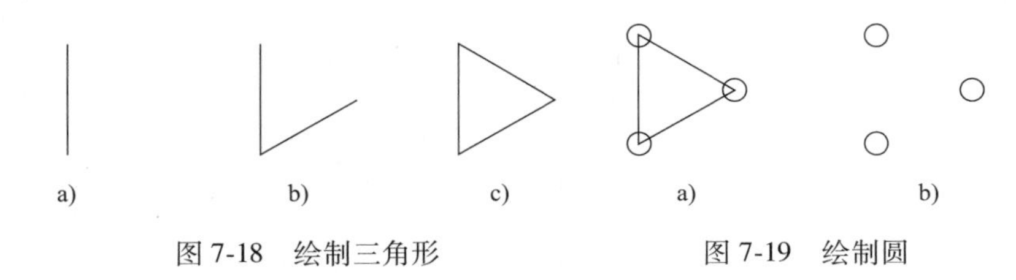

图7-18　绘制三角形　　　图7-19　绘制圆

6）绘制直线。单击“默认”选项卡“绘图”面板中的“直线”按钮，以图7-20a所示象限点为起点，以图7-20b所示切点为终点，绘制直线，如图7-20c所示。

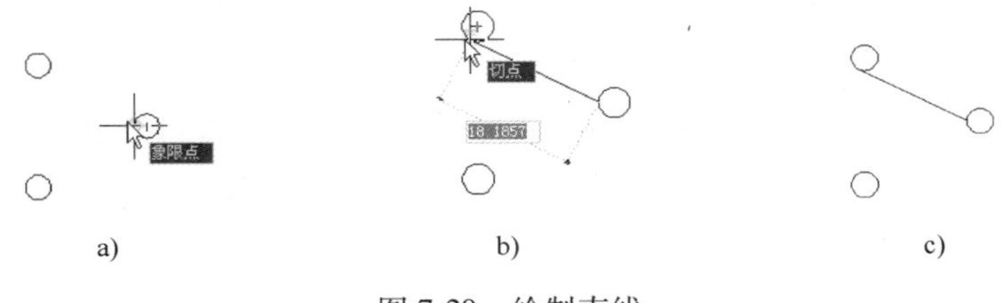

图7-20　绘制直线

7）拉长直线。单击“默认”选项卡“修改”面板中的“拉长”按钮，将图7-20c中所绘制的直线拉长4，如图7-21a所示。

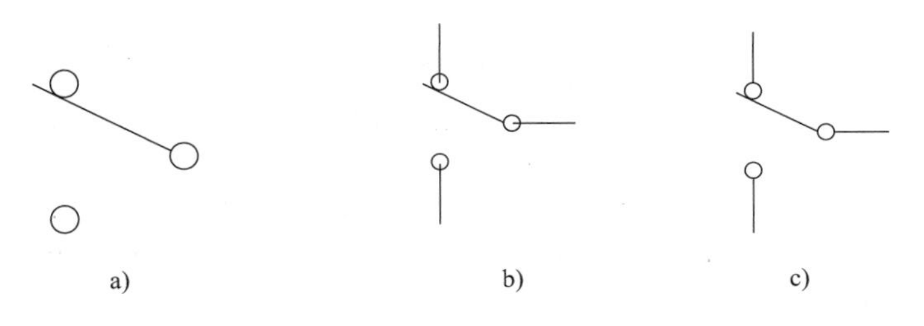

图7-21　完成绘制

8）绘制直线。单击“默认”选项卡“绘图”面板中的“直线”按钮，以三个圆的圆心为起点，分别水平向右、竖直向上、竖直向下绘制长度为5的直线，如图7-21b所示。

9）修剪图形。单击“默认”选项卡“修改”面板中的“修剪”按钮，以圆为修剪边，修剪掉圆内的线头，如图7-21c所示。

3. 绘制扬声器符号

1）绘制矩形。单击“默认”选项卡“绘图”面板中的“矩形”按钮，绘制一个长为18、宽为45的矩形，结果如图7-22所示。

2）绘制斜线。单击“默认”选项卡“绘图”面板中的“直线”按钮，关闭正交功能，选择菜单栏中的“工具”→“绘图设置”命令，在弹出的“草图设置”对话框的“极轴追踪”选项卡中设置角度，如图7-23所示。绘制一定长度的斜线，如图7-24所示。

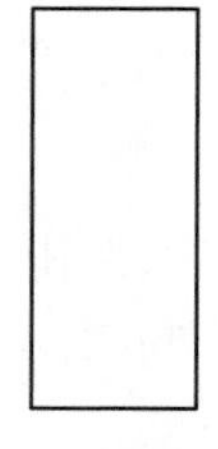

图 7-22　绘制矩形

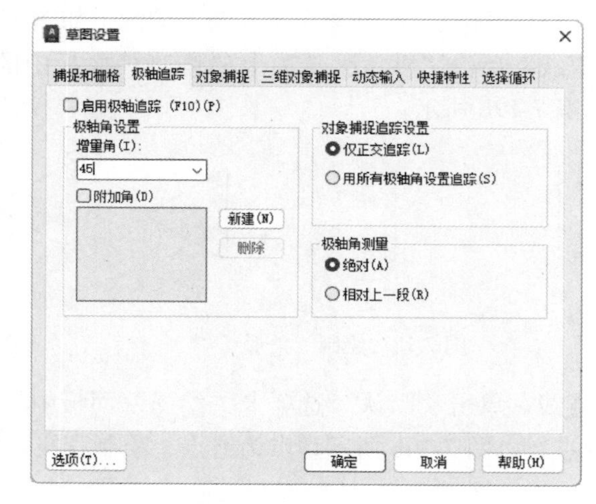

图 7-23　“草图设置”对话框

3）镜像直线。单击“默认”选项卡“修改”面板中的“镜像”按钮，将图 7-24 中的斜线以矩形两个宽边的中点连线为镜像线，对称复制到下边，如图 7-25 所示。

4）绘制直线。单击“默认”选项卡“绘图”面板中的“直线”按钮，连接两斜线端点，如图 7-26 所示，这就是扬声器的图形符号。

图 7-24　绘制斜线　　图 7-25　镜像图形　　图 7-26　扬声器符号

4. 绘制电源符号

1）绘制直线。单击“默认”选项卡“绘图”面板中的“直线”按钮，绘制长度为 20 的直线 1，如图 7-27a 所示。

2）偏移直线。单击“默认”选项卡“修改”面板中的“偏移”按钮，以直线 1 为起始，依次向下绘制直线 2，偏移量为 10，如图 7-27b 所示。

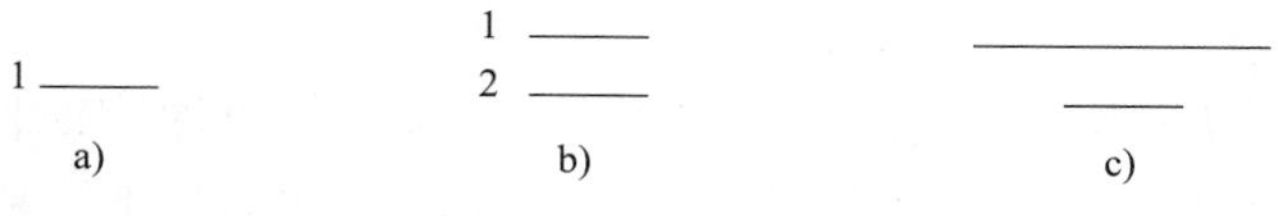

1　　a)　　1 2　　b)　　c)

图 7-27　绘制电源符号

3）拉长直线。单击“默认”选项卡“修改”面板中的“拉长”按钮，分别向左右拉长直线 1，拉长长度为 15，结果如图 7-27c 所示。

5. 绘制整流桥

1）绘制正方形。单击“默认”选项卡“绘图”面板中的“矩形”按钮，绘制一个边长为 50 的正方形，并将其移动到合适的位置，效果如图 7-28a 所示。

2）旋转正方形。单击“默认”选项卡“修改”面板中的“旋转”按钮，将图 7-28a 所示的正方形以点 P 为基点，旋转 45°，旋转后的效果如图 7-28b 所示。

3）复制二极管符号。单击“默认”选项卡“修改”面板中的“复制”按钮，将以前绘制的二极管符号复制到绘图区，如图 7-29a 所示。

4）旋转二极管符号。单击“默认”选项卡“修改”面板中的“旋转”按钮，将如图 7-29a 所示的二极管符号以 O 为基点，旋转−45°，旋转后的效果如图 7-29b 所示。

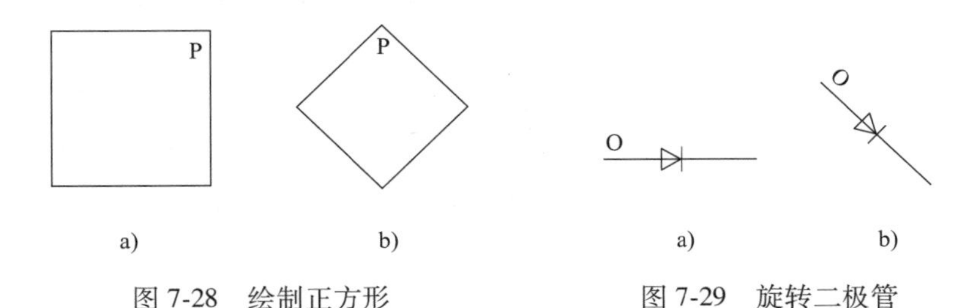

图 7-28　绘制正方形　　图 7-29　旋转二极管

5）移动图形。单击“默认”选项卡“修改”面板中的“移动”按钮，以图 7-29b 中的 O 点为移动基准点，以图 7-28b 所示 P 点为移动目标点，移动后的效果如图 7-30a 所示。用同样的方法移动另一个二极管到 P 点，如图 7-30b 所示。

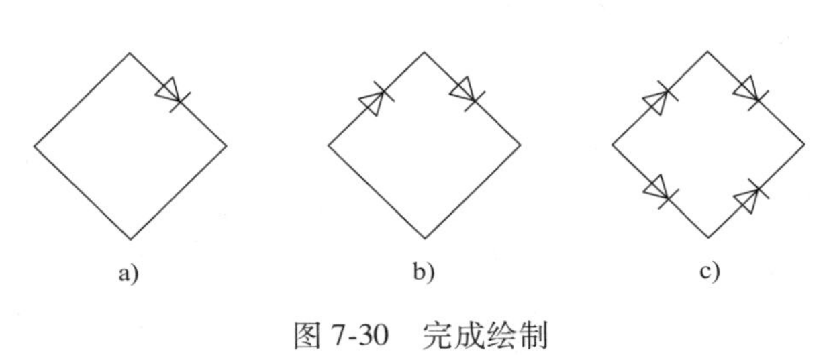

图 7-30　完成绘制

6）镜像图形。单击“默认”选项卡“修改”面板中的“镜像”按钮，镜像步骤 5）移动的二极管，镜像线为正方形的左、右两个端点的连线，效果如图 7-30c 所示，即为绘制完成的整流桥。

6. 绘制发光二极管符号

1）单击“绘图”工具栏中的“插入块”按钮，打开“块”选项板，如图 7-31 所示。单击“显示文件导航对话框”按钮，弹出“选择要插入的文件”对话框，选择配套资源中的“源文件\图块\箭头”图块作为插入对象，然后返回绘图屏幕，根据命令行提示指定比例因子为 6，然后在屏幕单击指定插入点，插入结果如图 7-32 所示。命令行中的提示与操作如下。

```
命令：_insert↙
指定插入点或[基点(B)/比例(S)/X/Y/X/旋转(R)]:S↙
指定 XYZ 轴的比例因子<1>:6↙
指定插入点或[基点(B)/比例(S)/X/Y/X/旋转(R)]:(鼠标在绘图区合适的位置单击)
指定旋转角度<0>:↙
```

2）单击“默认”选项卡“绘图”面板中的“直线”按钮，捕捉图 7-32 中箭头竖直线的中点，以此为起点，水平向左绘制长为 4 的直线，如图 7-33a 所示。

3）单击“默认”选项卡“修改”面板中的“旋转”按钮，将图 7-33a 中绘制的箭头绕顶点旋转 40°，如图 7-33b 所示。

4）单击“默认”选项卡“修改”面板中的“复制”按钮，将图 7-33b 中绘制的箭头向右 3mm 复制，如图 7-33c 所示。

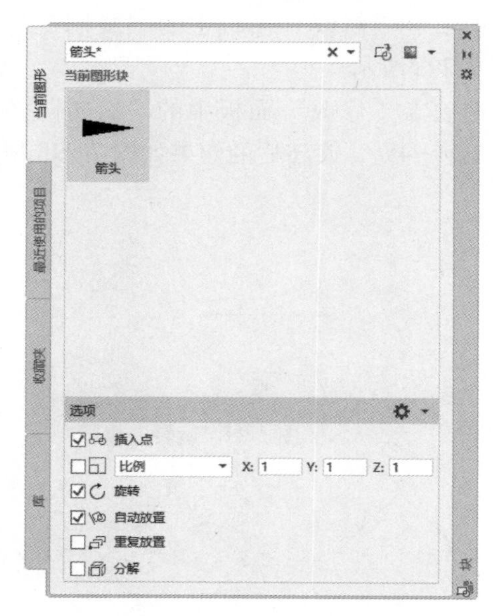

图 7-31 “块”选项板

图 7-32 箭头符号

5）把以前绘制的二极管符号复制到当前窗口，如图 7-34a 所示。

6）单击“默认”选项卡“修改”面板中的“移动”按钮✥，移动图 7-33c 中的箭头到合适的位置，得到发光二极管符号，如图 7-34b 所示。

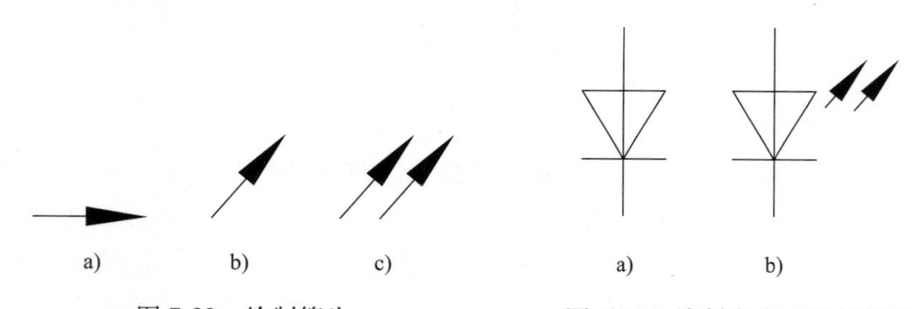

图 7-33 绘制箭头

图 7-34 绘制发光二极管符号

7. 绘制光敏管符号

1）把以前绘制的晶体管符号复制到当前窗口，如图 7-35a 所示。

2）单击“默认”选项卡“修改”面板中的“删除”按钮，将图 7-35a 中的水平线删除，删除后的效果如图 7-35b 所示。

3）组合图形。单击“默认”选项卡“修改”面板中的“移动”按钮✥，将图 7-34b 发光二极管符号和图 7-35b 光敏管符号平移到长为 45，宽为 23 的矩形中，如图 7-36 所示，这就是绘制完成的 IC1 光电耦合器的图形符号（此图形符号仅为绘图举例示意，国标符号请参考最新国标）。

8. 绘制 PNP 型晶体管符号

1）复制图形。把以前绘制的晶体管符号复制到当前窗口，如图 7-35a 所示。

2）删除箭头。单击“默认”选项卡“修改”面板中的“删除”按钮，将图 7-35a 中的箭头删除，删除后的效果如图 7-37 所示。

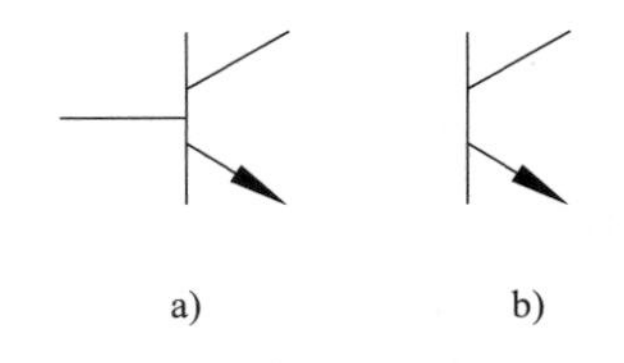

图 7-35　绘制光敏管符号

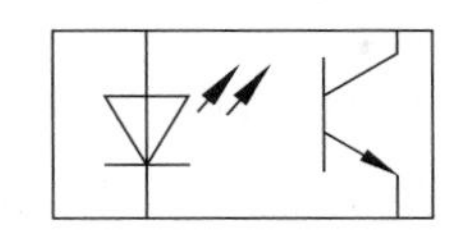

图 7-36　IC1 光电耦合器符号

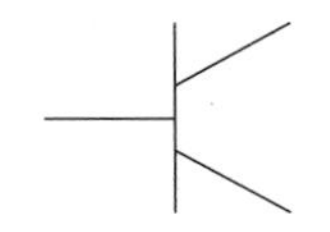

图 7-37　删除箭头后图形

3）插入块。单击“绘图”工具栏中的“插入块”按钮，打开“块”选项板，如图 7-38 所示。单击“显示文件导航对话框”按钮，弹出“选择要插入的文件”对话框，选择配套资源中的“源文件 \ 图块 \ 箭头”图块作为插入对象，设置参数如图 7-38 所示，回到绘图区，在绘图区上捕捉直线的端点为插入点，如图 7-39 所示。插入“箭头”后的结果如图 7-40 所示。

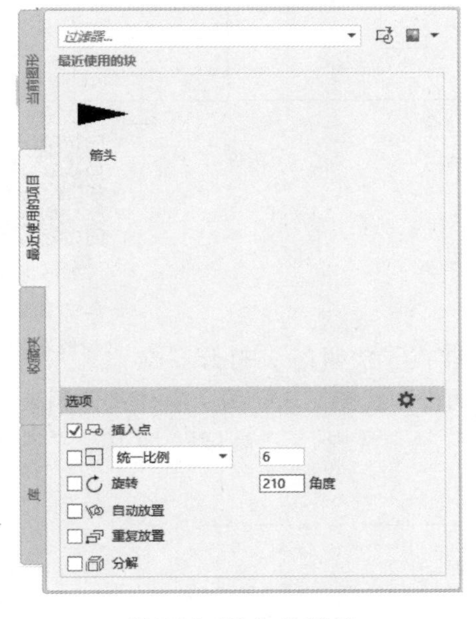

图 7-38“块”选项板

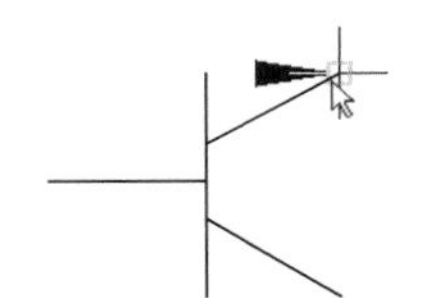

图 7-39　捕捉端点

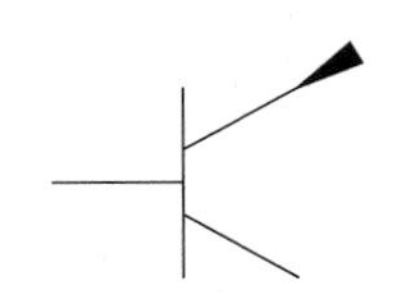

图 7-40　插入箭头

4）移动箭头。单击“默认”选项卡“修改”面板中的“移动”按钮，将图 7-40 中的箭头顶点作为平移基准点，以图 7-41a 所示端点为平移目标点，平移后的效果如图 7-41b 所示。

9. 绘制其他图形符号

二极管、电阻、电容符号在以前绘制过，在此不再赘述，把二极管、电阻和电容符号复制到当前绘图窗口，如图 7-42 所示。

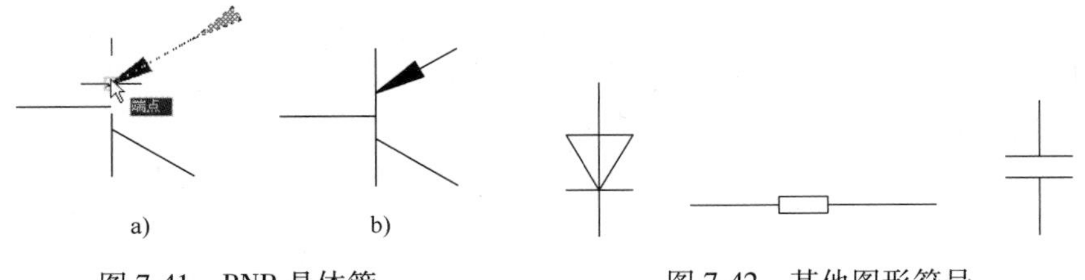

图 7-41　PNP 晶体管　　　　图 7-42　其他图形符号

7.3.4 图形符号插入结构图

调用“移动”命令，将绘制好的各图形符号插入线路结构图中对应的位置，然后调用“修剪”和“删除”命令，删除掉多余的图形。在插入图形符号的时候，根据需要可以调用“缩放”命令，调整图形符号的大小，以保持整个图形的美观整齐。完成后的结果如图 7-43 所示。

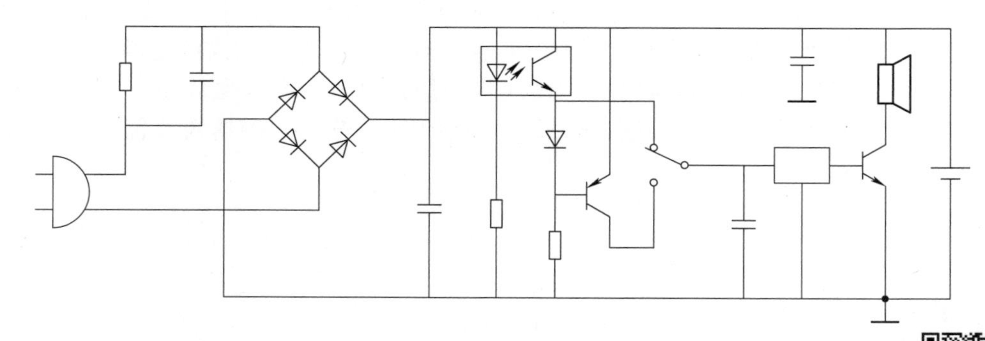

图 7-43　完成绘制

视频：停电来电自动告知线路图 2

7.3.5 添加注释文字

1. 创建文字样式

单击“默认”选项卡“注释”面板中的“文字样式”按钮，打开“文字样式”对话框，创建一个样式名为“停电来电自动告知线路图 1”的文字样式，用来标注文字。“字体名”为“仿宋_GB2312”，“字体样式”为“常规”，“高度”为 10，“宽度因子”为 0.7，如图 7-44 所示。

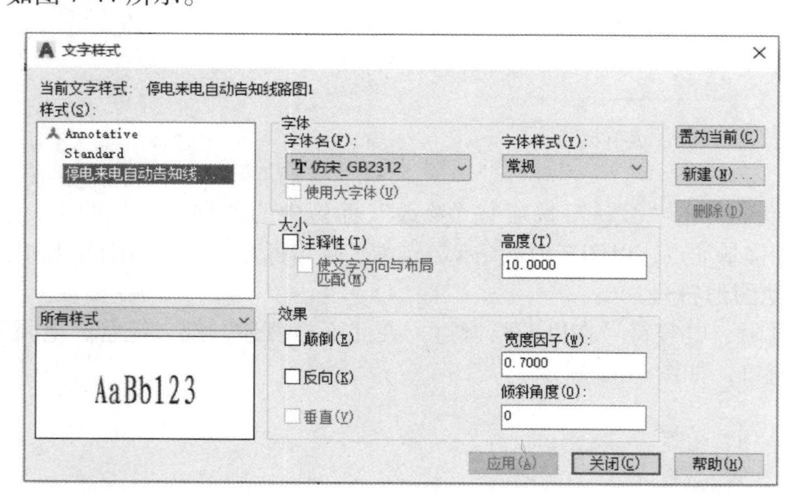

图 7-44　“文字样式”对话框

2. 添加注释文字

单击“默认”选项卡“注释”面板中的“多行文字”按钮A，输入几行文字，然后调整其位置，以对齐文字。调整位置的时候，结合使用正交模式。

3. 使用文字编辑命令修改文字以得到需要的文字

至此，停电来电自动告知线路图绘制完毕，效果如图 7-12 所示。

7.4 上机实验

通过前面的学习，读者对本章知识有了大体的了解，本节通过两个操作练习帮助读者进一步掌握本章知识要点。

实验 1　绘制如图 7-45 所示的直流数字电压表线路图

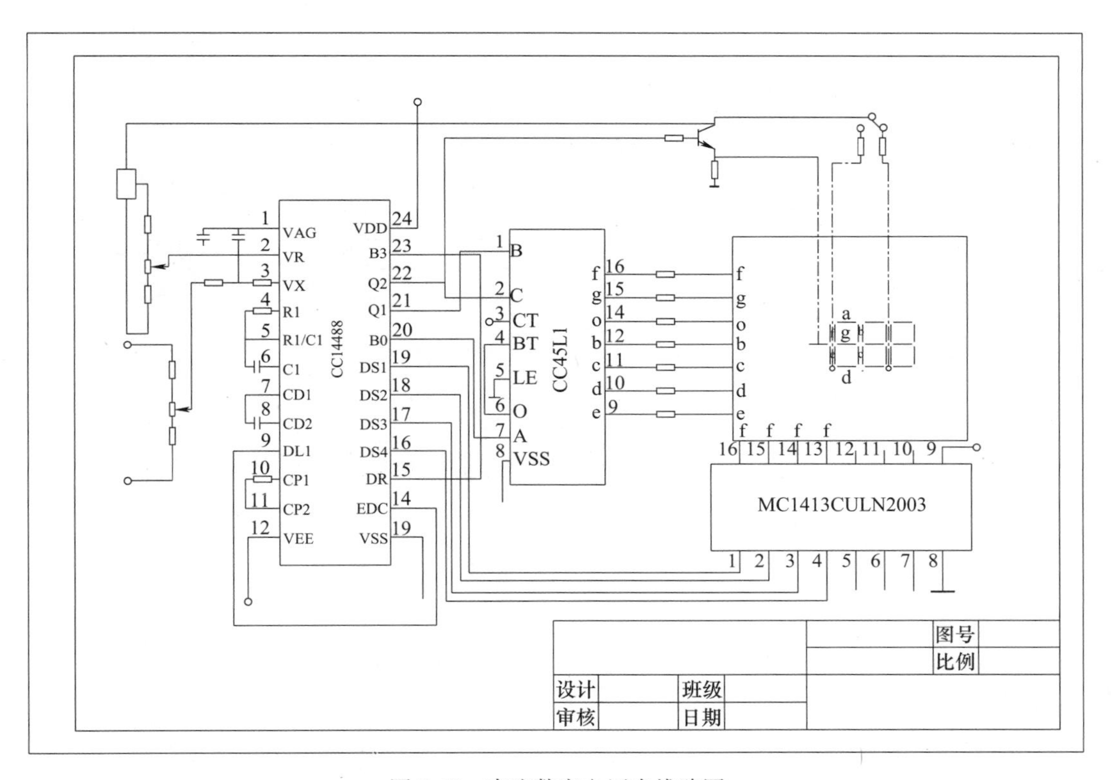

图 7-45　直流数字电压表线路图

（1）目的要求

本实验的目的是通过直流数字电压表线路图的绘制，帮助读者巩固对电路图绘制方法和技巧的掌握。

（2）操作提示

1）设置三个新图层。

2）绘制线路结构图。

3）绘制实体符号。

4）将绘制的实体符号插入到图形中。

5）添加注释文字。

6）插入图框。

实验 2　绘制如图 7-46 所示的键盘显示器接口电路

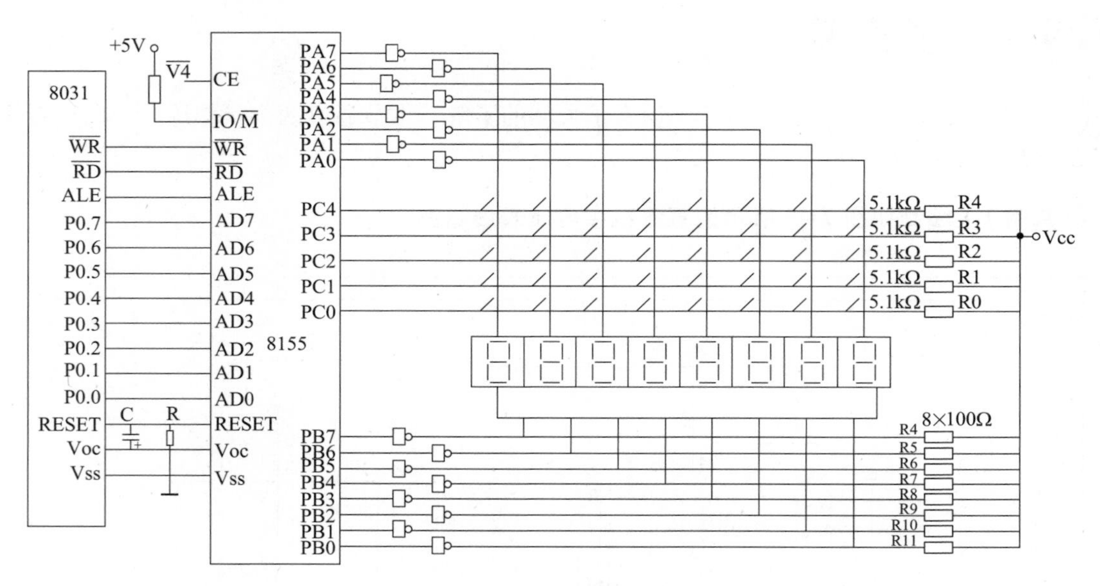

图 7-46　键盘显示器接口电路

（1）目的要求

本实验的目的是通过键盘显示器接口电路图的绘制，帮助读者巩固对电路图绘制方法和技巧的掌握。

（2）操作提示

1）设置新图层。

2）绘制连接线。

3）绘制各个元器件符号。

4）连接各个元器件。

5）添加注释文字。

7.5　思考与练习

1. 绘制如图 7-47 所示的单片机采样线路图。
2. 绘制如图 7-48 所示的荧光灯的调节器电路。

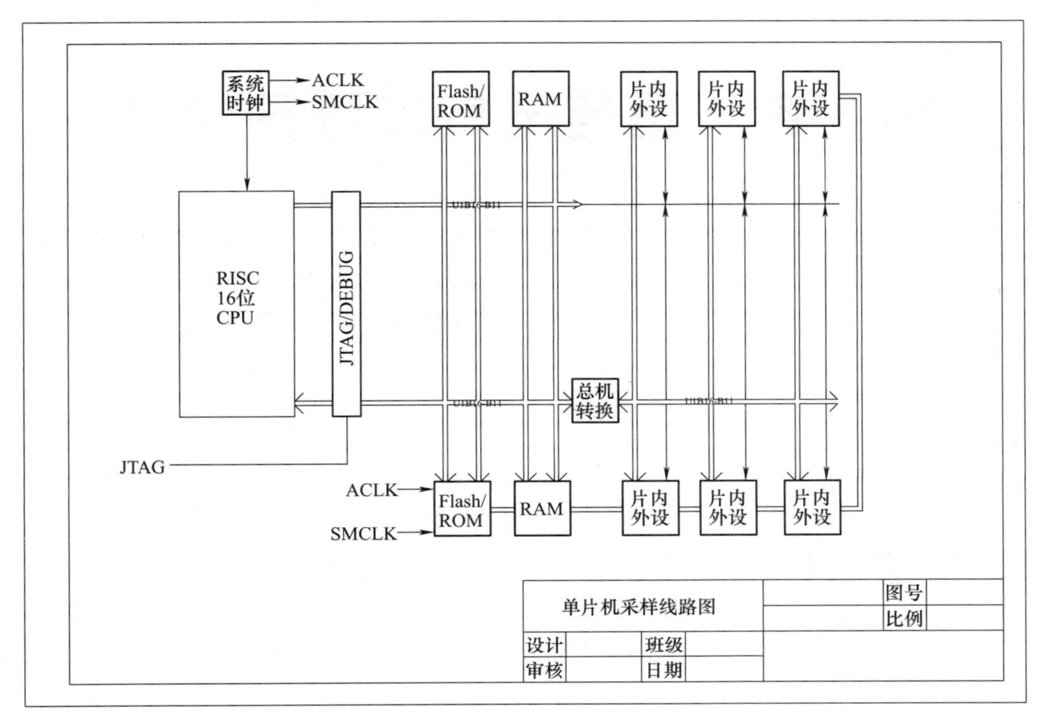

图 7-47　单片机采样线路图

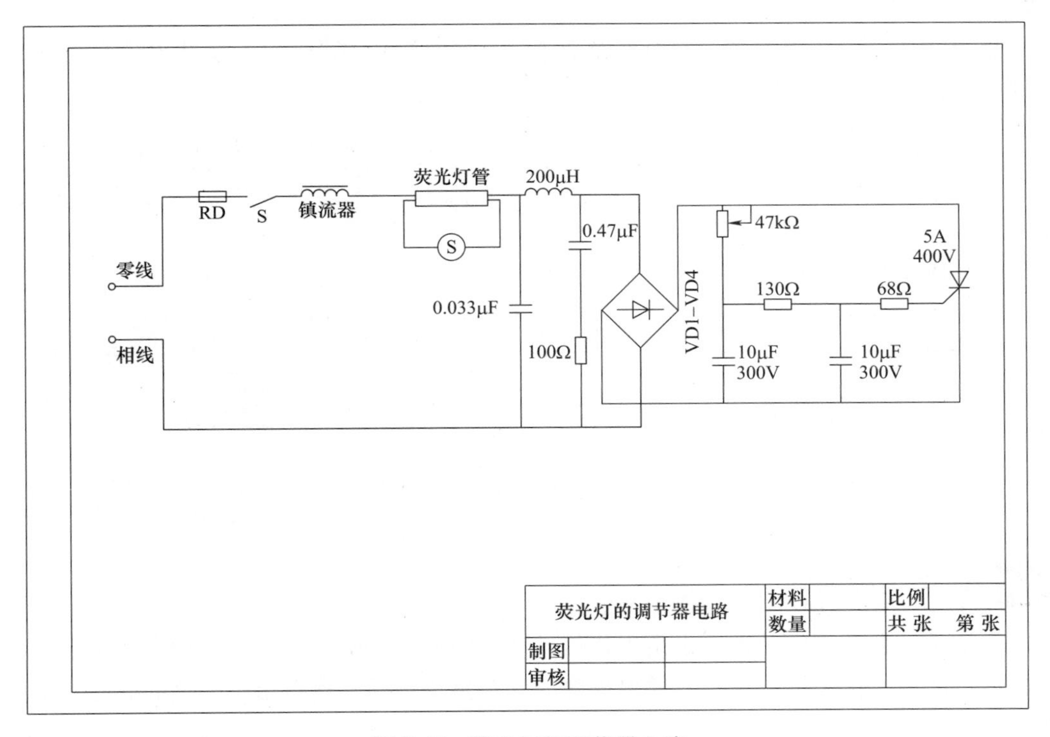

图 7-48　荧光灯的调节器电路

第 8 章　通信电气工程图设计

通信工程图是一类比较特殊的电气图。和传统的电气图不同，通信工程图是最近发展起来的一类电气图，主要应用于通信领域。本章将介绍通信系统的相关基础知识和基本符号的绘制，并通过两个通信工程图的实例，来学习绘制通信工程图的一般方法。

本章重点

- 通信工程图简介
- 移动通信系统图
- 无线寻呼系统图

8.1　通信工程图的简介

本节主要介绍了通信系统的基本概念和工作流程，以及通信工程图的基本概念和绘制方法。

8.1.1　通信系统的简介

通信是指信息的传递与交流。通信系统是指传递信息所需要的一切技术设备和传输媒介。通信原理如图 8-1 所示。

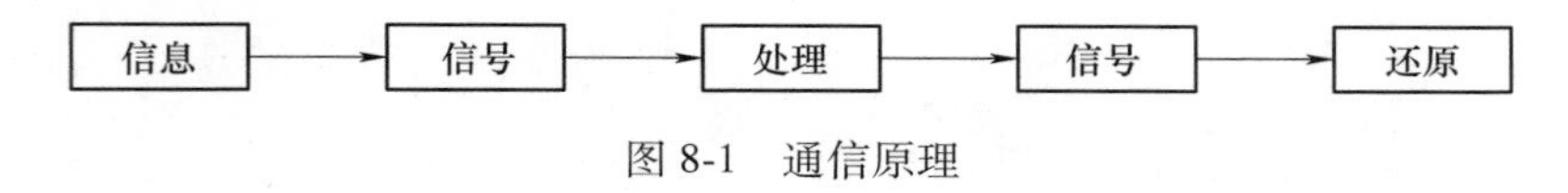

图 8-1　通信原理

通信系统工作流程如图 8-2 所示。

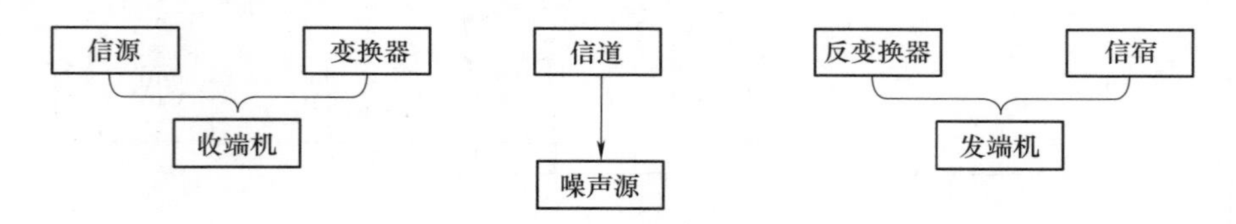

图 8-2　通信系统工作流程

8.1.2　通信工程图的简介

电子学是信息技术的关键，也是现代信息产业的重要基础，它在很大程度上决定着硬件设备的运行能力。衡量微电子技术发展程度的一个重要指标，是在指甲大小的硅芯片上所能集成的元件数目。

通信工程图与电子电路图一样，在信号分析和电路设计等领域占据了重要的地位。按照传输方式，通信电路图可分为无线发射电路图、有线通信电路图、无线接收电路图。

8.2 移动通信系统图

本例绘制的天线馈线系统图如图 8-3 所示。天线馈线系统图由两部分组成，其中图 8-3a 所示为同轴电缆天线馈线系统，图 8-3b 所示为圆波导天线馈线系统。和前面绘制的电气工程图不同，本图中没有导线，所以可以严格按照电缆的顺序来绘制。

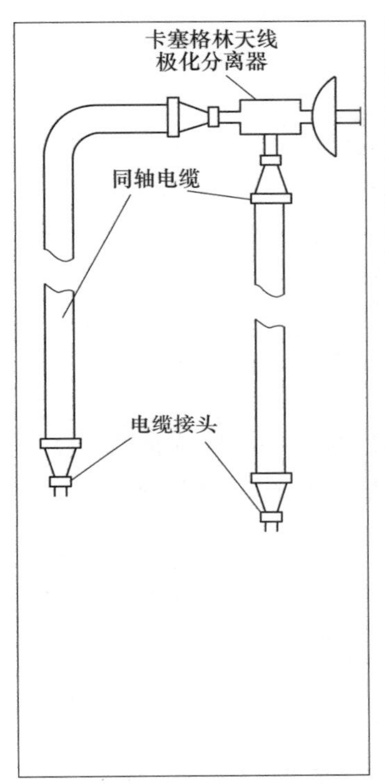

a)

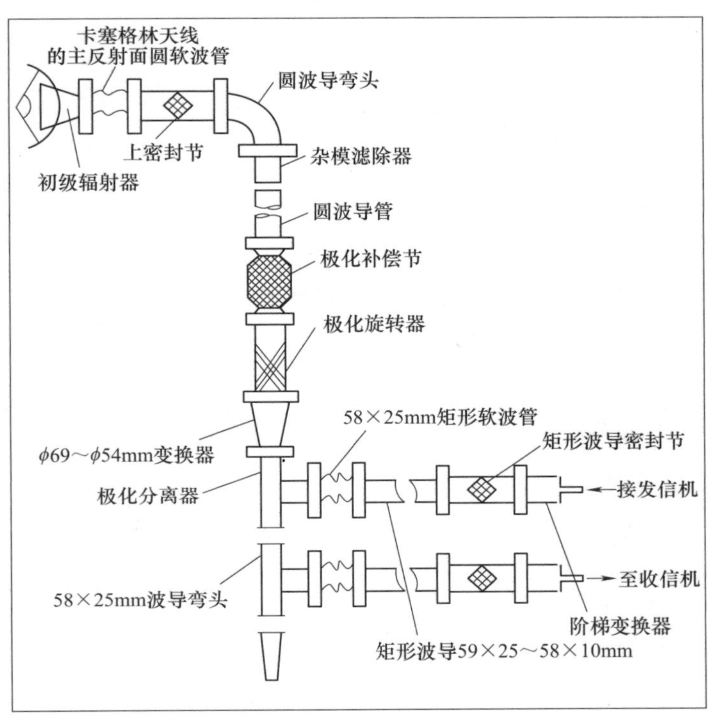

b)

图 8-3　天线馈线系统图

1. 设置绘图环境

1）新建文件。启动 AutoCAD 2024 应用程序，单击快速访问工具栏中的“新建”按钮，选择“A3 图形样板”创建一个新的文件。将新文件命名为“天线馈线系统图 . dwg”。

2）设置图层。单击“默认”选项卡“图层”面板中的“图层特性”按钮，在弹出的“图层特性管理器”对话框中新建“实体符号层”和“中心线层”两个图层，各图层的颜色、线型和线宽设置如图 8-4 所示。将“实体符号层”设置为当前图层。

2. 绘制同轴电缆弯曲部分

1）绘制连续直线。单击“默认”选项卡“绘图”面板中的“直线”按钮，开启正交模式，分别绘制水平直线 1 和竖直直线 2，长度分别为 40mm 和 50mm，如图 8-5a 所示。

2）倒圆角。单击“默认”选项卡“修改”面板中的“圆角”按钮，对两直线相交的角点倒圆角，圆角的半径为 12mm，命令行中的提示与操作如下。

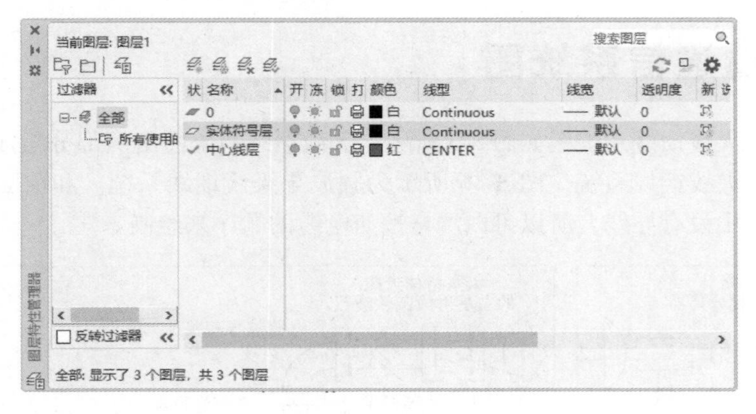

图 8-4　设置图层

```
命令：_fillet
当前设置：模式 = 修剪,半径 = 12.0000
选择第一个对象或[放弃(U)/多段线(P)/半径(R)/修剪(T)/多个(M)]：r↙
指定圆角半径 <12.0000>：12↙
选择第一个对象或[放弃(U)/多段线(P)/半径(R)/修剪(T)/多个(M)]：(用鼠标拾取直线 1)
选择第二个对象,或按住〈Shift〉键选择对象以应用角点或[半径(R)]：(用鼠标拾取直线 2)
```

倒圆角结果如图 8-5b 所示。

3）偏移图形。单击“默认”选项卡“修改”面板中的“偏移”按钮⊆，将圆弧向外偏移 12。然后，将直线 1 和直线 2 分别向上和向左偏移 12，偏移结果如图 8-5c 所示。

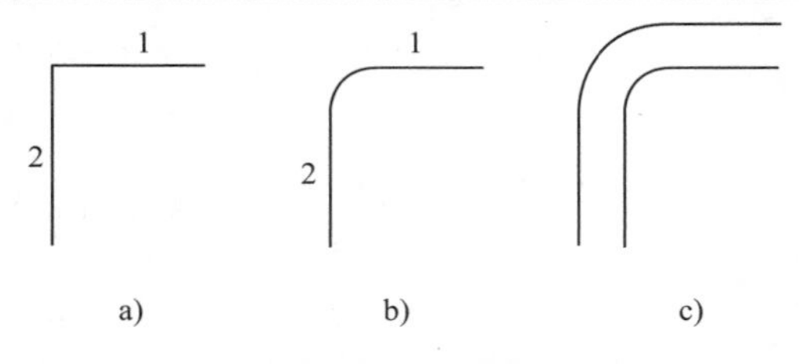

图 8-5　绘制同轴电缆弯曲部分

注意：在偏移图形的时候，偏移方向只能向外，如果偏移方向是向圆弧圆心方向的，将得不到需要的结果，读者可以实际操作验证一下，思考一下为什么会这样。

3. 绘制副反射器

1）绘制半圆弧。单击“默认”选项卡“绘图”面板中的“圆弧”按钮，以（150，150）为圆心，（150，210）为起点绘制一条半径为 60 的半圆弧，如图 8-6a 所示。

2）绘制直径线。单击“默认”选项卡“绘图”面板中的“直线”按钮，开启对象捕捉追踪模式，捕捉半圆弧的两个端点绘制竖直直线，如图 8-6b 所示。

3）偏移直线。单击“默认”选项卡“修改”面板中的“偏移”按钮⊆，将竖直直线向左偏移 30，如图 8-6c 所示。

4）绘制水平直线。单击“默认”选项卡

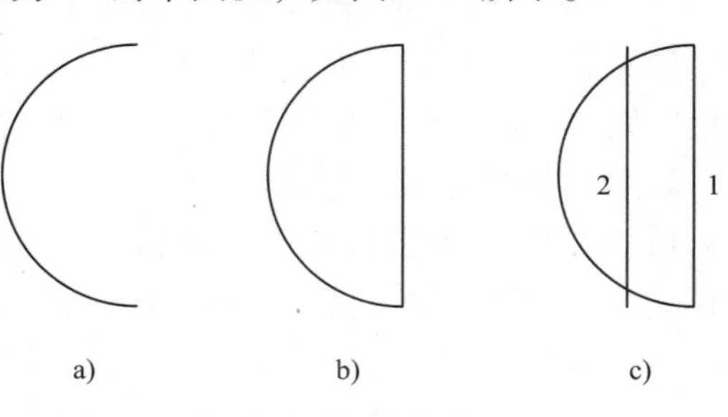

图 8-6　绘制圆弧和直线

“绘图”面板中的“直线”按钮╱，开启对象捕捉追踪和正交模式，捕捉圆弧的圆心为起点，向左绘制一条长度为60的水平直线3，终点刚好落在圆弧上，如图8-7a所示。

5）偏移直线。单击“默认”选项卡“修改”面板中的“偏移”按钮⊆，将直线3分别向上和向下偏移7.5，得到直线4和直线5，如图8-7b所示。

6）删除直线。单击“默认”选项卡“修改”面板中的“删除”按钮，删除直线3，如图8-7c所示。

7）修剪图形。单击“默认”选项卡“修改”面板中的“修剪”按钮，对图形进行修剪，完成副反射器的绘制，如图8-8所示。

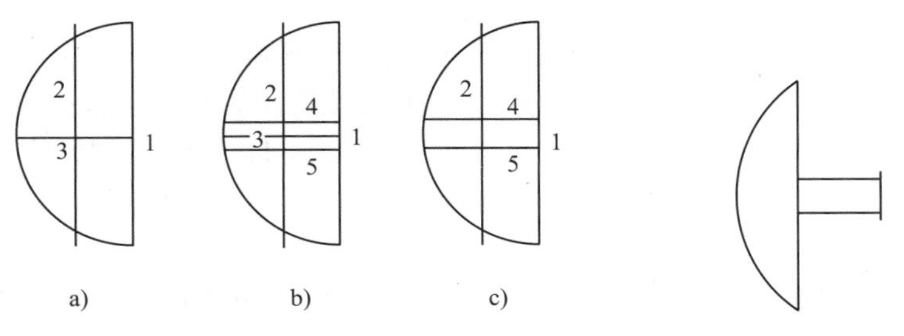

图8-7　绘制水平直线　　图8-8　副反射器

4. 绘制极化分离器

1）绘制矩形。单击“默认”选项卡“绘图”面板中的“矩形”按钮□，绘制一个长为75、宽为45的矩形，命令行中的提示与操作如下。

```
命令：_rectang
指定第一个角点或［倒角(C)/标高(E)/圆角(F)/厚度(T)/宽度(W)］(在绘图区空白处单击)
指定另一个角点或［面积(A)/尺寸(D)/旋转(R)］：d↙
指定矩形的长度 <0.0000>：75↙
指定矩形的宽度 <0.0000>：45↙
指定另一个角点或［面积(A)/尺寸(D)/旋转(R)］：(在目标位置单击)
```

绘制的矩形如图8-9a所示。

2）分解矩形。单击“默认”选项卡“修改”面板中的“分解”按钮，将绘制的矩形分解。

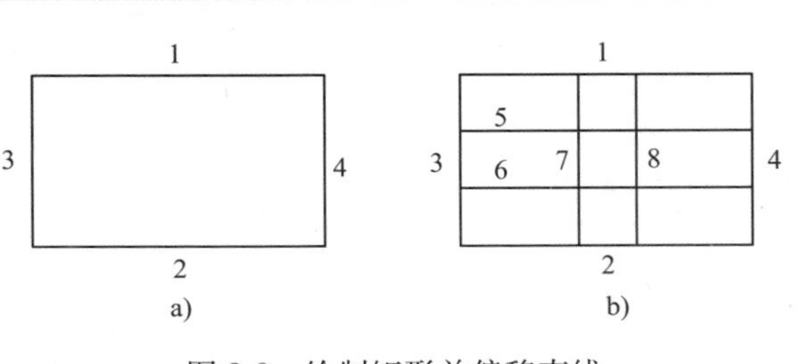

图8-9　绘制矩形并偏移直线

3）偏移直线。单击“默认”选项卡“修改”面板中的“偏移”按钮⊆，将直线1分别向下偏移15和30，绘制直线5、6；将直线3分别向右偏移30和45，绘制直线7、8，偏移结果如图8-9b所示。

4）拉长直线。单击“默认”选项卡“修改”面板中的“拉长”按钮╱，将直线5和直线6分别向两端拉长15，将直线7和直线8向下拉长15，如图8-10a所示。

5）修剪图形。单击“默认”选项卡“修改”面板中的“修剪”按钮，对图形进行修剪操作，得到如图8-10b所示的结果，完成极化分离器的绘制。

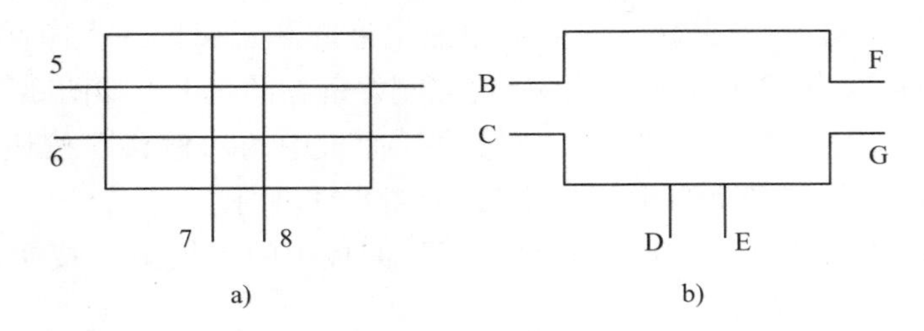

图 8-10　拉长并修剪直线

5. 连接天线馈线系统

将绘制好的各部件连接起来，并添加注释，得到所需的结果。

1）由于与极化分离器相连的电器元件最多，所以将其作为整个连接操作的中心。单击“绘图”工具栏中的“插入块”按钮，系统弹出如图 8-11 所示的“块”选项板，勾选“插入点”复选框，并选中“比例”选项组中的“统一比例”复选框，设置旋转“角度”为 90°。

2）使用对象捕捉功能，打开书中“源文件 \ 第 8 章 \ 移动通信系统图”文件夹中的“电缆接线头 . dwg”文件，将图块插入到图形中，结果如图 8-12 所示。

3）采用相同的方法插入另一个电缆接线头。打开书中“图库”文件夹中的“副反射器符号 . dwg”文件，将图块插入到图形中，结果如图 8-13 所示。

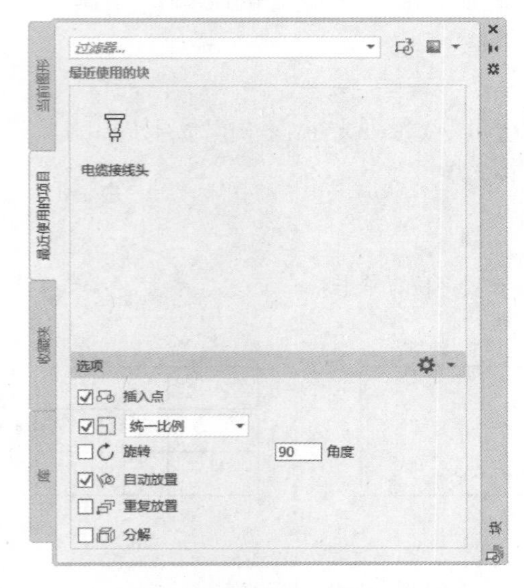

图 8-11　“块”选项板

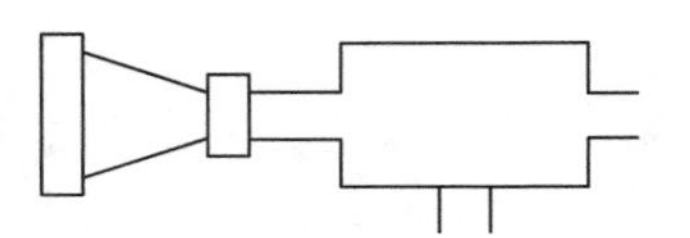

图 8-12　插入“电缆接线头”图块

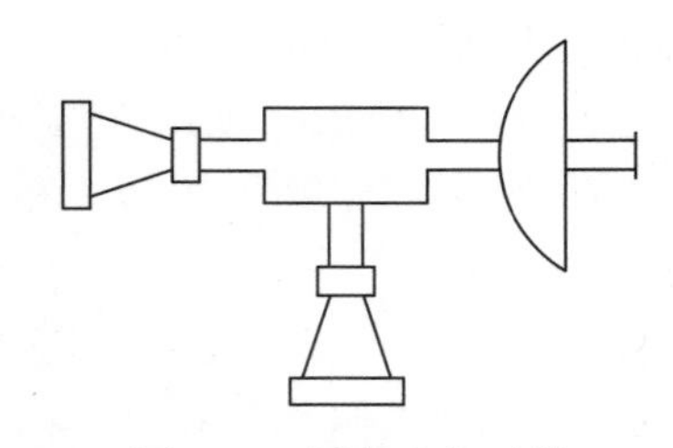

图 8-13　添加电气元件

4）重复前面的步骤，将其他电器元件添加到图形中，并用电缆（直线）进行连接。实际中电缆的长度会很长，在此不必绘制其真实的长度。

5）添加注释文字。本图可以作为一幅单独的电气工程图，因此可以在此步添加文字注释，也可以在图 8-3b（圆波导天线馈线系统）绘制完毕后一起添加文字注释。添加文字注释后的同轴电缆天线馈线系统图如图 8-14 所示。

6. 绘制天线反射面

1）绘制同心圆弧。单击“默认”选项卡“绘图”面板中的“圆弧”按钮，绘制两个同心半圆弧，两圆弧的半径分别为60和20。单击“绘图”工具栏中的“直线”按钮，将大圆弧的两端点连接，如图8-15a所示。

2）绘制直线。单击“默认”选项卡“绘图”面板中的“直线”按钮，开启极轴追踪模式，捕捉圆心点为起点，分别绘制与竖直方向成15°(−15°)、30°(−30°)、90°夹角的直线，直线的长度均为60，如图8-15b所示。

3）修剪图形。单击“默认”选项卡“修改”面板中的“修剪”按钮，对图形进行修剪，得到如图8-15c所示的结果，完成天线反射面的绘制。

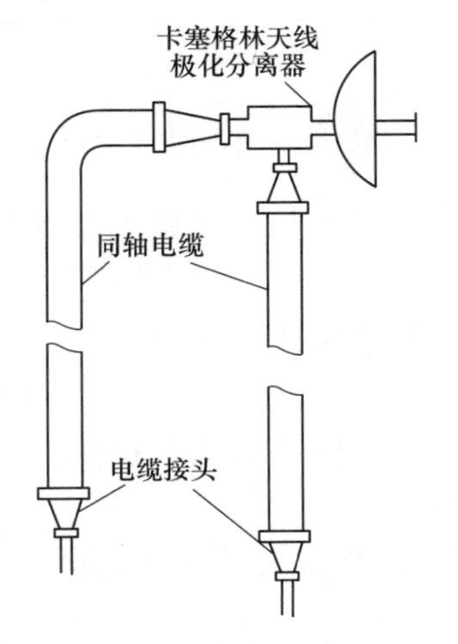

图8-14　同轴电缆天线馈线系统图

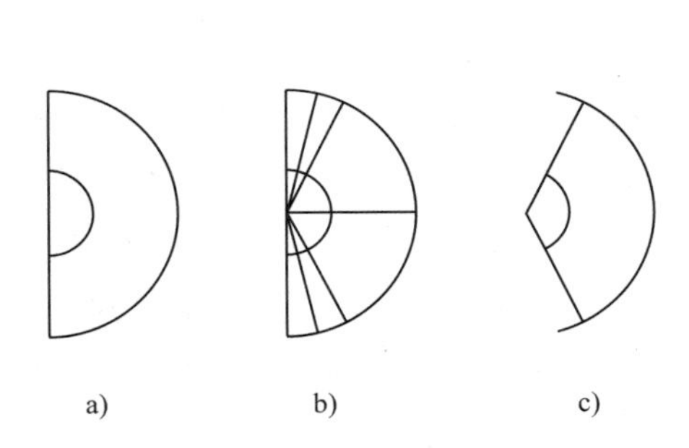

图8-15　绘制天线反射面

7. 绘制密封节

1）绘制正方形。单击“默认”选项卡“绘图”面板中的“矩形”按钮，绘制长和宽均为60的正方形，如图8-16a所示。

2）分解正方形。单击“默认”选项卡“修改”面板中的“分解”按钮，将绘制的正方形分解。

3）偏移直线。单击“默认”选项卡“修改”面板中的“偏移”按钮，将直线1分别向下偏移20和40，将直线3分别向右偏移20和40，如图8-16b所示。

4）旋转图形。单击“默认”选项卡“修改”面板中的“旋转”按钮，将图形旋转45°，命令行中的提示与操作如下。

```
命令：_rotate
UCS 当前的正角方向：ANGDIR=逆时针　ANGBASE=0
选择对象：(框选图 8-16b 所示的图形)
选择对象：↙
指定基点：(在图形内任意点单击)
指定旋转角度，或［复制(C)/参照(R)］<270>：45↙
```

旋转结果如图 8-16c 所示。

5）绘制水平直线。单击“默认”选项卡“绘图”面板中的“直线”按钮，捕捉 A 点为起点，分别向左、右两侧绘制长度为 100 的直线 5 和直线 6；捕捉 B 点为起点，分别向左、右两侧绘制长度为 100 的直线 7 和直线 8，如图 8-17a 所示。

6）绘制竖直直线。单击“默认”选项卡“绘图”面板中的“直线”按钮，捕捉直线 5 和直线 7 的左端点，绘制竖直直线 9，如图 8-17b 所示。

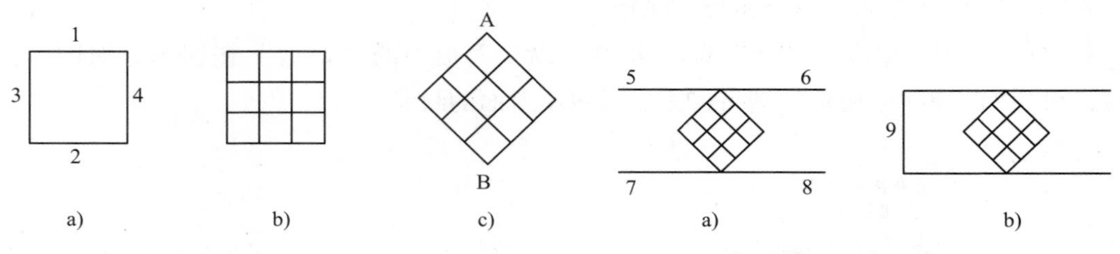

图 8-16　绘制正方形　　　　图 8-17　绘制直线 1

7）拉长直线。单击“默认”选项卡“修改”面板中的“拉长”按钮，将直线 9 分别向上和向下拉长 35，如图 8-18a 所示。

8）偏移直线。单击“默认”选项卡“修改”面板中的“偏移”按钮，将直线 9 向左偏移 35，如图 8-18b 所示。

9）绘制水平直线。单击“默认”选项卡“绘图”面板中的“直线”按钮，捕捉直线 9 和直线 10 的端点，绘制两条水平直线，如图 8-19a 所示。

10）采用相同的方法绘制右侧的矩形，如图 8-19b 所示，完成密封节的绘制。

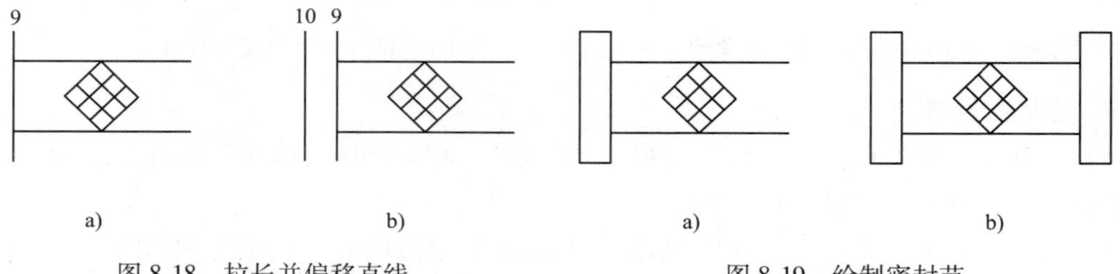

图 8-18　拉长并偏移直线　　　　图 8-19　绘制密封节

8. 绘制极化补偿节

1）绘制矩形。单击“默认”选项卡“绘图”面板中的“矩形”按钮，绘制一个长为 120、宽为 30 的矩形，如图 8-20a 所示。

2）绘制矩形下方的斜线。单击“默认”选项卡“绘图”面板中的“直线”按钮，开启对象捕捉和极轴追踪模式，捕捉 A 点为起点，绘制一条与水平方向成 135°、长度为 20 的斜线 1，如图 8-20b 所示。

3）平移斜线。单击“默认”选项卡“修改”面板中的“移动”按钮，将斜线 1 向右平移 20，如图 8-21a 所示。

4）采用同样的方法绘制斜线 2，斜线 1 和斜线 2 沿矩形的中心对称，如图 8-21b 所示。

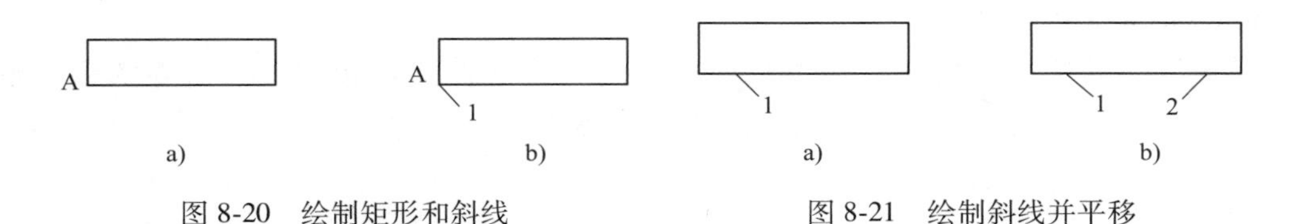

图 8-20　绘制矩形和斜线　　图 8-21　绘制斜线并平移

5）绘制斜线。单击“默认”选项卡“绘图”面板中的“直线”按钮 ，连接斜线 1、2 的下端点，然后再捕捉斜线 1 的下端点为起点，绘制一条与水平方向成 45°，长度为 40 的斜线；同样的方法，以斜线 2 的下端点为起点，绘制一条与水平方向成-45°，长度为 40 的斜线，结果如图 8-22a 所示。

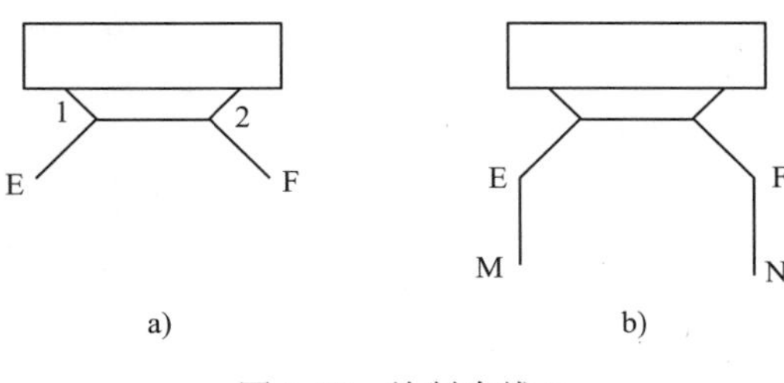

图 8-22　绘制直线 2

6）绘制竖直直线。单击“默认”选项卡“绘图”面板中的“直线”按钮 ，关闭极轴追踪模式，开启正交模式，捕捉 E 点为起点，向下绘制长度为 40 的竖直直线；捕捉 F 点为起点，向下绘制长度为 40 的竖直直线，结果如图 8-22b 所示。

7）镜像图形。单击“默认”选项卡“修改”面板中的“镜像”按钮 ，对图形进行镜像操作，命令行中的提示与操作如下。

```
命令：_mirror
选择对象：(框选整个图形)
选择对象：↙
指定镜像线的第一点：(选择 M 点)
指定镜像线的第二点：(选择 N 点)
要删除源对象吗？[是(Y)/否(N)] <否>：↙
```

镜像结果如图 8-23 所示。

8）图形填充。单击“默认”选项卡“绘图”面板中的“图案填充”按钮 ，选择“ANSI37”图案，将“角度”设置为 0，“比例”设置为 5，选择填充对象如图 8-24 所示，填充结果如图 8-25 所示。

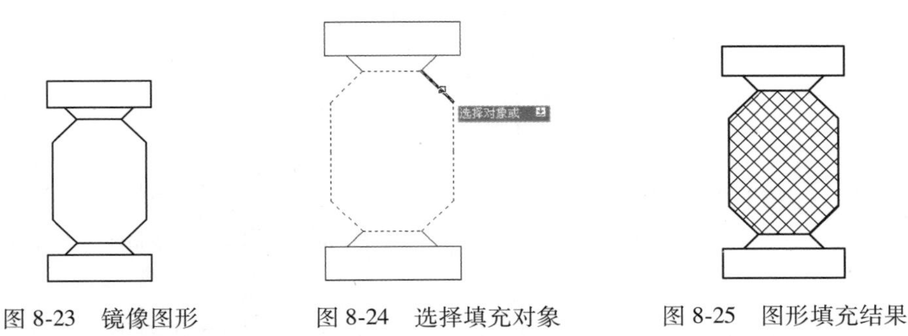

图 8-23　镜像图形　　图 8-24　选择填充对象　　图 8-25　图形填充结果

9. 连接成圆波导天线馈线系统

将上面绘制的各电气元器件连接起来，即可完成圆波导天线馈线系统图（图 8-3b）的绘制，具体操作方法参考同轴电缆天线馈线系统图（图 8-3a）的绘制。

10. 添加文字和注释

1）单击“默认”选项卡“注释”面板中的“文字样式”按钮，或在命令行输入STYLE，系统弹出“文字样式”对话框，如图8-26所示。

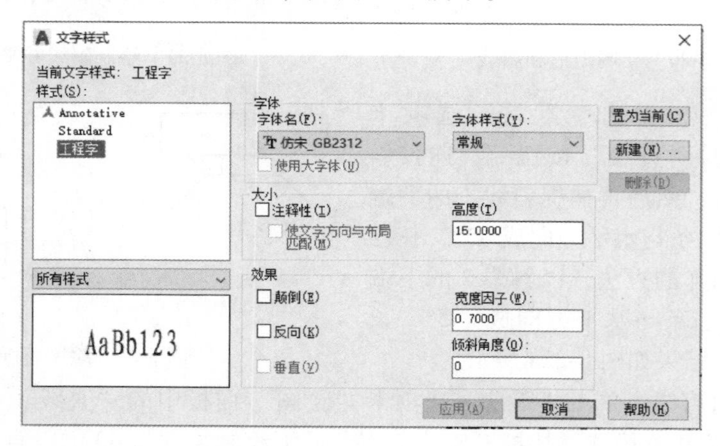

图8-26 “文字样式”对话框

2）单击“新建”按钮，在弹出的“新建文字样式”对话框中输入样式名“工程字”，单击“确定”按钮返回“文字样式”对话框。在“字体名”下拉列表中选择“仿宋_ GB2312”选项，设置“字体样式”为“常规”，“高度”为15，“宽度因子”为0.7，“倾斜角度”为0。

3）添加注释文字。单击“默认”选项卡“注释”面板中的“多行文字”按钮A，或在命令行输入MTEXT，在图中相应的位置添加注释文字，如图8-27所示，完成圆波导天线馈线系统图（图8-3b）的绘制。

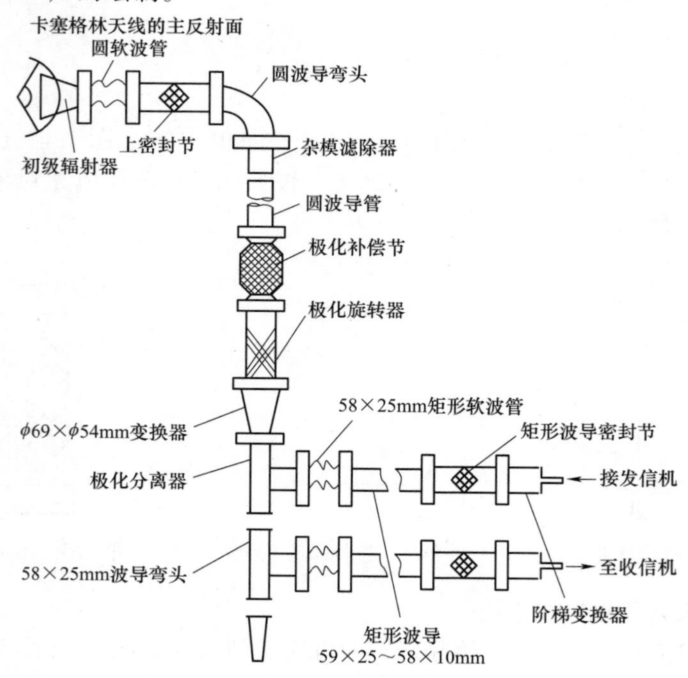

图8-27 圆波导天线馈线系统图

📖 注意：如果觉得文字的位置不理想，可以选择文字，然后将文字移动到需要的位置。移动文字的方法比较多，下面推荐一种比较方便的方法。

首先选择需要移动的文字，然后单击“默认”选项卡“修改”面板中的“移动”按钮✥，此时命令行提示：

```
指定基点或[位移(D)]<位移>:
```

将鼠标指针移动到要移动文字的附近（不是屏幕的任意位置，一定不能是离要移动文字比较远的位置）单击，移动鼠标指针，就会发现被选择的文字会随着鼠标指针移动并实时显示出来，将鼠标指针移动到需要的位置后单击，即可完成文字的移动。

8.3 无线寻呼系统图

本例绘制的无线寻呼系统图如图 8-28 所示。先根据需要绘制一些基本图例，然后绘制机房区域示意模块，再绘制设备图形，接下来绘制连接线路，最后添加文字和注释，完成图形的绘制。

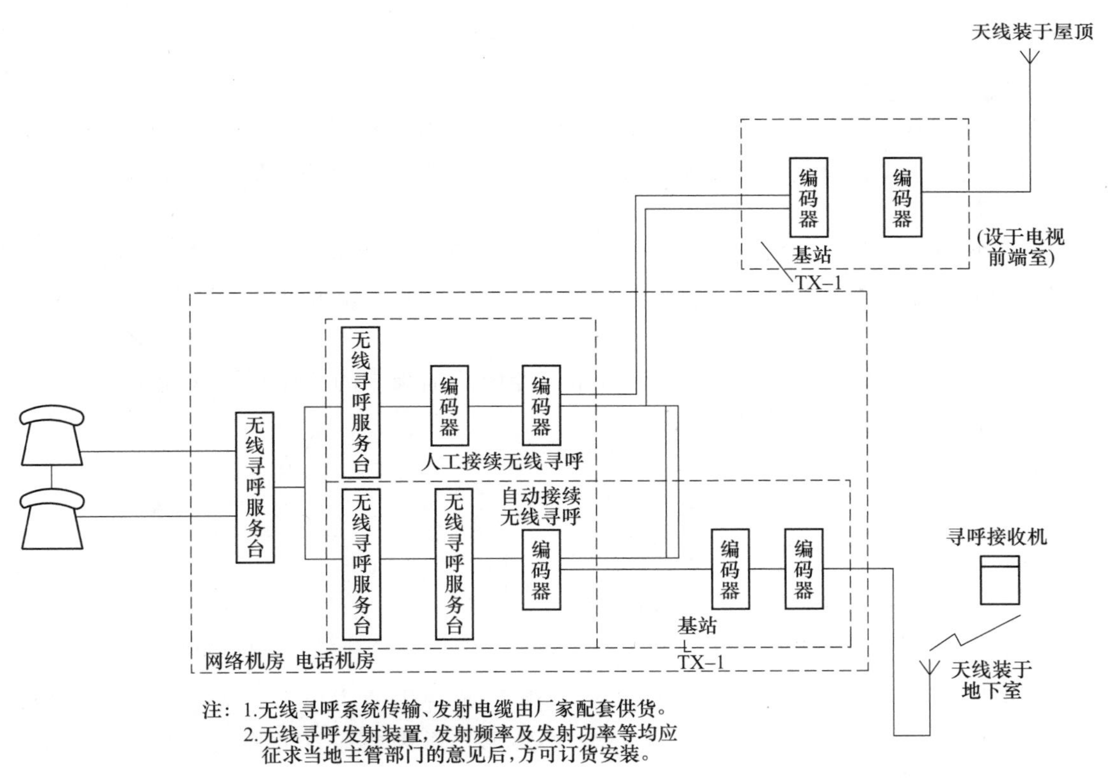

图 8-28　无线寻呼系统图

1. 设置绘图环境

1）新建文件。启动 AutoCAD 2024 应用程序，单击快速访问工具栏中的“新建”按钮，以“无样板打开-公制（M）”建立新文件，将新文件命名为“无线寻呼系统图.dwg”并保存。

2）设置图层。单击“默认”选项卡“图层”面板中的“图层特性”按钮，在弹出的“图层特性管理器”对话框中新建图层，各图层的颜色、线型、线宽等设置如图 8-29 所示。将“虚线”层设置为当前图层。

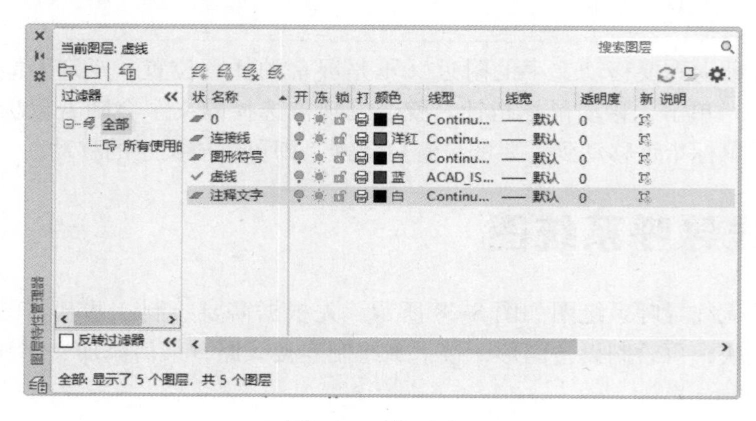

图 8-29　设置图层

2. 绘制机房区域模块

1）绘制矩形。将“虚线”层设置为当前层后，单击“默认”选项卡“绘图”面板中的“矩形”按钮，绘制一个长度为 70、宽度为 40 的矩形，并将线型比例设置为 0.3，如图 8-30 所示。

2）分解矩形。单击“默认”选项卡“修改”面板中的“分解”按钮，将矩形分解。

3）分隔区域。单击“默认”选项卡“绘图”面板中的“定数等分”按钮，将底边 5 等分，用辅助线分隔，如图 8-31 所示。

4）绘制内部区域。单击“默认”选项卡“绘图”面板中的“矩形”按钮，绘制两个矩形，删除辅助线，如图 8-32 所示。

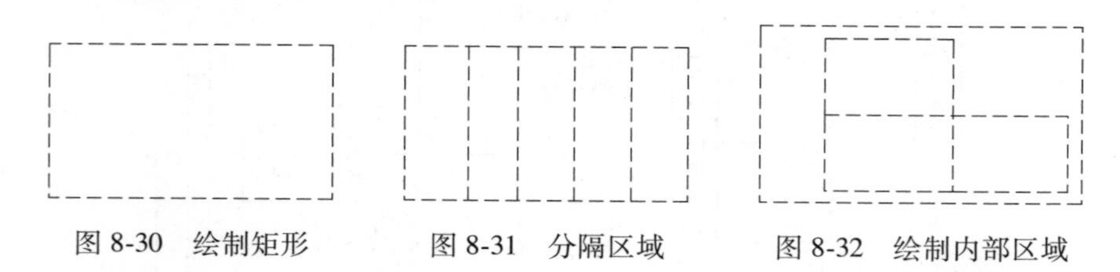

图 8-30　绘制矩形　　图 8-31　分隔区域　　图 8-32　绘制内部区域

5）绘制前端室。单击“默认”选项卡“绘图”面板中的“矩形”按钮，在大矩形的右上角绘制一个长度为 20、宽度为 15 的小矩形，作为前端室的模块区域，如图 8-33 所示。

3. 绘制设备

1）修改线宽。将“图形符号”层设置为当前图层，并将线型设为 ByLayer，将线宽设为 0.5。

2）绘制设备标志框。单击“默认”选项卡“绘图”面板中的“矩形”按钮，分别绘制 4×15 和 4×10 的矩形，作为设备的标志框，如图 8-34 所示。

3）添加文字。单击“默认”选项卡“注释”面板中的“多行文字”按钮A，以步骤 2）绘制的标志框为区域输入文字，如图 8-35 所示。

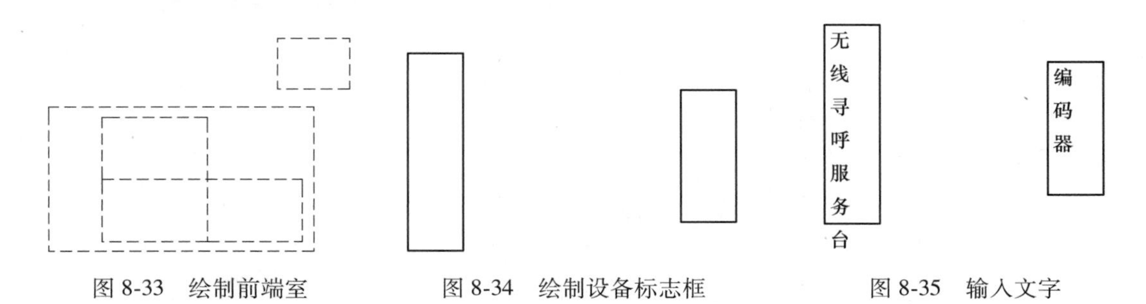

图 8-33　绘制前端室　　图 8-34　绘制设备标志框　　图 8-35　输入文字

4）可以看到，文字的间距太大，而且位置不是正中。可以选择文字并单击右键，在弹出的快捷菜单中单击“特性”命令，弹出“特性”对话框，如图 8-36 所示，将“行间距”设置为 1. 8，将文字的“对正”设置为“正中”，修改后的效果如图 8-37 所示（其他设备标志框添加文字的方法与此类似）。

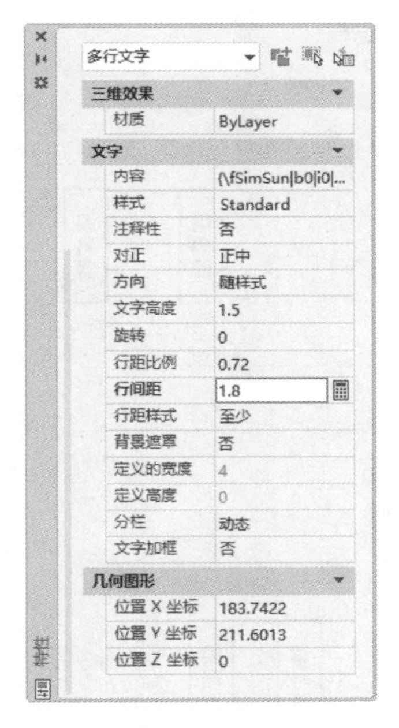

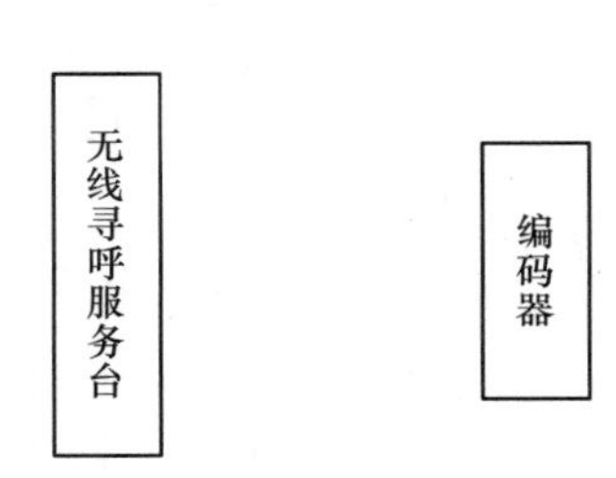

图 8-36　“特性”对话框　　图 8-37　修改后的效果

5）单击“默认”选项卡“修改”面板中的“复制”按钮，将绘制的图形复制到相应的机房区域内，结果如图 8-38 所示。

6）插入图块。打开配套资源“源文件＼第 8 章＼无线寻呼系统图”文件夹中的“电话 . dwg”文件，将其插入图形的左侧；再打开文件夹中的“天线 . dwg”和“寻呼接收机 . dwg”文件，将其插入图形的右侧并添加注释文字，如图 8-39 所示。

4. 绘制连接线

将图层转换为“连接线”层，单击“默认”选项卡“绘图”面板中的“直线”按钮

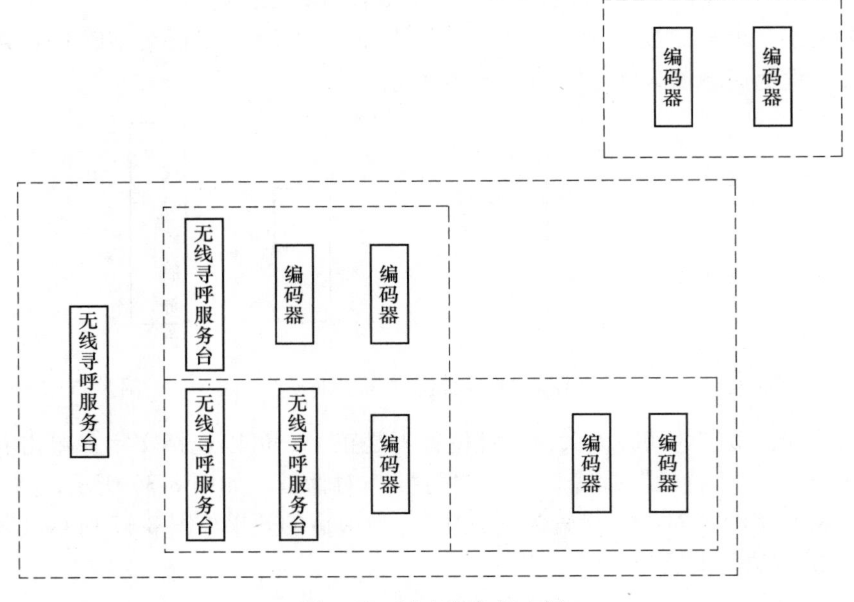

图 8-38　插入设备标志框

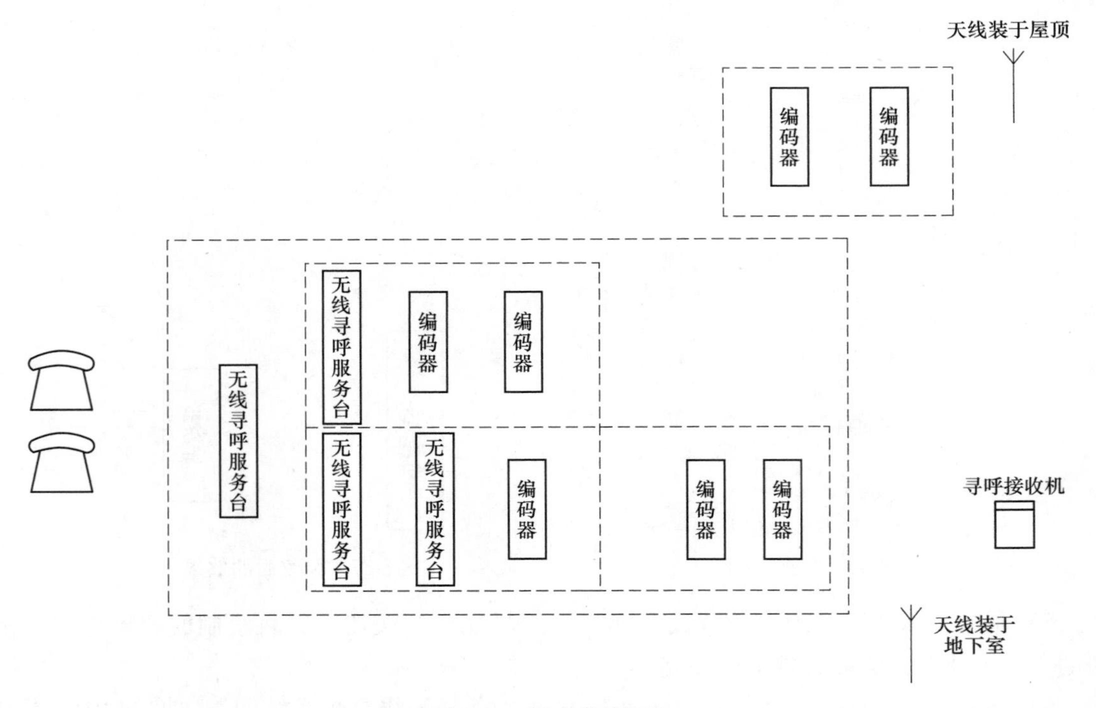

图 8-39　插入其他图块

╱，绘制设备之间的线路，“电话”模块之间的线路用虚线进行连接，如图 8-40 所示。

5. 文字标注

1）创建文字样式。将“注释文字”层设置为当前图层，单击“默认”选项卡“注释”

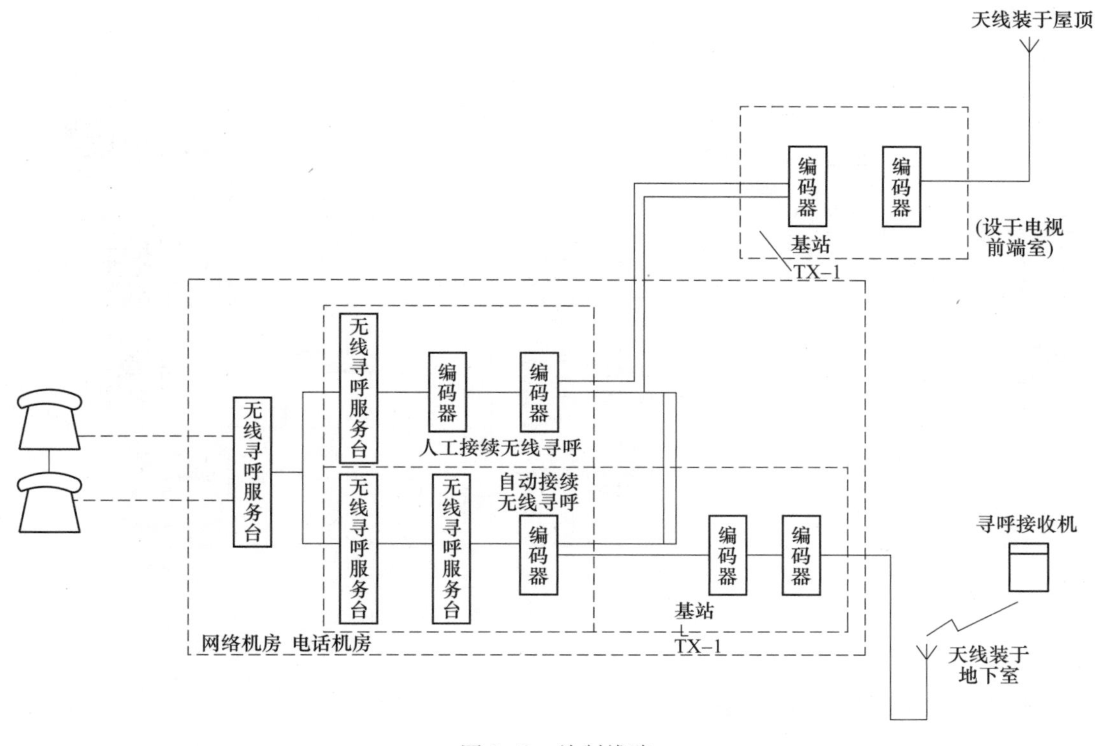

图 8-40 绘制线路

面板中的“文字样式”按钮，系统弹出“文字样式”对话框，创建一个名为“标注”的文字样式。设置“字体名”为“仿宋 GB_2312”，“字体样式”为“常规”，“高度”为1.5，“宽度因子”为0.7。

2）添加注释文字。单击“默认”选项卡“注释”面板中的“多行文字”按钮A，在图形中添加注释文字，完成无线寻呼系统图的绘制。如图 8-28 所示。

8.4 上机实验

通过前面的学习，读者对本章知识有了大体的了解，本节通过三个操作练习帮助读者进一步掌握本章知识要点。

实验 1 绘制某学校网络拓扑图

（1）目的要求

本实验的目的是通过学校网络拓扑图的绘制，帮助读者巩固对通信工程图绘制方法和技巧的掌握。

（2）操作提示

1）如图 8-41 所示，绘制各个单元图形符号。

2）将各个单元放置到一起并移动连接。

3）标注文字。

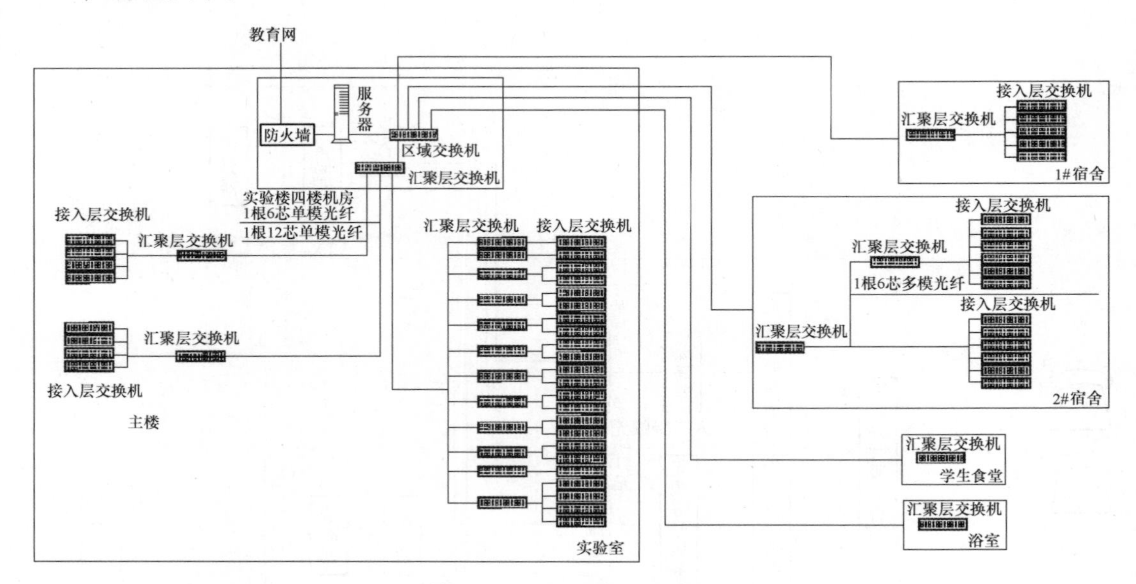

图 8-41　某学校网络拓扑图

实验 2　绘制数字交换机系统结构图

（1）目的要求

本实验的目的是通过数字交换机系统结构图的绘制，帮助读者巩固对通信工程图绘制方法和技巧的掌握。

（2）操作提示

1）如图 8-42 所示，绘制各个单元图形符号。

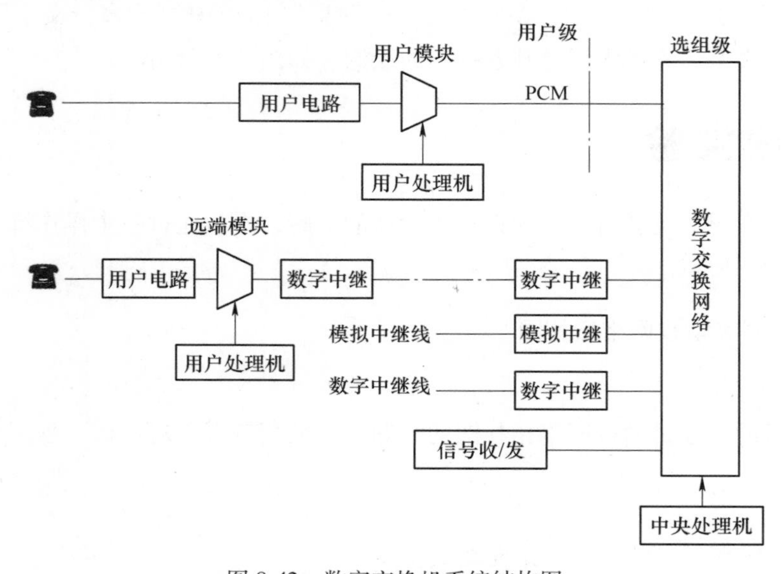

图 8-42　数字交换机系统结构图

2）将各个单元放置到一起并移动连接。

3）标注文字。

实验 3　绘制通信光缆施工图

（1）目的要求

本实验的目的是通过通信光缆施工图的绘制，帮助读者巩固对通信工程图绘制方法和技巧的掌握。

（2）操作提示

1）如图 8-43 所示，绘制各个单元图形符号。

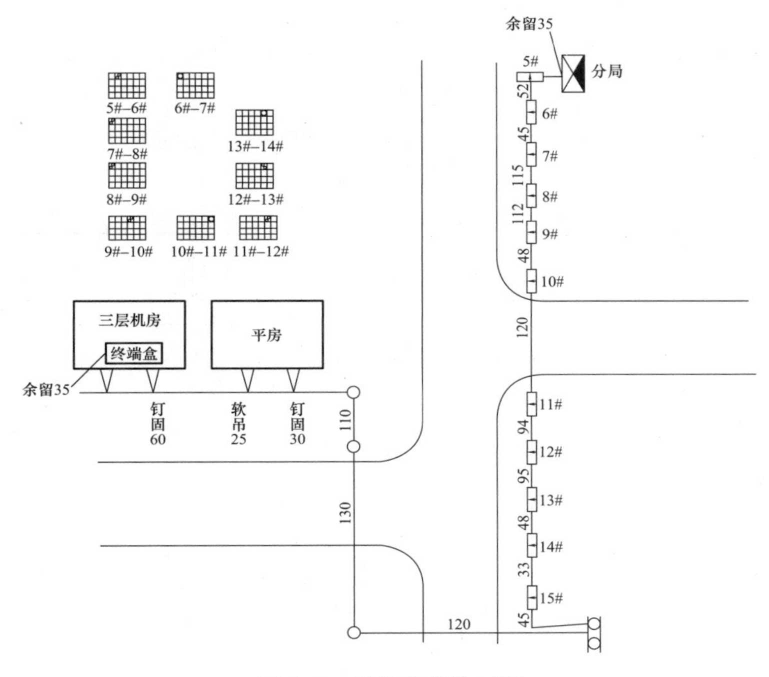

图 8-43　通信光缆施工图

2）将各个单元放置到一起并移动连接。

3）标注文字。

8.5　思考与练习

绘制如图 8-44 所示的程控交换机系统图。

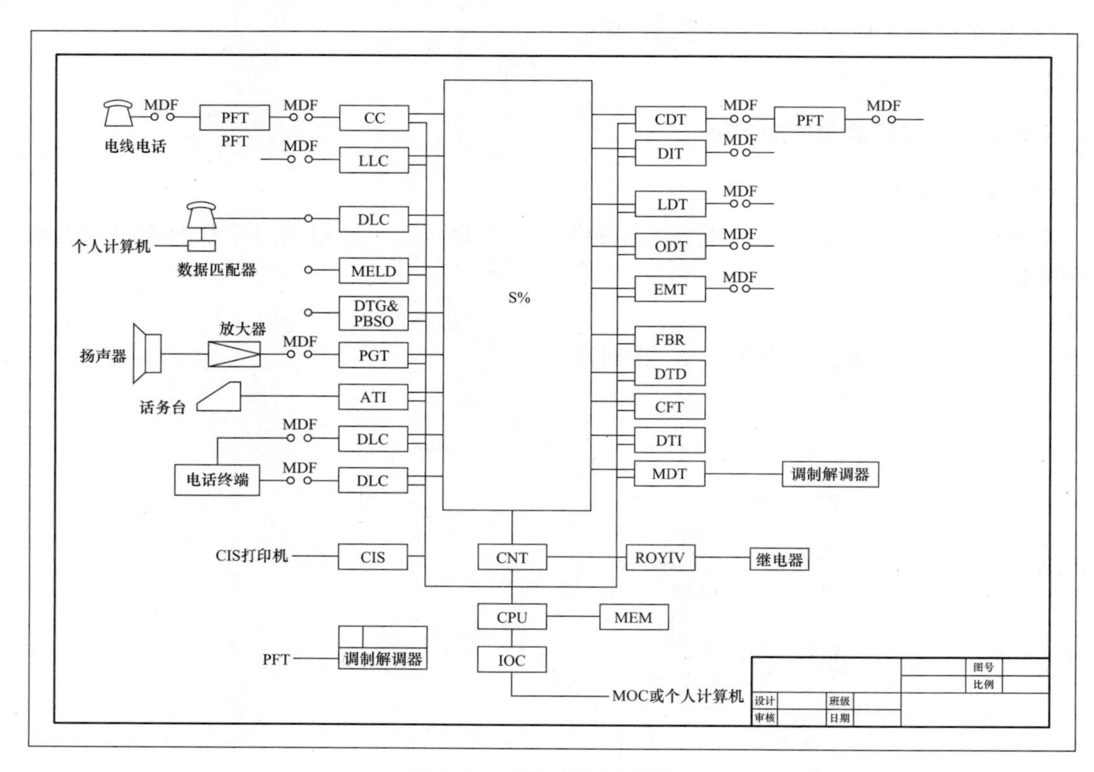

图 8-44　程控交换机系统图

第 9 章　控制电气设计

随着工厂生产管理的要求及电气设备智能化水平的不断提高，电气控制系统（ECS）的功能得到了进一步扩展，其设计理念和水平都有了更深意义的延伸。将 ECS 及电气各类专用智能设备（如同期、微机保护、自动励磁等）采用通信方式与分散控制系统接口，作为一个分散控制系统中相对独立的子系统，实现同一平台监控、管理、维护，即厂级电气综合保护监控的概念。

本章重点

- 控制电气简介
- 装饰彩灯控制电路的绘制
- 多指灵巧手控制电路设计

9.1　控制电气简介

9.1.1　控制电路简介

从研究电路的角度来看，一个实验电路一般可分为电源、控制电路和测量电路三部分。测量电路是事先根据实验方法确定好的，可以把它抽象地用一个电阻来代替，称为负载。根据负载所要求的电压值 U 和电流值 I，就可选定电源。一般电学实验对电源并不苛求，只要选择电源的电压 E 略大于 U，电源的额定电流大于工作电流即可。负载和电源都确定后，就可以安排控制电路，使负载能获得所需的各个不同的电压和电流值。一般来说，控制电路中电压或电流的变化，都可用滑线式可变电阻来实现。控制电路有限流和分压两种最基本接法，两种接法的性能和特点可由调节范围、特性曲线和细调程度来表征。

一般在安排控制电路时，并不一定要求设计出一个最佳方案，只要根据现有的设备设计出既安全又省电，且能满足实验要求的电路就可以了。设计方法一般也不必做复杂的计算，可以边实验边改进。先根据负载的阻值 R 要求调节的范围，确定电源的电压 E，然后综合比较采用分压还是限流。确定了 R 后，估计一下细调程度是否足够，然后做一些初步实验，看看在整个范围内细调是否满足要求，如果不能满足，则可以加接变阻器，分段逐级细调。

控制电路可分为开环控制系统和闭环控制系统（也称为反馈控制系统）。其中，开环控制系统包括前向控制、程控（数控）、智能化控制等，如录音机的开、关机，自动录放，程序工作等。闭环控制系统则是反馈控制，受控物理量会自动调整到预定值。

反馈控制是最常用的一种控制电路，下面介绍三种常用的反馈控制方式。

1）自动增益控制 AGC（AVC）：反馈控制量为增益（或电平），以控制放大器系统中某级（或几级）的增益大小。

2）自动频率控制 AFC：反馈控制量为频率，以稳定频率。

3）自动相位控制 APC（PLL）：反馈控制量为相位，PLL 可实现调频、鉴频、混频、解调、频率合成等。

图 9-1 所示是一种常见的反馈控制系统的模式。

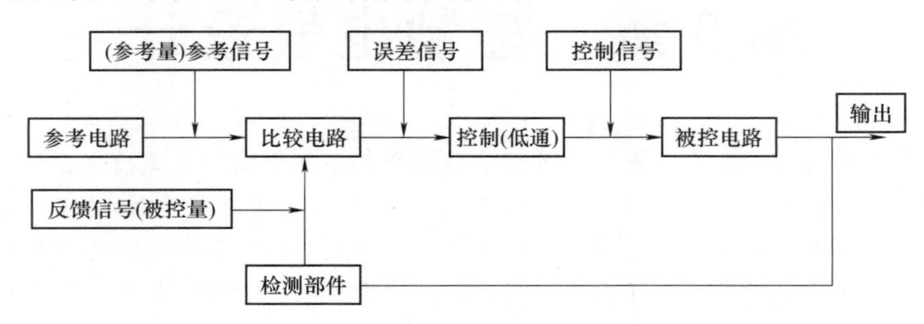

图 9-1　常见的反馈控制系统的模式

9.1.2 控制电路图简介

控制电路大致可以包括下面几种类型的电路：自动控制电路、报警控制电路、开关电路、灯光控制电路、定时控制电路、温控电路、保护电路、继电器控制电路、晶闸管控制电路、电动机控制电路、电梯控制电路等。下面介绍其中几种控制电路的典型电路图。

图 9-2 所示的电路是报警控制电路中的一种典型电路，即汽车多功能报警器电路图。它的功能要求为：当系统检测到汽车出现各种故障时进行语音提示报警。

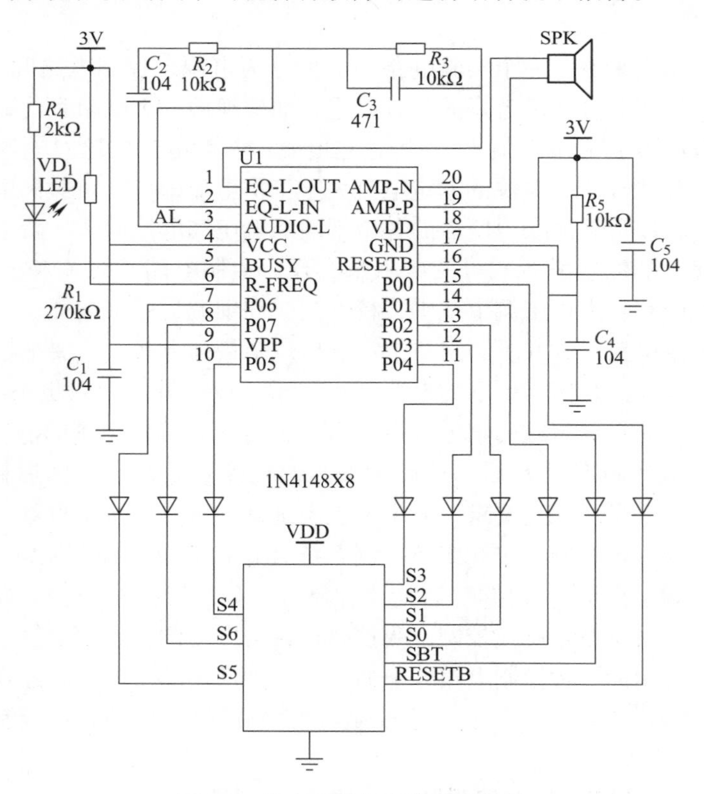

图 9-2　汽车多功能报警器电路图

图 9-3 所示的电路是温控电路中的一种典型电路。该电路由双 D 触发器 CD4013 中的一个 D 触发器组成，电路结构简单，具有上、下限温度控制功能。要求控制温度可通过电位器预置，当超过预置温度后，自动断电。电路中将 D 触发器连接成一个 RS 触发器，以工业控制用的热敏电阻 MF51 作为温度传感器。

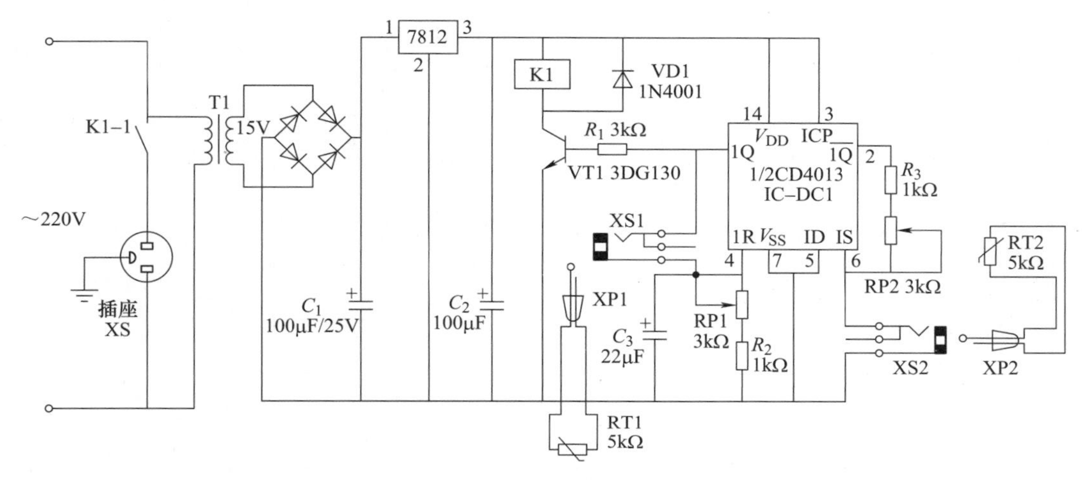

图 9-3　高低温双限控制器（CD4013）电路图

图 9-4 所示的电路是继电器电路中的一种典型电路。图 9-4a 中，集电极为负，发射极为正，对 PNP 型管而言，这种极性的电源是正常的工作电压；图 9-4b 中，集电极为正，发射极为负，对 NPN 型管而言，这种极性的电源是正常的工作电压。

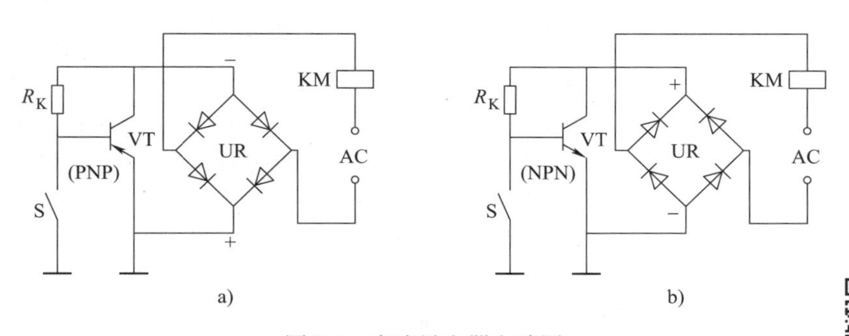

图 9-4　交流继电器电路图

视频：绘制装饰彩灯控制电路图 1

9.2　绘制装饰彩灯控制电路图

图 9-5 所示为装饰彩灯控制电路的一部分，可按要求编制出有多种连续流水状态的彩灯。绘制本图的大致思路如下：首先绘制各个元器件图形符号，然后按照线路的分布情况绘制结构图，将各个元器件插入到结构图中，最后添加注释，完成该图的绘制。

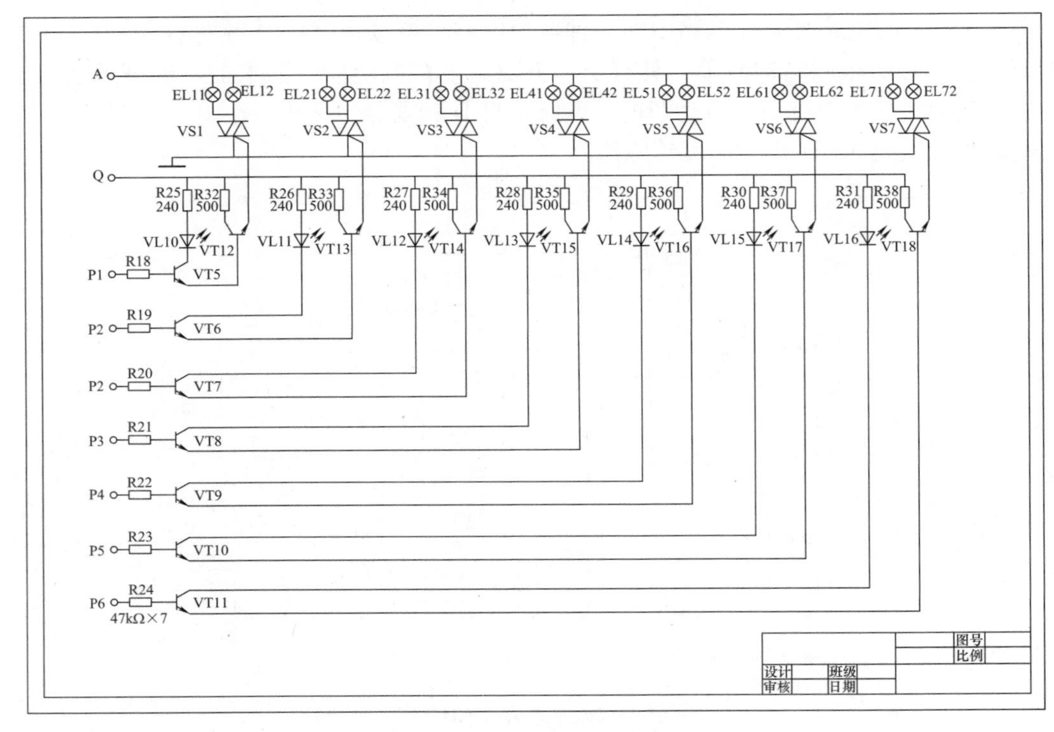

图 9-5　装饰彩灯控制电路

9.2.1 设置绘图环境

1）建立新文件。打开 AutoCAD 2024 应用程序，选择配套资源中的“源文件\第 9 章\A3 图形样板 .dwt”样板文件作为模板，建立新文件，将新文件命名为“装饰彩灯控制电路图 .dwg”。

2）设置图层。单击“默认”选项卡“图层”面板中的“图层特性”按钮，弹出“图层特性管理器”对话框，新建“连接线层”和“实体符号层”两个图层，并将“连接线层”设置为当前图层，各图层的属性设置如图 9-6 所示。

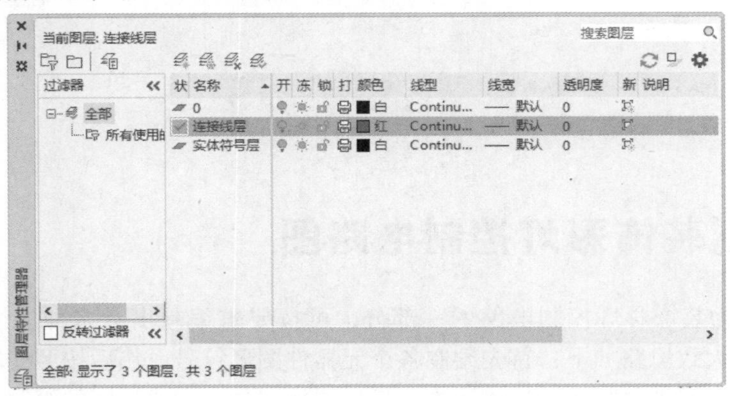

图 9-6　设置图层

9.2.2 绘制控制电路

1. 绘制结构图

1）单击“默认”选项卡“绘图”面板中的“直线”按钮╱，绘制长度为 577 的直线 1。

2）单击“默认”选项卡“修改”面板中的“偏移”按钮⊆，将直线 1 分别向下偏移 60、75 和 160，得到直线 2、直线 3 和直线 4，如图 9-7 所示。

3）单击“默认”选项卡“绘图”面板中的“直线”按钮╱，在对象捕捉绘图模式下，绘制竖直直线 5 和 6，如图 9-8 所示。

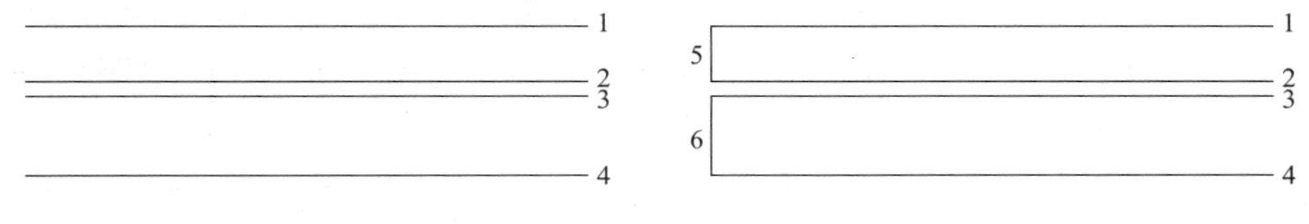

图 9-7　偏移水平直线　　图 9-8　绘制竖直直线

4）单击“默认”选项卡“修改”面板中的“偏移”按钮⊆，将直线 5 向右偏移 82；重复“偏移”命令，将直线 6 分别向右偏移 53 和 82，如图 9-9 所示。

5）单击“默认”选项卡“修改”面板中的“删除”按钮，删除直线 5 和直线 6，结果如图 9-10 所示。

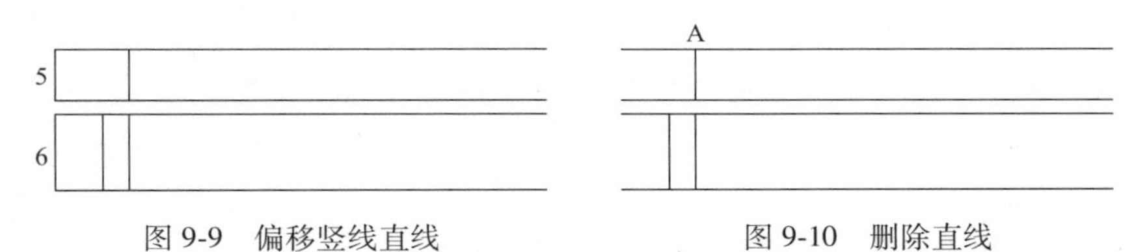

图 9-9　偏移竖线直线　　图 9-10　删除直线

2. 连接信号灯与双向二极管

1）插入图形。单击“默认”选项卡“块”面板中的“插入”按钮，弹出“插入”对话框，单击“浏览”按钮，弹出“选择图形文件”对话框，选择配套资源中的“源文件/图块/信号灯和双向二极管”图块插入，如图 9-11 和图 9-12 所示。将图 9-11 中的 M 点插入到图 9-10 的 A 点，结果如图 9-13 所示。

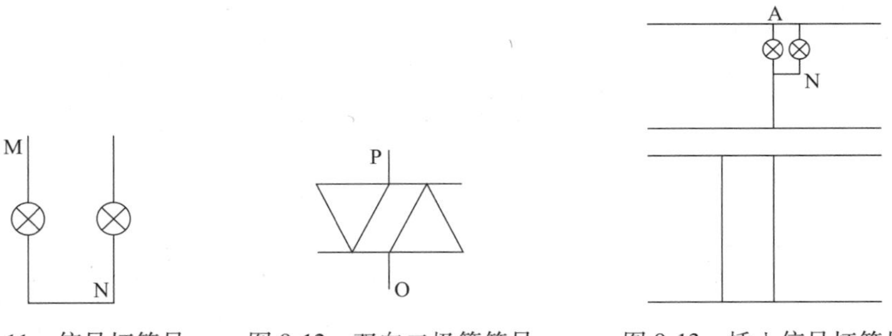

图 9-11　信号灯符号　　图 9-12　双向二极管符号　　图 9-13　插入信号灯符号

2）同理，将图 9-12 以 P 点为基点插入到图 9-13 的 N 点，结果如图 9-14 所示。

3）单击“默认”选项卡“修改”面板中的“分解”按钮，选择双向二极管符号将其分解。单击“默认”选项卡“修改”面板中的“延伸”按钮，以图 9-14 中的 O 点为起点，将双向二极管下端直线竖直向下延伸至下端水平线，结果如图 9-15 所示。

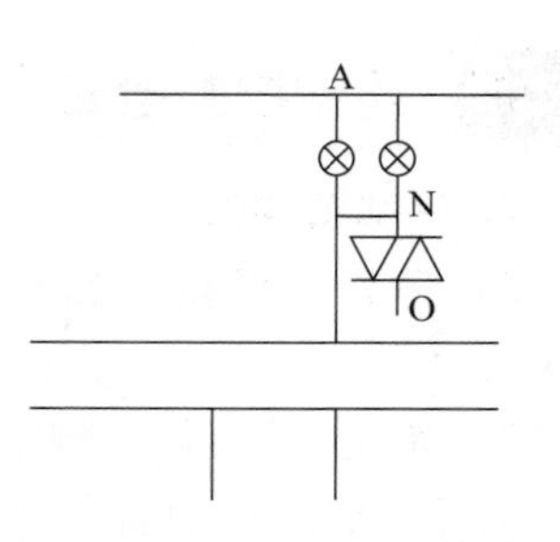

图 9-14　插入双向二极管符号

4）单击“默认”选项卡“绘图”面板中的“直线”按钮，以图 9-15 所示的 S 点为起点，在极轴追踪绘图模式下，绘制一斜线，与竖直直线夹角为 45°；然后以斜线的末端点为起点绘制竖直直线，端点落在水平直线上，如图 9-16 所示。

5）单击“默认”选项卡“修改”面板中的“删除”按钮，修剪并删除掉多余的直线，效果如图 9-17 所示。

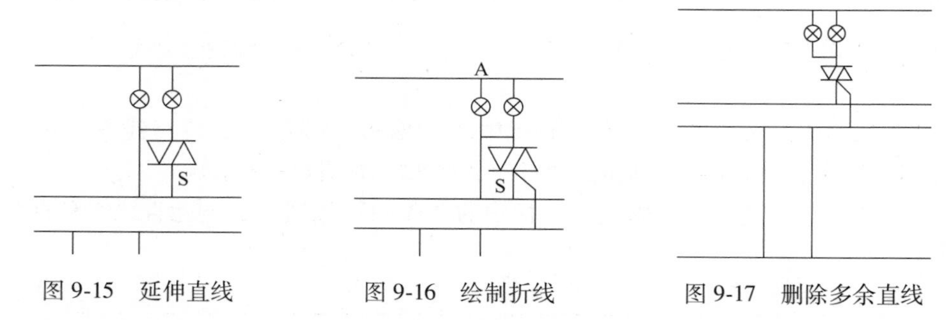

图 9-15　延伸直线　　图 9-16　绘制折线　　图 9-17　删除多余直线

6）单击“默认”选项卡“修改”面板中的“矩形阵列”按钮，将前面绘制的图形进行矩形阵列，设置“行数”为 1，“列数”为 7，“行间距”为 1，“列间距”为 80，阵列结果如图 9-18 所示。

3. 将电阻和发光二极管符号插入结构图

1）单击“默认”选项卡“块”面板中的“插入”按钮，弹出“插入”对话框，单击“浏览”按钮，弹出“选择图形文件”对话框，选择配套资源中的“源文件/图块/电阻和发光二极管”图块，如图 9-19 所示。将其插入到如图 9-20 所示的 B 点。

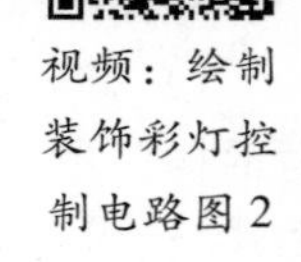
视频：绘制装饰彩灯控制电路图 2

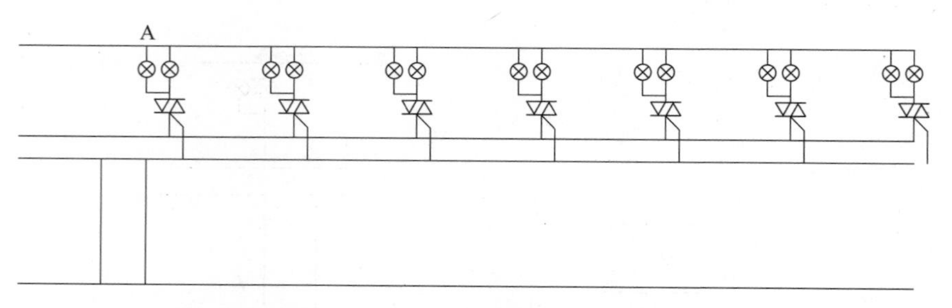

图 9-18　阵列信号灯和双向二极管

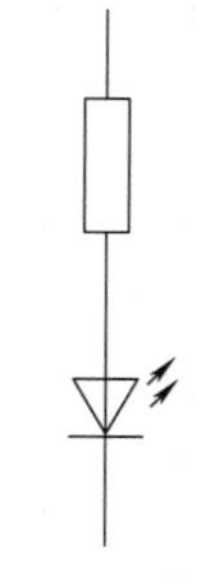
图 9-19　电阻和发光二极管符号

2）单击“默认”选项卡“修改”面板中的“删除”按钮，删除掉多余的直线，结果如图 9-20 所示。

3）单击“默认”选项卡“修改”面板中的“矩形阵列”按钮，将步骤 1）插入到结构图中的电阻和二极管符号进行阵列，设置“行数”为 1，“列数”为 7，“行偏移”为 0，“列偏移”为 80，单击“确定”按钮，阵列结果如图 9-21 所示。

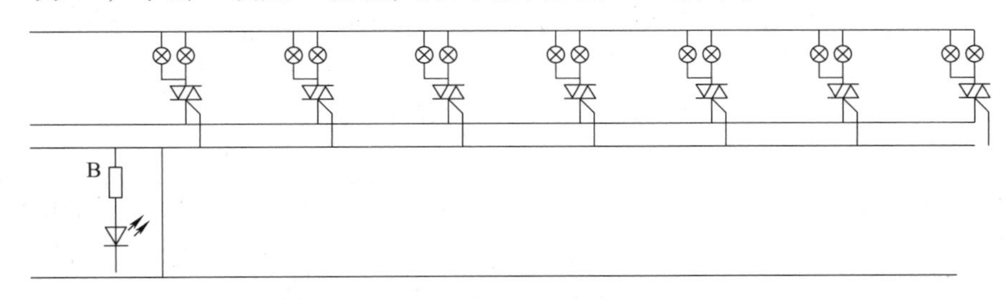

图 9-20　插入电阻和发光二极管符号

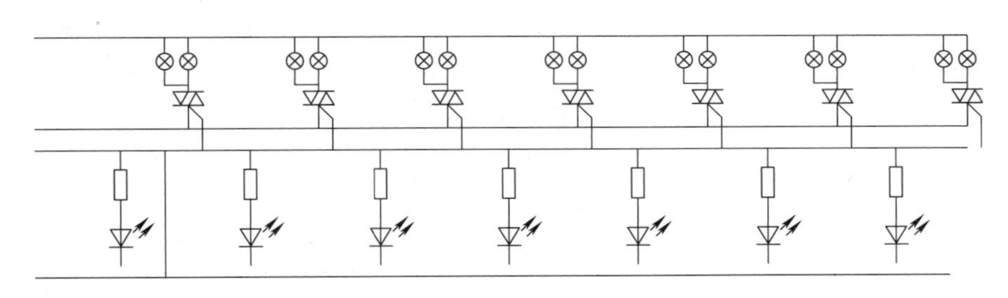

图 9-21　阵列电阻和发光二极管

4. 将电阻和晶体管图形符号插入结构图

1）单击“默认”选项卡“块”面板中的“插入”按钮，弹出“插入”对话框，单击“浏览”按钮，弹出“选择图形文件”对话框，选择配套资源中的“源文件/图块/电阻和晶体管”图块，如图 9-22a、b 所示。

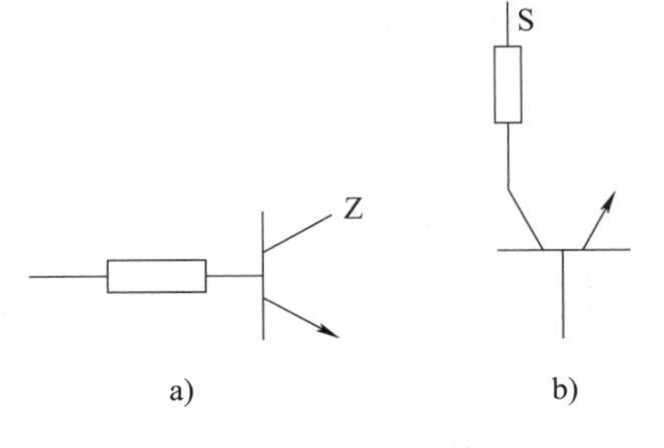

图 9-22　插入电阻和晶体管符号

2）单击“默认”选项卡“修改”面板中的“移动”按钮，在对象捕捉绘图模式下，捕捉图 9-22b 中的端点 S 作为平移基点，并捕捉如图 9-23 所示的 C 点作为平移目标点，将电阻和晶体管图形符号（图 9-22b）平移到结构图中，删除多余的直线，结果如图 9-23 所示。

3）单击“默认”选项卡“修改”面板中的“矩形阵列”按钮，选择步骤 2）插入到结构图中的电阻和晶体管符号进行矩形阵列，设置“行数”为 1，“列数”为 7，“行间距”为 0，“列间距”为 80，阵列结果如图 9-24 所示。

4）单击“默认”选项卡“修改”面板中的“移动”按钮，在对象捕捉绘图模式下，捕捉图 9-22a 中端点 Z 作为平移基点，并捕捉如图 9-24 所示的 E 点作为平移目标点，将电阻和晶体管符号（图 9-22a）平移到结构图中，删除多余的直线，结果如图 9-25 所示。

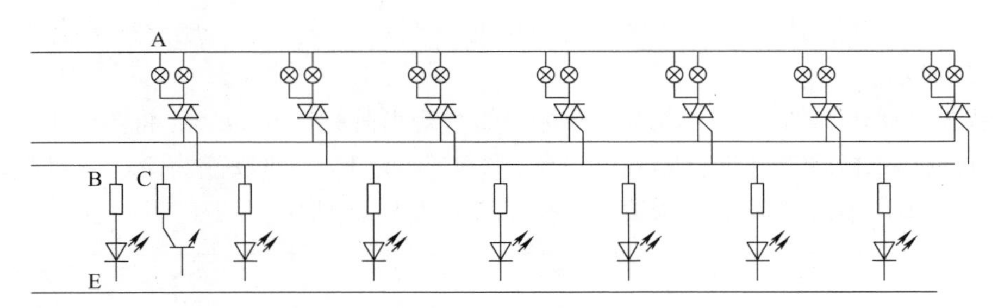

图 9-23　平移电阻和晶体管符号 1

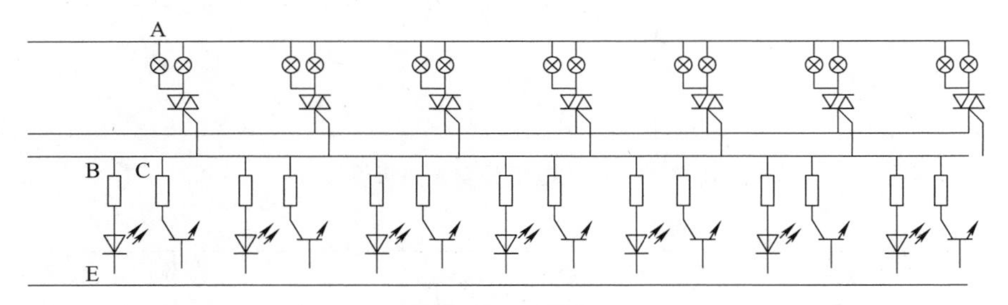

图 9-24　阵列电阻和晶体管 1

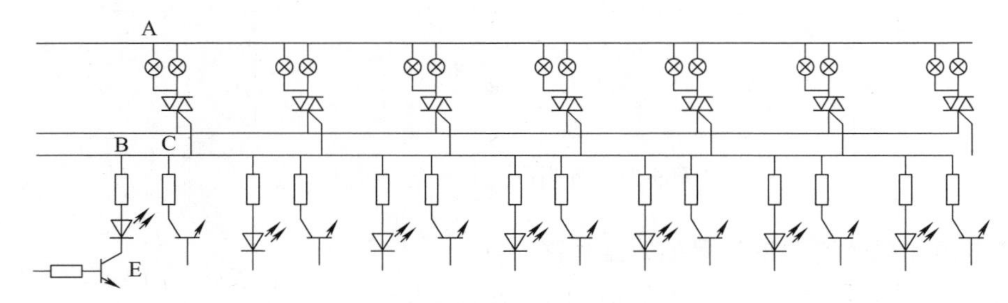

图 9-25　平移电阻和晶体管符号 2

5）单击“默认”选项卡“修改”面板中的“矩形阵列”按钮，将步骤 4）插入到结构图中的电阻和晶体管符号进行矩形阵列，设置“行数”为 7，“列数”为 1，“行偏移”为-40，“列偏移”为 0，阵列结果如图 9-26 所示。

6）单击“默认”选项卡“绘图”面板中的“直线”按钮，添加连接线，并补充绘制其他图形符号，如图 9-27 所示。

9.2.3 添加注释

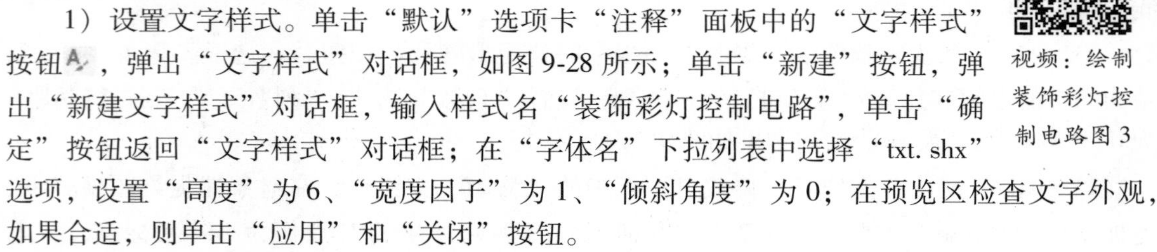

视频：绘制装饰彩灯控制电路图 3

1）设置文字样式。单击“默认”选项卡“注释”面板中的“文字样式”按钮，弹出“文字样式”对话框，如图 9-28 所示；单击“新建”按钮，弹出“新建文字样式”对话框，输入样式名“装饰彩灯控制电路”，单击“确定”按钮返回“文字样式”对话框；在“字体名”下拉列表中选择“txt. shx”选项，设置“高度”为 6、“宽度因子”为 1、“倾斜角度”为 0；在预览区检查文字外观，如果合适，则单击“应用”和“关闭”按钮。

2）添加注释文字。单击“默认”选项卡“注释”面板中的“多行文字”按钮，一次

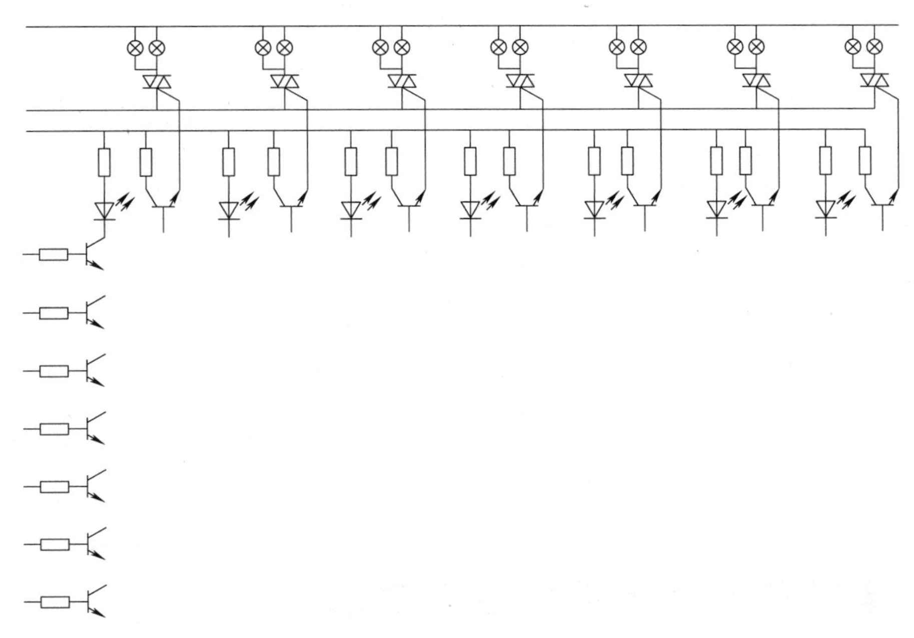

图 9-26　阵列电阻和晶体管 2

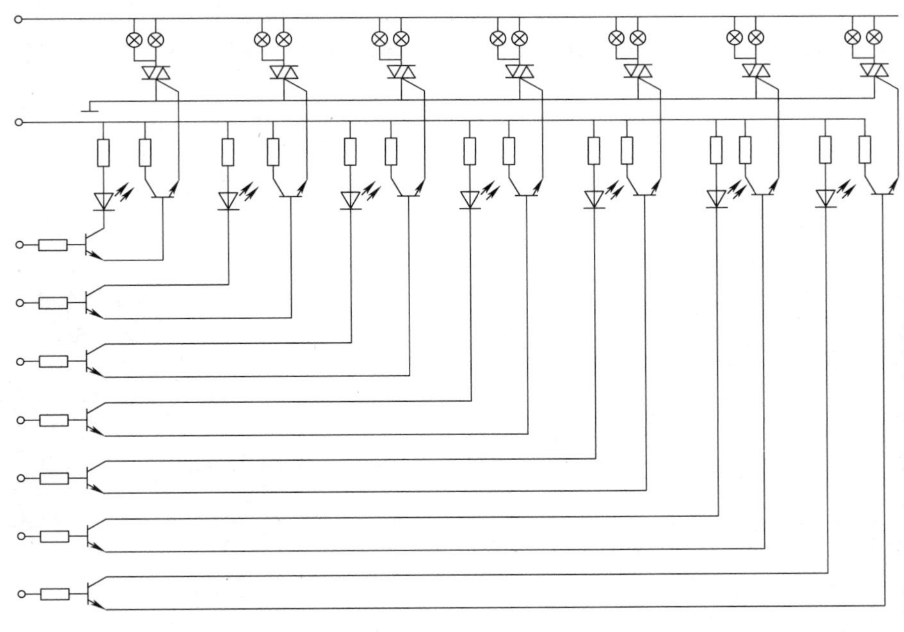

图 9-27　添加连接线

输入几行文字，然后调整其位置，以对齐文字；在调整文字位置的时候，需结合使用正交模式。

3）使用文字编辑命令修改文字以得到需要的文字；添加注释文字后，即完成了所有图形的绘制，效果如图 9-5 所示。

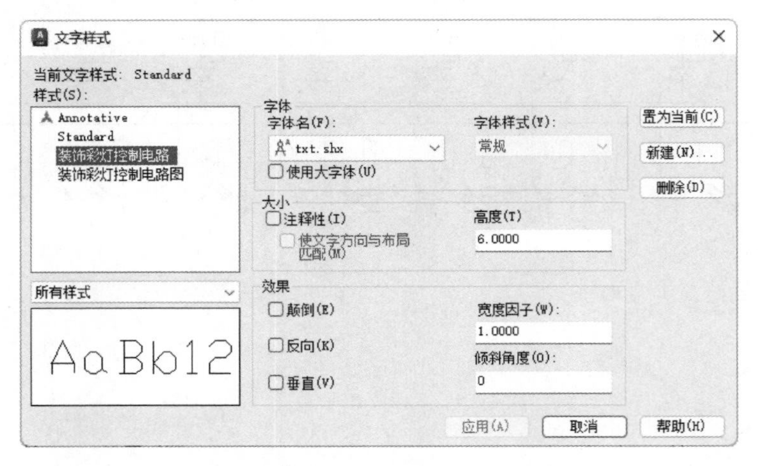

图 9-28 “文字样式”对话框

9.3 绘制多指灵巧手控制电路图

随着机构学和计算机控制技术的发展，多指灵巧手的研究也取得了长足的进步。由早期的二指钢丝绳传动发展到了仿人手型、多指锥齿轮传动的阶段。本节将详细讲述如何在 AutoCAD 2024 绘图环境下，绘制多指灵巧手的控制电路系统图（图 9-29）。

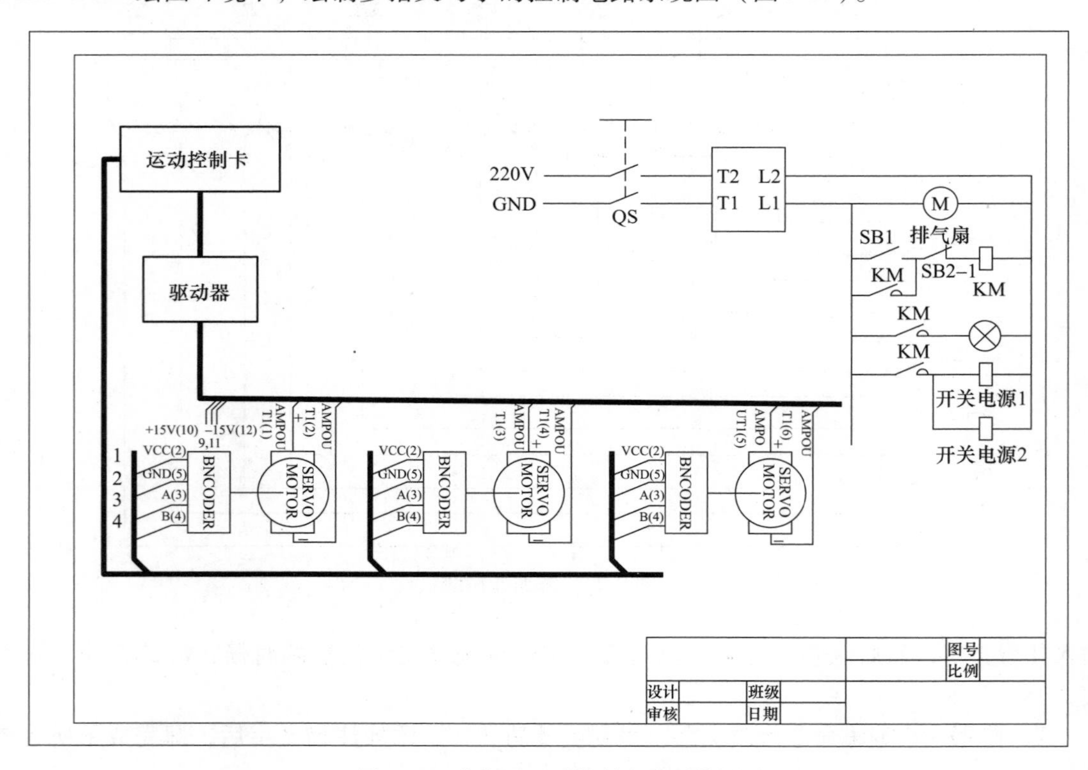

图 9-29 多指灵巧手控制电路系统图

9.3.1 半闭环框图的绘制

本灵巧手共有 5 个手指、11 个自由度，由 11 个微小型直流伺服电动机驱动，这些微小型直流伺服电动机驱动是采用半闭环控制，下面首先绘制半闭环框图。

1. 绘制半闭环框图

1）进入 AutoCAD 2024 绘图环境，设置好绘图环境，新建文件“半闭环框图 . dwg”，设置路径并保存。

2）单击“默认”选项卡“绘图”面板中的“矩形”按钮、“圆”按钮和“直线”按钮，并单击“修改”面板中的“修剪”按钮，按图 9-30 所示绘制并摆放各个功能部件。

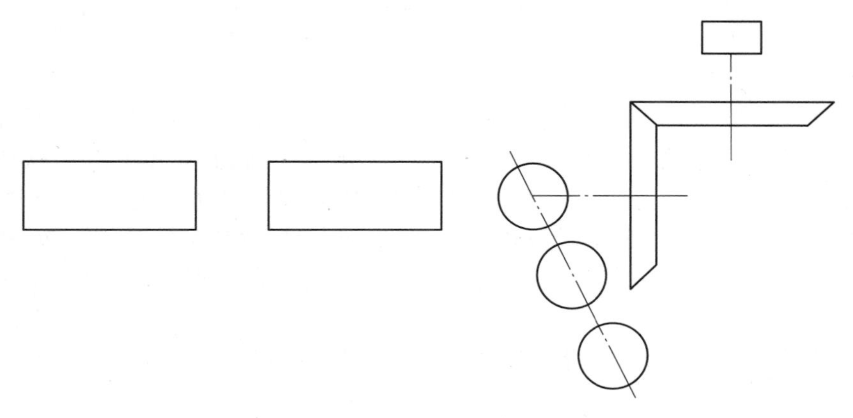

图 9-30 绘制各个功能部件

3）单击“默认”选项卡“注释”面板中的“多行文字”按钮A，为各个功能块添加文字注释，如图 9-31 所示。

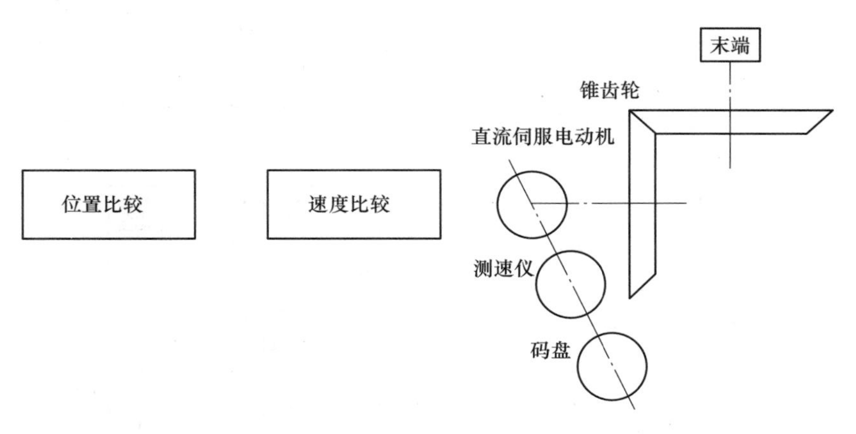

图 9-31 为功能块添加文字注释

4）单击“默认”选项卡“绘图”面板中的“多段线”按钮，绘制箭头，按信号流向绘制各元件之间的逻辑连接关系，如图 9-32 所示。

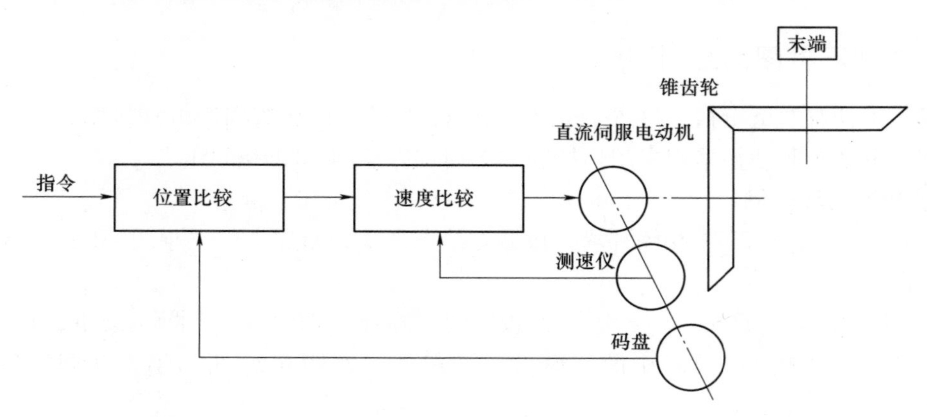

图 9-32　半闭环框图

2. 绘制控制系统框图

1）进入 AutoCAD 2024 绘图环境，新建文件“控制系统框图 . dwg”，设置路径并保存。

2）单击“默认”选项卡“绘图”面板中的“矩形”按钮 和单击“默认”选项卡“修改”面板中的“复制”按钮，绘制如图 9-33 所示的各个功能块。第一个矩形的长和宽分别为 50 和 30，表示工业控制计算机模块；第二个矩形的长和宽分别为 70 和 30，表示 12 轴运动控制模块；其余是边长为 20 的正方形，表示驱动器、直流伺服电动机和指端力传感器模块。

3）单击“默认”选项卡“注释”面板中的“多行文字”按钮 A，在各个功能块中添加文字注释，如图 9-34 所示。

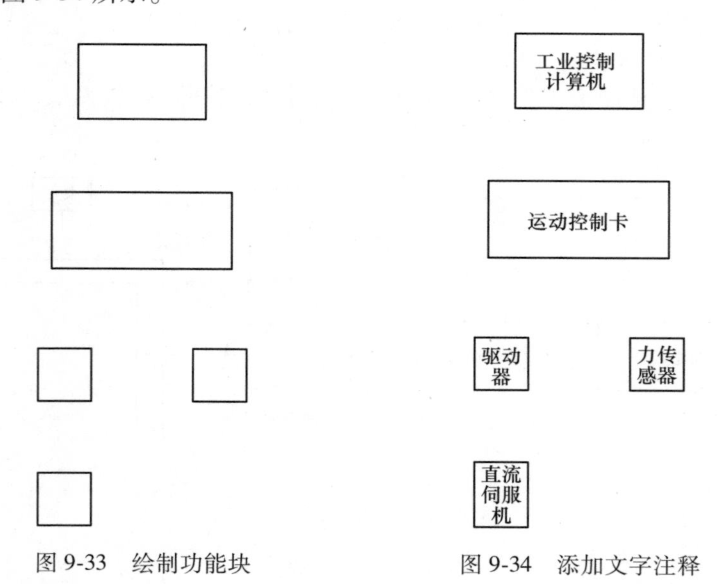

图 9-33　绘制功能块　　图 9-34　添加文字注释

3. 绘制双向箭头

1）单击“默认”选项卡“绘图”面板中的“多段线”按钮，绘制双向箭头，如图 9-35 所示。

2）单击“默认”选项卡“修改”面板中的“复制”按钮，生成另外两条连接线，完成控制系统框图的绘制，如图 9-36 所示。

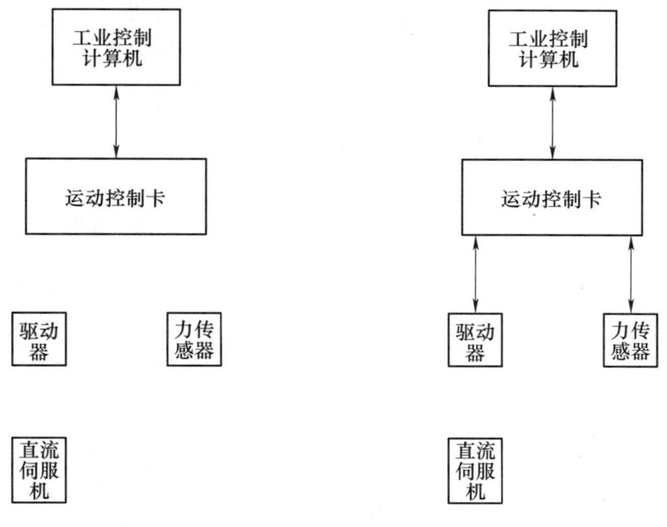

图 9-35　绘制双向箭头　　　　图 9-36　控制系统框图

9.3.2 低压电气设计

低压电气部分是整个控制系统的重要组成部分，为控制系统提供开关控制、散热、指示和供电等，是设计整个控制系统的基础。具体设计过程如下。

1）建立新文件。进入 AutoCAD 2024 绘图环境，新建文件“灵巧手控制 . dwg”，设置路径并保存。

2）设置图层。单击“默认”选项卡“图层”面板中的“图层特性”按钮，弹出“图层特性管理器”对话框，新建“低压电气”图层，属性设置如图 9-37 所示。

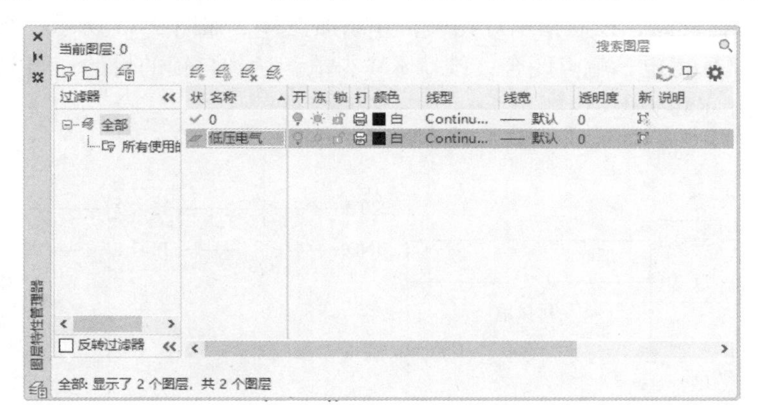

图 9-37　新建“低压电气”图层

3）设计电源部分，为低压电气部分引入电源。单击“默认”选项卡“绘图”面板中的“多段线”按钮，单击“默认”选项卡“修改”面板中的“复制”按钮，绘制电源线符号，如图 9-38 所示。两条线分别表示相线（俗称火线）和中性线（俗称零线），低压电气部分为 220V 交流电。

4）单击“默认”选项卡“绘图”面板中的“矩形”按钮□，绘制长为 50、宽为 60 的矩形作为手动开关；单击“默认”选项卡“修改”面板中的“移动”按钮✥，将手动开关移动到如图 9-39 所示的位置。

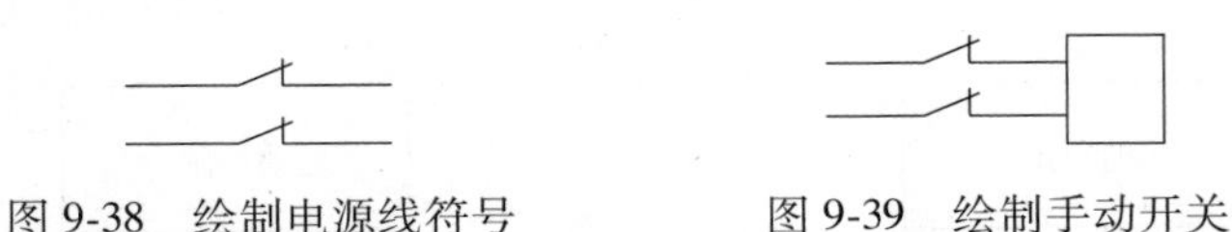

图 9-38　绘制电源线符号　　　图 9-39　绘制手动开关

5）单击“默认”选项卡“修改”面板中的“分解”按钮，分解多段线；单击“默认”选项卡“修改”面板中的“删除”按钮，删除竖线；单击“默认”选项卡“绘图”面板中的“直线”按钮╱，绘制手动开关按钮符号，并将竖直直线的线型改为虚线，如图 9-40 所示。

6）单击“默认”选项卡“注释”面板中的“多行文字”按钮A，为控制开关的各个端子添加文字注释，如图 9-41 所示。

图 9-40　绘制手动开关符号　　　图 9-41　添加文字注释

7）绘制排风扇。单击“默认”选项卡“绘图”面板中的“直线”按钮╱，绘制连通相线和零线的导线；按住〈Shift〉键并右键单击，在弹出的右键快捷菜单中选择“中点”命令，捕捉连通导线的中点，以该点为圆心绘制半径为 12 的圆，并添加文字说明“排风扇”，如图 9-42 所示。

8）绘制接触器支路，控制指示灯亮灭，并添加注释，如图 9-43 所示。当开机按钮 SB1 接通时，接触器 KM 得电，触点闭合，维持 KM 得电，达到自锁的目的；当关机按钮常闭触点 SB2-1 断开时，KM 失电。

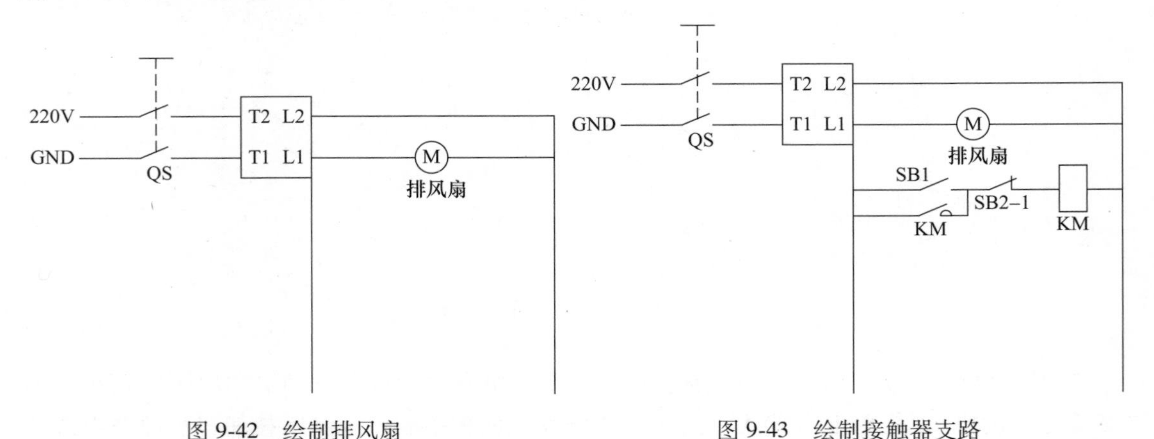

图 9-42　绘制排风扇　　　图 9-43　绘制接触器支路

9）绘制开机灯指示支路并添加注释。单击“默认”选项卡“块”面板中的“插入”

按钮，选择配套资源中的“源文件/图块/指示灯”图块插入；单击“默认”选项卡“绘图”面板中的“多段线”按钮，绘制连通导线和触点 KM，如图 9-44 所示。当触点 KM 闭合时，开机灯亮。

10）绘制主控系统供电支路并添加注释。单击“默认”选项卡“修改”面板中的“复制”按钮，复制导线和电气元件，并对复制后的图形进行修改，设计开关电源为主控系统供电，如图 9-45 所示。当 KM 接通时，开关电源 1 和开关电源 2 得电。

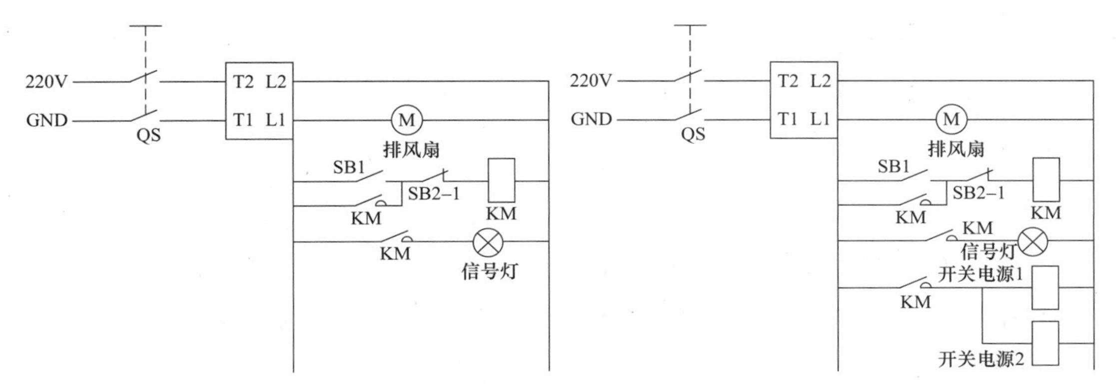

图 9-44　绘制开机指示灯支路

图 9-45　绘制主控系统供电支路

9.3.3　主控系统设计

主控系统分为三个部分，每个部分的基本结构和原理相似，选择其中的一部分作为讨论对象。每部分的控制对象为三个直流微型伺服电动机，运动控制卡采集码盘返回角度位置信号，给电动机驱动器发出控制脉冲，实现如图 9-32 所示的半闭环控制。

1）建立新文件。打开“灵巧手控制 .dwg”文件，新建“主控电气”图层，图形属性设置如图 9-46 所示。

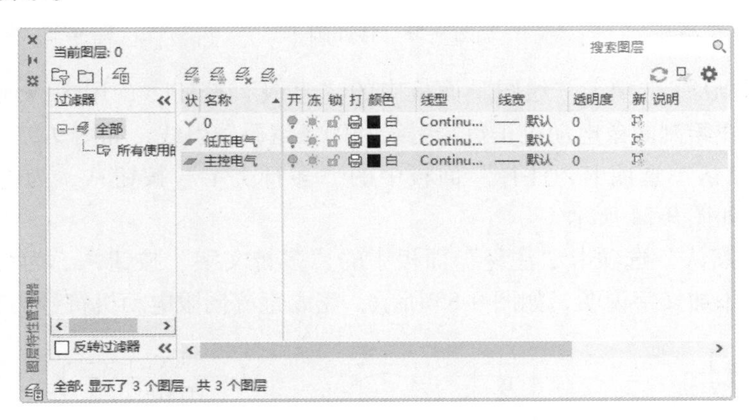

图 9-46　新建“主控电气”图层

2）连接运动控制卡和驱动器单元。在“主控电气”图层中放置运动控制卡和驱动器单元。单击“默认”选项卡“绘图”面板中的“多段线”按钮，设置“线宽”为 5，绘制它们之间的连接关系，如图 9-47 所示。

3）绘制直流伺服电动机符号。单击“默认”选项卡“绘图”面板中的“矩形”按钮□，绘制一个长为30、宽为60的矩形，如图9-48所示。

4）单击“默认”选项卡“修改”面板中的“复制”按钮，将步骤3）绘制的矩形向右60mm处进行复制，作为编码器符号，如图9-49所示。

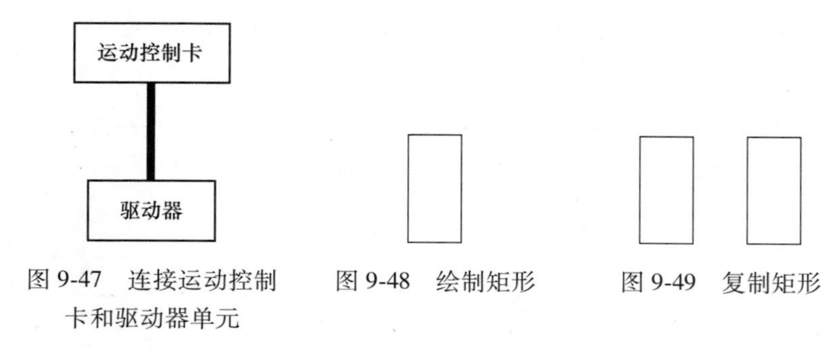

图9-47 连接运动控制卡和驱动器单元　　图9-48 绘制矩形　　图9-49 复制矩形

5）单击“默认”选项卡“绘图”面板中的“圆”按钮，以复制矩形的上边中点为圆心绘制半径为25的圆，如图9-50所示。

6）单击“默认”选项卡“修改”面板中的“移动”按钮，将步骤5）绘制的圆向下移动30，如图9-51所示。

7）单击“默认”选项卡“修改”面板中的“修剪”按钮，把复制得到的矩形以平移后的圆为边界进行修剪，效果如图9-52所示。

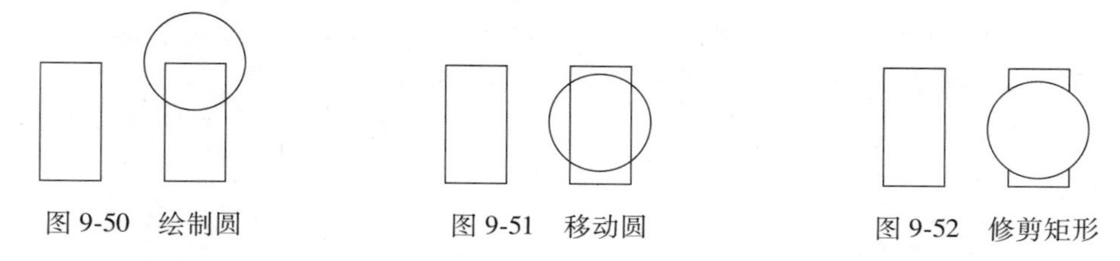

图9-50 绘制圆　　图9-51 移动圆　　图9-52 修剪矩形

8）单击“默认”选项卡“绘图”面板中的“直线”按钮，用虚线连接编码器和电动机中心；用实线绘制两条电动机正负端引线和四条编码器引线，如图9-53所示。

9）单击“默认”选项卡“注释”面板中的“多行文字”按钮A，为电动机和编码器添加文字注释，如图9-54所示。

10）单击“默认”选项卡“注释”面板中的“多行文字”按钮A，为编码器的各个引线端子编号，并添加文字说明，如图9-55所示，完成直流伺服电动机符号的绘制。

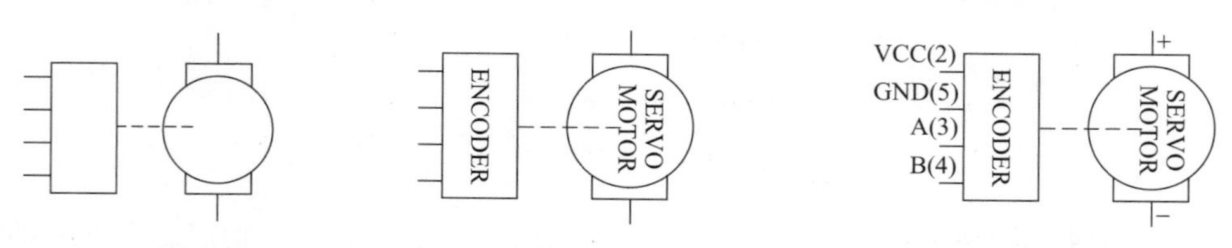

图9-53 绘制引线　　图9-54 添加文字注释　　图9-55 直流伺服电动机符号

11）单击“默认”选项卡“块”面板中的“创建”按钮，将绘制的直流伺服电动机符号创建为块，以便后面设计系统时调用。

12）摆放元件。单击“默认”选项卡“块”面板中的“插入”按钮，插入直流伺服电动机图块，按图 9-56 所示摆放三个直流伺服电动机图块。

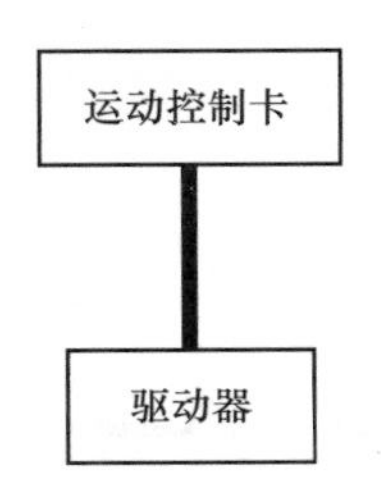

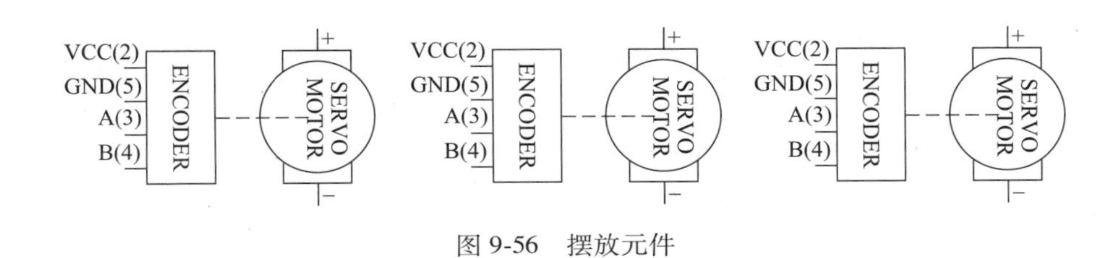

图 9-56　摆放元件

13）绘制排线。单击“默认”选项卡“绘图”面板中的“多段线”按钮，放置排线，如图 9-57 所示。

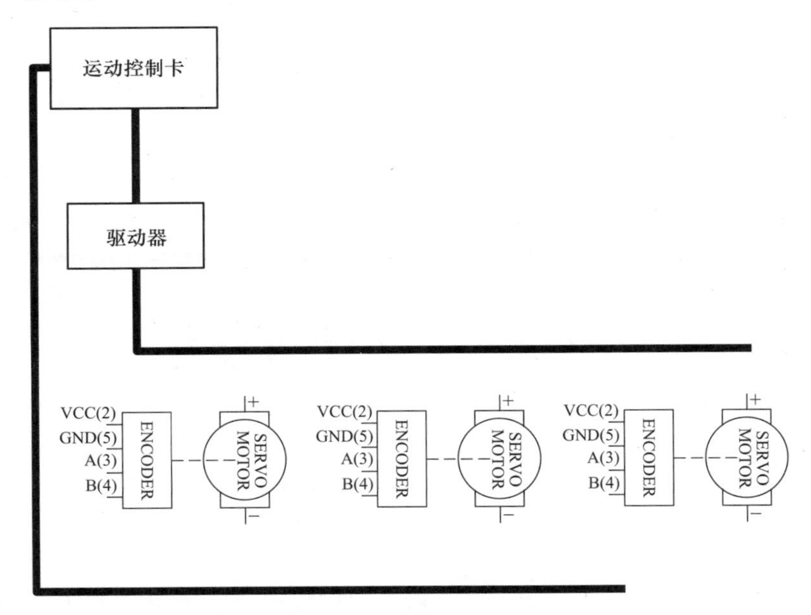

图 9-57　绘制排线

14）连接驱动器和电动机。单击“默认”选项卡“绘图”面板中的“直线”按钮，用直线连接驱动器与伺服电动机的两端，绘制接地引脚并添加文字注释，如图 9-58 所示。

15）连接运动控制卡与编码器。单击“默认”选项卡“绘图”面板中的“直线”按钮

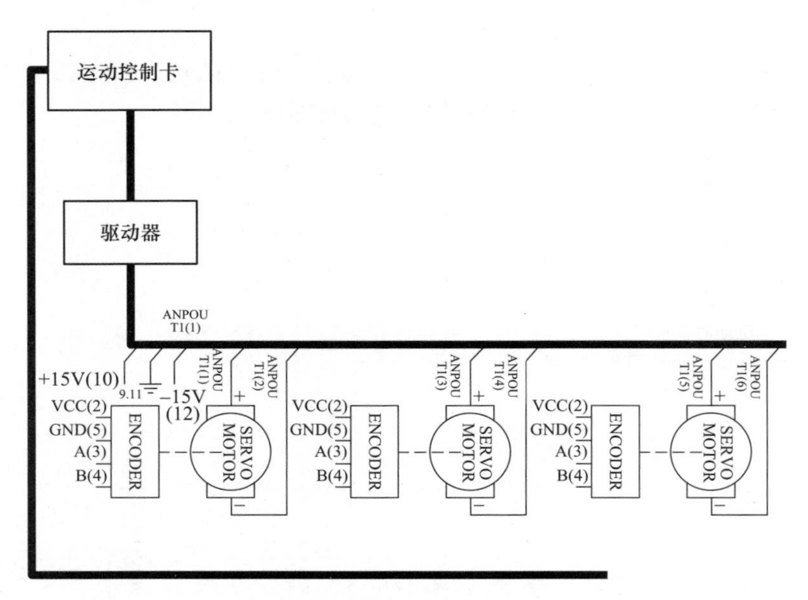

图 9-58　连接驱动器和电动机

，用直线连接运动控制卡与编码器，并添加引脚文字标注，如图 9-59 所示。

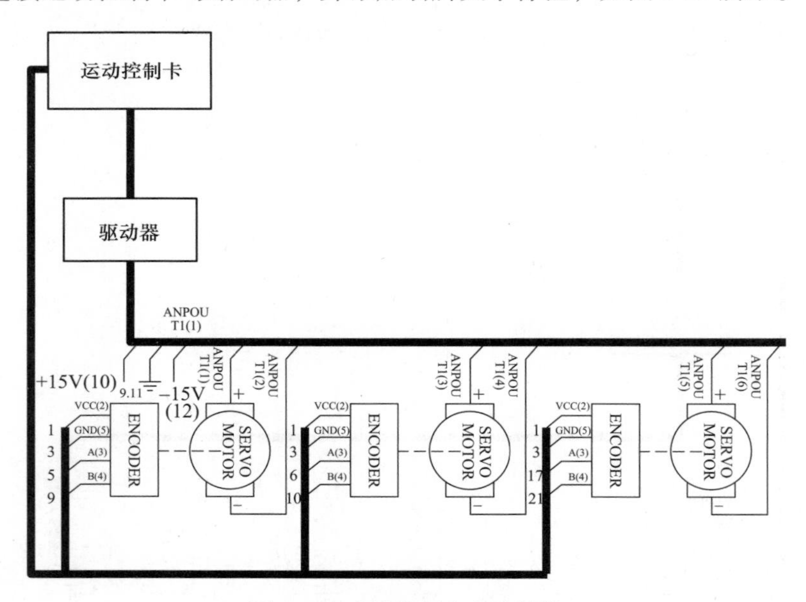

图 9-59　连接控制卡和编码器

16）倒角处理。单击“默认”选项卡“修改”面板中的“倒角”按钮，在导线拐弯处进行 45°倒角处理，如图 9-60 所示。

17）插入图框。选择配套资源中的“源文件 \ 图块 \ A3 样板图 . dwt”样板文件插入或者直接插入“A3 样板图 . dwg”，结果如图 9-29 所示。

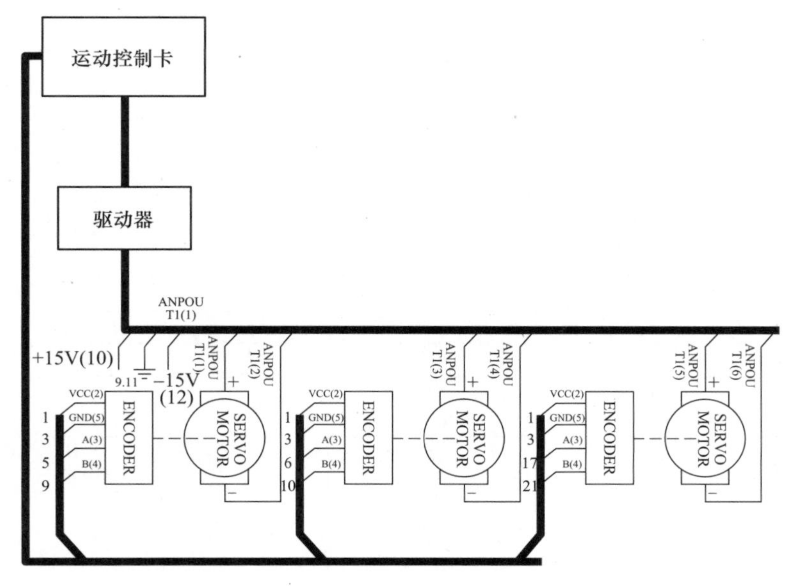

图 9-60　倒角处理

9.4　上机实验

通过前面的学习，读者对本章知识有了大体的了解，本节通过两个操作练习帮助读者进一步掌握本章知识要点。

实验 1　绘制如图 9-61 所示的 SINUMERIK820 控制系统的硬件结构图

（1）目的要求

本实验的目的是通过 SINUMERIK820 控制系统的硬件结构图的绘制，帮助读者巩固对控制电气图绘制方法和技巧的掌握。

（2）操作提示

1）设置三个新图层。

2）绘制线路结构图。

3）绘制实体符号。

4）将绘制的实体符号插入到图形中。

5）添加注释文字。

6）插入图框图块。

实验 2　绘制如图 9-62 所示的并励直流电动机串联电阻起动电路

（1）目的要求

本实验的目的是通过并励直流电动机串联电阻起动电路图的绘制，帮助读者巩固对控制电气图绘制方法和技巧的掌握。

（2）操作提示

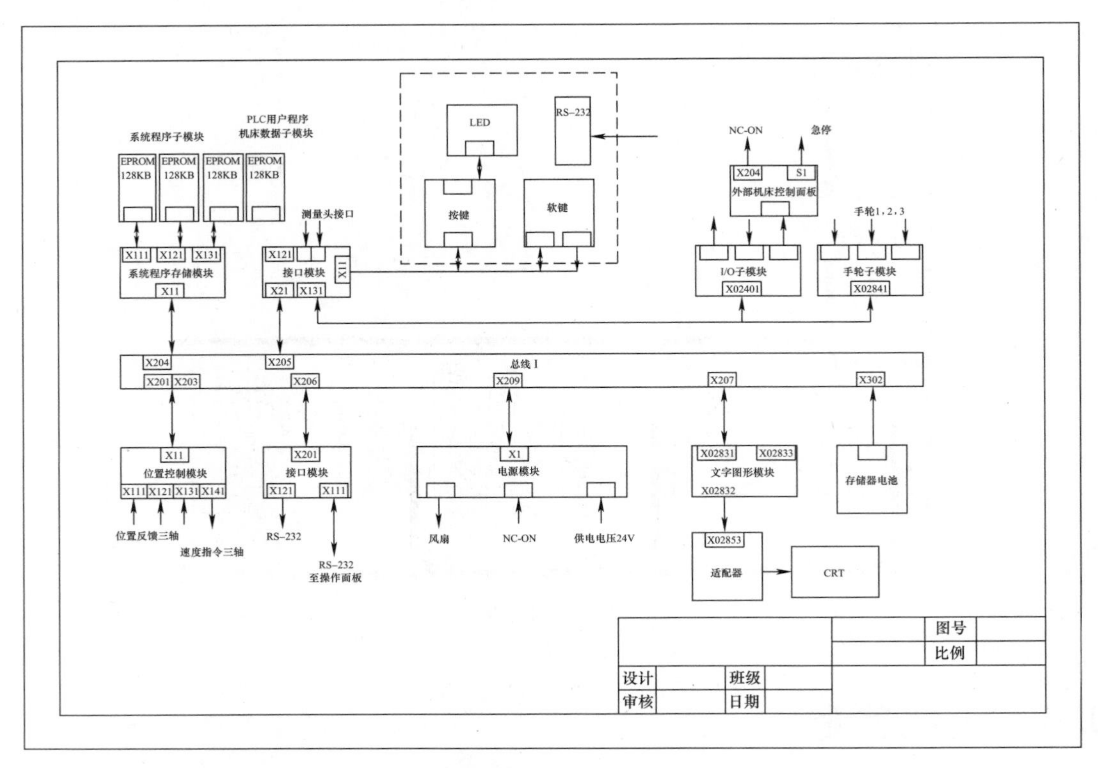

图 9-61　SINUMERIK820 控制系统的硬件结构图

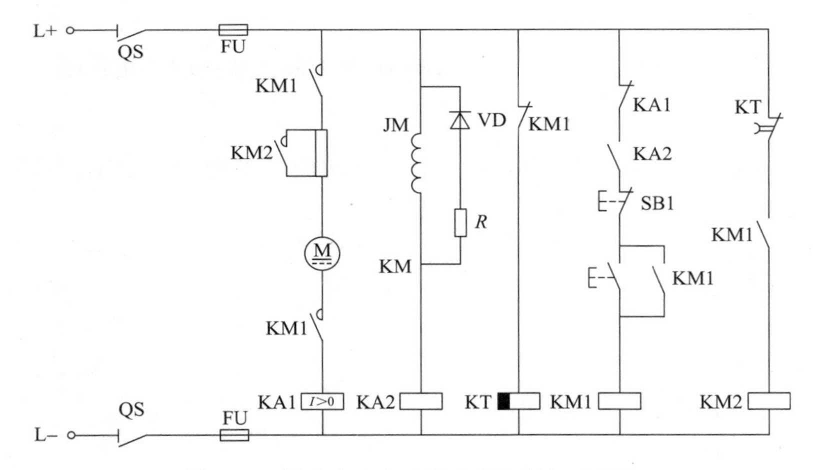

图 9-62　并励直流电动机串联电阻起动电路

1）设置三个新图层。
2）绘制线路结构图。
3）绘制实体符号。
4）将绘制的实体符号插入到图形中。

9.5 思考与练习

绘制如图 9-63 所示液位自动控制器电路原理图。

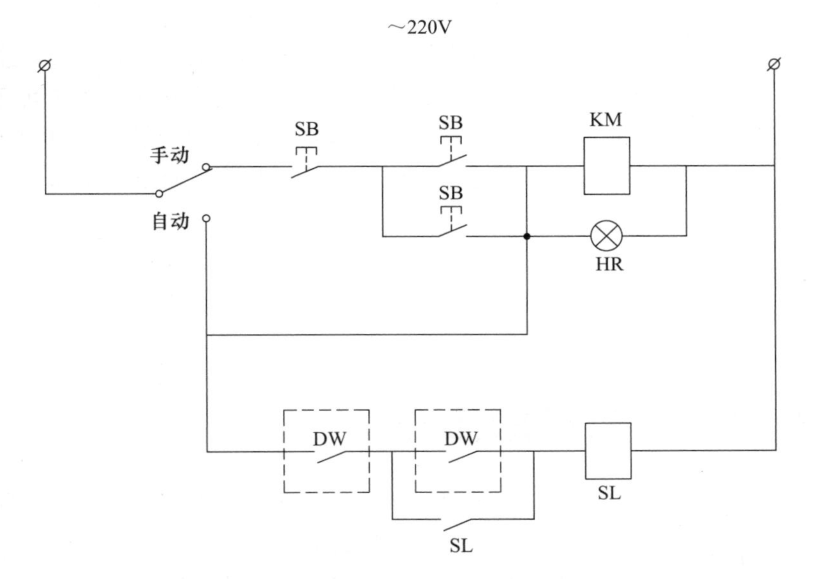

图 9-63 液位自动控制器电路原理图

第 10 章　电力电气设计

电能的生产、传输和使用是同时进行的。从发电厂生产出来的电力，需要经过升压后才能够输送给远方的用户。输电电压一般很高，用户一般不能直接使用，高压电要经过变电所变压才能分配给电能用户使用。由此可见，变电所和输电线路是电力系统重要的组成部分，所以本章将对变电工程图、输电工程图进行介绍，并结合具体的例子来介绍其绘制方法。

本章重点

- 电力电气工程图简介
- 变电所主接线图的绘制方法
- 变电所二次接线图的绘制方法

10.1　电力电气工程图简介

电能的生产、传输和使用是同时进行的。发电厂生产的电能，有一小部分供给本厂和附近的用户使用，其余绝大部分都要经过升压变电站将电压升高，由高压输电线路送至距离很远的负荷中心，再经过降压变电站将电压降低到用户所需要的电压等级，分配给电能用户使用。由此可知，电能从生产到应用，一般需要 5 个环节来完成，即发电→输电→变电→配电→用电，其中配电又根据电压等级不同分为高压配电和低压配电。

由各种电压等级的电力线路，将各种类型的发电厂、变电站和电力用户联系起来，形成一个集发电、输电、变电、配电和用电的整体，称为电力系统。电力系统由发电厂、变电所、线路和用户组成。变电所和输电线路是联系发电厂和用户的中间环节，起着变换和分配电能的作用。

1. 变电工程及变电工程图

为了更好地了解变电工程图，下面先对变电工程的重要组成部分——变电所做简要介绍。系统中的变电所，通常按其在系统中的地位和供电范围，分成以下几类。

（1）枢纽变电所

枢纽变电所是电力系统的枢纽点，用于连接电力系统高压和中压的几个部分，汇集多个电源，电压为 330~500kV。全所停电后，将引起系统解列，甚至出现瘫痪。

（2）中间变电所

高压以交换潮流为主，起交换系统功率的作用，或使长距离输电线路分段，一般汇集 2~3 个电源，电压为 220~330kV，同时又降压供给当地用电。这样的变电所主要起中间环节的作用，所以称作中间变电所。全所停电后，将引起区域网络解列。

（3）地区变电所

高压侧电压一般为 110~220kV，是以对地区用户供电为主的变电所。全所停电后，仅使该地区中断供电。

（4）终端变电所

经降压后直接向用户供电的变电所即为终端变电所，在输电线路的终端，接近负荷点，高压侧电压多为110kV。全所停电后，只有用户受到损失。

为了能够准确清晰地表达电力变电工程的各种设计意图，必须采用变电工程图。简单来说，变电工程图是对变电站、输电线路各种接线形式和具体情况的描述。它的意义在于采用统一直观的标准来表达变电工程的各方面。变电工程图的种类很多，包括主接线图、二次接线图、变电所平面布置图、变电所断面图、高压开关柜原理图及布置图等，每种情况各不相同。

2. 输电工程及输电工程图

输送电能的线路通称为电力线路。电力线路有输电线路和配电线路之分，由发电厂向电力负荷中心输送电能的线路以及电力系统之间的联络线路称为输电线路，由电力负荷中心向各个电力用户分配电能的线路称为配电线路。

输电线路按结构特点分为架空线路和电缆线路。架空线路由于具有结构简单、施工简便、建设费用低、施工周期短、检修维护方便、技术要求较低等优点，得到了广泛的应用。电缆线路受外界环境因素的影响小，但需用特殊加工的电力电缆，费用高，对施工及运行检修的技术要求高。

目前我国电力系统广泛采用的是架空输电线路。架空输电线路一般由导线、避雷线、绝缘子、金具、杆塔、杆塔基础、接地装置和拉线几部分组成。下面分别介绍主接线图和二次接线图的绘制方法。

10.2 绘制变电所主接线图

绘制变电所的电气原理图：首先绘制简单的系统图，表明变电所工作的大致原理；然后绘制更详细的阐述电气原理的接线图。

本例先绘制系统图，再绘制如图10-1所示的变电所主接线图。

10.2.1 配置绘图环境

建立新文件。打开AutoCAD 2024应用程序，选择配套资源中的“源文件/第10章/A3样板图.dwt”样板文件为模板建立新文件，将新文件命名为“110kV变电所二次接线图.dwg”并保存。

10.2.2 绘制图形符号

本图涉及的图形符号很多，图形符号的绘制也是本图最主要的内容，下面分别给以说明。读者掌握绘制方法后，可以把这些图形符号保存为图块，方便以后用到这些符号时加以调用，提高工作效率。

1. 绘制带熔断器的手动开关符号

1）单击“默认”选项卡“绘图”面板中的“直线”按钮╱，在正交绘图模式下，以坐标（100，100），（@0，-50）绘制一条竖线。

2）选择菜单栏中的“工具”→“草图设置”命令，在弹出的“草图设置”对话框的“极轴追踪”选项卡中，选中“启用极轴追踪”复选框，设置“增量角”为30，如图10-2所示。

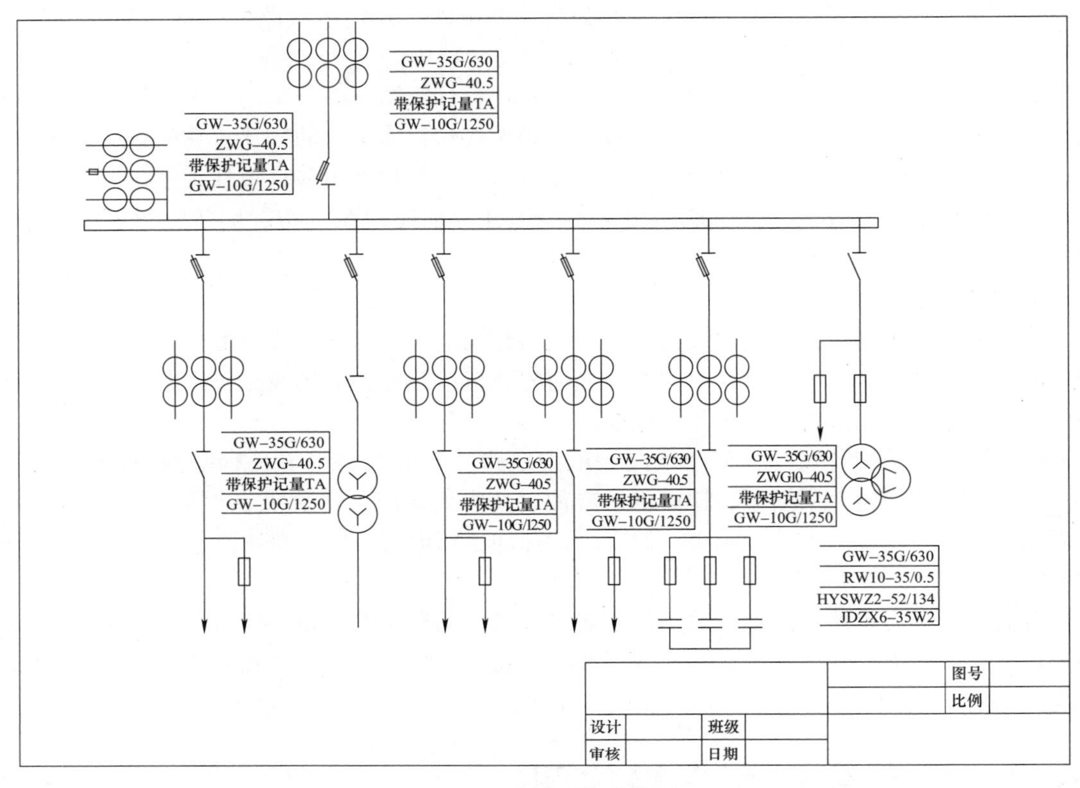

图 10-1　变电所主接线图

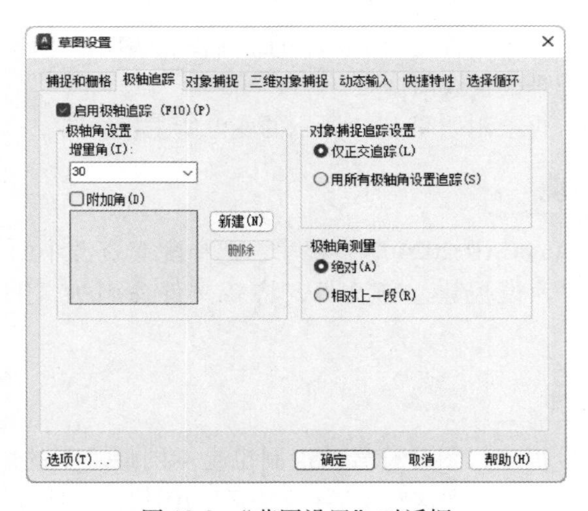

图 10-2　“草图设置”对话框

3）绘制折线。单击“默认”选项卡“绘图”面板中的“直线”按钮 。

在命令行提示“指定第一个点:”输入(100,70)。
在命令行提示“指定下一点或［放弃(U)］: <极轴 开> ”输入 20↙
在命令行提示“指定下一点或［放弃(U)］: ”捕捉竖线上的垂足。

绘制的折线如图 10-3 所示。

4）单击“默认”选项卡“修改”面板中的“移动”按钮，将水平直线向右移动 5，结果如图 10-4 所示。

5）单击“默认”选项卡“修改”面板中的“修剪”按钮，对图形进行修剪。绘制完成的开关符号如图 10-5 所示。

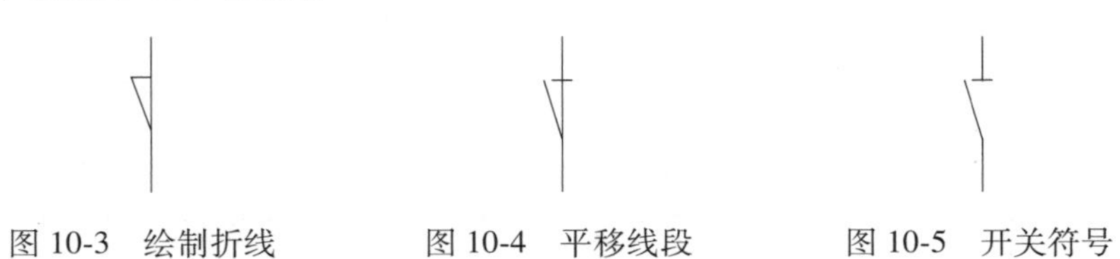

图 10-3　绘制折线　　图 10-4　平移线段　　图 10-5　开关符号

2. 绘制熔断器隔离开关符号

1）将绘制的开关符号进行复制。单击“默认”选项卡“修改”面板中的“偏移”按钮，将斜线分别向两侧偏移 1.5，结果如图 10-6 所示。

2）单击“默认”选项卡“绘图”面板中的“直线”按钮，以偏移斜线上的一点为起点，在对象捕捉绘图模式下，捕捉另一偏移斜线上的垂足为终点，绘制斜线的垂线；重复“直线”命令，以偏移斜线下端点为起点，捕捉另一偏移斜线上的下端点为终点绘制直线，结果如图 10-7 所示。

3）单击“默认”选项卡“修改”面板中的“修剪”按钮，对图形进行修剪，绘制完成的熔断器隔离开关符号，如图 10-8 所示。

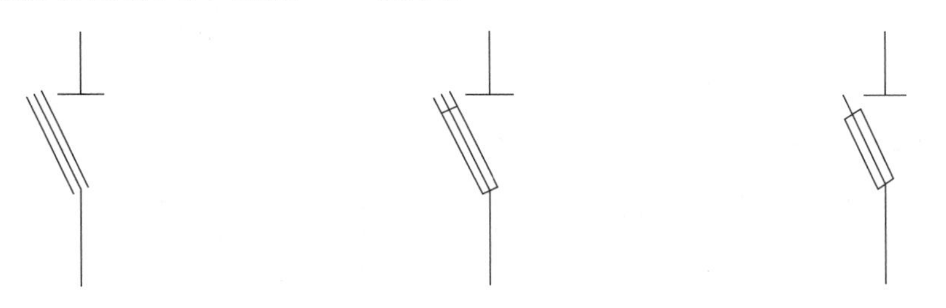

图 10-6　偏移斜线　　图 10-7　绘制垂线　　图 10-8　熔断器隔离开关符号

3. 绘制断路器符号

1）复制开关符号，单击“默认”选项卡“修改”面板中的“旋转”按钮，以图 10-5 中水平直线与竖直直线交点为基点，将水平直线旋转 45°，如图 10-9 所示。

2）单击“默认”选项卡“修改”面板中的“镜像”按钮，将旋转后的斜线以竖直直线为镜像线进行镜像处理，绘制完成的断路器符号如图 10-10 所示。

4. 绘制站用变压器符号

变压器是变电站中的重要器件，对此需要特别注意，在绘制站用变压器之前，先绘制变压器的符号。

1）单击“默认”选项卡“绘图”面板中的“圆”按钮，绘制半径为 10 的圆。

2）单击“默认”选项卡“修改”面板中的“复制”按钮，将步骤 1）绘制的圆复制到（@0，-18），结果如图 10-11 所示。

3）单击“默认”选项卡“绘图”面板中的“直线”按钮，以上方圆的圆心为起点，坐标点（@0，-8）为终点绘制直线。

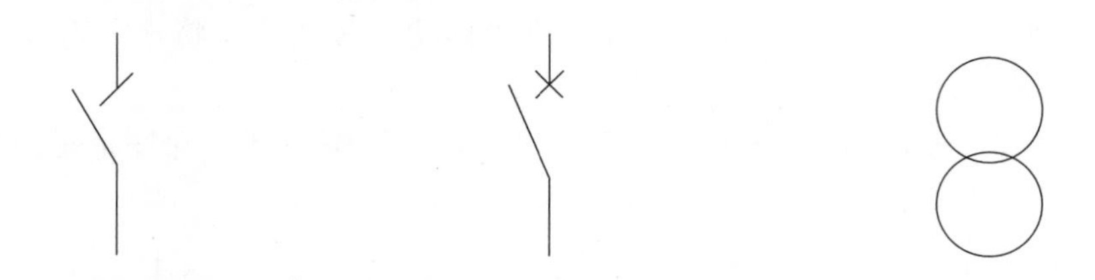

图 10-9　旋转水平直线　　图 10-10　断路器符号　　图 10-11　绘制圆

4）单击“默认”选项卡“修改”面板中的“环形阵列”按钮，将步骤 3）绘制的直线进行环形阵列，设置阵列中心点坐标为上方圆的圆心，阵列数目为 3，绘制的Y图形如图 10-12 所示。

5）单击“默认”选项卡“修改”面板中的“复制”按钮，在正交绘图模式下，将图 10-12 中的Y图形向下方复制，复制到目标点（@0，-18），结果图 10-13 所示，完成站用变压器符号的绘制。

6）单击“默认”选项卡“块”面板中的“创建”按钮，将图 10-13 所示的图形定义为块，完成站用变压器符号的绘制。

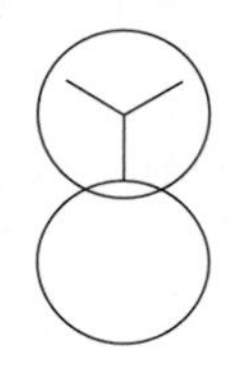

图 10-12　绘制Y图形

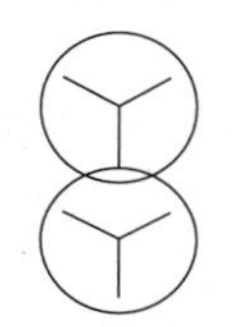

图 10-13　站用变压器符号

5. 绘制电压互感器符号

1）单击“默认”选项卡“绘图”面板中的“圆”按钮，在绘图区中绘制一个圆；单击“默认”选项卡“绘图”面板中的“多边形”按钮，在所绘的圆中绘制一个正三角形。

2）单击“默认”选项卡“绘图”面板中的“直线”按钮，在正交绘图模式下绘制一条竖直直线，如图 10-14 所示。

3）单击“默认”选项卡“修改”面板中的“修剪”按钮，修剪图形；单击“默认”选项卡“修改”面板中的“删除”按钮，删除多余的直线，如图 10-15 所示。

4）单击“默认”选项卡“块”面板中的“插入”按钮，选中站用变压器图块，在对象捕捉和对象追踪绘图模式下，将图 10-13 与图 10-15 结合起来，得到如图 10-16 所示的电压互感器符号。

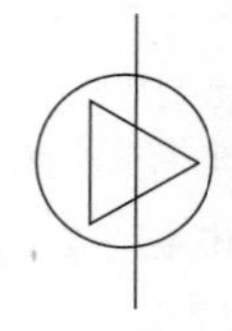

图 10-14　绘制基本图形

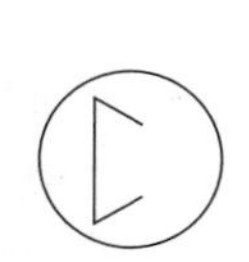

图 10-15　修剪图形

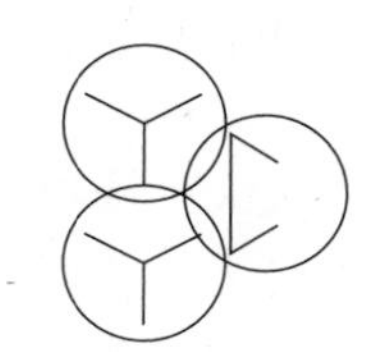

图 10-16　电压互感器符号

6. 绘制电流互感器和无极性电容器符号

1）单击“默认”选项卡“绘图”面板中的“圆”按钮，绘制一个圆，如图 10-17 所示；单击“默认”选项卡“绘图”面板中的“直线”按钮，在极轴追踪、对象捕捉和正交绘图模式下，绘制一条过圆心的直线，如图 10-18 所示，完成电流互感器符号的绘制。

2）绘制如图 10-19 所示的无极性电容器符号，方法与前文介绍的绘制极性电容器的方法类似，这里不再重复说明。

将上面绘制的电气符号全部按照前文讲述的方法创建为图块。

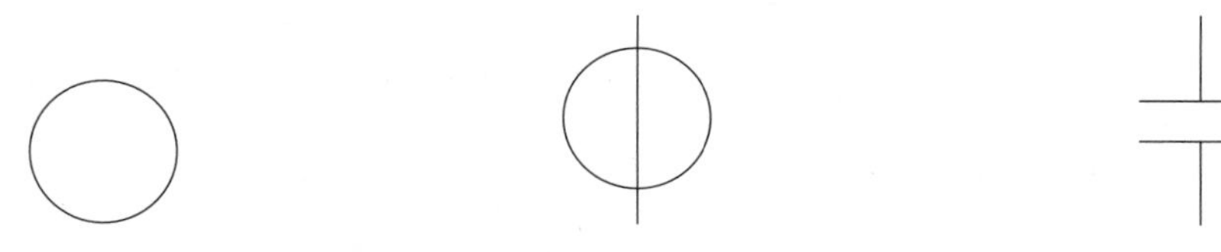

图 10-17　绘制圆　　图 10-18　电流互感器符号　　图 10-19　无极性电容器符号

10.2.3 绘制电气主接线图

1）建立新文件。设置绘图环境后，选择配套资源中的“源文件/样板图/A3-3 样板图 . dwt”样板文件为模板，建立新文件，将新文件命名为“电气主接线图 . dwg”。

2）绘制母线。单击“默认”选项卡“绘图”面板中的“直线”按钮，绘制一条为长 300 的直线；单击“默认”选项卡“修改”面板中的“复制”按钮，在正交绘图模式下将绘制的直线向下平移 1.5；单击“默认”选项卡“绘图”面板中的“直线”按钮，将直线的两端连接，并将线宽设为 0.3，如图 10-20 所示。

图 10-20　绘制母线

3）单击“默认”选项卡“绘图”面板中的“圆”按钮，绘制一个半径为 5 的圆，如图 10-21 所示。

4）单击“默认”选项卡“绘图”面板中的“直线”按钮，在极轴追踪、对象捕捉和正交绘图模式下绘制一条直线，如图 10-22 所示。

5）单击“默认”选项卡“修改”面板中的“复制”按钮，在正交绘图模式下，在已绘制的圆的下方复制一个圆，如图 10-23 所示；重复“复制”命令，在正交绘图模式下，将图 10-23 中所有的图形向左复制，如图 10-24 所示。

图 10-21　绘制圆　　图 10-22　绘制直线　　图 10-23　复制圆

6）单击“默认”选项卡“修改”面板中的“镜像”按钮，在极轴追踪和对象捕捉绘图模式下，以原图中的直线为镜像线，将左边的图镜像到右边，如图 10-25 所示。

7）单击“默认”选项卡“块”面板中的“创建”按钮，将图 10-25 所示的图形创建为块，并将其名称设置为“主变”。

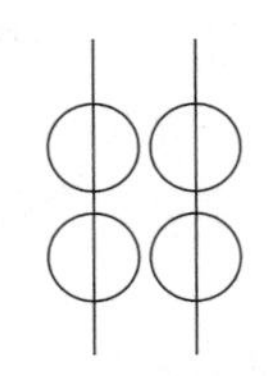

图 10-24　复制图形

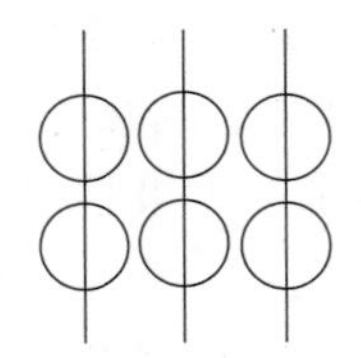

图 10-25　镜像图形

8）插入图形。单击“默认”选项卡“块”面板中的“插入”按钮，弹出“插入”对话框。单击“浏览”按钮，弹出“选择图形文件”对话框，选择配套资源“源文件/图块”文件夹中的“熔断器隔离开关”“主变”“开关”“电阻 1”和“箭头 1”图块作为插入对象，放置在当前绘图区适当位置，结果如图 10-26 所示。调用已有的图块，能够大幅节省绘图工作量，提高绘图效率。

9）复制出相同的主变支路。单击“默认”选项卡“修改”面板中的“复制”按钮，将图 10-26 所示的支路图形进行复制，如图 10-27 所示。

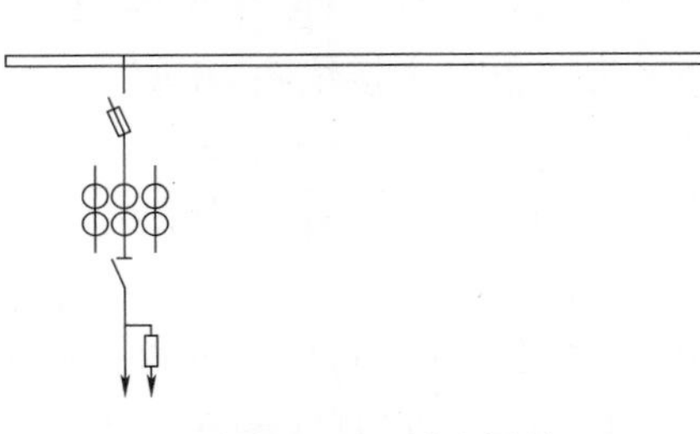

图 10-26　插入图块

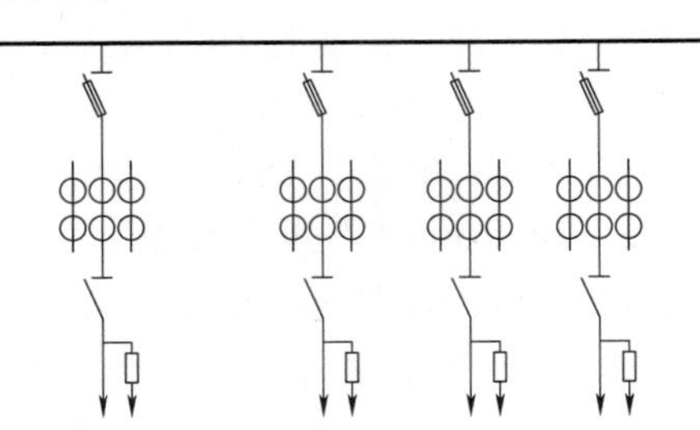

图 10-27　复制相同的主变支路

10）绘制母线上方的器件。单击“默认”选项卡“修改”面板中的“镜像”按钮，将最左边支路中的主变和熔断器隔离开关以母线的上侧直线为镜像线进行镜像，得到如图 10-28 所示的图形。

11）移动图形。单击“默认”选项卡“修改”面板中的“移动”按钮，将图 10-28 所示的图形在直线上面的部分向右平移 25，如图 10-29 所示。

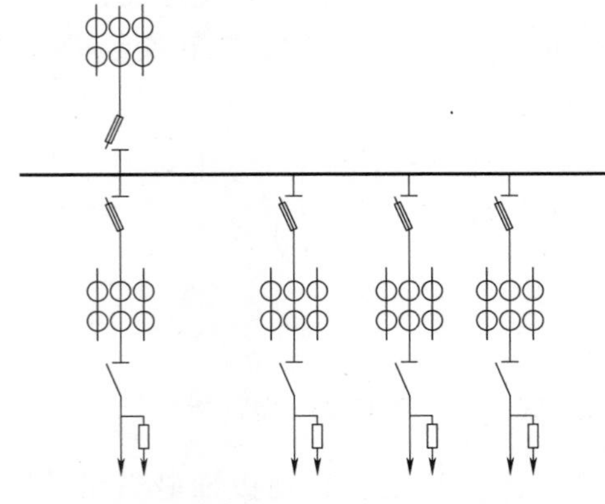

图 10-28　绘制母线上方的器件

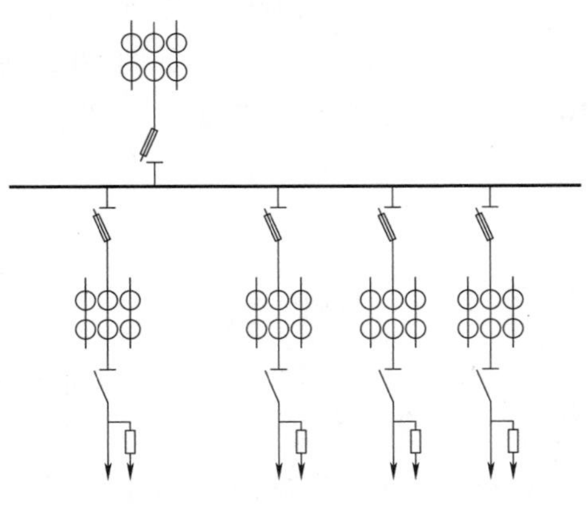

图 10-29　移动图形

12）插入“主变”块。单击“默认”选项卡“块”面板中的“插入”按钮，弹出“插入”对话框。单击“浏览”按钮，弹出“选择图形文件”对话框，选择配套资源中的“源文件/图块/主变”图块作为插入对象插入当前绘图区，用鼠标左键单击图块放置点并改变方向，绘制一矩形并将其放到直线适当位置，效果如图10-30所示。

13）单击“默认”选项卡“修改”面板中的“删除”按钮，将母线下方最右端通过复制得到的图形的箭头去掉；单击“默认”选项卡“块”面板中的“插入”按钮，在电阻下方插入无极性电容符号，然后单击“默认”选项卡“修改”面板中的“分解”按钮，将电阻进行分解，结果如图10-31所示。

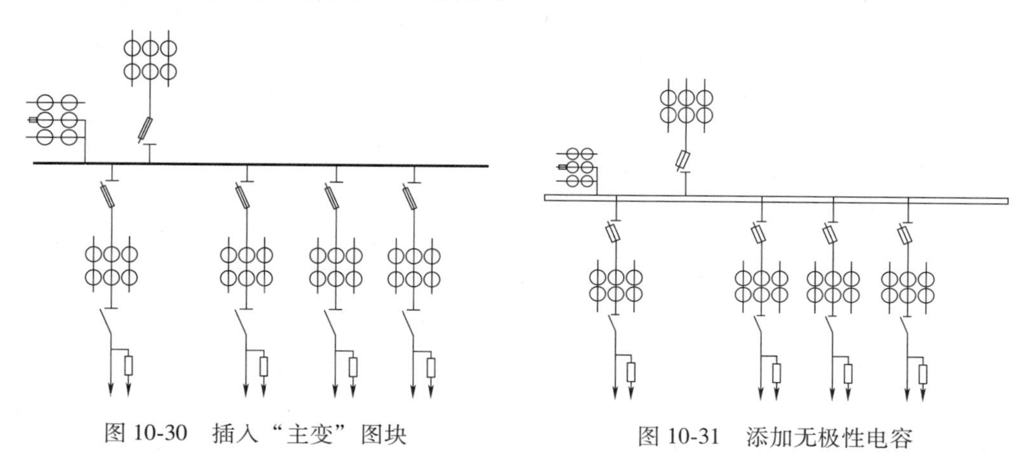

图10-30　插入“主变”图块　　　图10-31　添加无极性电容

14）单击“默认”选项卡“修改”面板中的“复制”按钮，在正交绘图模式下，将右下方的电阻和电容符号向左复制一份，如图10-32所示。

15）单击“默认”选项卡“修改”面板中的“镜像”按钮，将右下方的图形以其相邻的竖直直线为镜像线进行镜像，并将下侧端点连接，结果如图10-33所示。

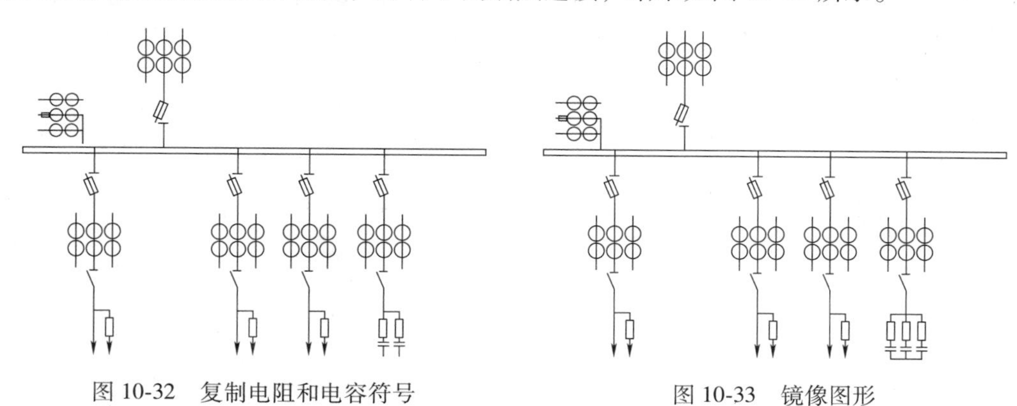

图10-32　复制电阻和电容符号　　　图10-33　镜像图形

16）单击“默认”选项卡“块”面板中的“插入”按钮，在当前绘图区插入10.2.2节中创建的“站用变压器”“熔断器”图块，并将其移动到图中，如图10-34所示。

17）单击“默认”选项卡“块”面板中的“插入”按钮，在当前绘图区插入在10.2.2节中创建的“电压互感器”“熔断器”和“开关”块，并将其移动到图中，如图10-35所示。

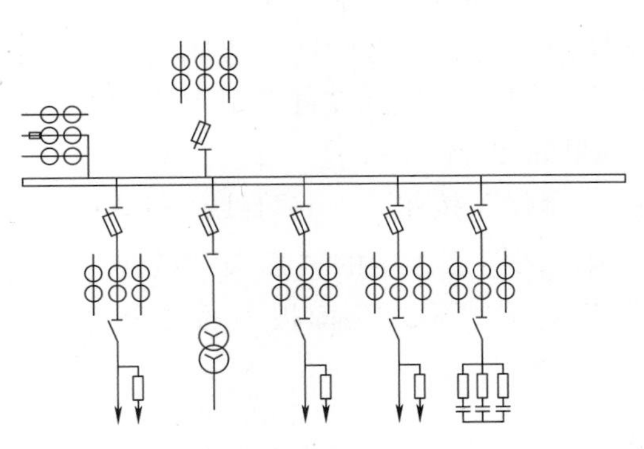

图 10-34　插入图块 1

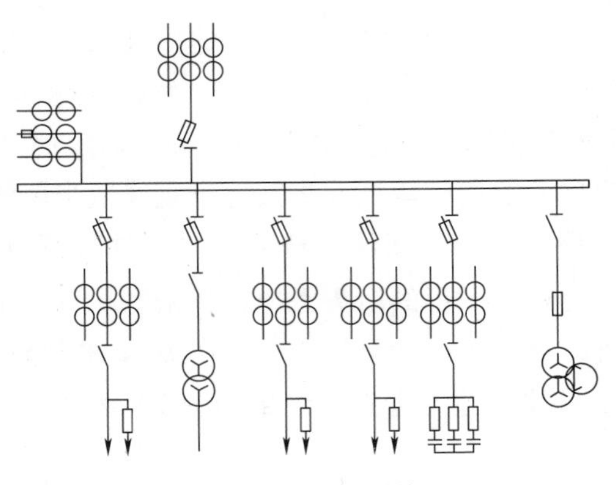

图 10-35　插入图块 2

18）单击“默认”选项卡“绘图”面板中的“直线”按钮，在正交绘图模式下，在电压互感器所在支路上绘制一条折线；单击“默认”选项卡“绘图”面板中的“矩形”按钮，绘制一个矩形并将其放到直线上；单击“默认”选项卡“绘图”面板中的“多段线”按钮，在矩形下方绘制一个箭头，结果如图 10-36 所示。

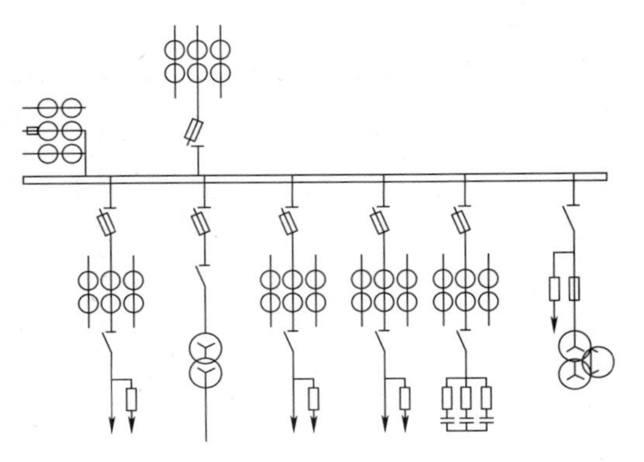

图 10-36　绘制支路图形

注释文字是对器件的选用和型号的描述，对于线路的阅读及维护有重要的作用。下面对所画的主接线图部分进行必要的文字注释。

19）标注文字。单击“默认”选项卡“注释”面板中的“多行文字”按钮A，在需要注释的地方画出一个区域，在弹出的“文字”格式对话框中输入需要的信息，单击“确定”按钮。

20）绘制文字框线。单击“默认”选项卡“绘图”面板中的“直线”按钮，绘制一条水平线；再单击“默认”选项卡“修改”面板中的“复制”按钮，将绘制的水平线连续向上偏移 4 次，重复“直线”命令，绘制竖直直线，完成文字框线的绘制，完成后的线路图如图 10-37 和图 10-38 所示。按此方法添加其他注释，最终结果如图 10-1 所示。

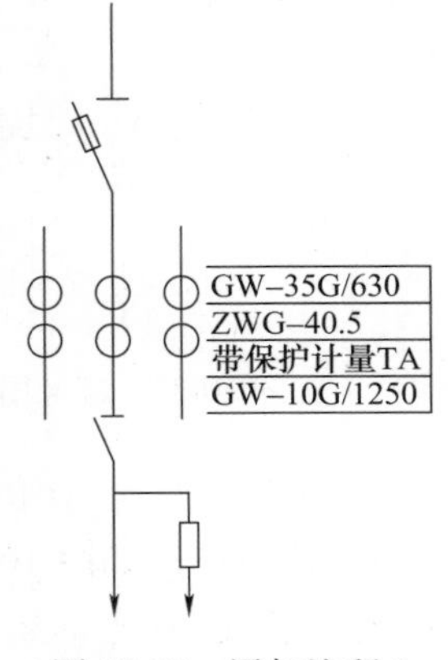

图 10-37　添加注释 1

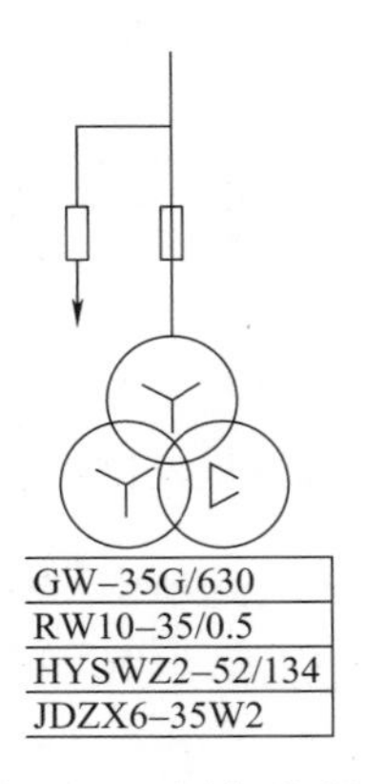

图 10-38　添加注释 2

10.3 绘制变电所二次接线图

视频：绘制变电所二次接线图 1

本节介绍变电所二次接线图的绘制。首先设计图纸布局，确定各主要部件在图中的位置，绘制各电气符号，最后把绘制好的电气符号插入到布局图的相应位置，如图 10-39 所示。

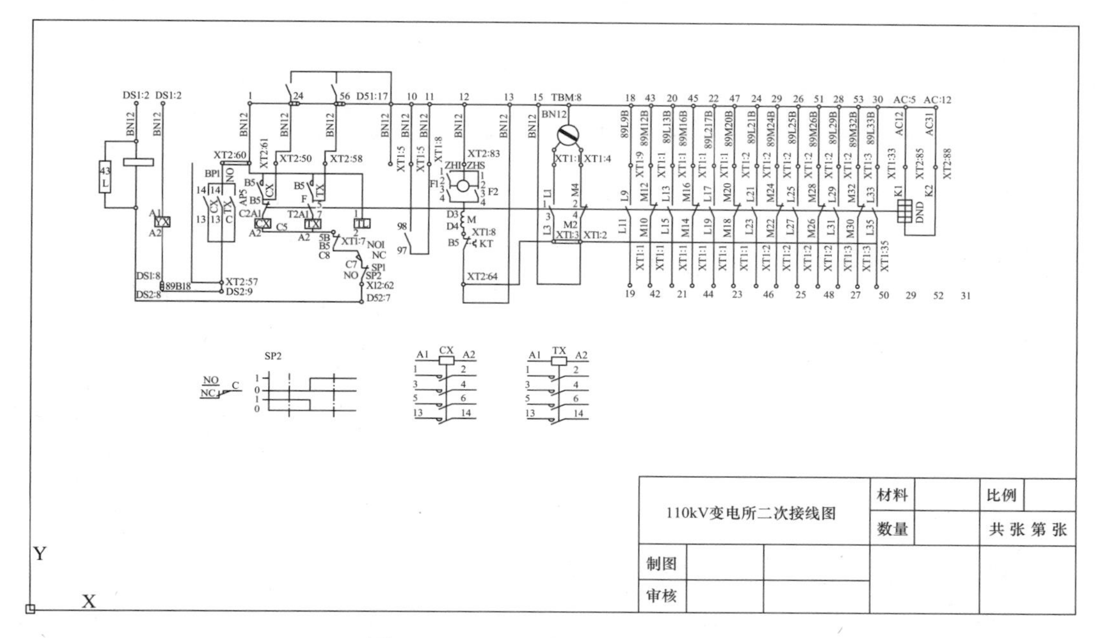

图 10-39 110kV 变电所二次接线图

10.3.1 设置绘图环境

1）建立新文件。打开 AutoCAD 2024 应用程序，选择配套资源中的“源文件/样板图/A1 样板图 . dwt”样板文件为模板，建立新文件，将新文件命名为“110kV 变电所二次接线图 . dwg”并保存。

2）设置图层。单击“图层”工具栏中的“图层特性管理器”按钮，弹出“图层特性管理器”对话框，新建“绘图线层”“双点线层”“图框线层”和“中心线层”4 个图层，设置好的各图层属性如图 10-40 所示。

10.3.2 绘制图形符号

1. 绘制常开触点符号

图层设置完成后，在“绘图线层”内绘制图形符号。

1）单击“默认”选项卡“绘图”面板中的“直线”按钮，绘制一条长度为 3 的竖直直线，并在它左侧绘制一条长度为 1 的平行线，如图 10-41 所示。

2）单击“默认”选项卡“修改”面板中的“旋转”按钮，以左侧平行线的下端点

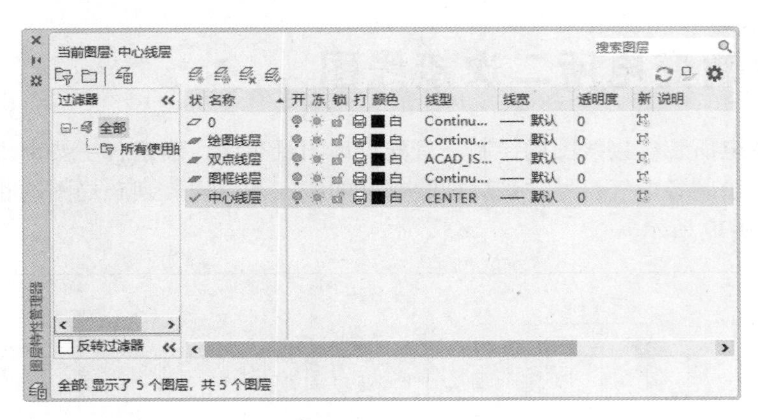

图 10-40　设置图层

为基点进行旋转，旋转角度为 30°，如图 10-42 所示。

3）单击“默认”选项卡“修改”面板中的“移动”按钮，将斜线以下端点为基点，平移到右侧直线上，如图 10-43 所示。

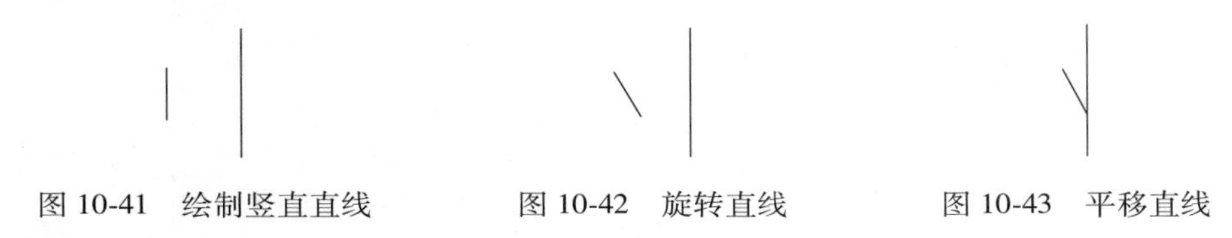

图 10-41　绘制竖直直线　　图 10-42　旋转直线　　图 10-43　平移直线

4）单击“默认”选项卡“绘图”面板中的“直线”按钮，以斜线的上端点为起点绘制一条水平直线，如图 10-44 所示。

5）单击“默认”选项卡“修改”面板中的“修剪”按钮和单击“默认”选项卡“修改”面板中的“删除”按钮，修剪并删去多余的线段，如图 10-45 所示。

6）单击“默认”选项卡“修改”面板中的“拉长”按钮，将斜线拉长 0.2，常开触点符号的绘制结果如图 10-46 所示。

图 10-44　绘制水平直线　　图 10-45　修剪图形　　图 10-46　常开触点符号

2. 绘制带动合触点的位置开关

在行程开关的动合触点图形，单击“默认”选项卡“绘图”面板中的“直线”按钮，在斜线上绘制一个三角形，即可得到带动合触点的位置开关，如图 10-47 所示。

3. 绘制带动断触点的位置开关

1）在图 10-47 所示图的基础上，单击“默认”选项卡“修改”面板中的“旋转”按钮，将开关部分顺时针旋转 40°，结果如图 10-48 所示。

2）绘制垂线。单击“默认”选项卡“绘图”面板中的“直线”按钮，在上端绘制一条垂线，得到的动断触点的位置开关，如图10-49所示。

4. 绘制动断常闭触点符号

在中间继电器的常闭触点图形。单击“默认”选项卡“绘图”面板中的“直线”按钮，将常开触点符号做镜像处理，删去原图，在此基础上绘制一条垂线，即可得到动断常闭触点，如图10-50所示。

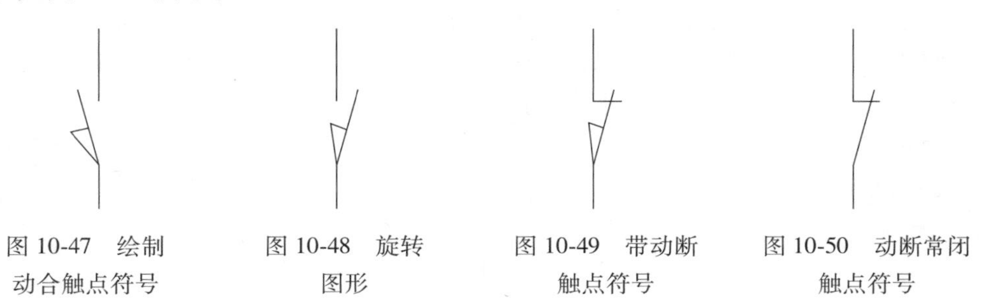

图10-47　绘制动合触点符号　图10-48　旋转图形　图10-49　带动断触点符号　图10-50　动断常闭触点符号

5. 绘制电感器符号

视频：绘制变电所二次接线图2

1）单击“默认”选项卡“绘图”面板中的“直线”按钮，绘制一条竖直直线；单击“绘图”工具栏中的“圆”按钮，在直线上绘制一个圆。

2）单击“默认”选项卡“修改”面板中的“复制”按钮，以圆心为基点复制三个圆，且四个圆在竖直方向连续排列，如图10-51a所示。

3）单击“默认”选项卡“修改”面板中的“修剪”按钮，修剪掉多余的部分，如图10-51b所示。

6. 绘制连接片符号

单击“默认”选项卡“绘图”面板中的“直线”按钮和“圆”按钮，绘制连接片符号，绘制结果如图10-52所示。

7. 绘制热继电器发热元件图形符号

1）单击“默认”选项卡“绘图”面板中的“矩形”按钮，绘制一个矩形。

2）单击“默认”选项卡“绘图”面板中的“直线”按钮，绘制一条过矩形左侧边中点的水平直线；重复“直线”命令，接着绘制一段折线，如图10-53a所示。

3）单击“默认”选项卡“修改”面板中的“镜像”按钮，然后单击“默认”选项卡“修改”面板中的“删除”按钮，删去多余的线段，如图10-53b所示。

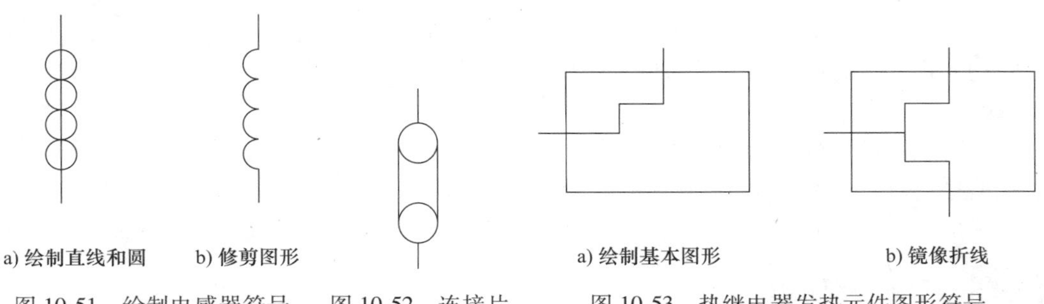

图10-51　绘制电感器符号　图10-52　连接片符号　图10-53　热继电器发热元件图形符号

8. 绘制交流电动机符号

1）单击“默认”选项卡“绘图”面板中的“圆”按钮⊙，绘制一个圆。

2）选择菜单栏中的“绘图”→“文字”→“单行文字”命令，在圆内输入文字 M。

3）单击“默认”选项卡“绘图”面板中的“样条曲线拟合”按钮∿，在字母 M 下方绘制一条样条曲线，结果如图 10-54 所示。

9. 绘制转换开关符号

1）单击“默认”选项卡“绘图”面板中的“圆”按钮⊙，绘制一个圆。

2）单击“默认”选项卡“绘图”面板中的“直线”按钮╱，绘制一条斜线，然后绘制一条过圆心的竖直直线和一条水平直线作为辅助线，如图 10-55 所示。

3）单击“默认”选项卡“修改”面板中的“镜像”按钮⚠，以竖直中心线为镜像线镜像斜线，如图 10-56 所示。

图 10-54　交流电动机符号

图 10-55　绘制辅助线

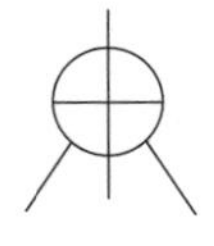

图 10-56　镜像斜线

4）单击“默认”选项卡“修改”面板中的“旋转”按钮↻，将水平中心线顺时针旋转 30°，如图 10-57 所示。

5）单击“默认”选项卡“修改”面板中的“偏移”按钮⊆，将旋转后的中心线分别向两侧偏移 0. 2，如图 10-58 所示。

6）单击“默认”选项卡“修改”面板中的“删除”按钮✎，将竖直中心线和原光的水平中心线删除，并对图形进行修剪，结果如图 10-59 所示。

7）单击“默认”选项卡“绘图”面板中的“图案填充”按钮▦，选择 SOLID 图案将两条平行线之间的部分填充，完成位置开关符号的绘制，如图 10-60 所示。

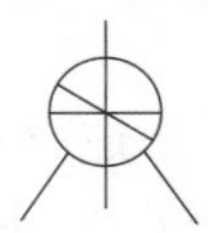

图 10-57　旋转直线

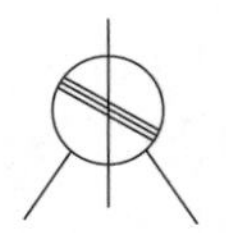

图 10-58　偏移直线

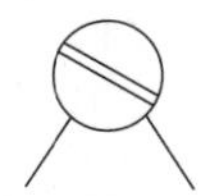

图 10-59　删除直线

图 10-60　填充图形

10. 3. 3　图纸布局

视频：绘制变电所二次接线图 3

将“双点线层”设置为当前层，单击“默认”选项卡“绘图”面板中的“直线”按钮╱，确定双点画线的位置。用双点画线绘制部件的定位线，如图 10-61 所示。

将以上绘制的部件添加到定位线适当位置。整个图样分为联锁、分合操作过程信号、合闸回路、手动操作联锁、电动机回路、指示回路、辅助开关备用触点、加热器回路等部分。将这几部分在图纸的最顶端标出，这样就使图样的表示更加清楚、明晰。

10. 3. 4　绘制局部视图

在主图完成后，还有几个器件在主图中不能把它们之间的关系表达清楚，因此需要绘制

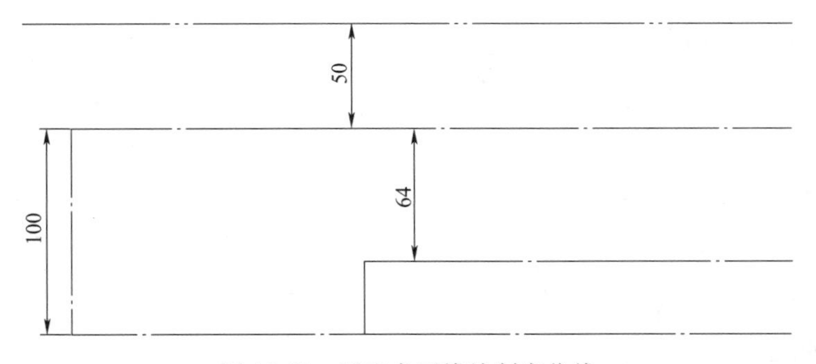

图 10-61　用双点画线绘制定位线

视频：绘制变电所二次接线图 4

局部视图。例如，SP2 时序图如图 10-62 所示。

SP1 和 SP3 的图形类似于 SP2，只需要在 SP2 时序图上进行修改就可得到。然后绘制 CX 和 TX，具体执行过程，如图 10-63 所示。

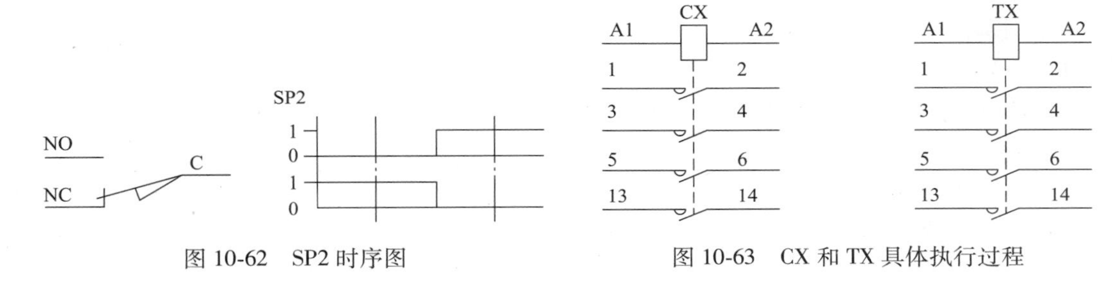

图 10-62　SP2 时序图　　　　图 10-63　CX 和 TX 具体执行过程

最后在图纸的左下角添加注释，并填写标题栏，完成变电所二次主接线图的绘制。

10.4　上机实验

通过前面的学习，读者对本章知识有了大体的了解，本节通过两个操作练习帮助读者进一步掌握本章知识要点。

实验 1　绘制如图 10-64 所示的输电工程图

（1）目的要求

本实验的目的是通过输电工程图的绘制，帮助读者巩固对电力电气图绘制方法和技巧的掌握。

（2）操作提示

1）绘制各电气元件符号。

2）插入电气元件。

3）绘制连接导线。

4）添加注释文字。

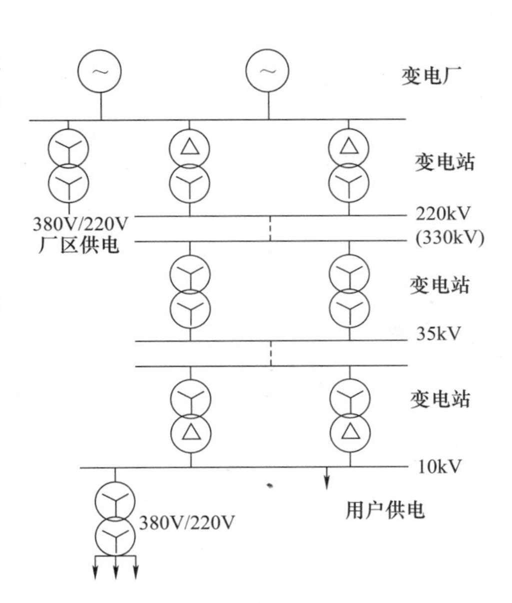

图 10-64　输电工程图

实验 2　绘制如图 10-65 所示的变电所断面图

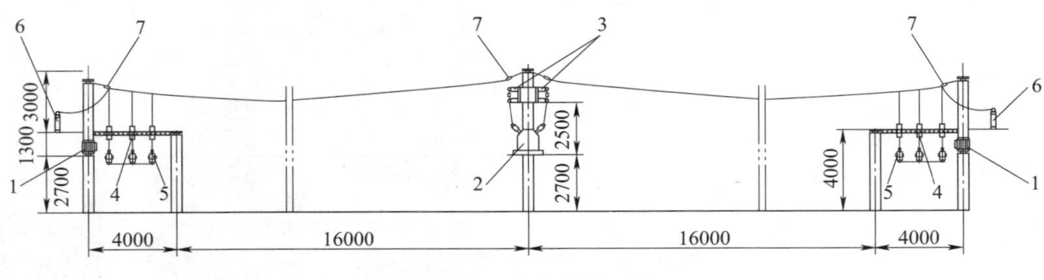

图 10-65　变电所断面图

（1）目的要求

本实验的目的是通过变电所断面图的绘制，帮助读者巩固对电力电气图绘制方法和技巧的掌握。

（2）操作提示

1）绘制杆塔。

2）绘制各电气元件符号。

3）插入电气元件。

4）绘制连接导线。

5）添加注释文字。

10.5　思考与练习

绘制如图 10-66 所示的耐张线夹装配图。

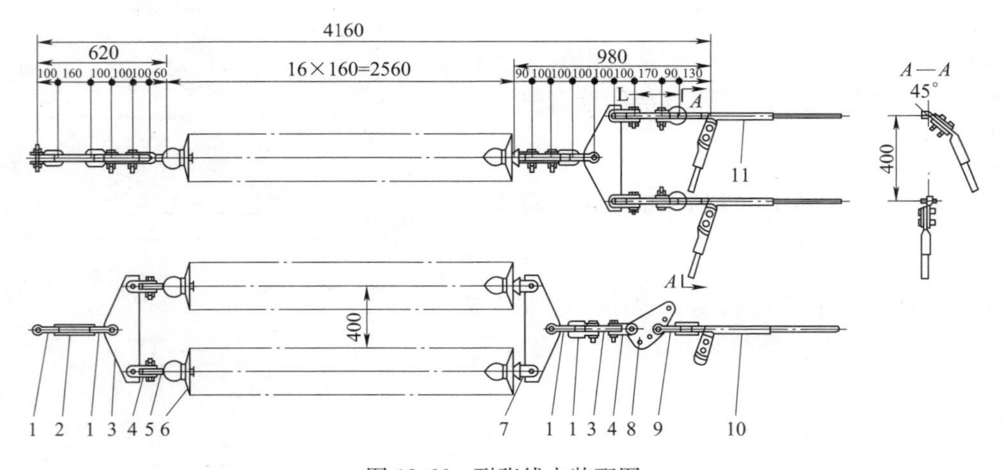

图 10-66　耐张线夹装配图

第 11 章　机械电气设计

机械电气是电气工程的重要组成部分。随着相关技术的发展，机械电气的使用日益广泛。本章主要着眼于机械电气设计，通过两个具体的实例由浅入深地讲述在 AutoCAD 2024 环境下进行机械电气设计的过程。

本章重点

- 机械电气系统简介
- C630 型车床电气原理图
- 发动机点火装置电路图

11.1　机械电气系统简介

机械电气系统是一类比较特殊的电气系统，主要指应用在机床上的电气系统，故也可以称为机床电气系统，包括应用于车床、磨床、钻床、铣床以及镗床上的电气系统，以及机床的电气控制系统、伺服驱动系统和计算机控制系统等。随着数控系统的发展，机床电气系统也成了电气工程的一个重要组成部分。

机床电气系统主要由以下几部分组成。

1. 电力拖动系统

电力拖动系统以电动机为动力驱动控制对象（工作机构）做机械运动。按照不同的分类方式，可以分为直流拖动系统与交流拖动系统，或单电动机拖动系统与多电动机拖动系统。

（1）直流拖动系统

具有良好的起动、制动性能和调速性能，可以方便地在很宽的范围内平滑调速，但尺寸大，价格高，运行可靠性差。

（2）交流拖动系统

具有单机容量大、转速高、体积小、价钱便宜、工作可靠和维修方便等优点，但调速困难。

（3）单电动机拖动系统

在每台机床上安装一台电动机，再通过机械传动装置将机械能传递到机床的各运动部件。

（4）多电动机拖动系统

在一台机床上安装多台电动机，分别拖动各运动部件。

2. 电气控制系统

对各拖动电动机进行控制，使它们按规定的状态和程序运动，并使机床各运动部件的运动达到合乎要求的静态和动态特性。

（1）继电器-接触器控制系统

由按钮开关、行程开关、继电器、接触器等电气元件组成，控制方法简单直接，价格低。

（2）计算机控制系统

由数字计算机控制，高柔性、高精度、高效率、高成本。

（3）可编程控制器控制系统

克服了继电器-接触器控制系统的缺点，又具有计算机控制系统的优点，并且编程方便、可靠性高、价格便宜。

11.2　C630 型车床电气原理图

视频：C630 型车床电气原理图 1

本例为 C630 型车床的电气原理图。该电路由三部分组成，其中从电源到两台电动机的电路称为主回路；而由继电器、接触器等组成的电路称为控制回路，第三部分是照明回路。

C630 型车床的主电路有两台电动机，主轴电动机 M1 拖动主轴旋转，采用直接起动。电动机 M2 为冷却泵电动机，用转换开关 QS2 操作其起动和停止。M2 由熔断器 FU1 作短路保护，热继电器 FR2 作过载保护，M1 只有 FR1 过载保护。合上总电源开关 QS1 后，压下起动按钮 SB2，接触器 KM 吸合并自锁，M1 起动并运转。要停止电动机时，压下停止按钮 SB1 即可。由变压器 T 将 380V 交流电压转变成 36V 安全电压，供照明灯 EL。

绘制这样的电气图分为以下几个步骤。首先按照线路的分布情况绘制主连接线，然后分别绘制各个元器件符号，将各个元器件按照顺序依次用导线连接成图样的三个主要组成部分，把三个主要组成部分按照合适的尺寸平移到对应的位置，最后添加文字注释。本例绘制的 C630 型车床电气原理图如图 11-1 所示。

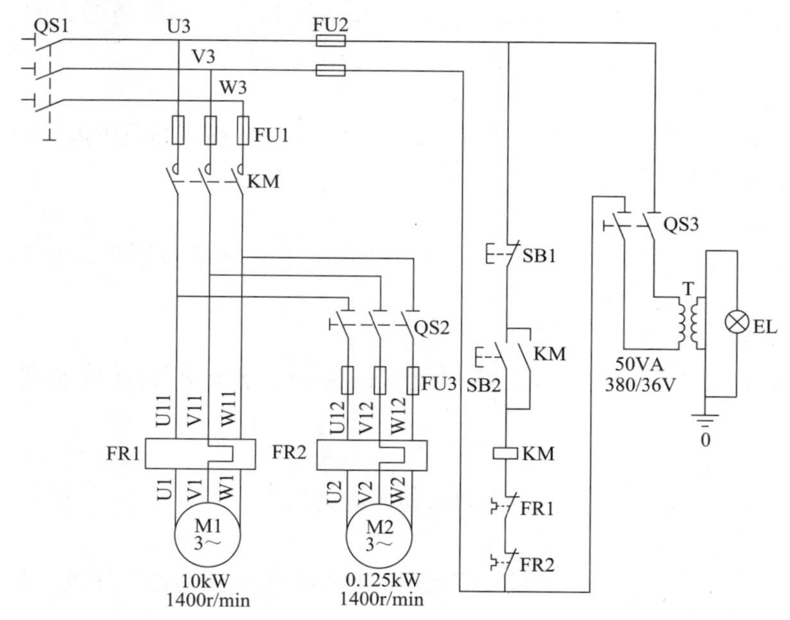

图 11-1　C630 型车床电气原理图

11.2.1 设置绘图环境

1. 建立新文件

启动 AutoCAD 2024 应用程序，单击快速访问工具栏中的“新建”按钮，以“无样板打开-公制（M）”建立新文件，将新文件命名为“C630 型车床电气原理图.dwg”并保存。

2. 设置绘图工具栏

在任意工具栏处单击鼠标右键，在弹出的快捷菜单中选择“标准”“图层”“对象特性”“绘图”“修改”和“标注”这 6 个选项，调出这些工具栏，并将它们移动到绘图窗口中的适当位置。

3. 开启栅格

单击状态栏中的“栅格”按钮，或者使用快捷键〈F7〉，在绘图窗口中显示栅格，命令行中会提示“命令：<栅格 开>”。若想关闭栅格，可以再次单击状态栏中的“栅格”按钮，或者使用快捷键〈F7〉。

11.2.2 绘制主连接线

1. 绘制水平线

单击“默认”选项卡“绘图”面板中的“直线”按钮，绘制长度为 435 的直线，绘制结果如图 11-2 所示。

图 11-2 绘制水平直线

2. 偏移水平线

单击“默认”选项卡“修改”面板中的“偏移”按钮，以图 11-2 所示直线为起始，向下绘制两条水平直线 2 和 3，偏移量均为 24，如图 11-3 所示。

3. 绘制竖直直线

单击“默认”选项卡“绘图”面板中的“直线”按钮，并启动对象追踪功能，用鼠标分别捕捉直线 1 和直线 3 的左端点，并将它们连接起来，得到竖直直线 4，如图 11-4 所示。

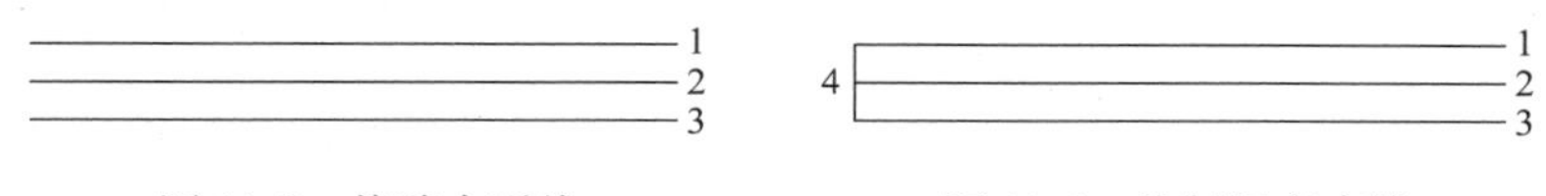

图 11-3 偏移水平线　　图 11-4 绘制竖直直线

4. 拉长直线

单击“默认”选项卡“修改”面板中的“拉长”按钮，把直线 4 竖直向下拉长 30，命令行提示操作如下。

```
命令：_lengthen
选择要测量的对象或[增量(DE)/百分比(P)/总计(T)/动态(DY)]<总计(T)>：DE↙
输入长度增量或[角度(A)]<0.0000>:30↙
选择要修改的对象或[放弃(U)]:(选择直线 4)
选择要修改的对象或[放弃(U)]:↙
```

绘制结果如图 11-5 所示。

5. 偏移直线

单击“默认”选项卡“修改”面板中的“偏移”按钮，以直线4为起始，依次向右绘制一组竖直直线，偏移量依次为76、24、24、166、34和111，如图11-6所示。

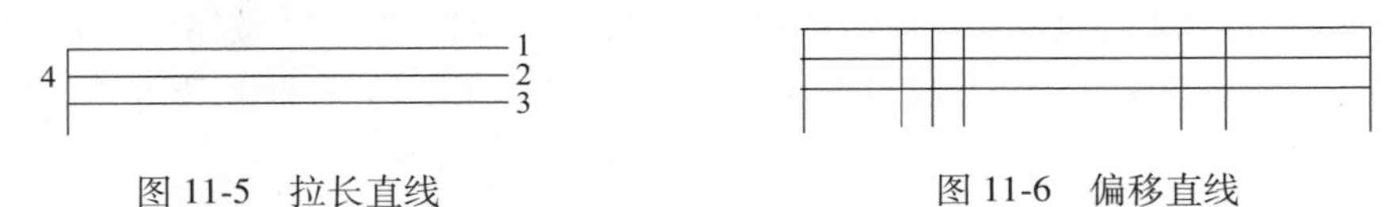

图11-5　拉长直线　　　图11-6　偏移直线

6. 主连接线

单击“默认”选项卡“修改”面板中的“修剪”按钮和“删除”按钮，对图形进行修剪，并删除掉直线4。结果如图11-7所示。

图11-7　主连接线

11.2.3 绘制主回路

视频：C630型车床电气原理图2

1. 连接主电动机M1与热继电器

1）单击“默认”选项卡“块”面板中的“插入”按钮，系统弹出“插入”对话框。单击“浏览”按钮，选择“热继电器”图块为插入对象，“插入点”选择“在屏幕上指定”，其他按照默认值即可。然后单击“确定”按钮。插入的热继电器如图11-8a所示。

同理插入“电动机”图块。

2）绘制直线。单击“默认”选项卡“绘图”面板中的“直线”按钮，用鼠标捕捉电动机符号的圆心，以其为起点，竖直向上绘制长度为36的直线，如图11-8b所示。

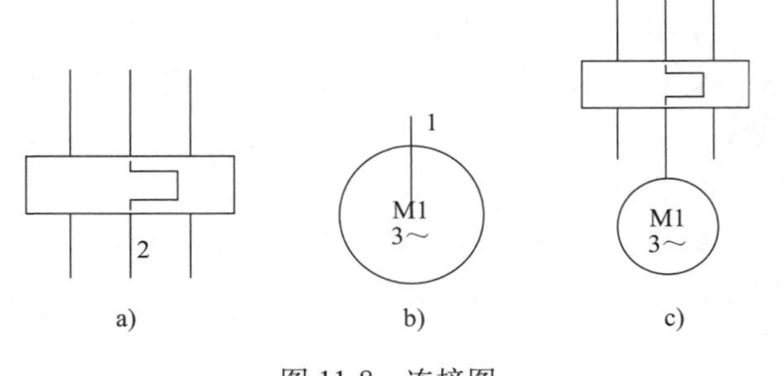

图11-8　连接图

3）连接主电动机M1与热继电器。单击“默认”选项卡“修改”面板中的“移动”按钮，选择整个电动机为平移对象，用鼠标捕捉图11-8b中直线端点1为平移基点，移动图形，并捕捉图11-8a热继电器中间接线头2为目标点，平移后结果如图11-8c所示。

4）延伸直线。单击“默认”选项卡“修改”面板中的“延伸”按钮，命令行提示操作如下。

```
当前设置:投影=UCS,边=无
选择边界的边……
选择对象或<全部选择>:找到一个(选择电动机符号圆)
选择对象:↙
选择对象:
选择要延伸的对象,或按住〈Shift〉键选择要修剪的对象,或
[边界边(B)/栏选(F)/窗交(C)/模式(O)/投影(P)/边(E)/放弃(U)]:(选择热继电器左右接线头)
```

延伸结果如图 11-9a 所示。

5）修剪直线。单击“默认”选项卡“修改”面板中的“修剪”按钮，修剪掉多余的直线，修剪圆中结果如图 11-9b 所示。

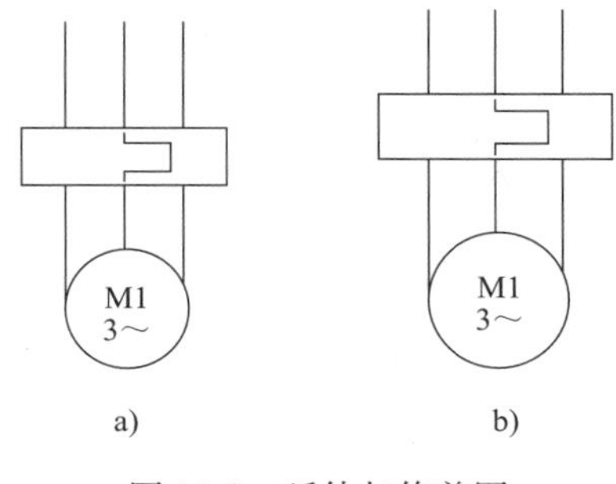

图 11-9　延伸与修剪图

2. 插入接触器主触点

1）单击“默认”选项卡“块”面板中的“插入”按钮，系统弹出“插入”对话框。单击“浏览”按钮，选择“接触器主触点”图块为插入对象，“插入点”选择“在屏幕上指定”，其他按照默认值即可。插入的热接触器主触点如图 11-10a 所示。

2）拉长直线。

```
命令：_lengthen
选择对象或［增量(DE)/百分比(P)/总计(T)/动态(DY)］:DE↙
输入长度增量或［角度(A)］<0.0000>:165↙
选择要修改的对象或［放弃(U)］:(选择热继电器第一个接线头)
选择要修改的对象或［放弃(U)］:(选择热继电器第二个接线头)
选择要修改的对象或［放弃(U)］:(选择热继电器第三个接线头)
选择要修改的对象或［放弃(U)］:↙
```

绘制结果如图 11-10b 所示。

3）连接接触器主触点与热继电器。单击“默认”选项卡“修改”面板中的“移动”按钮，选择接触器主触点为平移对象，用鼠标捕捉图 11-10a 中直线端点 3 为平移基点，移动图形，并捕捉图 11-10b 中热继电器右边接线头 4 为目标点，平移后结果如图 11-10c 所示。

4）绘制直线。单击“默认”选项卡“绘图”面板中的“直线”按钮，以接触器主触点符号中端点 3 为起始点，水平向左绘制长度为 48 的直线 L。

5）平移直线。单击“默认”选项卡“修改”面板中的“移动”按钮，将直线 L 向左平移 4，向上平移 7，平移后的效果图如图 11-10d 所示。选中该直线，将其移动到虚线层内，得到如图 11-10e 所示的结果。

6）单击“默认”选项卡“块”面板中的“插入”按钮，系统弹出“插入”对话框。单击“浏览”按钮，选择“熔断器”图块为插入对象，“插入点”选择在屏幕上指定，其他按照默认值即可，插入的熔断器符号如图 11-10f 所示。

7）连接熔断器与接触器主触点。单击“默认”选项卡“修改”面板中的“移动”按钮，选择熔断器为移动对象，以图 11-10f 中最右侧竖直线的下端点为基点，移动至接触器主触点合适的位置，结果如图 11-10g 所示。

3. 连接熔断器与热继电器

1）单击“默认”选项卡“修改”面板中的“复制”按钮，复制需要的元件符号；单击“默认”选项卡“修改”面板中的“拉伸”按钮，拉伸过长的直线，结果如图 11-11b 所示。

2）连接熔断器与热继电器。单击“默认”选项卡“修改”面板中的“移动”按钮，

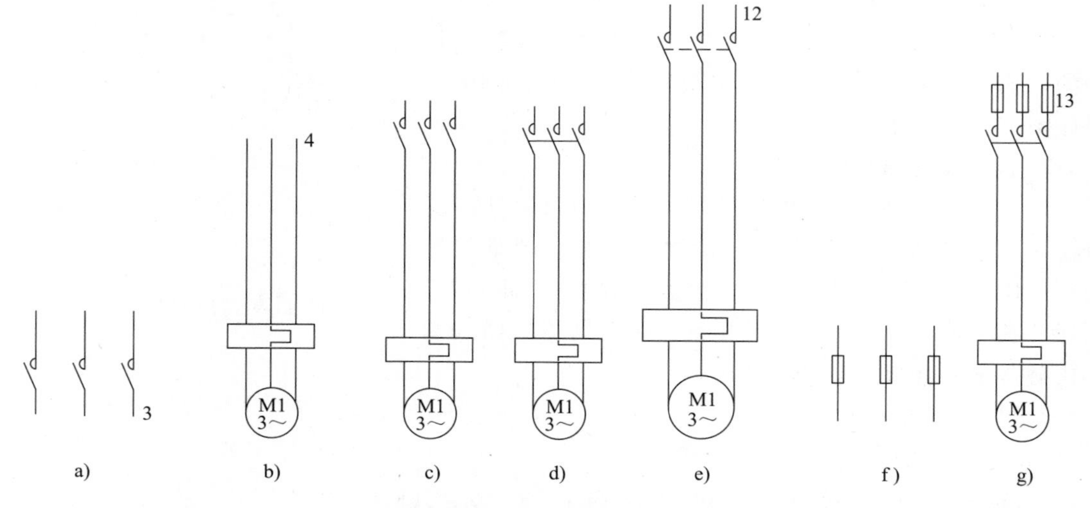

图 11-10　插入接触器主触点

选择熔断器为移动对象，用鼠标捕捉图 11-10f 中最右侧竖直线的下端点为基点，移动图形，并捕捉图 11-11a 中热继电器右边接线头 5 为目标点，平移后结果如图 11-11b 所示。

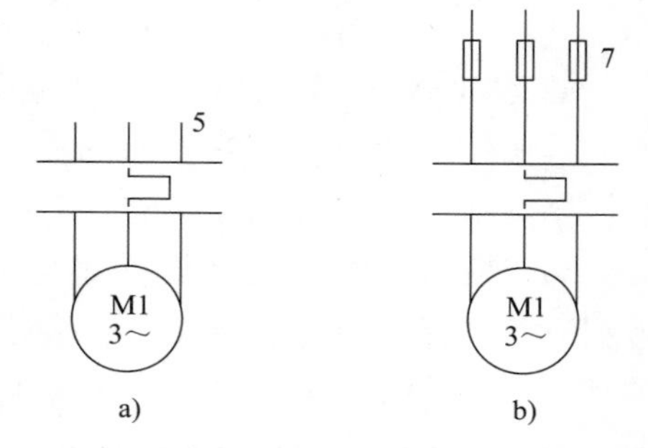

图 11-11　熔断器与热继电器连接图

4. 连接熔断器与转换开关

1）单击“默认”选项卡“块”面板中的“插入”按钮，系统弹出“插入”对话框。单击“浏览”按钮，选择“转换开关”图块为插入对象，“插入点”选择“在屏幕上指定”，其他按照默认值即可。然后单击“确定”按钮。插入的转换开关符号如图 11-12a 所示。

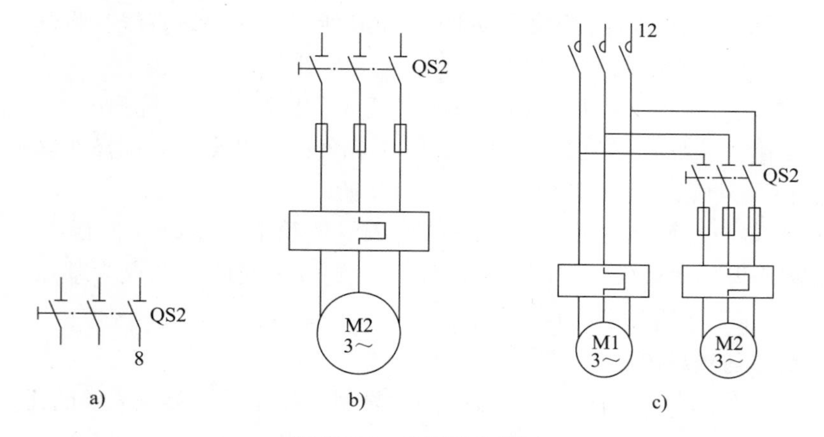

图 11-12　主回路连接图

2）单击“默认”选项卡“修改”面板中的“移动”按钮✥，选择转换开关为平移对象，用鼠标捕捉图 11-12a 中直线端点 8 为平移基点，移动图形，并捕捉图 11-11b 熔断器右边接线头 7 为目标点，修改添加的文字，将电动机中的文字 M1 修改为 M2，结果如图 11-12b 所示。

3）绘制连接线，完成主电路的连接图，如图 11-12c 所示。

视频：C630 型车床电气原理图 3

11.2.4 绘制控制回路

1. 绘制控制回路连接线

1）绘制直线。单击“默认”选项卡“绘图”面板中的“直线”按钮，选取屏幕上合适位置为起始点，竖直向下绘制长度为 350 的直线，用鼠标捕捉此直线的下端点，以其为起点，水平向右绘制长度为 98 的直线；以此直线右端点为起点，向上绘制长度为 308 的竖直直线；用鼠标捕捉此直线的上端点，向右绘制长度为 24 的水平直线，结果如图 11-13a 所示。

2）偏移直线。单击“默认”选项卡“修改”面板中的“偏移”按钮，以直线 01 为起始，向右绘制直线 02，偏移量为 34，结果如图 11-13b 所示。

3）绘制直线。单击“默认”选项卡“绘图”面板中的“直线”按钮，用鼠标捕捉直线 02 的上端点，以其为起点，竖直向上绘制长度为 24 的直线，以此直线上端点为起始点，水平向右绘制长度为 112 的直线，以此直线右端点为起始点，竖直向下绘制长度为 66 长的直线，结果如图 11-13c 所示。

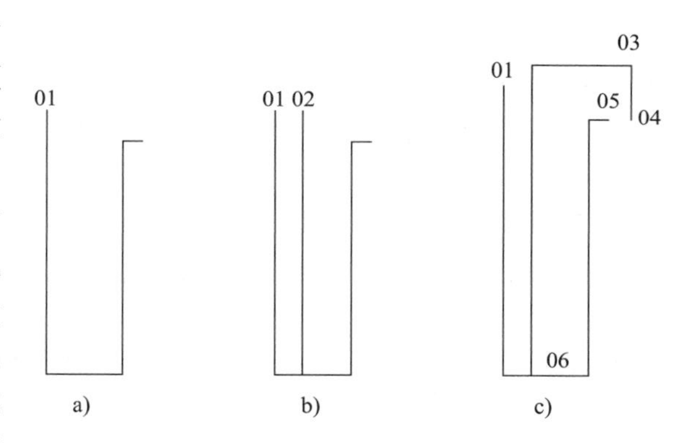

图 11-13　控制回路连接线

2. 完成控制回路

图 11-14 所示为控制回路中用到的各种元件符号。单击“默认”选项卡“块”面板中的“插入”按钮，将所需元件插入到电路中。

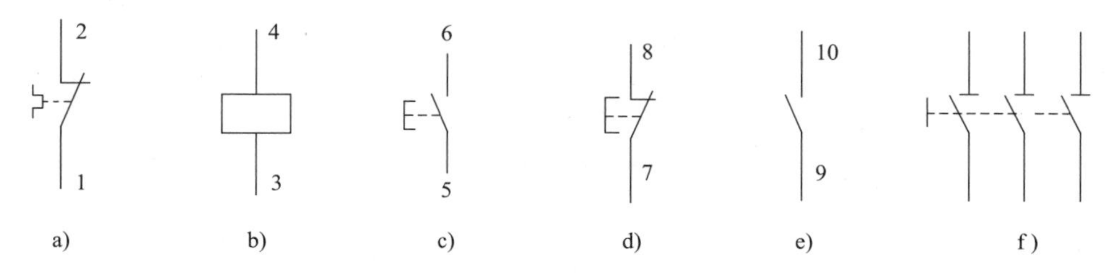

图 11-14　各种元件符号

1）插入热继电器（FR）。单击“默认”选项卡“修改”面板中的“移动”按钮✥，选择热继电器为平移对象，用鼠标捕捉图 11-14a 中热继电器接线头 1 为平移基点，移动图形，并捕捉图 11-13c 所示的控制回路连接线端点 06 作为平移目标点，将热继电器平移到连

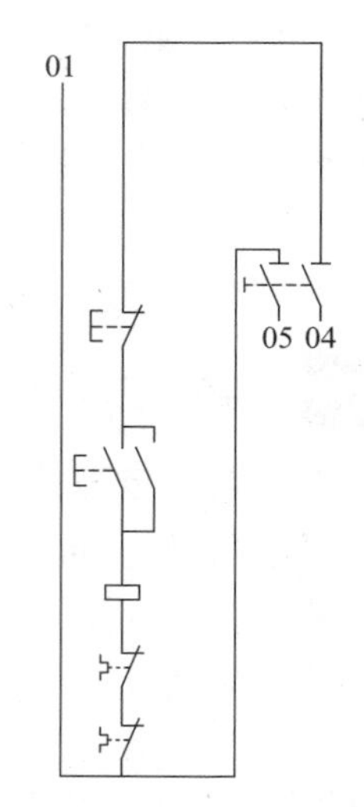

图 11-15　完成控制回路

接线图中来，采用同样的方法插入另一个热继电器。最后单击“修改”工具栏中的“删除”按钮，将多余的直线段删除。

2）插入接触器线圈。单击“默认”选项卡“修改”面板中的“移动”按钮，选择图 11-14b 所示的接触器线圈为平移对象，用鼠标捕捉其接线头 3 为平移基点，移动图形，并在图 11-15 所示的控制回路中，用鼠标捕捉已插入的热继电器接线头 2 作为平移目标点，将接触器线圈平移到控制回路中。采用同样的方法将其他的元器件插入到控制回路中，得到如图 11-15 所示的控制回路。

11.2.5 绘制照明回路

1. 绘制照明回路连接线

1）绘制矩形。单击“默认”选项卡“绘图”面板中的“矩形”按钮，绘制一个长为 86、宽为 114 的矩形，如图 11-16a 所示。

2）分解矩形的各条边。单击“默认”选项卡“修改”面板中的“分解”按钮，将绘制的矩形分解为四条直线。

3）偏移矩形。分别单击“默认”选项卡“修改”面板中的“偏移”按钮，以矩形左右两边为起始，向里绘制两条直线，偏移量均为 24；以矩形上下两边为起始，向里绘制两条直线，偏移量均为 37，如图 11-16b 所示。

4）修剪图形。单击“默认”选项卡“修改”面板中的“修剪”按钮，修剪掉多余的直线，修剪结果如图 11-16c 所示。

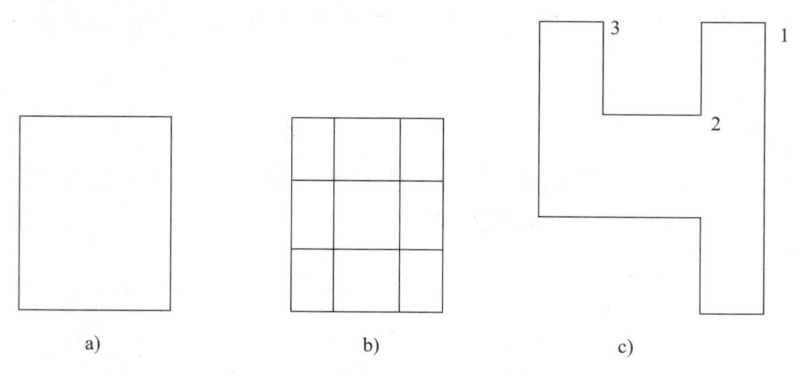

图 11-16　照明回路连接线

2. 添加电气元件

1）添加指示灯。单击“默认”选项卡“块”面板中的“插入”按钮，插入指示灯符号。

单击“默认”选项卡“修改”面板中的“移动”按钮，选择图 11-17a 为平移对象，用鼠标捕捉其接线头 P 为平移基点，移动图形，在图 11-16c 所示的照明回路连接线图中，用鼠标捕捉端点 1 作为平移目标点，将指示灯平移到照明回路中来。单击“默认”选项卡

“修改”面板中的“移动”按钮✥，选择指示灯为平移对象，将指示灯沿竖直方向向下平移40。

2）添加变压器。单击“默认”选项卡“块”面板中的“插入”按钮，插入变压器符号。

单击“默认”选项卡“修改”面板中的“移动”按钮✥，选择图11-17b为平移对象，用鼠标捕捉其接线头D为平移基点，移动图形，在图11-16c所示的照明回路连接线图中，用鼠标捕捉端点2作为平移目标点，将变压器平移到照明回路中来。

3）修剪图形。单击“默认”选项卡“修改”面板中的“修剪”按钮，修剪掉多余的直线，修剪结果如图11-18所示。

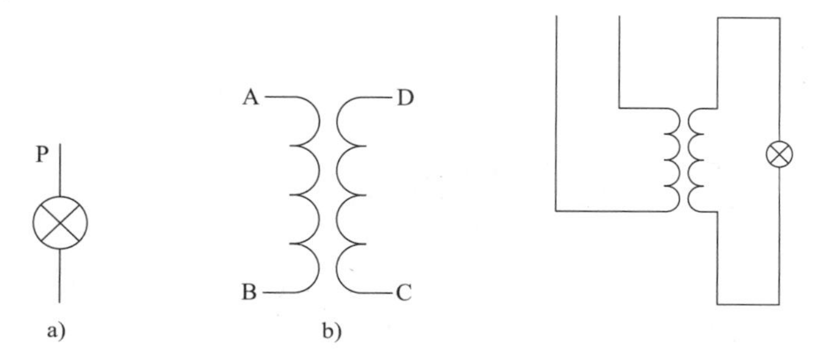

图11-17　照明电路中用到的元件符号　　图11-18　完成照明回路

11.2.6 绘制组合回路

将主回路、控制回路和照明回路组合起来，即以各个回路的接线头为平移的起点，以主连接线的各接线头为平移的目标点，将各个回路平移到主连接线的相应位置，步骤与上面各个回路连接方式相同。再把总电源开关QS1、熔断器FU2和地线插入到相应的位置，结果如图11-19所示。

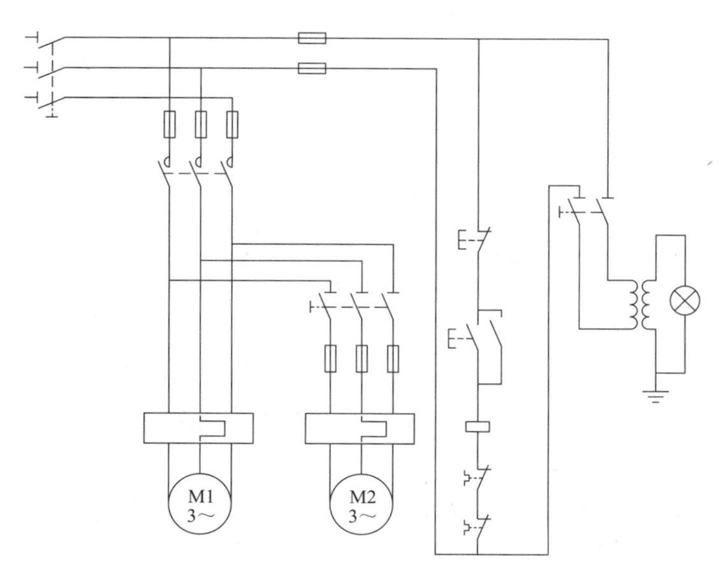

图11-19　绘制组合回路

11.2.7 添加注释文字

视频：C630 型车床电气原理图 4

1. 创建文字样式

选择菜单命令“格式”→“文字样式”命令，弹出“文字样式”对话框，创建一个样式名为“C630 型车床的电气原理图”的文字样式，“字体名”设置为“仿宋_GB2312”，“字体样式”设置为“常规”，“高度”设置为 15，“宽度因子”设置为 0.7。

2. 添加注释文字

利用 MTEXT 命令一次输入多行文字，然后调整其位置，以对齐文字。调整位置的时候，结合使用正交模式。

添加注释文字后，即完成了整张图样的绘制，如图 11-1 所示。

11.3 发动机点火装置电路图

图 11-20 所示为发动机点火装置电路图。其绘制思路为：首先设置绘图环境，然后绘制线路结构图和主要电气元件，最后将各部分组合在一起。

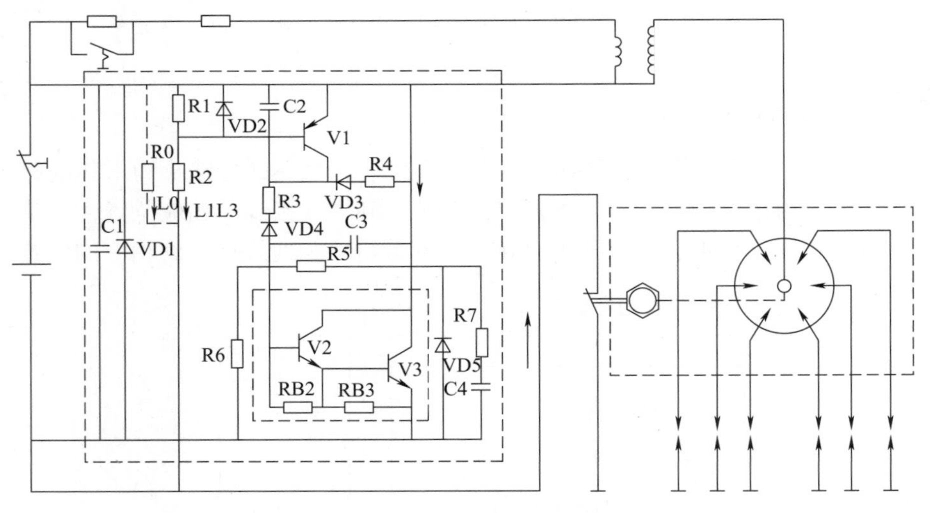

图 11-20 发动机点火装置电路图

11.3.1 设置绘图环境

1）建立新文件。打开 AutoCAD 2024 应用程序，选择配套资源中的“源文件\样板图\A3 样板图 . dwt”样板文件为模板，建立新文件，将新文件命名为“发动机点火装置电气原理图 . dwg”。

2）设置图层。单击“默认”选项卡“图层”面板中的“图层特性”按钮，在弹出的“图层特性管理器”对话框中新建“连接线层”“实体符号层”和“虚线层”三个图层，根据需要设置各图层的颜色、线型、线宽等参数，并将“连接线层”设置为当前图层。

11.3.2 绘制线路结构图

单击“默认”选项卡“绘图”面板中的“直线”按钮╱，在正交绘图模式下，连续绘制直线，得到如图 11-21 所示的线路结构图。图中，各直线段尺寸如下：AB = 280，BC = 80，AD = 40，CE = 500，EF = 100，FG = 225，AN = BM = 80，NQ = MP = 20，PS = QT = 50，RS = 100，TW = 40，TJ = 200，LJ = 30，RZ = OL = 250，WV = 300，UV = 230，UK = 50，OH = 150，EH = 80，ZL = 100。

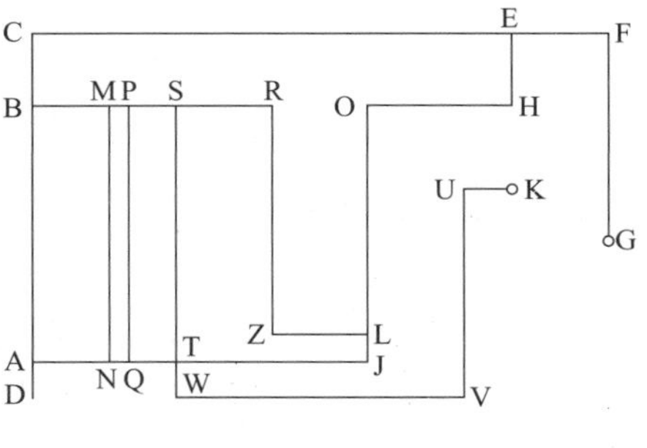

图 11-21　线路结构图

11.3.3 绘制主要电气元件

1. 绘制蓄电池符号

1）单击“默认”选项卡“绘图”面板中的“直线”按钮╱，以坐标点{(100,0)，(200,0)}绘制水平直线，如图 11-22 所示。

2）选择菜单栏中的“视图”→“缩放”→“全部”命令，将视图调整到易于观察的程度。

3）单击“默认”选项卡“绘图”面板中的“直线”按钮╱，绘制竖直直线{(125,0)，(125,10)}，如图 11-23 中所示的直线 1。

4）单击“默认”选项卡“修改”面板中的“偏移”按钮⊆，将直线 1 依次向右偏移 5、45 和 50，得到直线 2、直线 3 和直线 4，如图 11-23 所示。

图 11-22　绘制水平直线　　　图 11-23　偏移竖直直线

5）选择菜单栏中的“修改”→“拉长”命令，将直线 2 和直线 4 分别向上拉长 5，如图 11-24 所示。

6）单击“默认”选项卡“修改”面板中的“修剪”按钮✂，以四条竖直直线作为剪切边，对水平直线进行修剪，结果如图 11-25 所示。

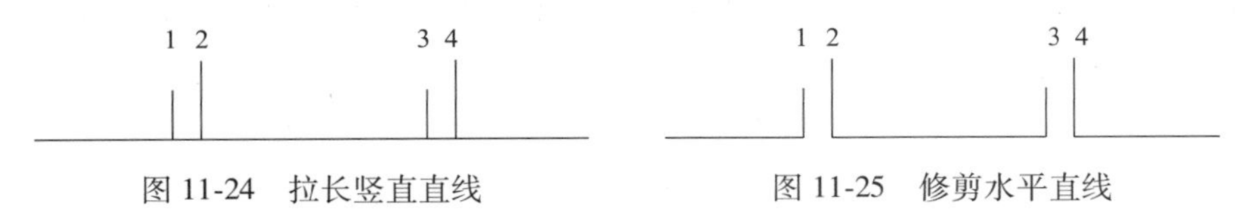

图 11-24　拉长竖直直线　　　图 11-25　修剪水平直线

7）选择水平直线的中间部分，在“默认”选项卡“图层”面板中的下拉列表中选择“虚线层”选项，将该直线移至“虚线层”，如图 11-26 所示。

8）单击“默认”选项卡“修改”面板中的“镜像”按钮⚠，选择直线 1、2、3 和 4 作为镜像对象，以水平直线为镜像线进行镜像操作，结果如图 11-27 所示，完成蓄电池符号的绘制。

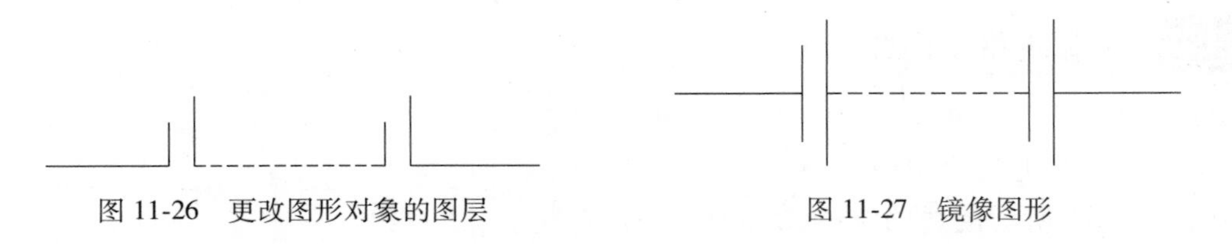

图 11-26　更改图形对象的图层　　　　图 11-27　镜像图形

2. 绘制二极管符号

1）单击“默认”选项卡“绘图”面板中的“直线”按钮╱，以坐标点{(100,50),(115,50)}绘制水平直线，如图 11-28 所示。

图 11-28　绘制水平直线

2）单击“默认”选项卡“修改”面板中的“旋转”按钮↻，选择“复制”模式，将步骤 1）绘制的水平直线绕直线的左端点逆时针旋转 60°；重复“旋转”命令，将水平直线绕直线的右端点顺时针旋转 60°，得到一个边长为 15 的等边三角形，如图 11-29 所示。

3）单击“默认”选项卡“绘图”面板中的“直线”按钮╱，在正交和对象捕捉绘图模式下，捕捉等边三角形最上面的顶点 A，以此为起点，向上绘制一条长度为 15 的竖直直线，如图 11-30 所示。

4）选择菜单栏中的“修改”→“拉长”命令，将步骤 3）绘制的直线向下拉长 27，如图 11-31 所示。

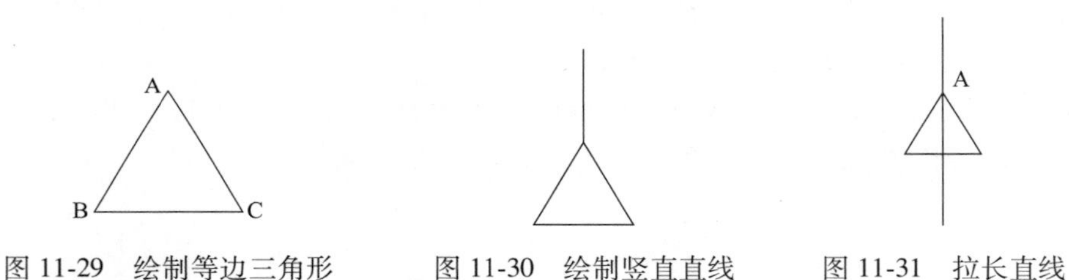

图 11-29　绘制等边三角形　　　　图 11-30　绘制竖直直线　　　　图 11-31　拉长直线

5）单击“默认”选项卡“绘图”面板中的“直线”按钮╱，在正交和对象捕捉绘图模式下，捕捉点 A 为起点，向左绘制一条长度为 8 的水平直线。

6）单击“默认”选项卡“修改”面板中的“镜像”按钮⚠，选择步骤 5）绘制的水平直线为镜像对象，以竖直直线为镜像线进行镜像操作，结果如图 11-32 所示，完成二极管符号的绘制。

3. 绘制晶体管符号

1）单击“默认”选项卡“绘图”面板中的“直线”按钮╱，绘制坐标为{(50,50),(50,51)}的竖直直线 1，如图 11-33 所示。

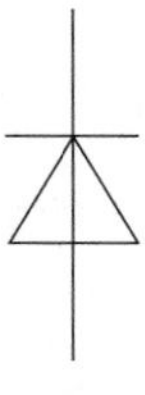

图 11-32　绘制并镜像水平直线 　　　　图 11-33　绘制竖直直线

2）单击“默认”选项卡“绘图”面板中的“直线”按钮╱，在对象捕捉和正交绘图

模式下，捕捉直线 1 的下端点为起点，向右绘制长度为 5 的水平直线 2，如图 11-34 所示。

3）选择菜单栏中的“修改”→“拉长”命令，将直线 1 向下拉长 1，如图 11-35 所示。

4）关闭正交绘图模式，单击“默认”选项卡“绘图”面板中的“直线”按钮，分别捕捉直线 1 的上端点和直线 2 的右端点，绘制直线 3；然后捕捉直线 1 的下端点和直线 2 的右端点，绘制直线 4，如图 11-36 所示。

5）单击“默认”选项卡“修改”面板中的“删除”按钮，选择直线 2 将其删除，结果如图 11-37 所示。

图 11-34　绘制水平直线　图 11-35　拉长竖直直线　图 11-36　绘制斜线　图 11-37　删除直线

6）单击“默认”选项卡“绘图”面板中的“图案填充”按钮，在弹出的“图案填充和渐变色”对话框中，选择 SOLID 图案，选择三角形的三条边作为填充边界，如图 11-38 所示，填充结果如图 11-39 所示。

7）单击“默认”选项卡“绘图”面板中的“直线”按钮，在对象捕捉和正交绘图模式下，捕捉直线 3 的右端点为起点，向右绘制一条长度为 5 的水平直线，如图 11-40 所示。

图 11-38　拾取填充区域　图 11-39　图案填充　图 11-40　添加水平直线

8）选择菜单栏中的“修改”→“拉长”命令，选择水平直线作为拉长对象，将其向左拉长 10，如图 11-41 所示。

9）单击“默认”选项卡“修改”面板中的“复制”按钮，将前文绘制的二极管符号中的三角形复制过来，如图 11-42 所示。

10）单击“默认”选项卡“修改”面板中的“旋转”按钮，将三角形绕其顶点 C 逆时针旋转 90°，如图 11-43 所示。

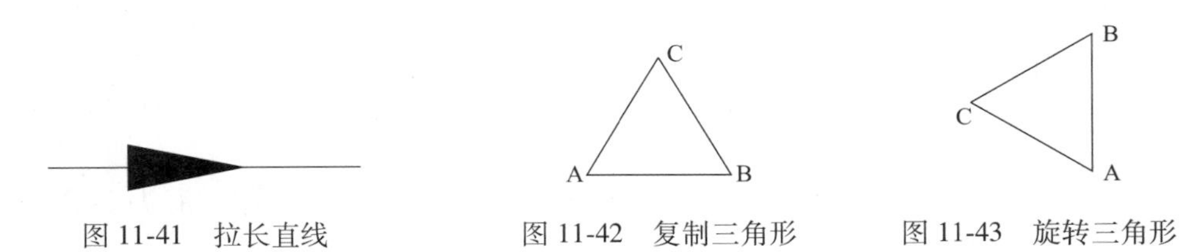

图 11-41　拉长直线　图 11-42　复制三角形　图 11-43　旋转三角形

11）单击“默认”选项卡“修改”面板中的“偏移”按钮，将竖直边 AB 向左偏移 10，如图 11-44 所示。

12）单击“默认”选项卡“绘图”面板中的“直线”按钮，在对象捕捉和正交绘图模式下，捕捉 C 点为起点，向左绘制长度为 12 的水平直线。

13）选择菜单栏中的“修改”→“拉长”命令，将步骤 12）绘制的水平直线向右拉长 15，如图 11-45 所示。

14）单击“默认”选项卡“修改”面板中的“修剪”按钮，对图形进行修剪，结果如图 11-46 所示。

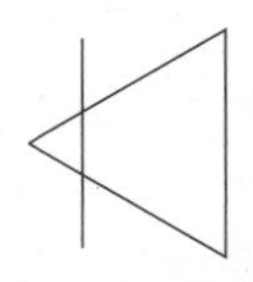

图 11-44　偏移直线

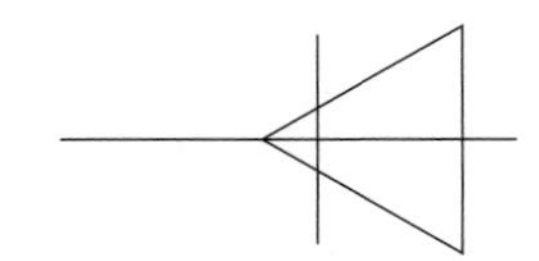

图 11-45　绘制并拉长水平直线

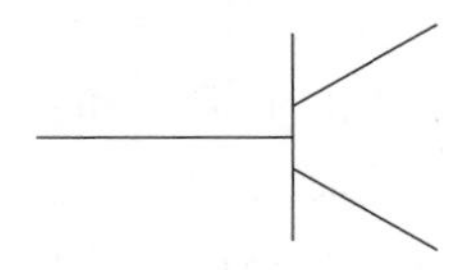

图 11-46　修剪图形

15）单击“默认”选项卡“修改”面板中的“移动”按钮，将前文绘制的箭头（见图 11-41）以水平直线的左端点为基点移动到图形中来，如图 11-47 所示。

16）单击“默认”选项卡“修改”面板中的“删除”按钮，删除直线 5，如图 11-48 所示。

17）单击“默认”选项卡“修改”面板中的“旋转”按钮，将箭头绕其左端点顺时针旋转 30°，如图 11-49 所示，完成晶体管符号的绘制。

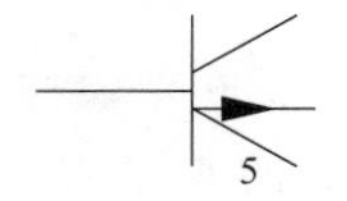

图 11-47　移动箭头

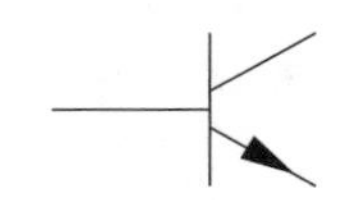

图 11-48　删除直线　　图 11-49　旋转箭头

4. 绘制点火分离器符号

1）按照晶体管中箭头的绘制方法绘制箭头，其尺寸如图 11-50 所示。

2）单击“默认”选项卡“绘图”面板中的“圆”按钮，以（50，50）为圆心，绘制半径为 1.5 的圆 1 和半径为 20 的圆 2，如图 11-51 所示。

3）单击“默认”选项卡“绘图”面板中的“直线”按钮，在对象捕捉和正交绘图模式下，捕捉圆心为起点，向右绘制一条长为 20 的水平直线，直线的终点 A 刚好落在圆 2 上，如图 11-52 所示。

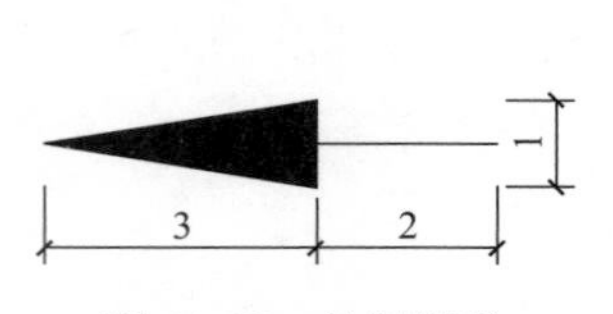

图 11-50　绘制箭头

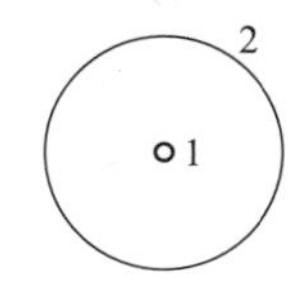

图 11-51　绘制圆

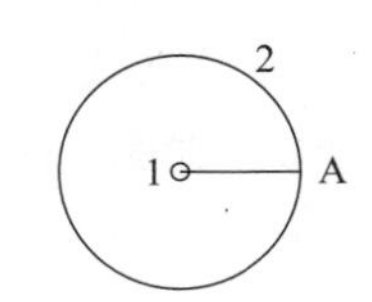

图 11-52　绘制水平直线

4）单击“默认”选项卡“修改”面板中的“移动”按钮，捕捉箭头直线的右端点，以此为基点将箭头平移到圆 2 以内，目标点为点 A。

5）选择菜单栏中的“修改”→“拉长”命令，将箭头直线向右拉长 7，如图 11-53 所示。

6）单击“默认”选项卡“修改”面板中的“删除”按钮，删除步骤 3）中绘制的水平直线，如图 11-54 所示。

7）单击“默认”选项卡“修改”面板中的“环形阵列”按钮，选择箭头及其连接线绕圆心进行环形阵列，设置“项目总数”为 6、“填充角度”为 360，结果如图 11-55 所示。

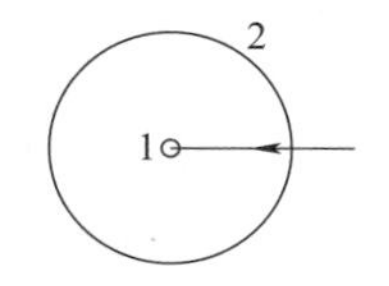

图 11-53　拉长直线

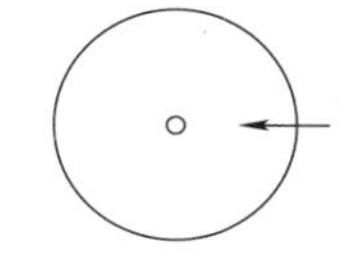

图 11-54　删除直线

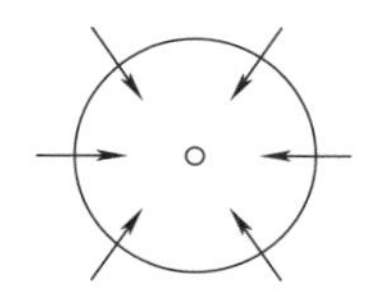

图 11-55　阵列箭头

其他所需电气元件符号读者可根据实际情况进行绘制。

11.3.4　图形各装置的组合

单击“默认”选项卡“修改”面板中的“移动”按钮✥，在对象追踪和正交绘图模式下，将断路器、火花塞、点火分电器、启动自举开关等电气元器件组合在一起，形成启动装置，如图 11-56 所示。同理，将其他元件进行组合，形成开关装置，如图 11-57 所示。最后将这两个装置组合在一起并添加注释，即可形成如图 11-20 所示的电路图。

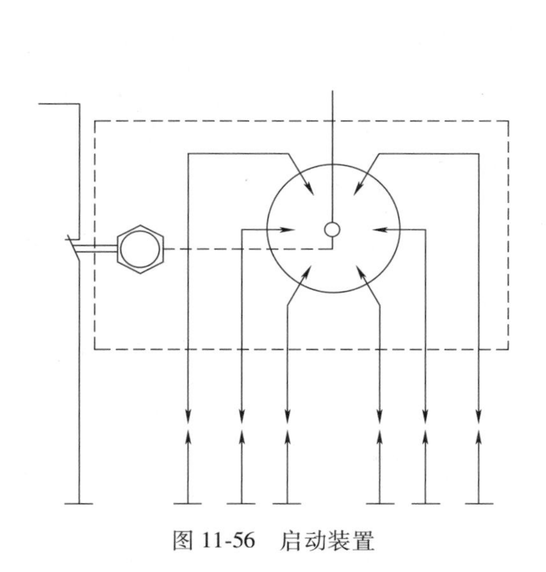

图 11-56　启动装置

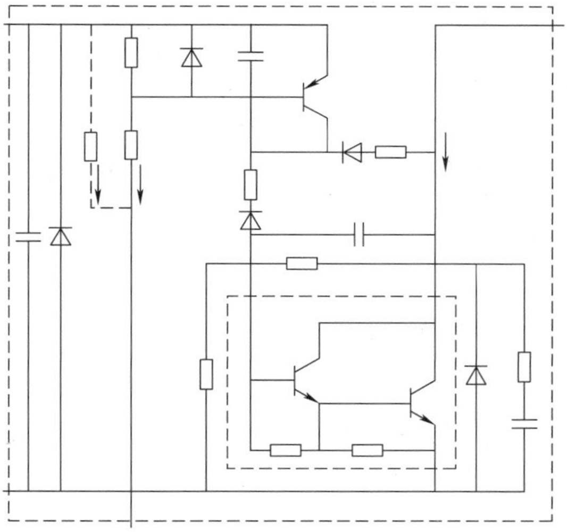

图 11-57　开关装置

11.4　上机实验

通过前面的学习，读者对本章知识有了大体的了解，本节通过两个操作练习帮助读者进一步掌握本章知识要点。

实验 1　绘制如图 11-58 所示的 Z35 型摇臂钻床的电气原理图

（1）目的要求

本实验的目的是通过 Z35 型摇臂钻床的电气原理图的绘制，帮助读者巩固对机械电气图绘制方法和技巧的掌握。

（2）操作提示

1）绘制主回路。

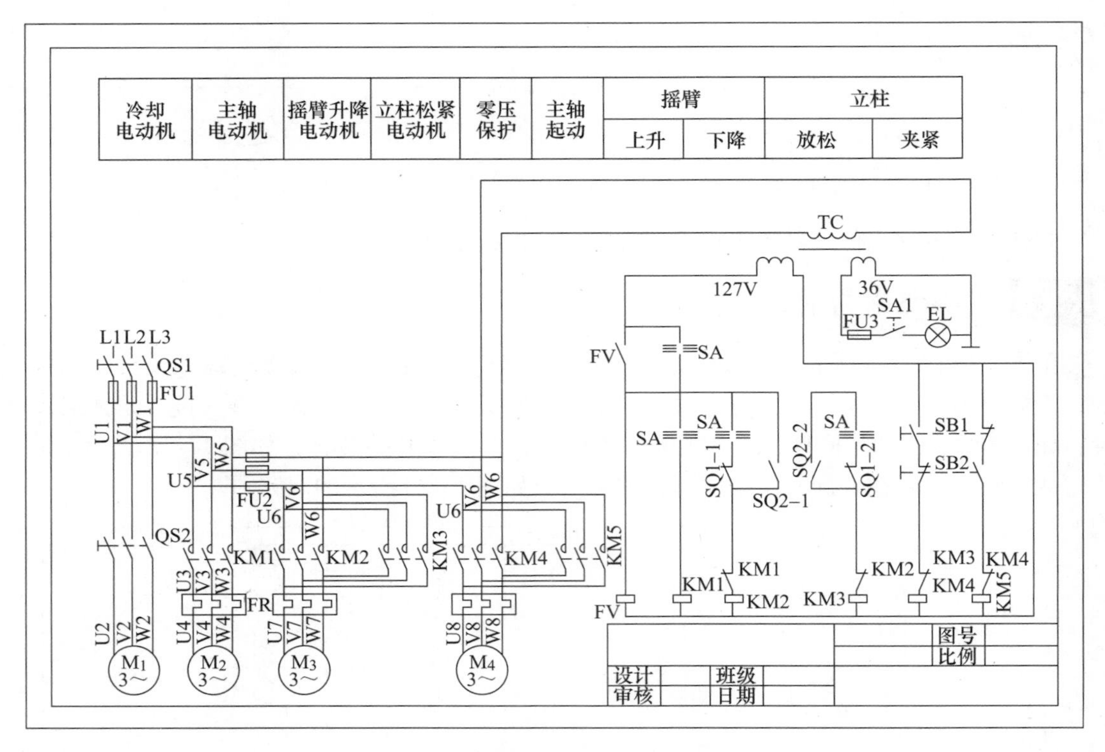

图 11-58　Z35 型摇臂钻床的电气原理图

2）绘制控制回路。

3）绘制照明回路。

4）添加文字说明。

实验 2　绘制如图 11-59 所示的三相异步电动机控制电路图

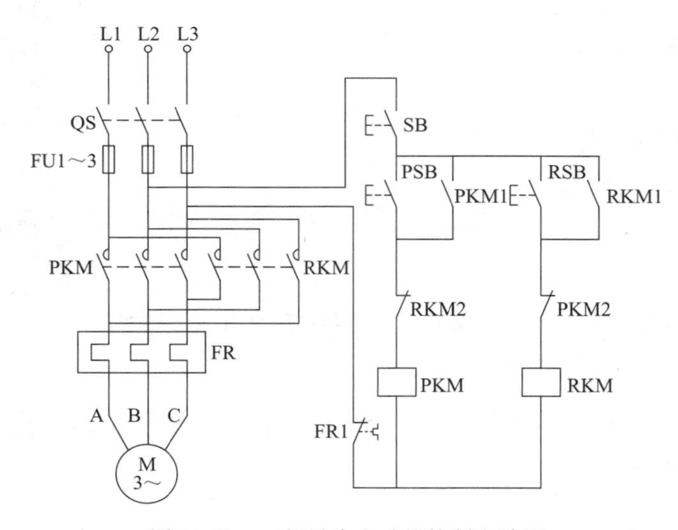

图 11-59　三相异步电动机控制电路图

（1）目的要求

本实验的目的是通过三相异步电动机控制电路图的绘制，帮助读者巩固对机械电气图绘制方法和技巧的掌握。

（2）操作提示

1）绘制各个单元符号图形。

2）将各个单元放置到一起并移动连接。

3）标注文字。

11.5 思考与练习

绘制如图 11-60 所示的汽车电气电路图。

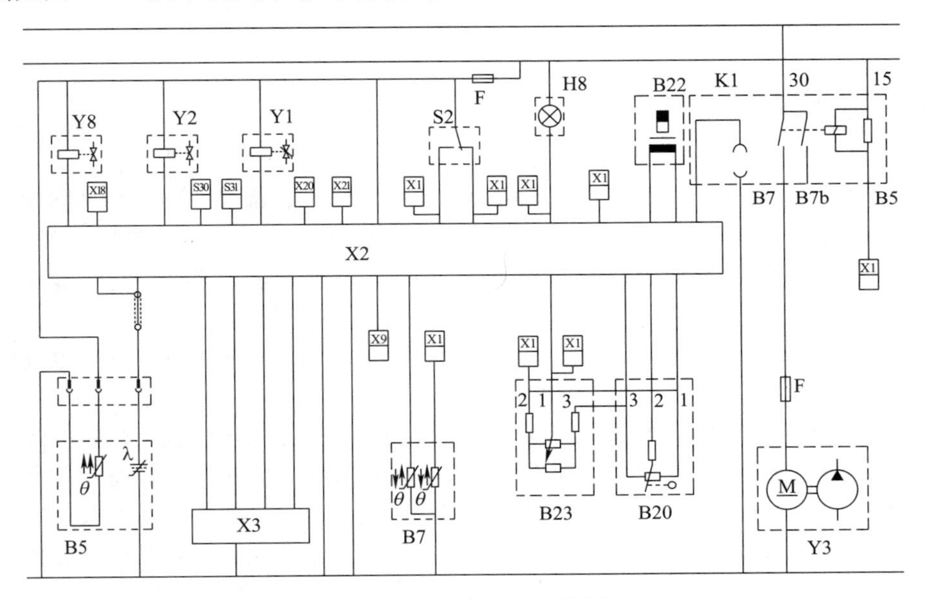

图 11-60　汽车电气电路图

第 12 章　建筑电气设计

本章将结合电气工程专业的基础知识，介绍建筑电气工程图的相关理论知识，以及在AutoCAD 中进行建筑电气设计的一些知识。通过本章的概要性叙述，帮助读者建立一种将专业知识与工程制图技巧相联系的思维模式，初步掌握建筑电气 CAD 的一些基础知识。

本章重点

- 建筑电气概述
- 餐厅消防报警系统平面图
- 餐厅消防报警系统图和电视、电话系统图

12.1　概述

现代工业与民用建筑中，为满足一定的生产、生活需求，都要安装各种不同功能的电气设施，如照明灯具、电源插座、电视、电话、消防控制装置、各种工业与民用的动力装置、控制设备、智能系统、电气设施及避雷装置等。电气线路或设施，都要经过专业人员专业的设计表达在图样上，这些相关图样就称为电气施工图（也可称为电气安装图）。在建筑施工图中，它与给排水施工图、采暖通风施工图一起，统一称为设备施工图。其中电气施工图按“电施”编号。

各种电气设施都需表达在图样中，其主要涉及内容包括：供电、配电线路的规格与敷设方式，各类电气设备与配件的选型、规格与安装方式。导线、各种电气设备及配件等本身在图样中多数并不采用其投影制图，而是用国际或国内统一规定的图例、符号及文字表示。对比可参见相关标准规程的图例说明，也可在图样中予以详细说明，并将其标绘在按比例绘制的建筑结构的各种投影图中（系统图除外），这也是电气施工图的一个特点。

12.1.1　建筑电气工程施工图样的分类

依据某建筑电气工程项目的规模大小、功能不同，其图样的数量、类别是有差异的，常用的建筑电气工程图大致可分为以下几类。

1. 电气系统图

电气系统图是用于表达该项电气工程的供电方式及途径、电力输送、分配及控制关系和设备运转等情况的图样，从电气系统图应可看出该电气工程的概况。电气系统图包括变配电系统图、动力系统图、照明系统图、弱电系统图等子项。

2. 电气平面图

电气平面图是表示电气设备、相关装置及各种线路平面布置位置关系的图样，是进行电气安装施工的依据。电气平面图以建筑总平面图为依据，在建筑图上绘出电气设备、相关装置及各种线路的安装位置、敷设方法等。常用的电气平面图有：变配电所平面图、动力平面图、照明平面图、防雷平面图、接地平面图、弱电平面图。

3. 设备平面布置图

设备平面布置图是表达各种电气设备或器件的平面与空间的位置、安装方式及其相互关系的图样，通常由平面图、立面图、剖面图及各种构件详图等组成。设备平面布置图是按三视图原理绘制的，类似于建筑结构制图方法。

4. 安装接线图

安装接线图又可称安装配线图，是用来表示电气设备、电器元件和线路的安装位置、配线方式、接线方法、配线场所特征等的图样。

5. 电气原理图

电气原理图是表达某一电气设备或系统工作原理的图样，它是按照各个部分的动作原理采用展开法绘制的。通过分析电气原理图可以清楚地看出整个系统的动作顺序。电气原理图可以用来指导电气设备和器件的安装、接线、调试、使用与维修。

6. 详图

详图是表达电气工程中设备的某一部分、某一节点的具体安装要求和工艺的图样，可参照标准图集或单独制图予以表达。

工程人员识图阅读一般应按如下顺序进行：标题栏及图样说明→总说明→系统图（电路图与接线图）→平面图→详图→设备材料明细表。

注意每套图样的各类型图样的排放顺序。一套完整优秀的施工图应非常方便施工人员的阅读识图，其必须遵循一定的顺序：目录、设计说明、图例、设备材料明细表。图样目录应表达有关序号、图样名称、图样编号、图样张数、篇幅、设计单位等。

设计说明（施工说明）主要阐述电气工程设计的基本概况，如设计的依据、工程的要求和施工原则、建筑功能特点、电气安装标准、安装方法、工程等级、工艺要求及有关设计的补充说明等。

图例即为各种电气装置为便于表达简化而成的图形符号，通常只列出本套图样中涉及的一些图形符号，一些常见的标准通用图例可省略，相关图形符号可参见《电气简图用图形符号第 1 部分：一般要求》（GB/T 4728.1—2018）有关解释。

设备材料明细表则列出了该项电气工程所需要的各种设备和材料的名称、型号、规格和数量，可供进一步设计概算和施工预算时参考。

12.1.2 建筑电气工程项目的分类

建筑电气工程可以满足不同的生产、生活以及安全等方面的功能，这些功能的实现又涉及了多项更详细具体的功能项目，这些项目环节共同组建以满足整个建筑电气的整体功能，建筑电气工程一般可包括以下一些项目。

1. 外线工程

室外电源供电线路、室外通信线路等，涉及强电和弱电，如电力线路和电缆线路。

2. 变配电工程

由变压器、高低压配电柜、母线、电缆、继电保护与电气计量等设备组成的变配电所。

3. 室内配线工程

主要有线管配线、桥架线槽配线、瓷瓶配线、瓷夹配线、钢索配线等。

4. 电力工程

各种风机、水泵、电梯、机床、起重机以及其他工业与民用、人防等动力设备（电动机）和控制器与动力配电箱。

5. 照明工程

照明电器、开关按钮、插座和照明配电箱等相关设备。

6. 接地工程

各种电气设施的工作接地、保护接地系统。

7. 防雷工程

建筑物、电气装置和其他构筑物、设备的防雷设施，一般需经有关气象部门防雷中心检测。

8. 发电工程

各种发电动力装置，如风力发电装置、柴油发电机设备。

9. 弱电工程

智能网络系统、通信系统（广播、电话、闭路电视系统）、消防报警系统、安保检测系统等。

12.1.3 建筑电气工程图的基本规定

工业与民用建筑的各个环节均离不开图样的表达，建筑设计单位负责设计、绘制图样，建筑施工单位按图样组织工程施工，图样是双方信息表达交换的载体，所以图样必须有设计和施工等部门共同遵守的一定的格式及标准。这些标准包括建筑电气工程自身的规定，另外也涉及机械制图、建筑制图等相关工程方面的一些规定。

建筑电气制图国家标准的详细资料一般可参见《房屋建筑制图统一标准》（GB/T 50001—2017）及《电气工程 CAD 制图规则》（GB/T 18135—2008）等。

电气制图中涉及的图例、符号、文字符号及项目代号可参照标准《电气简图用图形符号第 1 部分：一般要求》（GB /T 4728. 1—2018）、《电气设备用图形符号第 2 部分：图形符号》（GB/T 5465. 2—2008）等。

同时，对于电气工程中的一些常用术语应认识理解，以方便识图。另外，我国的相关行业标准，国际上通用的 IEC 标准，都比较严格地规定了电气图的有关名词术语概念。这些名词术语是电气工程图制图及阅读所必需的。读者若有需要可查阅相关文献资料，详细认识了解。

12.1.4 建筑电气工程图的特点

建筑电气工程图的内容主要通过如下图样表达，即系统图、位置图（平面图）、电路图（控制原理图）、接线图、端子接线图、设备材料表等。建筑电气工程图不同于机械图、建筑图，掌握了解建筑电气工程图的特点，对建筑电气工程制图及识图将会提供很多方便。其有如下一些特点。

1）建筑电气工程图大多是在建筑图上采用统一的图形符号，并加注文字符号绘制出来的。绘制和阅读建筑电气工程图，首先必须明确和熟悉这些图形符号、文字符号及项目代号所代表的内容和物理意义，以及它们之间的相互关系，关于图形符号、文字符号及项目代号可查阅相关标准，如《电气简图用图形符号第 1 部分：一般要求》（GB/T 4728. 1—2018）。

2）任何电路均为闭合回路。一个合理的闭合回路一定包括四个基本元素，即电源、用电设备、导线和开关控制设备。正确读懂图样，还必须了解各种设备的基本结构、工作原理、工作程序、主要性能和用途，便于对设备的安装及运行有所了解。

3）电路中的电气设备、元件等，彼此之间都是通过导线连接起来，构成一个整体。读图时，可将有关的图样联系起来，相互参照，应通过系统图、电路图，布置图、接线图查找位置，交叉查阅，可达到事半功倍的效果。

4）建筑电气工程施工通常是与土建工程及其他设备安装工程（给排水管道、工艺管道、采暖通风管道、通信线路、消防系统及机械设备等设备安装工程）施工相互配合进行的。故识读建筑电气工程图时应与有关的土建工程图、管道工程图等对应，参照阅读，仔细研究电气工程的各施工流程，提高施工效率。

5）有效识读电气工程图也是编制工程预算和施工方案必须具备的一个基本能力，其能有效指导施工、指导设备的维修和管理。同时在读图时，还应熟悉有关规范、规程及标准的要求，才能真正读懂、读通图样。

6）电气图是采用图形符号绘制表达的，表现的是示意图（如其电路图、系统图等），其不必按比例绘制。但电气工程平面图一般是在建筑平面图基础上表示相关电气设备位置关系的图样，故位置图一般采用与建筑平面图同比例绘制，其缩小比例可取如下几种：1∶10、1∶20、1∶50、1∶100、1∶200、1∶500等。

12.2 餐厅消防报警系统平面图

本章在绘制配电图的基础上，绘制消防报警系统的平面图。消防报警系统属于弱电工程的系统，需要使用许多弱电图例。图12-1所示为餐厅消防报警系统平面图。首先绘制建筑结构的平面图，然后绘制一些基本设施，重点介绍消防报警系统线路和装置的布置及画法。其中将对部分专业知识进行讲解。

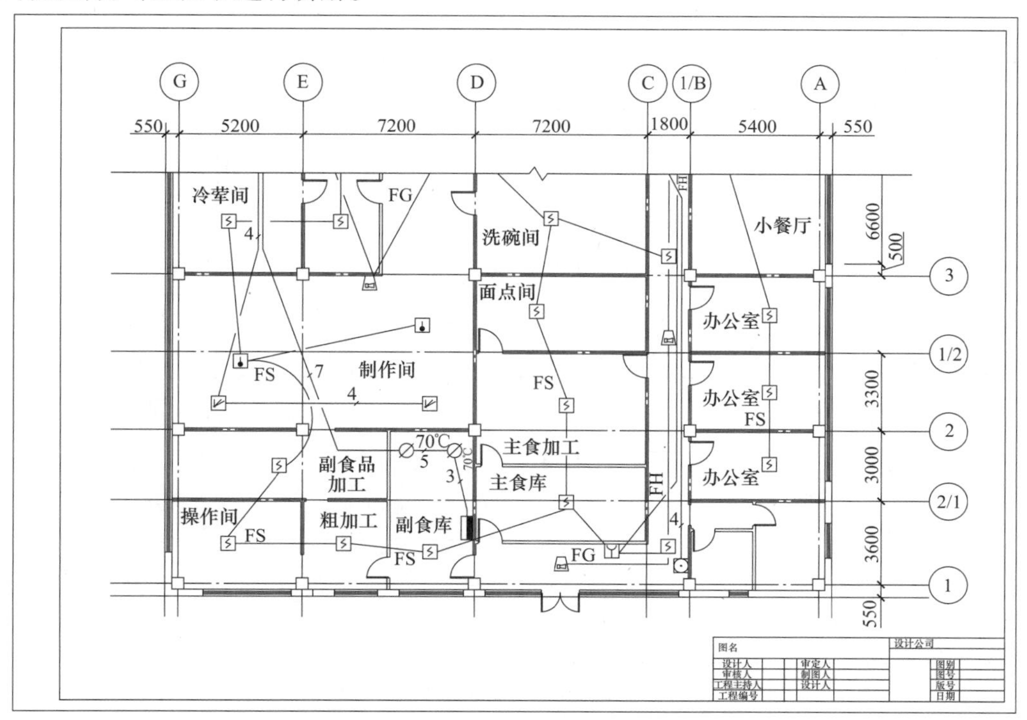

图12-1 餐厅消防报警系统平面图

12.2.1 设置绘图环境

1）以无样板模式新建文件，命名为“消防报警系统平面图”。利用 limits 命令将图形的界限定位在 42000×29700 的界限内。将图层分为轴线、墙线、门窗、弱电、消防、标注六个图层，并按照图 12-2 所示进行设置。

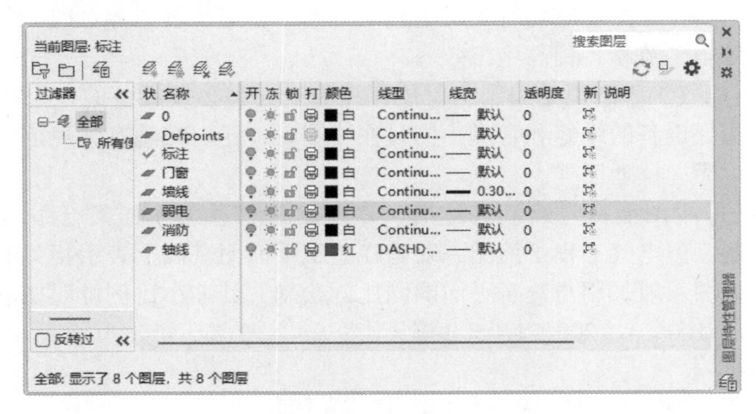

图 12-2　图层设置

2）按照前文介绍的方法进行绘制。水平轴线分别为 1、2/1、2、1/2、3，竖直轴线为 A、1/B、C、D、E、G。间距如图 12-3 所示。然后插入轴线标号，如图 12-4 所示。

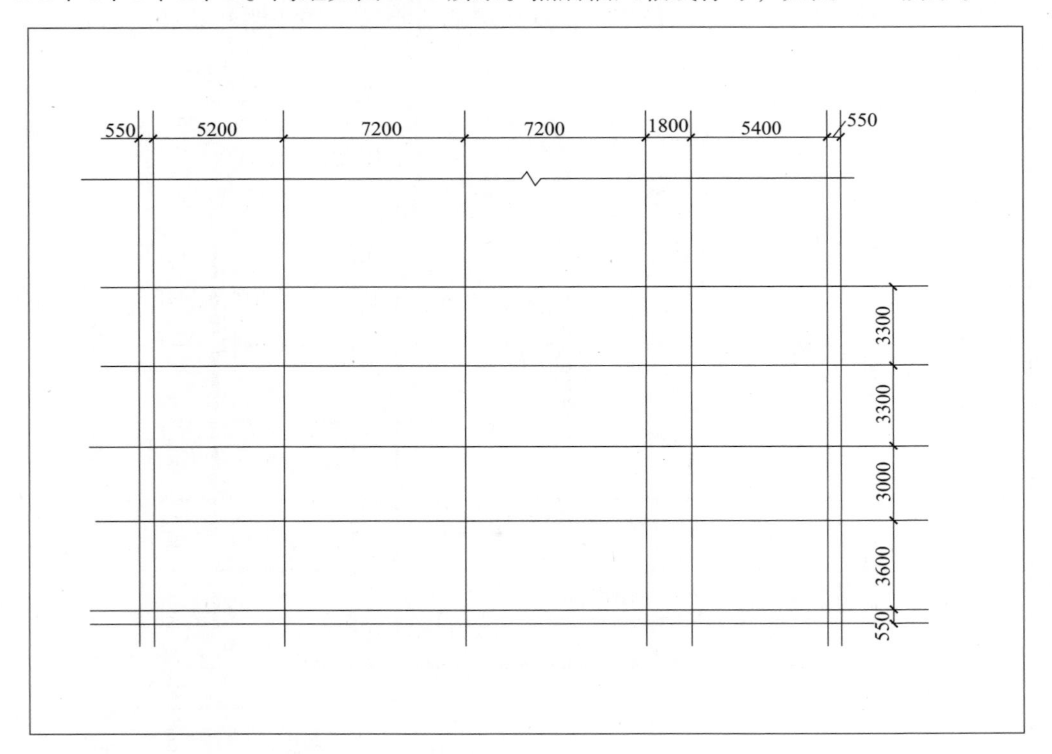

图 12-3　轴线布置

📖 说明：在绘制轴线编号时，有些编号如 1/B、1/2 等，用高度 800 的文字，会出现文字宽度太大而不能放入轴线圆内的情况，如图 12-5 所示。这时可以输入文字，右键单击鼠标选择“特性”，弹出“特性”对话框，将“宽度因子”设置为 0.5，按〈Enter〉键，然后关闭“特性”对话框，如图 12-6 所示。

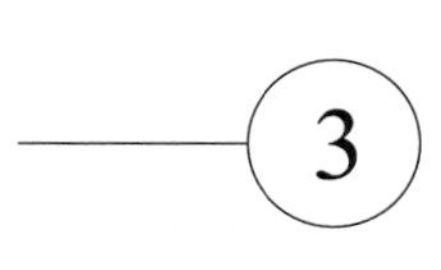

图 12-4　轴线标号

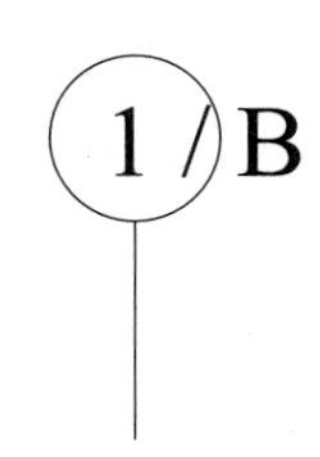

图 12-5　宽度过大的文字

图 12-6　调整宽度因子

轴线圆半径 800，文字高度设置为 800。全部插入标号后，如图 12-7 所示。

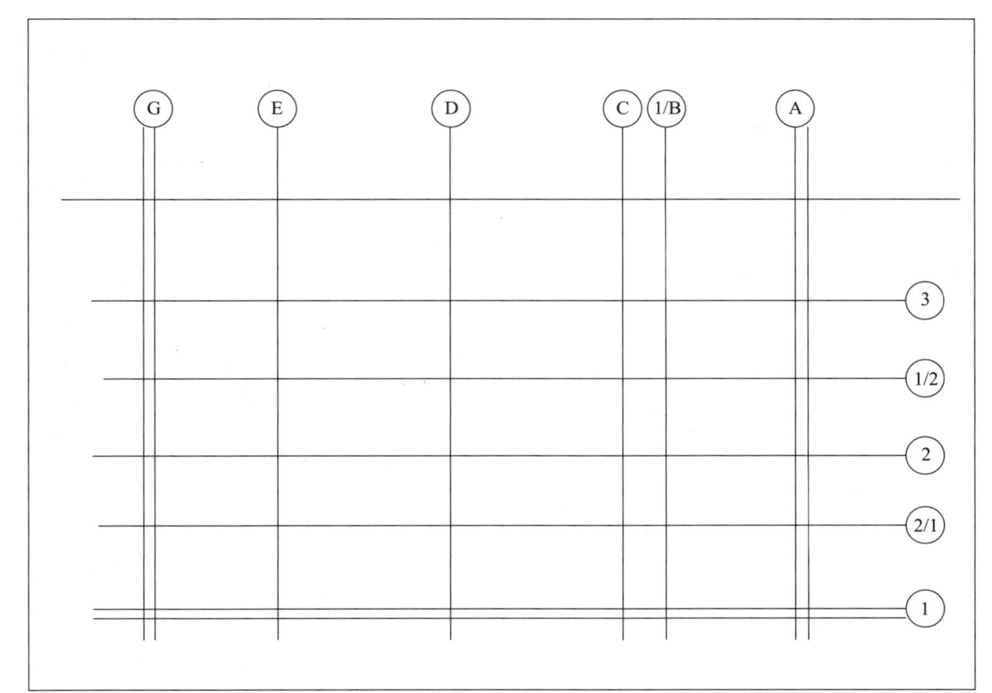

图 12-7　插入轴线编号

3）选择所有轴线，单击鼠标右键打开“特性”对话框，然后将“线型比例”设置为100。改变之后，轴线呈点画线的形态，如图 12-8 所示。

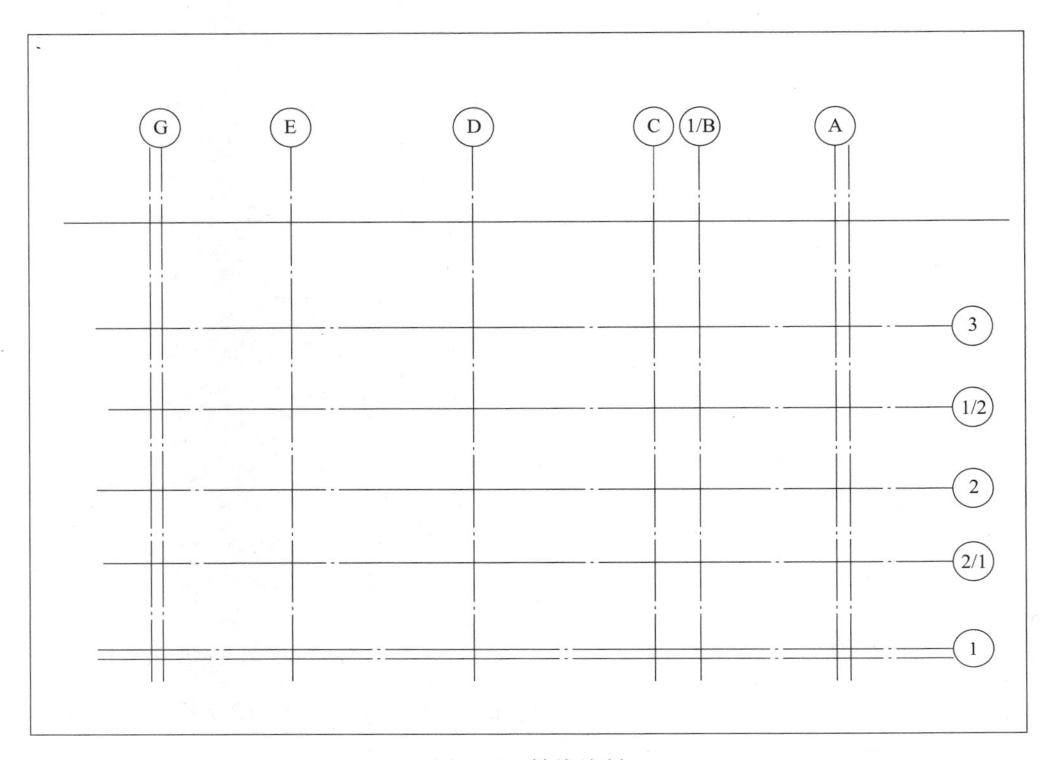

图 12-8　轴线绘制

12.2.2　绘制结构平面图

1. 绘制墙线

利用“多线”命令，改变墙体宽度，进行绘制。注意墙线与轴线的对应关系。

1）将当前图层设置为“墙线”层。

2）选择菜单栏中的“格式”→“多线样式”命令，打开“多线样式”对话框，单击“新建”按钮，弹出“创建新的多线样式”对话框，如图 12-9 所示。在“新样式名”文本框中输入 WQ，单击“继续”按钮，弹出“新建多线样式”对话框，将多线偏移量设置为 150 和−150，如图 12-10 所示，单击“确定”按钮，返回“多线样式”对话框。

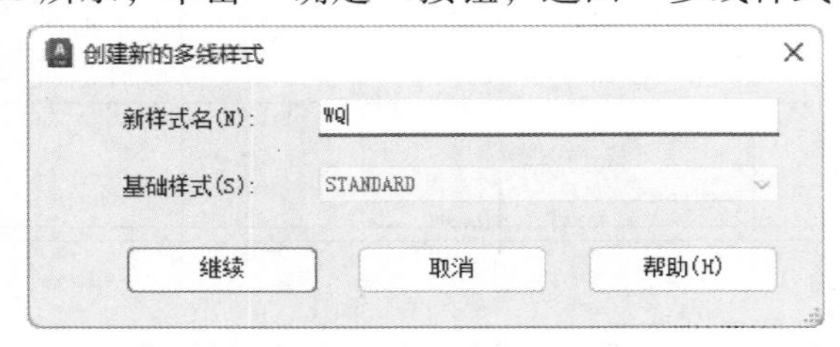

图 12-9　编辑多线名称

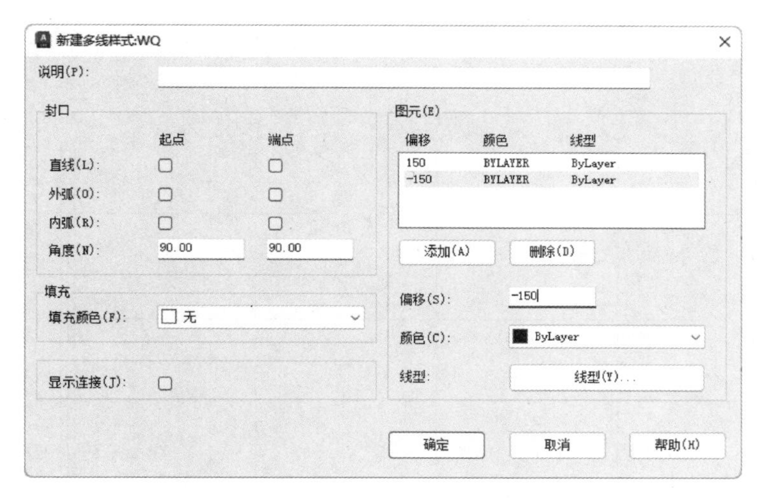

图 12-10　设置多线偏移量

3）单击“多线样式”对话框中的“保存”按钮，将多线样式 WQ 保存。单击“置为当前”按钮，将 WQ 多线添加到“样式”列表框中，单击“确定”按钮，如图 12-11 所示。

图 12-11　添加外墙线型

利用 mline 命令绘制外墙，如图 12-12 所示，注意多线样式的选取。

4）用同样的方法，绘制内墙，将内墙的多线偏移量设置为 60 和−60，内墙绘制完成后，如图 12-13 所示。

2. 插入柱子

柱子截面大小为 500×500。插入后对墙线进行修剪和延伸操作，完成后如图 12-14 所示。

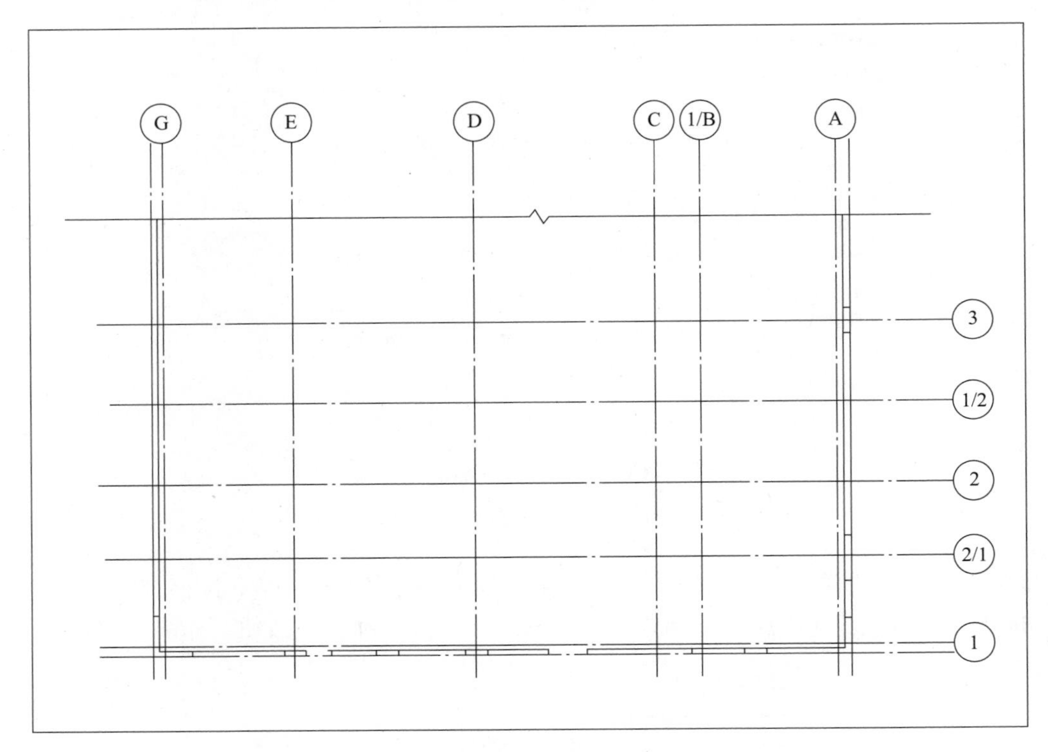

图 12-12　绘制外墙

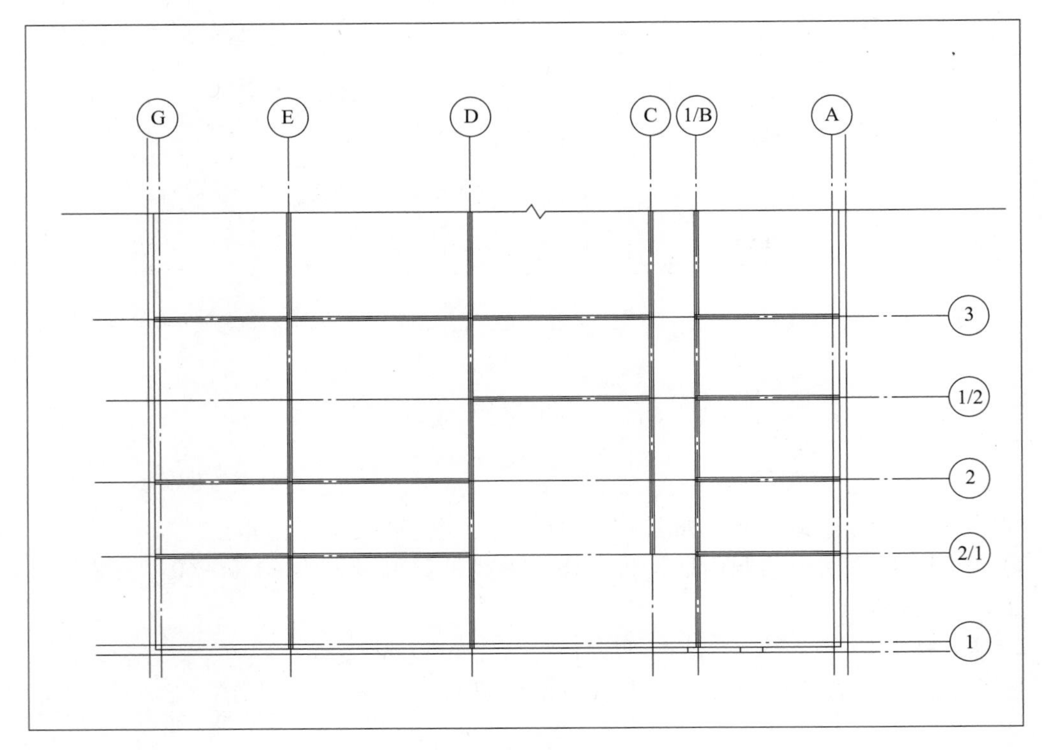

图 12-13　绘制内墙

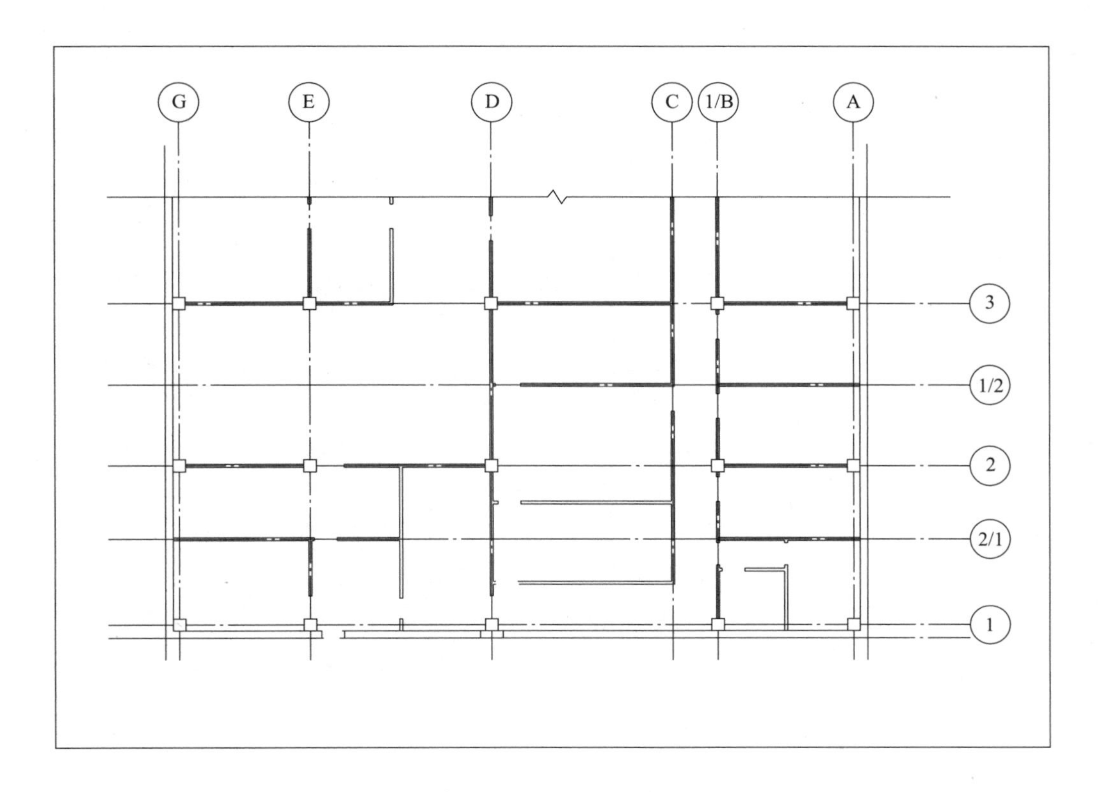

图 12-14　插入柱子

内墙和外墙的相交处以及内墙和内墙的相交处可以通过选择菜单栏中的“修改”→“对象”→“多线”命令进行修改，也可以利用 explode 命令将多线打散，并用“修剪”命令进行修改，前一种方法比较简便。

3. 插入门窗

门分为三种，900 宽、1000 宽和宽度 1600 的大门，如图 12-15 所示。

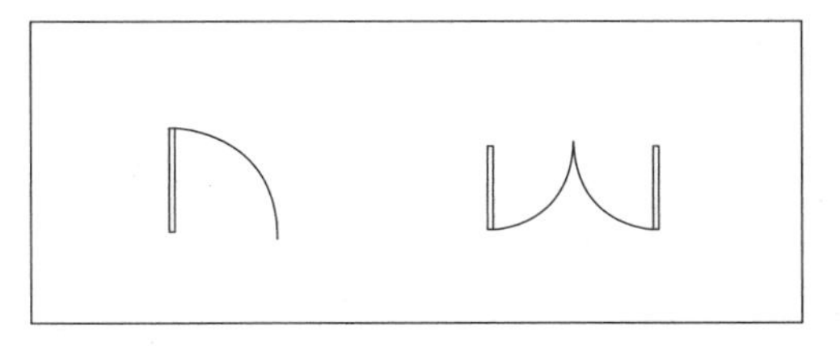

图 12-15　绘制门图块

将门插入后，结果如图 12-16 所示。

4. 绘制窗户和外墙走线

窗户和外墙走线利用“多线”命令进行绘制。可以设定三根墙线，偏移量分别设置为 60、0 和−60，绘制时将起始位置设置在中间，如图 12-17 所示。

绘制完窗户和外墙的走线后，结构平面图绘制完成，如图 12-18 所示，然后添加消防报警系统。

12.2.3　绘制消防报警系统

1. 绘制弱电符号

本例中，需要用到弱电报警系统的一些图例，由于图例库中未包含这些符号，因此需要

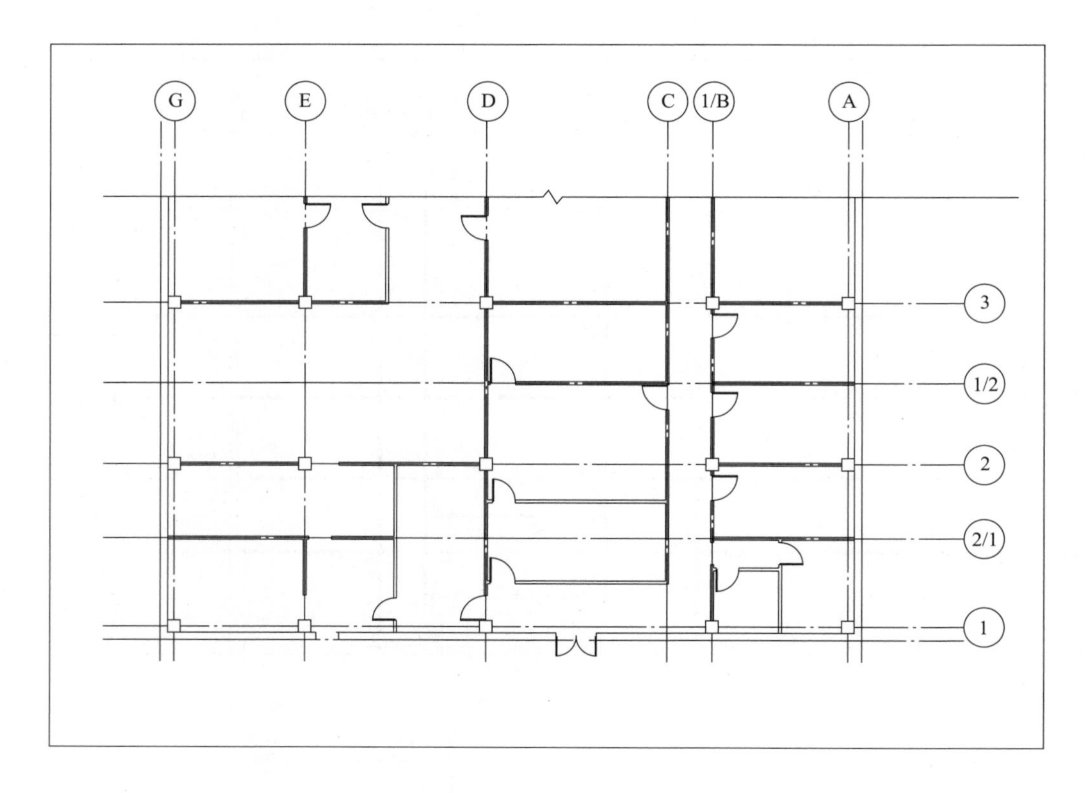

图 12-16　插入门

自己绘制。需要的符号如图 12-19 所示。绘制完成后可以将这些符号添加到“弱电布置图例”中，以备以后在绘图中使用。

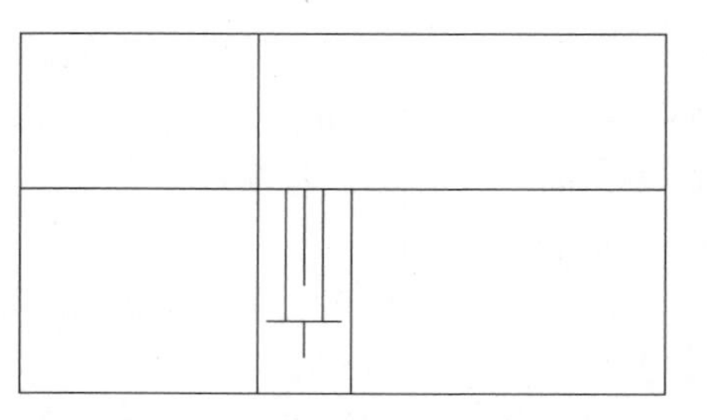

图 12-17　绘制三根墙线

1）将文件的当前图层转换为“消防”层，然后绘制“电力配电箱”的图例，如图 12-20 所示，绘制一个 500×1000 的矩形，并利用取中命令（通过“对角捕捉”工具栏找到水平线的中点）绘制其中心线。利用 solid 命令将右半个矩形填充。

2）绘制“感烟探测器”和“气体探测器”图例。绘制一个 600×600 的矩形，然后利用 line 命令在矩形中部绘制一个类似闪电的符号，如图 12-21 所示。另外，再绘制一同样的矩形，在矩形中绘制三条直线，在直线的交点处绘制一小直径的圆，并利用 hatch 命令进行填充，如图 12-22 所示。

3）利用同样的方法，绘制“手动报警按钮+消防电话插孔”“感温探测器”“消火栓按钮”和“扬声器”的图例，如图 12-23～图 12-26 所示。

4）绘制防火阀图例。画一个半径为 300 的圆，利用“对象捕捉”工具栏和旋转功能，通过圆心画一条 45°的斜线，在圆的右下角输入“70℃”的文字，如图 12-27 所示。

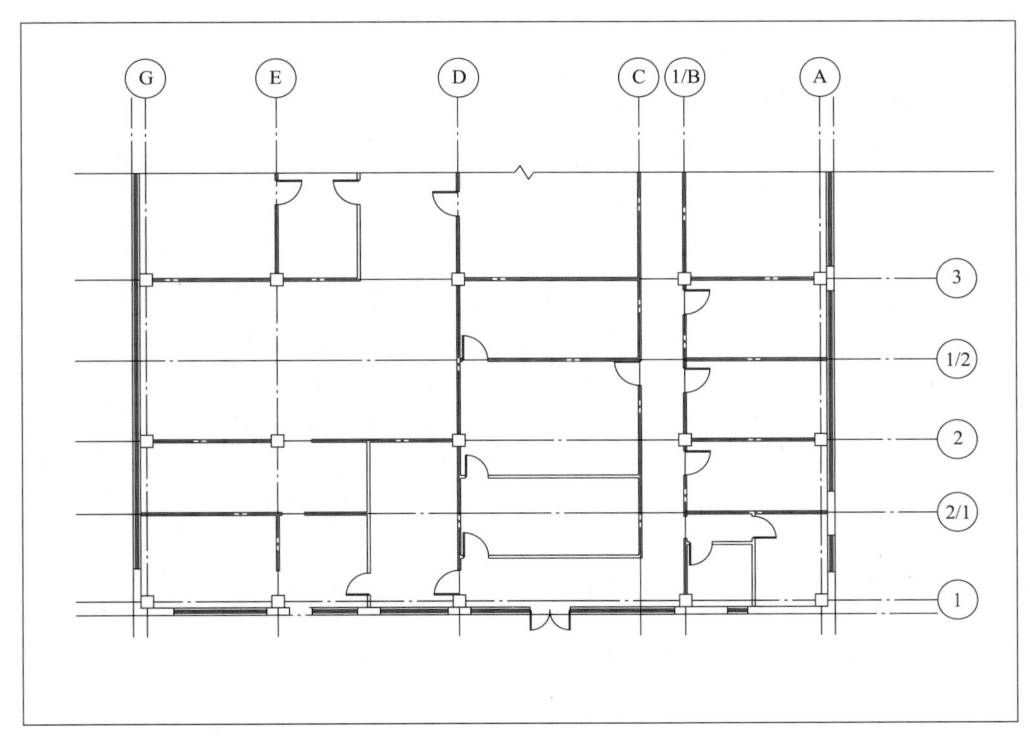

图 12-18　绘制窗户、外墙走线

图 12-19　消防报警系统图例

图 12-20　绘制电力配电箱图例

图 12-21　感烟探测器图例

图 12-22　气体探测器图例

图 12-23　手动报警按钮+消防电话插孔图例

图 12-24　感温探测器图例

图 12-25　消火栓按钮图例

图 12-26　扬声器图例

图 12-27　防火阀图例的绘制

5）绘制好各个图例后，利用 block 命令将它们保存为图块，然后将绘制好的图块补充到“弱电布置图例”图例库中，以便以后绘图时调用。

2. 插入图块

1）切换到“餐厅消防报警系统平面图”文件，将各个图块插入到“餐厅消防报警系统平面图”中。注意摆放的位置，如图 12-28 所示。

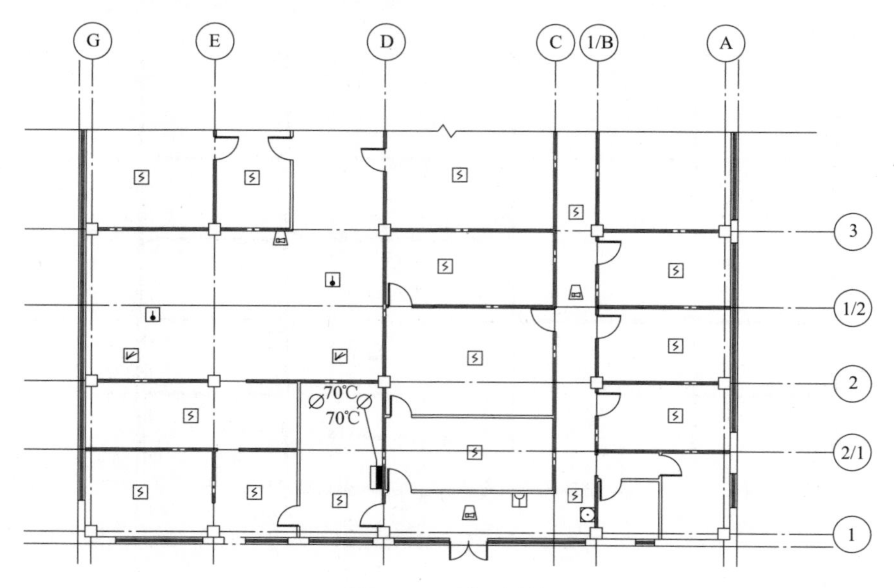

图 12-28　插入图块

2）将当前图层改为“弱电”层，利用 line 命令绘制线路。注意在线路的交叉处要断开一条线，可以利用 break 命令或者单击“默认”选项卡“修改”面板中的“打断”按钮 ，断点如图 12-29 所示。线路输入完成后，如图 12-30 所示。

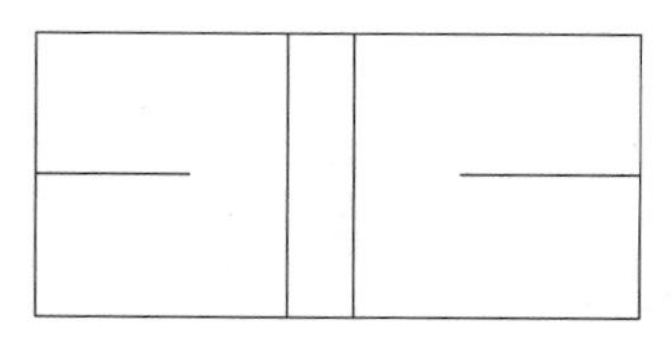

图 12-29　线路断点

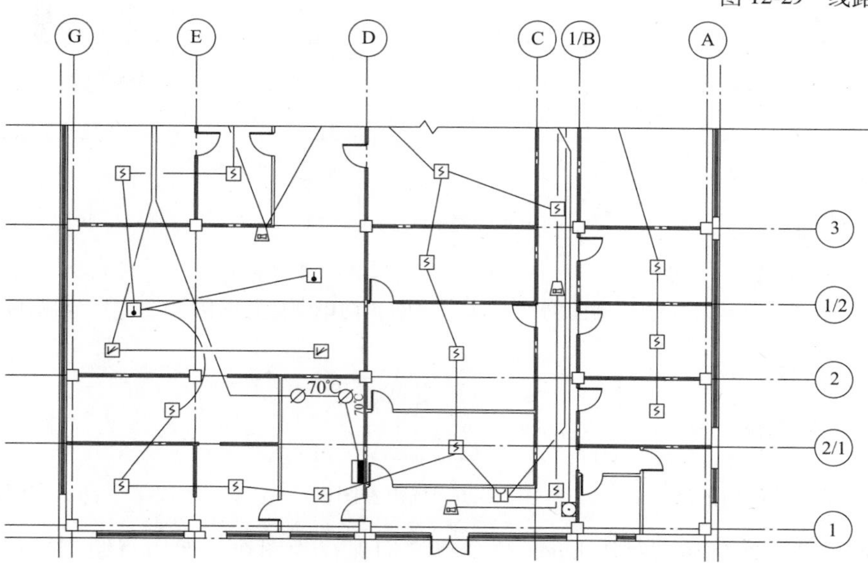

图 12-30　插入线路

3）将“标注”层设置为当前层，在线路旁边注明线路的名称和编号，分别为“FS”“FG”“FH”几种。标注编号时在线路上画一条倾斜的小短线，如图 12-31 所示。

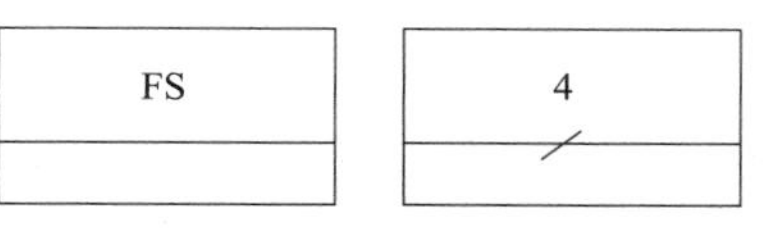

图 12-31　插入文字编号

4）插入编号后，消防报警图例基本绘制完成，如图 12-32 所示。注意这只是平面图的局部，整体的绘制过程应按照设计方案绘制。

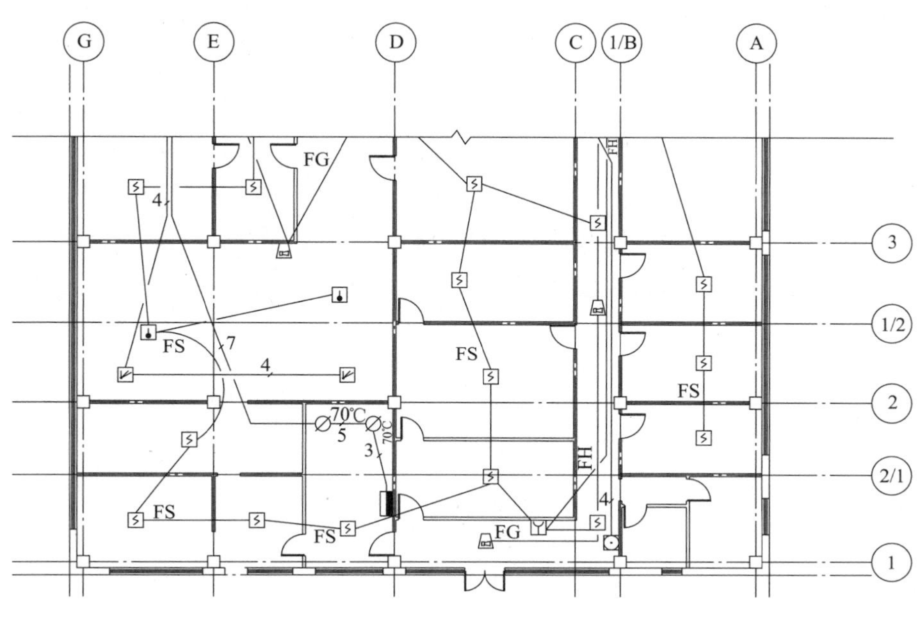

图 12-32　插入编号

12.2.4　尺寸标注及文字说明

在图中利用 text 命令进行文字标注，然后利用连续标注功能进行尺寸标注。标注样式设置为：文字高度 500，从尺寸线偏移 100，箭头样式为“建筑标记”，箭头大小为 300，起点偏移量设置为 500，标注后的平面图如图 12-33 所示。

12.2.5　生成图签

1）新建图层“图签”，并将其设置为当前图层，绘制图幅和图框，大小为 42000×29700 和 39500×28700，如图 12-34 所示。

2）打开设计中心，插入标题栏图块，如图 12-35 所示。

3）选取所有图形，单击“默认”选项卡“修改”面板中的“移动”按钮✥，将所有图形移动到图框中，如图 12-36 所示。

注意图形位置要居中。填写标题栏，完成绘图。最终完成的图形如图 12-1 所示。

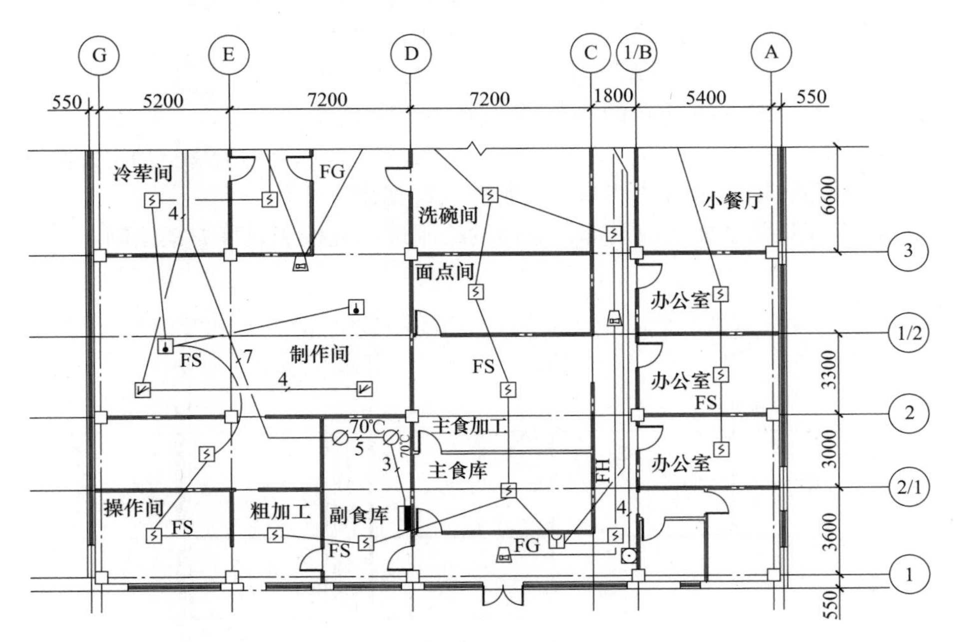

图 12-33　尺寸标注

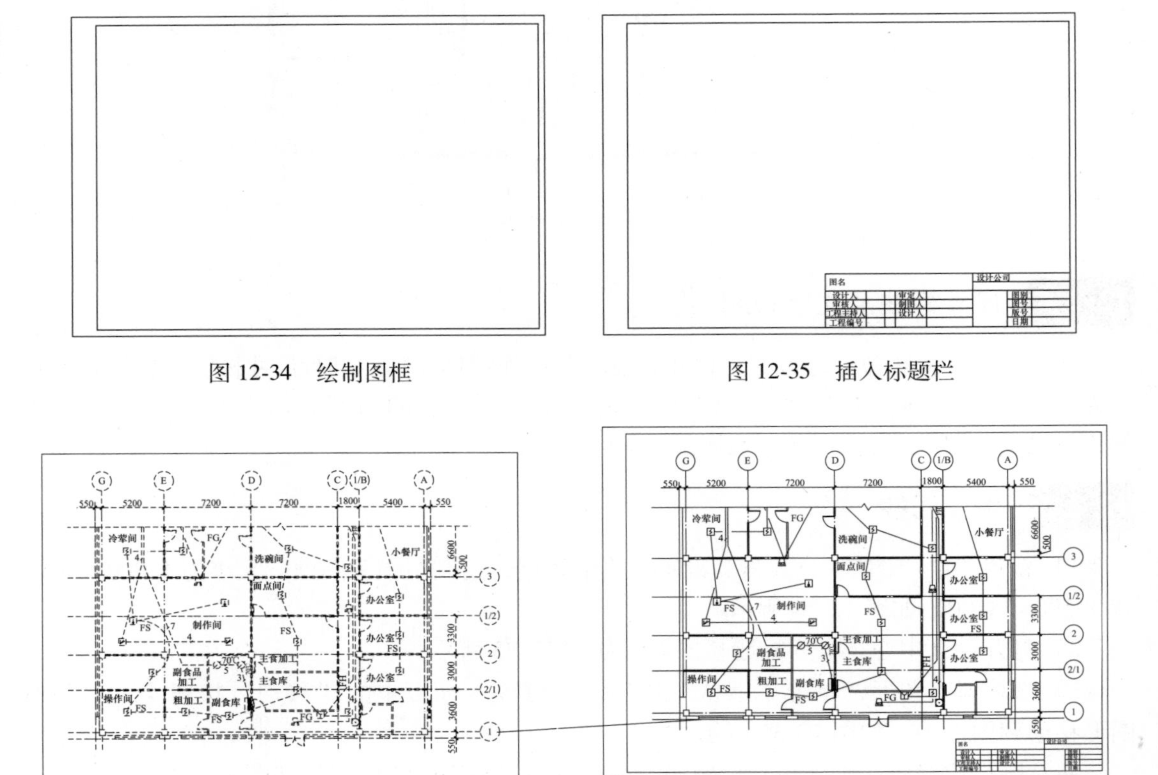

图 12-34　绘制图框

图 12-35　插入标题栏

图 12-36　移动图形

12.3 餐厅消防报警系统图和电视、电话系统图

本节将详细讲解餐厅消防报警系统图及电视、电话系统图的画法，同时讲述相关的知识。电气系统图的绘制有一个普遍的特点，就是重复的图形比较多，且多为分层、分块绘制。可以利用等分的方法进行绘制，这样可以使绘制的图形整洁、清晰。消防报警系统图和其他电气系统图相似，应分层进行绘制，而且需要复制的部分比较多。结合等分和复制的命令可以使绘图简便，而且可使图形整洁、清晰。餐厅共分两层，绘制时可分为三个部分，即消防报警系统图和电视、电话系统图，效果如图 12-37 所示。

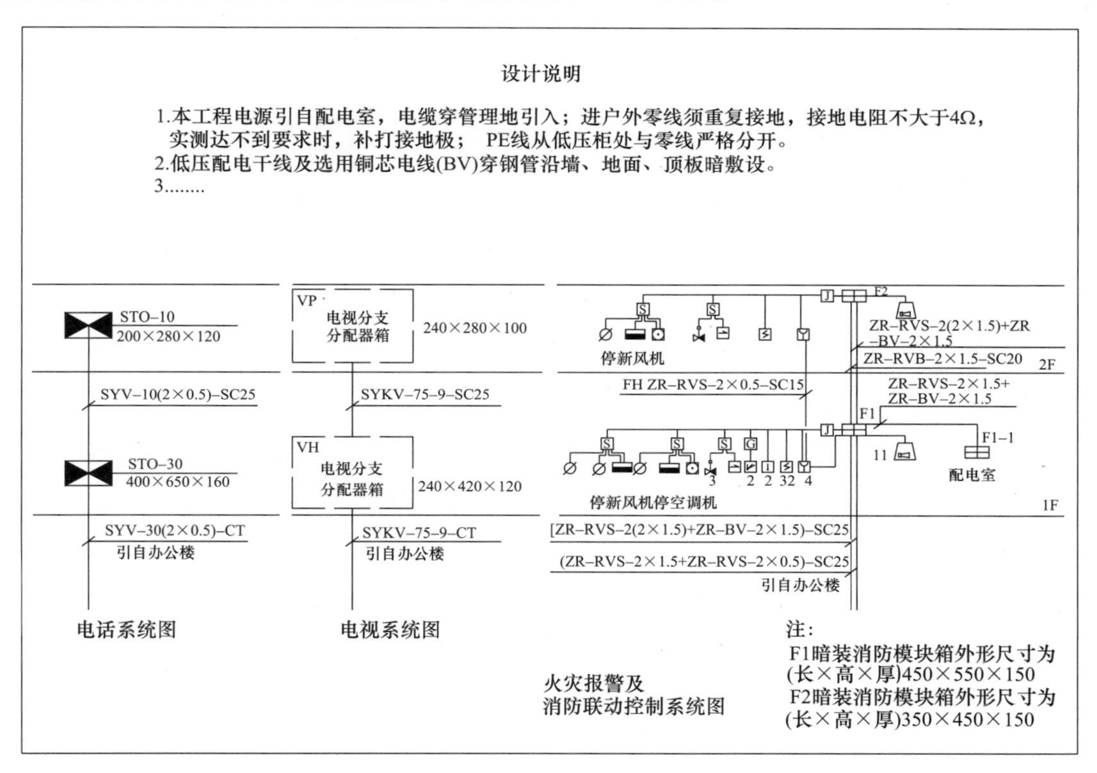

图 12-37　餐厅消防报警系统图和电视、电话系统图

12.3.1 设置绘图环境

1. 设置图层

首先以无样板模式建立新文件，保存为“餐厅消防报警系统图和电视、电话系统图 . dwt”。打开图层管理器，设置图层。本图为系统图，所涉及的图形样式比较少，仅建立轴线、线路、设备、标注和图签五个图层即可，并利用颜色区分不同的层，如图 12-38 所示。

2. 绘制轴线

绘制时，使用 A3 图纸，即图框为 395×287，按照 1 为一个绘图单位的原则，用一个

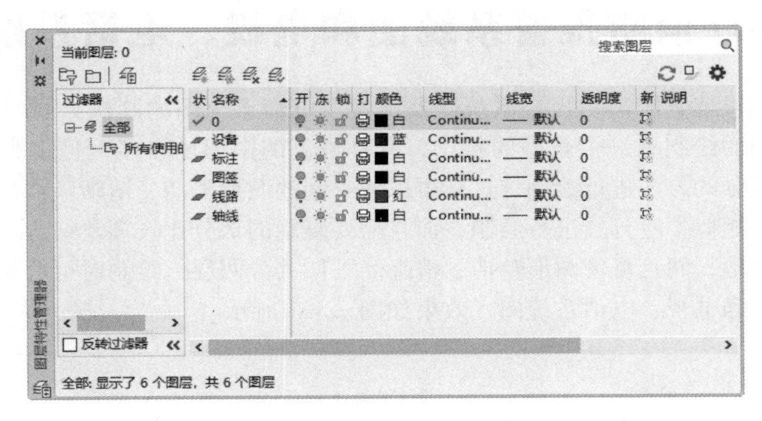

图 12-38 图层设置

350×250 的矩形规定绘图区域。因此，先令“轴线”层为当前层，利用“矩形”命令绘制一个 350×250 的矩形，如图 12-39 所示。本图包括三个部分，分别是消防报警系统图、电视系统图和电话系统图，因此可以根据图形的大小将绘图区域分为三个部分。利用“分解”命令将矩形分解，利用“定点等分”命令将底边等分为四份，如图 12-40 所示。

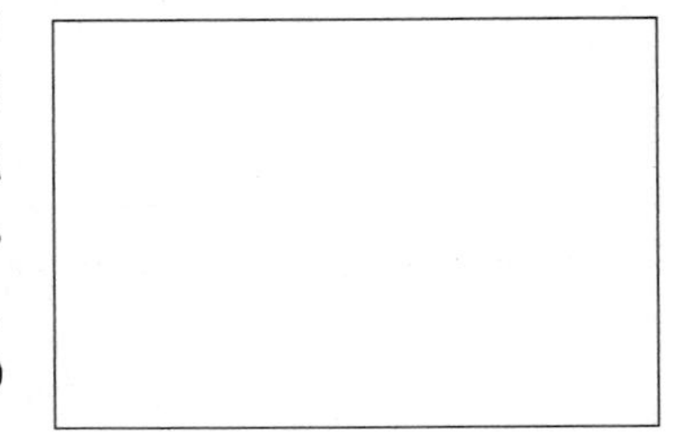

图 12-39 绘图区域

在矩形的第一、第二等分点上，绘制两条垂直的辅助线，如图 12-41 所示。将矩形分为三个部分，分别进行绘制。

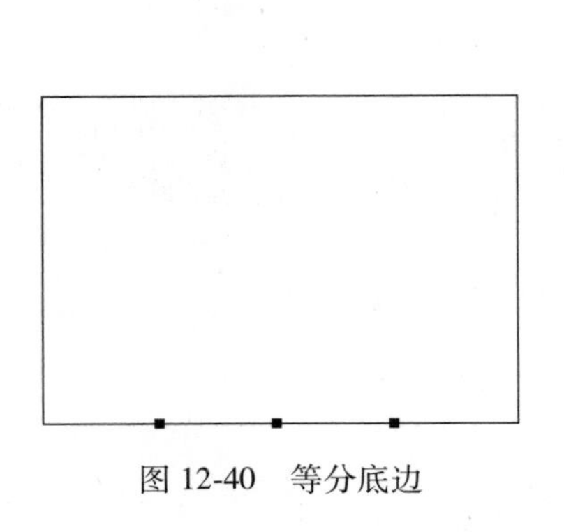

图 12-40 等分底边

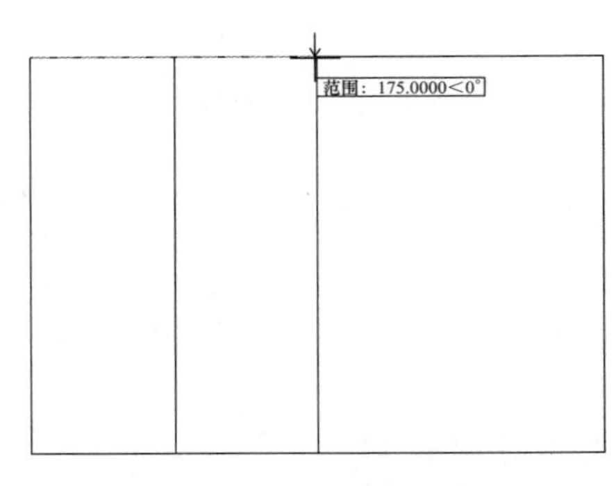

图 12-41 绘制辅助线

说明：在绘制直线时，由于等分点不容易捕捉到，可以打开“对象捕捉”工具栏，即选择菜单栏中的“工具”→“工具栏”→“AutoCAD”→“对象捕捉”，打开“对象捕捉”工具栏，如图 12-42 所示。在画直线时，先输入 line 命令，再单击“对象捕捉”工具栏的按钮，即可捕捉到利用 divide 命令等分的等分点，如图 12-43 所示。另外，可以事先开启状态栏中的正交模式，以便画垂直线。

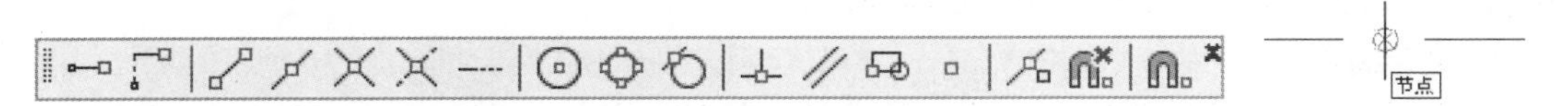

图 12-42 “对象捕捉”工具栏　　图 12-43 捕捉等分点

12.3.2 绘制电话系统图

1. 绘制层线

1）定位楼层的分界线。本楼为两层的餐厅，所以，单击“默认”选项卡“绘图”面板中的“直线”按钮，绘制三条水平线，分别表示底面、一层楼盖、二层楼盖。间距分别为 50 和 30，如图 12-44 所示。

2）单击“默认”选项卡“修改”面板中的“打断”按钮，将楼层线沿着垂直的分隔线截断，如图 12-45 所示。

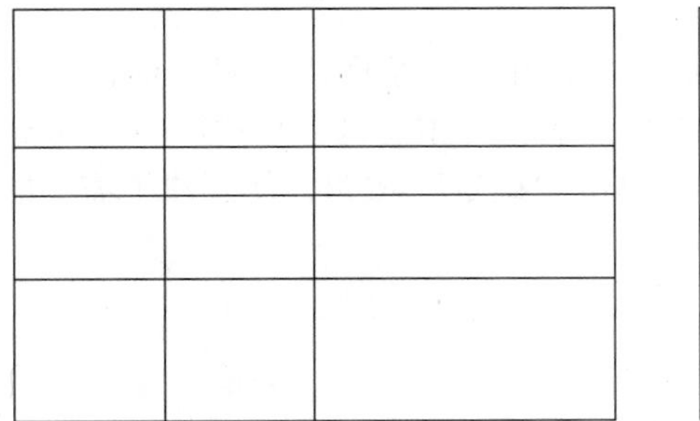

图 12-44 绘制楼层线

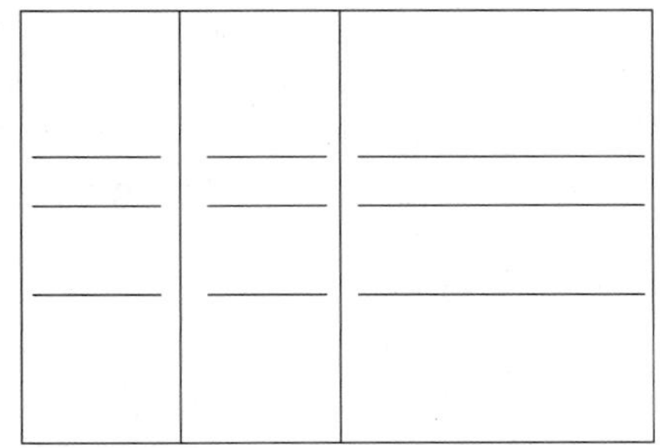

图 12-45 截断楼层线

2. 插入设备

1）将“线路”层设为当前图层，在左侧区域内绘制一条竖直直线，如图 12-46 所示。注意竖直直线稍稍偏向左边，因为要在直线的右边添加文字标注。

2）转换到“设备”层，单击“默认”选项卡“块”面板中的“插入”按钮，将“交接箱”图块进行插入，如图 12-47 所示。

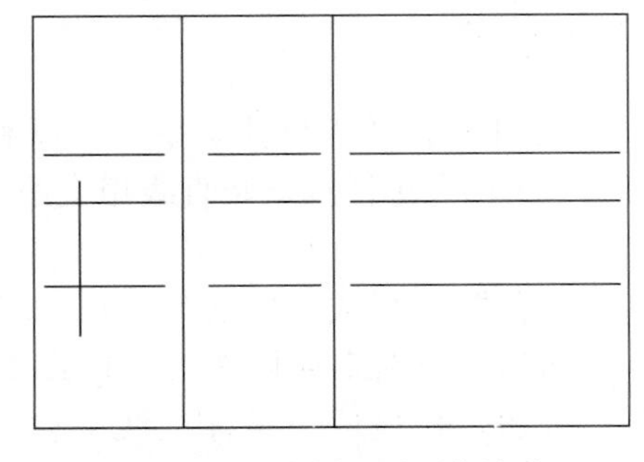

图 12-46 绘制电话系统线路

图 12-47 “交接箱”图块

3）在图形的左一区域，选择菜单栏中的“绘图”→“点”→“定数等分”命令，将竖直直线四等分，以“交接箱”图块的中点为基点将其插入到直线的第一和第三等分点，可以按照图幅大小调节图块比例，如图 12-48 所示。

3. 文字标注

1）将当前图层设为“标注”层，然后插入标注。首先在需要插入标注的位置绘制一条水平线，即在垂直线的四个等分点处插入，如图 12-49 所示。

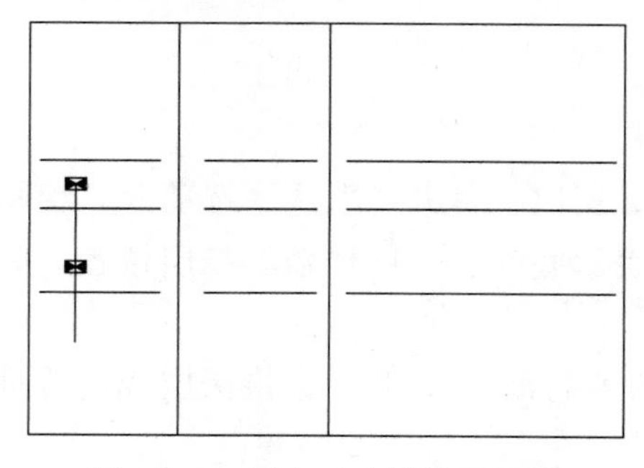

图 12-48　插入“交接箱”图块

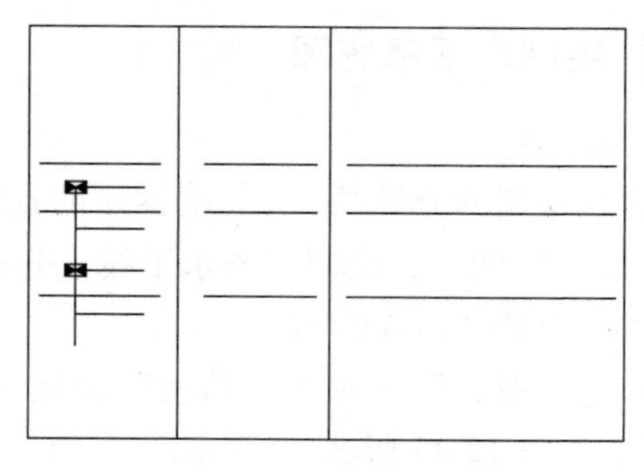

图 12-49　插入标注线

2）选取菜单栏“格式”→“文字样式”命令，打开“文字样式”对话框，单击“新建”按钮，默认“样式”为“样式 1”，然后在“字体名”下拉列表中选择 Arial Narrow 字体，“高度”设置为 6，其他参数如图 12-50 所示。单击“确定”按钮，便创建了需要的字体。

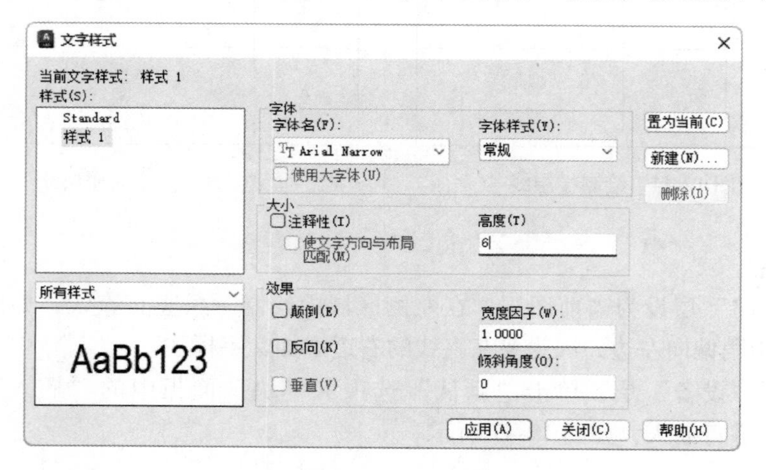

图 12-50　创建新字体

3）单击“绘图”工具栏中的“多行文字”按钮 A，插入标注文字。可以利用复制等功能简化操作，这里就不做详细介绍了。在第二、第四条标注线与竖直线相交处，插入一条 45°的倾斜线，标注后如图 12-51 所示。

4）打开“文字样式”对话框，新建一种文字样式，“样式”默认为“样式 2”，在“字体名”下拉列表中选择“仿宋_GB2312”字体，然后将当前字体切换为“样式 2”，将文字“高度”设为 3，其他参数不变，单击“确定”按钮。在最后一条标注线下输入中文，如图 12-52 所示。

5）打开“文字样式”对话框，建立“样式 3”，文字的字体仍然用仿宋体，文字“高度”设置为 6，然后插入标题，如图 12-53 所示。

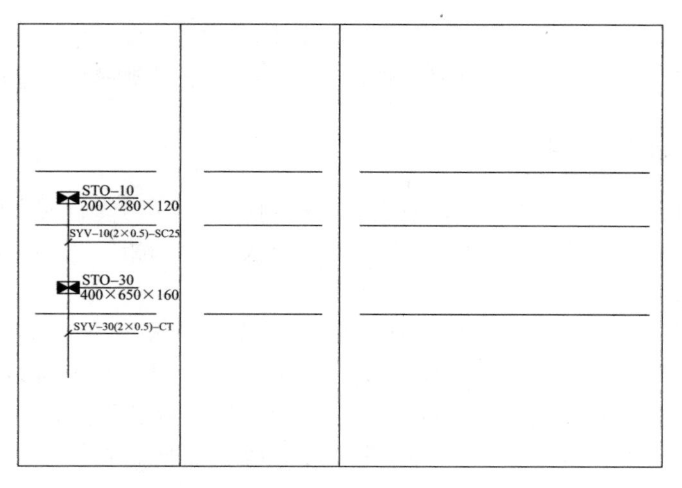

图 12-51　插入文字标注

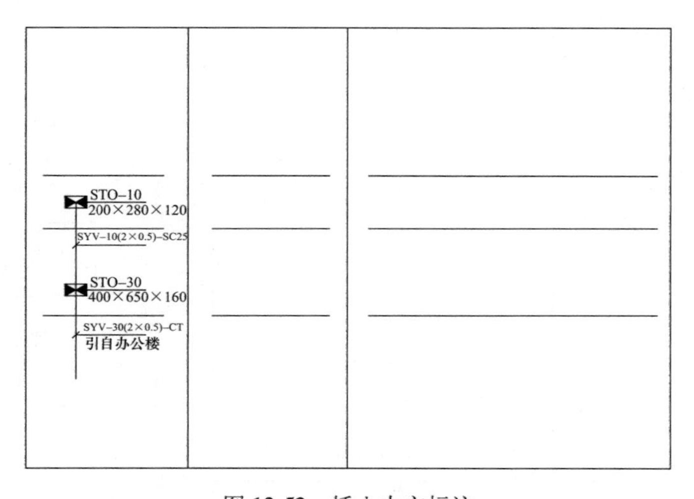

图 12-52　插入中文标注

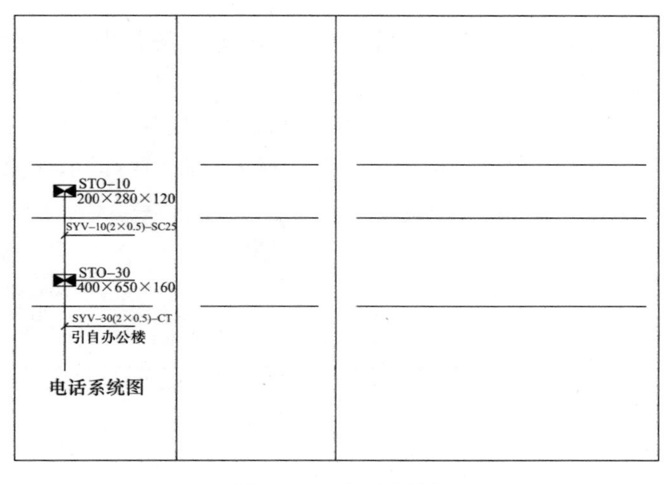

图 12-53　插入标题

📖 说明：文字标注比较烦琐，可以利用复制的方法，将一行文字复制到另一处，然后双击该文字标注，打开“文字编辑”对话框，进行修改，这样可以提高速度。

12.3.3 绘制电视系统图

电视系统图和电话系统图类似，但是需要在绘制过程中学习多行文字的输入。

1）将电话系统图的图形复制到图框中的第二个区域内，删除“交接箱”图块和文字标注，如图 12-54 所示。

2）单击“默认”选项卡“特性”面板中的“线型”下拉菜单，选择“其他”，系统弹出“线型管理器”对话框，单击“加载”按钮，将“ISO dash”线型加载到“线型管理器”对话框中，然后关闭对话框。确认“设备”层为当前层，将“ISO dash”线型设为当前线型，在图中绘制两个 40×25 的矩形，并移动到线路的上端点和第二等分点，如图 12-55 所示。

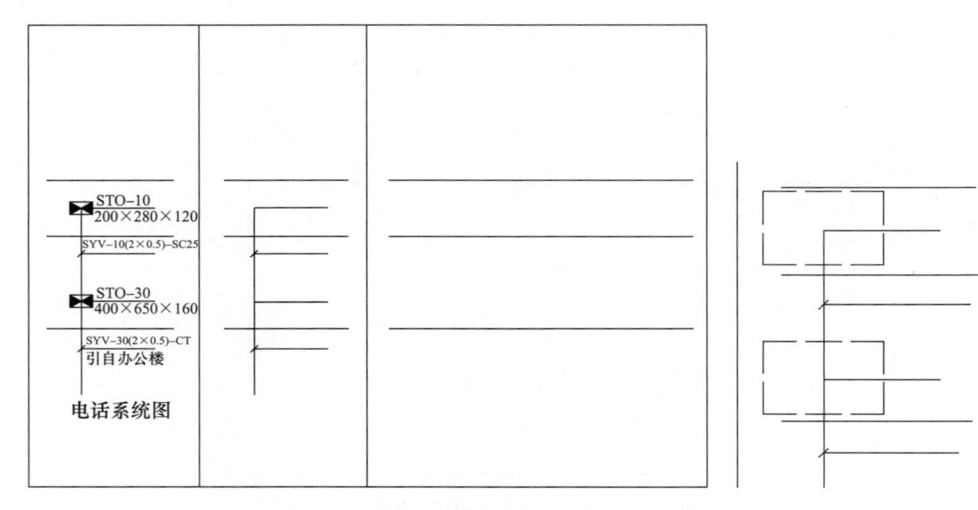

图 12-54　复制图形　　　　图 12-55　绘制矩形框

3）单击“默认”选项卡“修改”面板中的“修剪”按钮，将矩形内部的线截断，将文字样式设为“样式 2”；单击“默认”选项卡“注释”面板中的“多行文字”按钮A，或者在命令行中输入 MTEXT 命令，此时，系统出现多行文字的编辑器，如图 12-56 所示，提示输入指定左上角点和右下角点，指定后，进行输入。命令行提示和操作如下。

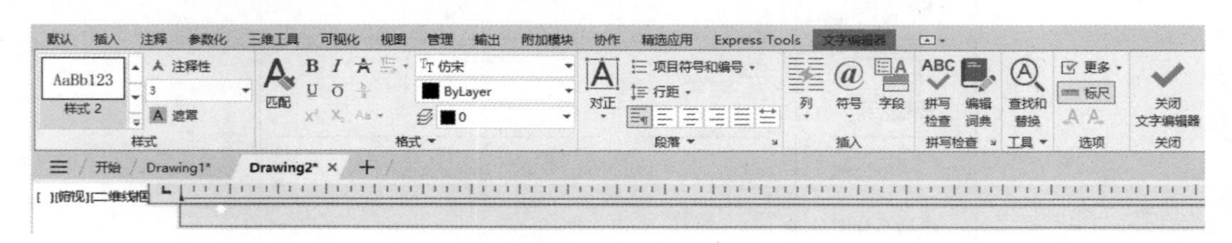

图 12-56　输入多行文字

命令：MTEXT↙
当前文字样式："样式 2" 文字高度:3 注释性： 否↙
指定第一角点:(选择矩形左上角)↙
指定对角点或［高度(H)/对正(J)/行距(L)/旋转(R)/样式(S)/宽度(W) /栏(C)］:(选择矩形右下角)↙(输入文字,输入后单击"确定"按钮)

4）按照上述方法，输入文字标注，注意不同类型的文字要用不同的样式，输入后的电视系统图如图 12-57 所示。

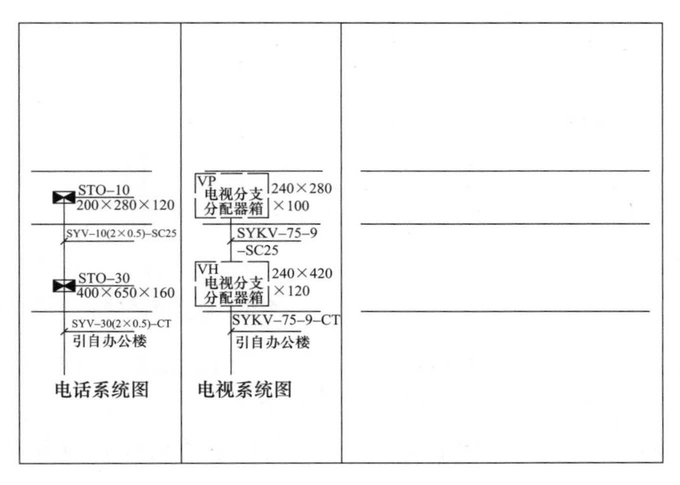

图 12-57　输入后的电视系统图

12.3.4 绘制火灾报警及消防联动控制系统图

1. 复制图形

1）按照上文绘制电视系统图的方法，将电话系统图复制到图框的右边区域，然后删去"交接箱"图块和文字标注，如图 12-58 所示。

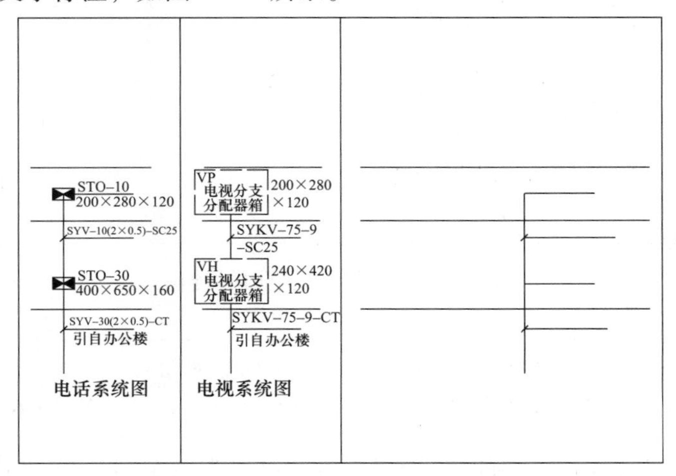

图 12-58　复制图形

2）将“线路”图层设为当前层，延长竖直直线上端，然后对它进行偏移。单击“默认”选项卡“修改”面板中的“偏移”按钮⊆，偏移量为2，如图12-59所示。

2. 插入暗装消防模块箱

1）将“设备”层置为当前层，单击“默认”选项卡“绘图”面板中的“矩形”按钮□，绘制一个8×4的矩形，利用中点捕捉的功能分别连接其长边与短边的中位线，如图12-60所示。

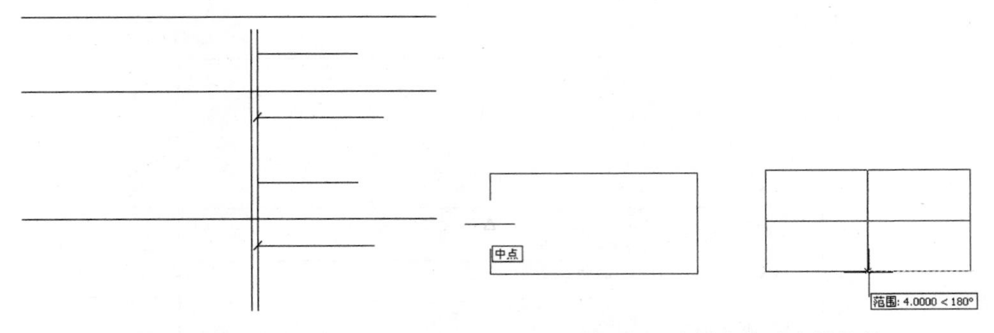

图12-59　偏移线路　　　　图12-60　绘制暗装消防模块箱

2）单击“默认”选项卡“块”面板中的“创建”按钮，选择步骤1）绘制图形为定义对象，将其保存为图块，命名为“暗装消防模块箱”。

3）将“安装消防模块箱”图块插入到两条平行的垂直线路端点和第二等分点的上部，如图12-61所示。

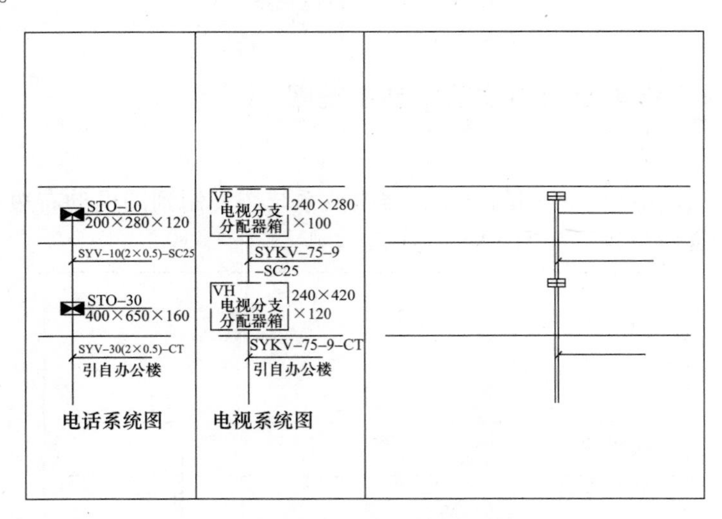

图12-61　插入暗装消防模块箱

📖 说明：由于模块箱和平行线的位置不易确定，可以在垂直平行线的端点和第二等分点的上部分别添加一条水平直线，利用中点捕捉功能进行定位，如图12-62所示。

4）单击“默认”选项卡“修改”面板中的“修剪”按钮，将模块箱内多余的线剪切掉。

3. 绘制“检修阀”和“水流指示器”图块

1）切换到“线路”层，在暗装消防模块箱处向两边分别引出两条水平线，如图 12-63 所示。在二层的模块箱左侧的水平线上绘制四条竖直短线，右侧的水平线端点添加一条竖直短线，如图 12-64 所示。

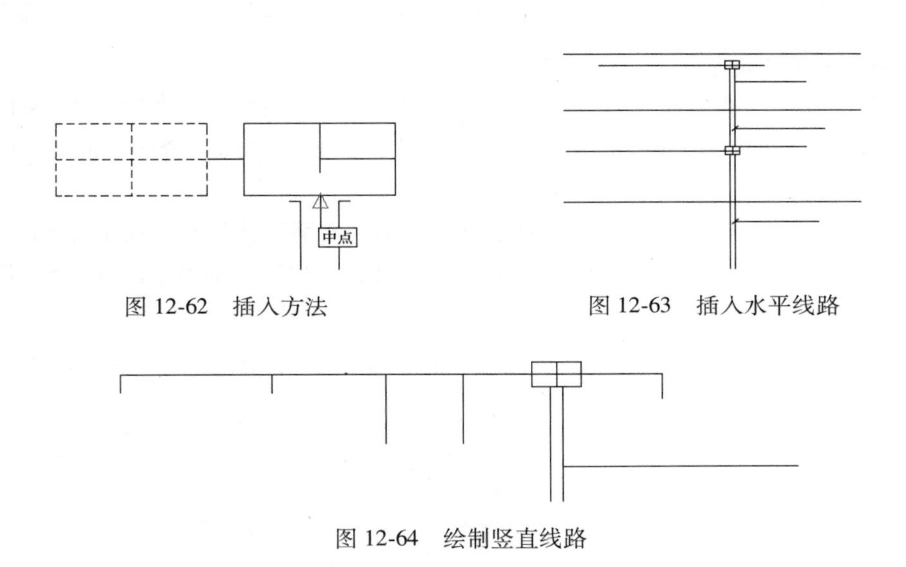

图 12-62　插入方法

图 12-63　插入水平线路

图 12-64　绘制竖直线路

2）切换到“设备”层，添加各种消防装置。首先从“弱电布置图例”图块库中调入如图 12-65 所示的图块。

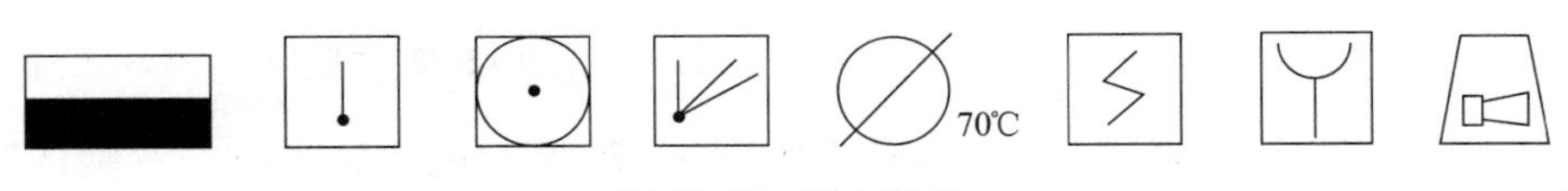

图 12-65　调入图块

3）补充几个图块库中没有的图块，首先绘制“检修阀”图块。打开“暖通与空调图例”图块库，调入“截止阀”图块，如图 12-66 所示。然后利用“分解”命令将其分解，删除两端的水平直线，如图 12-67 所示。

图 12-66　“截止阀”图块

图 12-67　分解图块

4）单击“默认”选项卡“绘图”面板中的“图案填充”按钮，填充右侧三角形，如图 12-68 所示，然后在其上方绘制一小矩形，并用直线与中心连接，如图 12-69 所示。单击“默认”选项卡“块”面板中的“创建”按钮，保存为“检修阀”图块。

5）单击“默认”选项卡“块”面板中的“插入”按钮，将“水流指示器”图块插入到图中，如图 12-70 所示。

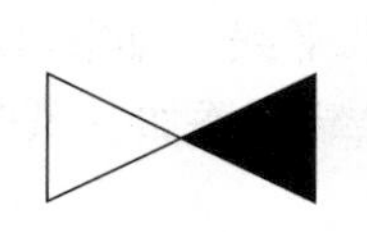

图 12-68　填充图形

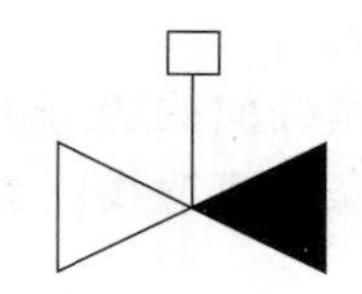

图 12-69　绘制“检修阀”图块

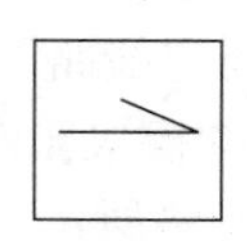

图 12-70　插入“水流指示器”图块

4. 绘制“监控”图块

1）单击“默认”选项卡“绘图”面板中的“矩形”按钮，绘制一个 4×4 的矩形。打开“文字样式”对话框，创建一个新的字体“样式 1”。将字体设置为 Times New Roman，文字“高度”设置为 3，如图 12-71 所示。

2）单击“默认”选项卡“注释”面板中的“多行文字”按钮A，在步骤 1）绘制的矩形中填充标识，如图 12-72 所示。单击“默认”选项卡“块”面板中的“创建”按钮将其保存为图块。

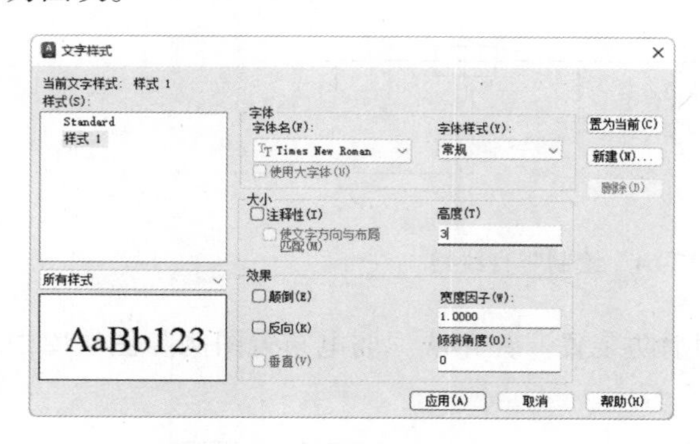

图 12-71　设置字体“样式 1”

图 12-72　“监控”图块的绘制

3）图块绘制完成后，将各个图块摆放在如图 12-73 所示的位置。单击“默认”选项卡“绘图”面板中的“直线”按钮，将元件与主线路相连，连接时可以打开“对象捕捉”工具栏，利用中点及交点捕捉功能进行摆放。同时开启状态栏中的正交功能，以便绘制水平及竖直线路。

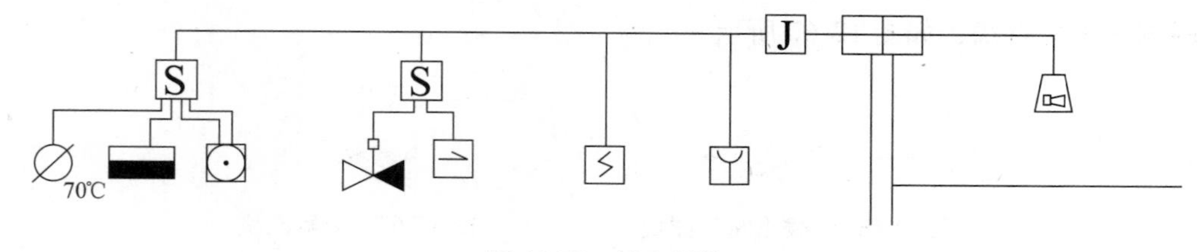

图 12-73　插入图块

5. 绘制分支线路

说明：绘制分支线路需要一定的技巧，这里要用到 divide 命令、mirror 命令及点的捕捉功能。

1）设置“线路”图层为当前图层，单击“默认”选项卡“修改”面板中的“分解”按钮，分解“监控”S 图块。然后选择矩形底边，选择菜单栏中的“绘图”→“点”→“定数等分”命令，将矩形底边 8 等分，如图 12-74 所示。单击“默认”选项卡“绘图”面板中的“直线”按钮，在第一个等分点处绘制一条分支线路。可以按住〈Shift〉键然后右键单击鼠标，在弹出的快捷菜单中选择“捕捉到节点”命令，捕捉等分点，如图 12-75 所示。

图 12-74　等分底边　　　　图 12-75　绘制分支线路 1

2）单击“默认”选项卡“修改”面板中的“镜像”按钮，将第一条分支线路镜像，镜像线为矩形的竖直中心线，如图 12-76 所示。

3）利用同样的方法，将中心的两条分支线路绘制出来，如图 12-77 所示。

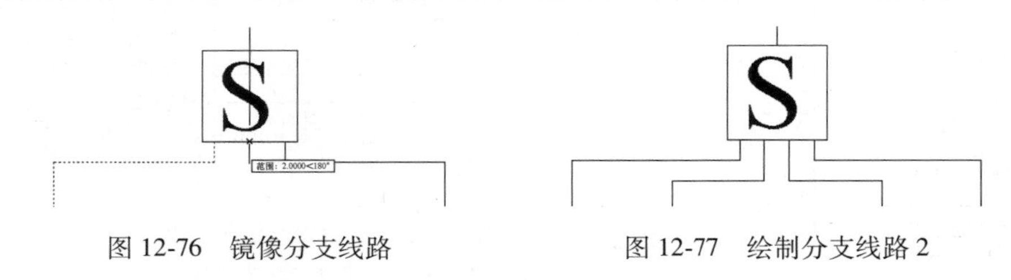

图 12-76　镜像分支线路　　　　图 12-77　绘制分支线路 2

4）利用直线的定位点调整直线的长度和位置，并插入图块。

5）用同样的方法，绘制一层的其他设备及线路，最终的结果如图 12-78 所示。

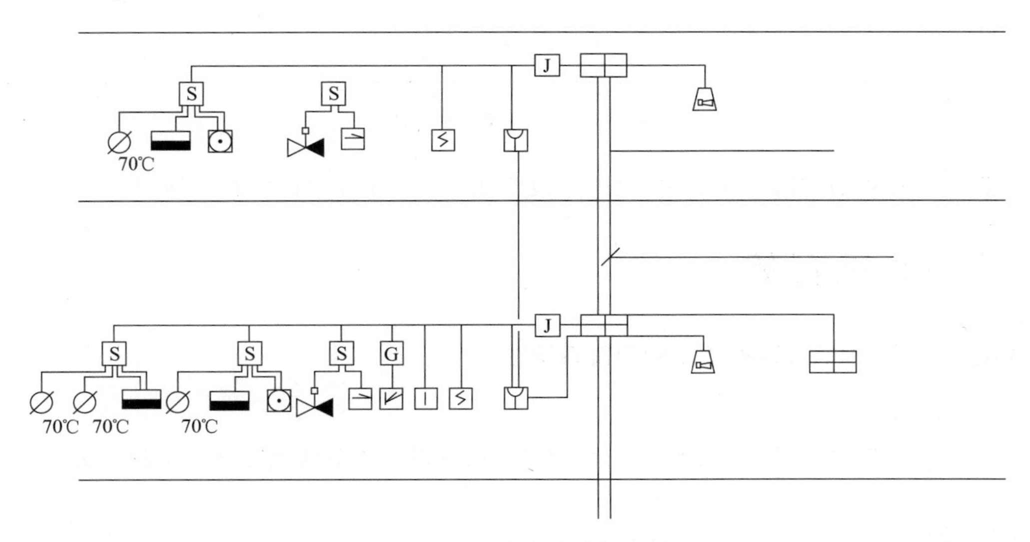

图 12-78　图块及线路的绘制

6. 文字标注

用绘制电视、电话系统图的方法，进行文字标注。为了简便起见，可以将电视、电话系统图中的部分标注复制到图中合适的位置，然后进行修改。具体应用字体的样式如下。

线路标注：样式 1；元件标注：样式 4；线路中文标注：样式 2；标题：样式 3；注释：样式 2。

添加文字标注后如图 12-79 所示。

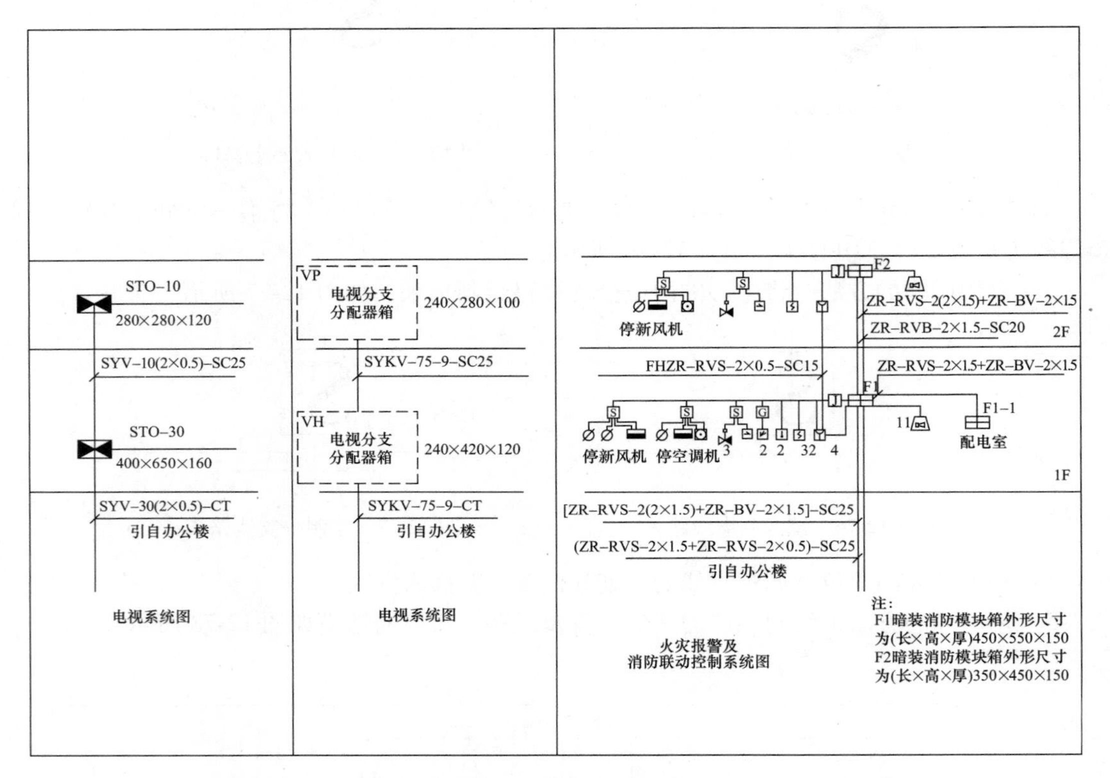

图 12-79　添加文字标注

删除图框中的分隔线，然后在顶部空白处添加设计说明，如图 12-37 所示。

12.4 上机实验

实验 1　绘制如图 12-80 所示的门禁系统图

（1）目的要求

本实验的目的是通过门禁系统图的绘制，帮助读者巩固对建筑电气图绘制方法和技巧的掌握。

（2）操作提示

1）绘制各个单元图块。

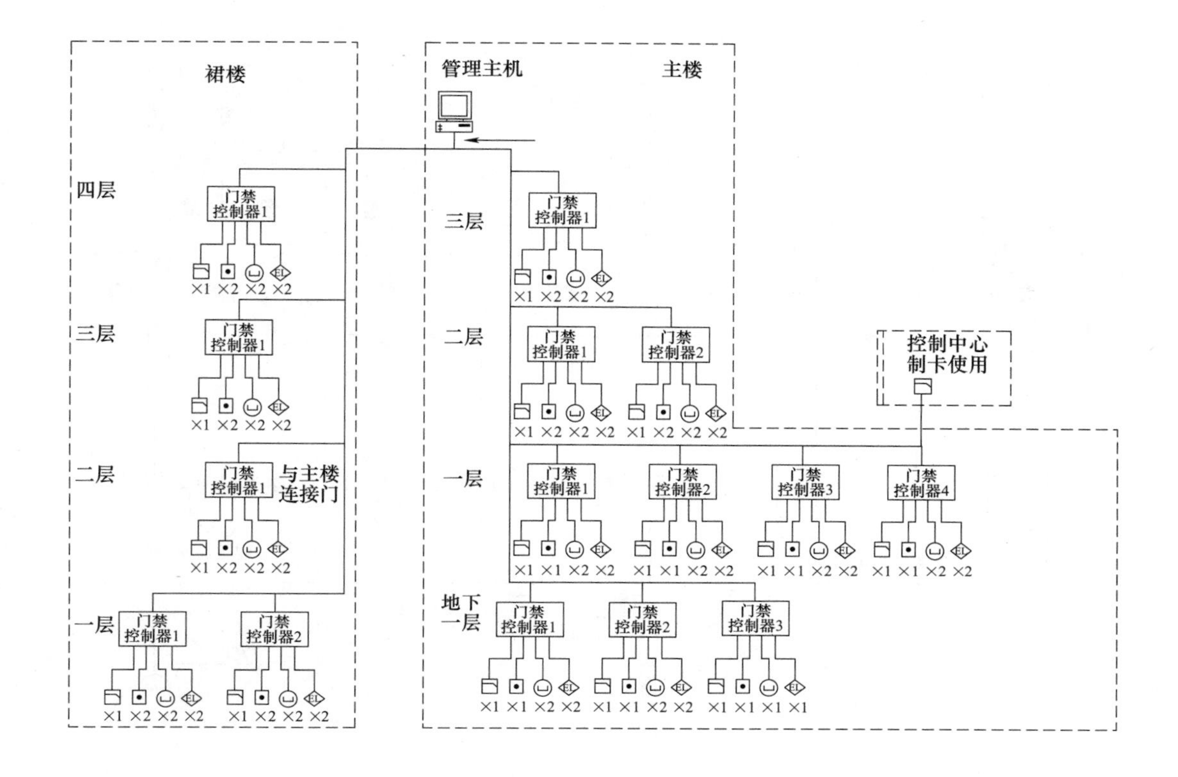

图 12-80　门禁系统图

2）插入和复制各个单元图块。

3）绘制连接线。

4）文字标注。

实验 2　绘制某场馆照明平面图

（1）目的要求

本实验的目的是通过某场馆照明平面图的绘制，帮助读者巩固对建筑电气图绘制方法和技巧的掌握。

（2）操作提示

1）如图 12-81 所示，绘制轴线。

2）绘制墙线。

3）绘制门窗洞并创建窗户。

4）绘制各种电气符号。

5）绘制连接线。

6）标注尺寸、文字、轴号。

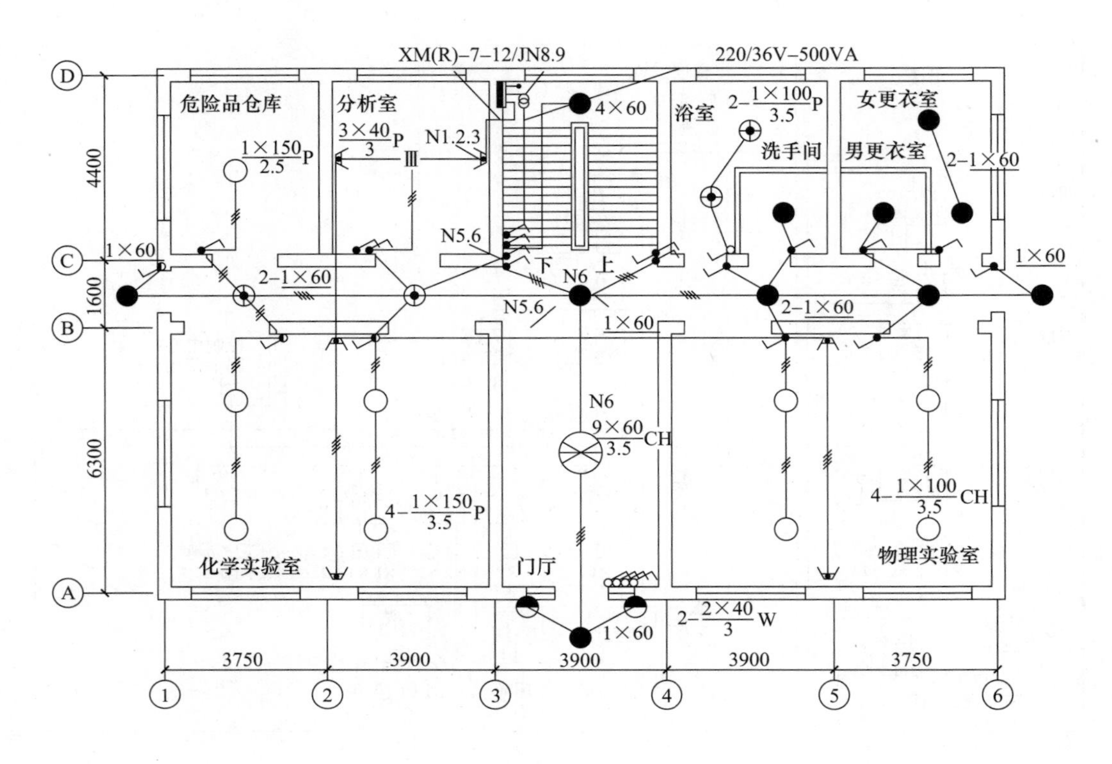

图 12-81 某场馆照明平面图

12. 5 思考与练习

1. 绘制如图 12-82 所示的跳水馆照明干线系统图。
2. 绘制如图 12-83 所示的车间电力平面图。

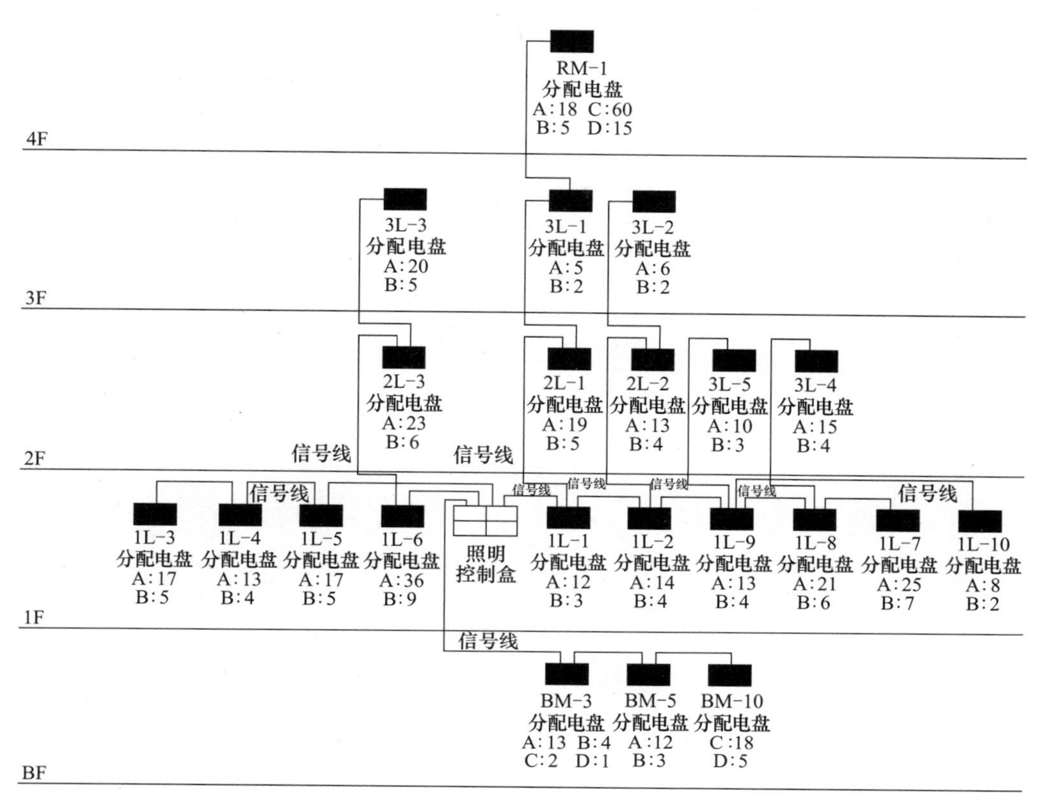

图 12-82 跳水馆照明干线系统图

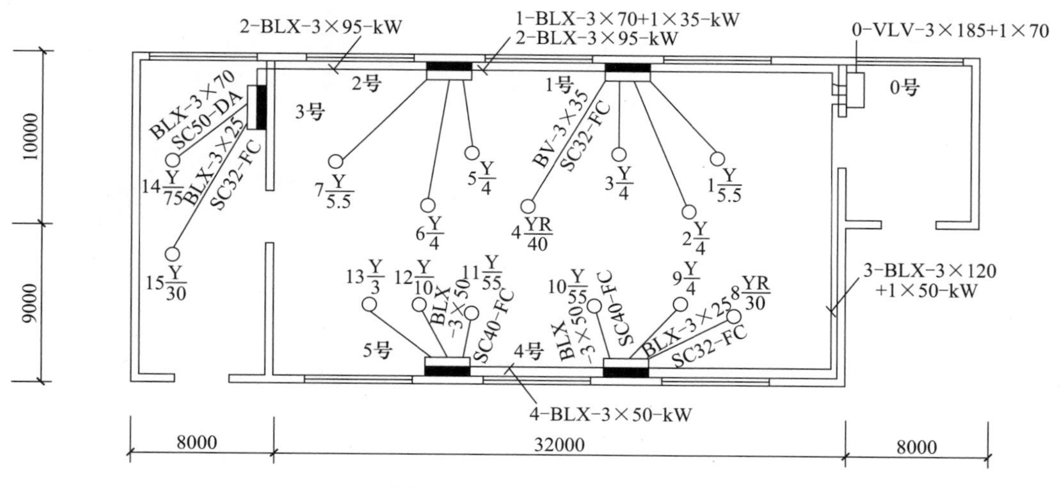

图 12-83 车间电力平面图